Wieland Richter
Flugnavigation

I0894752

Weitere empfehlenswerte Titel

Mathematik für angewandte Wissenschaften
Ein Taschenbuch für Ingenieure und Naturwissenschaftler
Joachim Erven, Jiří Horák, 2018
ISBN 978-3-11-053712-3, e-ISBN (PDF) 978-3-11-053716-1,
e-ISBN (EPUB) 978-3-11-053724-6

Mathematik für angewandte Wissenschaften
Ein Übungsbuch für Ingenieure und Naturwissenschaftler
Joachim Erven, Dietrich Schwägerl, Jiří Horák, 2018
ISBN 978-3-11-054889-1, e-ISBN (PDF) 978-3-11-055350-5,
e-ISBN (EPUB) 978-3-11-055365-9

Modellbasierte Entwicklung Mechatronischer Systeme
mit Software- und Simulationsbeispielen für Autonomes Fahren
Frank Tränkle, 2021
ISBN 978-3-11-072346-5, e-ISBN (PDF) 978-3-11-072352-6,
e-ISBN (EPUB) 978-3-11-072355-7

Mathematics for Reliability Engineering
Modern Concepts and Applications
Hrsg. v. Mangey Ram, Liudong Xing, 2021
ISBN 978-3-11-072556-8, e-ISBN (PDF) 978-3-11-072563-6,
e-ISBN (EPUB) 978-3-11-072559-9

Intelligent Vehicles and Transportation
Hrsg. v. Huseyin Abut, John H.L. Hansen, Gerhard Schmidt,
Kazuya Takeda
ISSN 2366-1291, e-ISSN 2366-1321

Wieland Richter

Flugnavigation

Grundlagen, Mathematik, Kartenkunde, leistungsbasierte Navigation

2., erweiterte Auflage

DE GRUYTER
OLDENBOURG

Mathematics Subject Classification 2010
35-02, 65-02, 65C30, 65C05, 65N35, 65N75, 65N80

Autor

Der Autor Wieland Richter, geboren 1969 in Leipzig, hat im Zusammenhang mit der fliegerischen Ausbildung Luftverkehrstechnik sowie Kartographie an der TU-Dresden studiert und ist Flugkapitän auf der Airbus-Flugzeugfamilie A-320 bei der Lufthansa-Tochtergesellschaft Eurowings GmbH.

Er war von 2004 bis 2014 Lehrbeauftragter am Institut für Luftfahrt und Logistik der Fakultät Verkehrswissenschaften „Friedrich List" an der TU-Dresden. Ferner hat er die DFS Deutsche Flugsicherung GmbH bei zahlreichen Themen beraten.

Wieland.Richter@eurowings.com

ISBN 978-3-11-076977-7
e-ISBN (PDF) 978-3-11-076980-7
e-ISBN (EPUB) 978-3-11-076983-8

Library of Congress Control Number: 2021949190

Bibliografische Information der Deutschen Nationalbibliothek
Die Deutsche Nationalbibliothek verzeichnet diese Publikation in der Deutschen Nationalbibliografie; detaillierte bibliografische Daten sind im Internet über http://dnb.dnb.de abrufbar.

Einbandabbildung: Wieland Richter
Druck und Bindung: CPI books GmbH, Leck

www.degruyter.com

Vorwort

Dieses Buch richtet sich als Kompendium an alle, die ein fundiertes theoretisches Wissen über die Navigation und die Kartographie in der Luftfahrt erwerben wollen und welche die Mathematik der gängigen navigatorischen Aufgaben gezielt nachschlagen möchten. Adressaten sind insbesondere all jene, die ihre Ausbildung zum Piloten oder Fluglotsen mit einem Hochschulstudium im Bereich der Luftfahrt kombinieren, Verfahrensplanende bei der Flugsicherung, Studierende des Verkehrsingenieurwesens oder auch der Geowissenschaften sowie alle, die Luftfahrtkarten herstellen oder nutzen. Die behandelte Thematik ist zeitlos und unabhängig von den aktuell angewendeten Navigationssystemen und -verfahren.

Motivation für dieses Buch war die Tatsache, dass im deutschsprachigen Raum das letzte Fachbuch zu Funkortung und -navigation vor 25 Jahren erschienen ist. Die Thematik der Mathematik und Kartographie im Zusammenhang mit Flugnavigation wurde konsequent in den 60er Jahren des letzten Jahrhunderts behandelt.

Mithin werden die in diesem Zeitraum geschehenen Veränderungen durch die Fachliteratur nur unzureichend abgebildet. Während meiner 10 Jahre währenden Tätigkeit als Lehrbeauftragter habe ich aus Mangel an hochschulgeeignetem Material selbst zwei vorlesungsbegleitende Lehrbücher beigetragen. Die an den Ausbildungsstätten vorwiegend verwendeten Skripte sind sicherlich aktuell, jedoch meist nicht für externe Interessenten zugänglich und oft in erster Linie an den definierten amtlichen Prüfungsinhalten orientiert.

Ferner wurden gegen Ende des 20. Jahrhunderts Navigationssysteme abgelöst und ersetzt, welche in der verfügbaren Fachliteratur teilweise noch einen großen Stellenwert haben und welche sogar bis vor wenigen Jahren noch Bestandteil der Lehrpläne und der Prüfungen waren. Daher ist es naheliegend, regelmäßig Ballast aus vergangenen Epochen durch aktuelle, zeitgemäße Inhalte zu ersetzen, wobei beachtet werden sollte, dass historische Thematik oft einen großen didaktischen Wert haben kann, wenn es um das Nachvollziehen und das Verständnis bestimmer Entwicklungen geht.

Andererseits stellt sich in unserem rasant fortschreitenden digitalen Zeitalter, mit den zeitlich und räumlich fast unbeschränkten Möglichkeiten des Informationserwerbs verständlicherweise die Frage nach dem Sinn von Literatur, welche schnell an Aktualität und Relevanz verliert. Damit einher geht die Problematik, mit breitem Konsens festzulegen, welchen Inhalt und Umfang das Basiswissen für einen längerwährenden Zeitraum in einem Fachbereich überhaupt umfassen soll.

Unbestritten ist sicherlich, dass systematisches Wissen einer Sammlung bedarfsorientiert zusammengetragener Einzelfakten vorzuziehen ist. Die Fähigkeit, ausgehend von einem fundierten Basiswissen, einen Themenbereich schöpferisch erweitern und fortentwickeln zu können und die kritische Reflektion sind ebenso immergültige Zielwerte eines didaktischen Konzepts. Daher erscheint es sinnvoll, auch weiterhin von

https://doi.org/10.1515/9783110769807-202

Zeit zu Zeit einen Wissenskern in einem Buch zu konzentrieren, welcher Entwicklungen und Erweiterungsmöglichkeiten zulässt und als Basis zu verstehen ist.

Aus all diesen Gründen beschränkt sich dieses Lehrbuch der Flugnavigation knapp und übersichtlich auf den systemunabhängigen Kern, welcher auch weiterhin Gültigkeit behält. An einigen Stellen wird ein Wink gegeben, in welcher Richtung es sicherlich nützlich ist, tiefer zu recherchieren.

Ausblickend ist festzustellen, dass in den nächsten Jahrzehnten die integrierten Systeme mit unabhängigen, redundanten Sensoren die Navigation dominieren werden. Im Bereich des Reiseflugsegments werden diese zu einer weiteren Optimierung des Verkehrsflusses und damit zur Kapazitätserhöhung beitragen. Gespannt darf man insbesondere auf die innovativen Erweiterungen bei den Systemen und Verfahren der Anflugnavigation sein. Diese werden den Kompetenzschwerpunkt innerhalb der Flugnavigation bilden.

Ein Dankeschön geht an die *Lufthansa Systems FlightNav AG*, die *DFS Deutsche Flugsicherung GmbH* bzw. die *R. Eisenschmidt GmbH* sowie an *Jeppesen Sanderson, Inc.* für die kooperative und freundliche Bereitstellung der Kartenausschnitte zur Verwendung als Abbildung.

Dank geht ebenfalls an Frau *Dipl.-Math. Karla Nestler* und an Herrn *Dr. Karsten Redmann* für deren wertvolle Hinweise und konzeptionelle Anregungen.

Danke an meine Frau *Wiebke*, die das Buchprojekt mit Motivation, Geduld und Nachsicht unterstützt hat.

Hamburg im November 2019 — Wieland Richter

Vorwort zur zweiten Auflage

Die erste Auflage des vorliegenden Fachbuchs wurde offensichtlich gut von der Zielgruppe angenommen. Unterdessen kommen immer wieder Fragen im Zusammenhang mit den wachsenden Möglichkeiten der Flächennavigation auf. Dies ist sowohl Indiz für das Interesse derer, die sich für die aktuellen Navigationsysteme und die damit zusammenhängenden Technologien begeistern, aber auch Hinweis auf die Notwendigkeit, für die Anwender Übersicht und Struktur in die neu entwickelten Flugverfahren zu bringen. In der Verkehrsluftfahrt basieren letztere bordseitig auf integrierten Navigationssystemen.

Konsequenterweise wurde das Buch um die vertiefende Behandlung der leistungsbasierten Navigation mithilfe integrierter Navigationssysteme erweitert. Entgegen dem ursprünglichen Konzept, die Funk-, Trägheits- und Satellitennavigation auszuklammern, wurde nun ein weiteres Kapitel ergänzt, welches sich diesen widmet. Deren Behandlung geschieht hier mit einer angemessenen Tiefe technischer Details und ist notwendig für das Verständnis der sich durch die Integration ergebenden Systeme.

Der komplexe Luftverkehr ist ohne Flugsicherung nicht denkbar. Die Führung durch die Flugsicherung geschieht mithilfe von Ortungssystemen und ist folglich nicht Bestandteil der Navigation. Betrieblich sind jedoch Ortung und Navigation eng verflochten. Daher wurden die Anflugverfahren, welche auf den Ortungssystemen der Flugsicherung basieren, als separates Kapitel aufgenommen.

Des Weiteren wurde der Anhang zu Berechnungen auf dem Rotationsellipsoid ergänzt, da die Trägheits- und Satellitennavigation auf diesem Erdmodell basieren. Auch wurde im Anhang ein Kapitel zu den Fehlerkategorien und Genauigkeitsmaßen hinzugefügt.

Das Buchkonzept mit dem Schwerpunkt aktueller Thematik bindet dennoch die traditionellen Navigationssysteme, welche nach wie vor aktiv sind, soweit ein, dass den Leserinnen und Lesern deren Verständnis und Anwendung ermöglicht wird. Neben aller Theorie in diesem Buch wird beabsichtigt, dass die praktischen navigatorischen Aspekte nicht zu kurz kommen und dass vor allem zum „Ankommen“ verholfen wird.

Abermals hätte das Buchprojekt in dieser Form nicht ohne das Wohlwollen vieler Unterstützer realisiert werden können. Bei diesen möchte ich mich hier bedanken:

Danke an die *DFS Deutsche Flugsicherung GmbH*, insbesondere an Frau *Anja Naumann* (Center Bremen) und Frau *Sandra Teleki* (Center München), für die Bereitstellung der Fotos für die Abbildungen 7.10, 7.11, 7.25 bzw. 7.5, 9.1, 9.3 und die freundliche Genehmigung zu deren Veröffentlichung.

Dank auch an die *European GNSS Agency (GSA)* für die Abbildung 7.17 und die freundliche Genehmigung zu deren Veröffentlichung.

Mein Dank geht wiederholt an die *R. Eisenschmidt GmbH*, insbesondere Frau *Nina Weinmann*, für die Bereitstellung des Kartenmaterials aus dem Luftfahrthandbuch

https://doi.org/10.1515/9783110769807-203

Deutschland und die freundliche Genehmigung zu dessen Verwendung in den Abbildungen 8.2, 8.5, 8.6, 8.11, 8.13, 8.14 und 8.15.

Alle nicht explizit genannten Abbildungen wurden vom Autor mit dem Vektorgraphikprogramm *CorelDraw 2020* erstellt.

Danke an Herrn *Martin Köppl* für die Anregungen und den fachlichen Austausch.

Ein Dankeschön an den *deGruyter-Verlag*, welcher das Buchprojekt abermals realisiert hat, für die freundliche und unkomplizierte Zusammenarbeit.

Danke an meine Frau *Wiebke*, die das Buchprojekt wiederum mit Motivation, Geduld und Nachsicht unterstützt, und mir besonders in der Endphase den Rücken freigehalten hat.

Hamburg im Oktober 2021 Wieland Richter

Inhalt

Vorwort — V

Vorwort zur zweiten Auflage — VII

1 Einführung — 1

2 Navigatorische Grundlagen — 3
2.1 Standflächen und Standlinien — **3**
2.2 Winkel, Kurse und Peilungen — **4**
2.2.1 Winkel — **4**
2.2.2 Kurs — **4**
2.2.3 Peilung — **10**
2.3 Bezugs- und Koordinatensysteme der Erde — **12**
2.3.1 Geodätische Referenzsysteme — **12**
2.3.2 Geographische Koordinaten — **15**
2.4 Navigatorisch-/räumliche Orientierung — **17**
2.4.1 Flugzeugfestes Koordinatensystem — **17**
2.4.2 Erdfestes Koordinatensystem — **17**
2.4.3 Flugwindfestes Koordinatensystem — **18**
2.4.4 Beziehungen zwischen den Koordinatensystemen — **18**
2.4.5 Transformation zwischen flugzeugfestem und erdfestem Koordinatensystem — **20**
2.5 Steuerungsgrößen — **23**
2.5.1 Flughöhe — **24**
2.5.2 Änderung der Flughöhe — **29**
2.5.3 Fluggeschwindigkeit — **29**
2.6 Zeitsysteme — **33**
2.6.1 Sternzeit — **33**
2.6.2 Sonnenzeit — **35**
2.6.3 Atomzeit — **37**
2.6.4 Orts- und Zonenzeit — **38**
2.7 Lufträume — **39**
2.8 Leistungsbasierte Navigation — **42**
2.9 Besonderheiten polarer Gebiete — **45**

3 Berechnung flugtaktischer Größen — 47
3.1 Einfluss des Windes auf den Flugweg — **47**
3.1.1 Graphische Bestimmung — **47**
3.1.2 Rechnerische Bestimmung — **48**

3.2 Seiten- und Längswindkomponente — 50
3.3 Anwendung der 1 : 60-Regel — 50
3.4 Kurvenradius — 51
3.5 Linearer Kurvenvorhalt — 51
3.6 Übergangsbögen — 52
3.7 Gleitwegkorrektur und Lage des Entscheidungspunkts — 54
3.8 Angezeigte Geschwindigkeit — 54
3.9 Nautical air miles — 55
3.10 Zeitrechnung und Datumssprung — 55
3.10.1 Rechnung mit Ortszeiten — 55
3.10.2 Rechnung mit Zeitzonen — 56
3.11 Bildflugplanung — 57
3.11.1 Bildmaßstab und erfasste Fläche — 57
3.11.2 Basisstrecke eines Bildpaares — 58
3.11.3 Planungselemente — 58
3.11.4 Genauigkeit — 60

4 Berechnung navigatorischer Größen, Schnitt von Standflächen und Standlinien — 61
4.1 Orte gleicher Entfernungen und Zeiten — 61
4.1.1 Point of safe return — 61
4.1.2 Equal time point — 62
4.2 Großkreisbogen zwischen zwei Orten — 63
4.2.1 Berechnung mittels Ortsvektoren — 63
4.2.2 Anwendungsbeispiel mit Ortsvektoren — 68
4.2.3 Berechnung mittels sphärischer Trigonometrie — 72
4.2.4 Anwendungsbeispiel mit sphärischer Trigonometrie — 74
4.3 Kursgleiche zwischen zwei Orten — 76
4.3.1 Berechnung des Kurswinkels der Loxodrome — 76
4.3.2 Berechnung der Bogenlänge der Loxodrome — 77
4.3.3 Anwendungsbeispiel — 78
4.4 Position aus Standflächen- und Standlinienschnitt — 78
4.4.1 Schnitt zweier Geraden — 79
4.4.2 Schnitt von Geraden und Kreis — 81
4.4.3 Schnitt zweier Kreise — 82

5 Luftfahrtkarten — 88
5.1 Anforderungen und Einteilung — 88
5.2 Übersicht der Kartennetzentwürfe — 89
5.2.1 Mathematische Beschreibung von Punkten, Kurven und Flächen — 90
5.2.2 Verzerrungen und deren Visualisierung — 91
5.2.3 Azimutalentwürfe — 93

5.2.4 Zylinderentwürfe — **95**
5.2.5 Kegelentwürfe — **96**
5.3 In der Navigation standardisierte Kartenentwürfe — **99**
5.3.1 Navigationskarten für polare Regionen — **99**
5.3.2 Mercator-Entwurf — **109**
5.3.3 Lambert'scher Schnittkegelentwurf — **111**
5.4 Grundlagen für die Karten — **114**
5.4.1 Raumbezogene Daten und Informationen — **114**
5.4.2 Modellierung des Reliefs — **115**
5.4.3 Aeronautische Daten — **118**
5.5 Modellbildung, Generalisierung und Signaturen — **119**
5.5.1 Punktbezogene Kartenobjekte — **121**
5.5.2 Linienbezogene Kartenobjekte — **122**
5.5.3 Flächenbezogene Kartenobjekte — **124**
5.6 Praktischer Gebrauch und Interpretation der Karten — **125**
5.6.1 Navigation im Sichtflug — **125**
5.6.2 Interpretation von Karten für den Instrumentenflug — **128**
5.7 Electronic Flight Bag — **145**

6 Integrierte Navigationssysteme in der Luftfahrt — 149
6.1 Überblick der Architektur — **149**
6.2 Methodik zur Bestimmung der verwendeten Positionsdaten — **155**
6.2.1 MIX IRS-Position — **155**
6.2.2 GPS-Position — **156**
6.2.3 RADIO-Position — **156**
6.2.4 Bias — **157**

7 Verfügbare Flugnavigationssysteme — 158
7.1 Systeme der Funknavigation — **158**
7.1.1 Ungerichtetes Funkfeuer und automatischer Funkpeiler — **159**
7.1.2 Gerichtetes Funkfeuer — **164**
7.1.3 Funk-Entfernungsmessanlage — **168**
7.1.4 Instrumentenlandesystem — **172**
7.2 Luftdaten und Trägheitsnavigation — **181**
7.2.1 Luftdaten — **181**
7.2.2 Trägheitsnavigation — **181**
7.3 Satellitennavigation — **194**
7.3.1 Globale Satellitennavigationssysteme im Überblick — **195**
7.3.2 Weltraumsegment — **201**
7.3.3 Kontrollsegment — **204**
7.3.4 Struktur und Auswertung der GPS-Satellitensignale — **205**

7.3.5 Fehlercharakteristik, Genauigkeit und Integritätssicherung bei GPS — **211**
7.3.6 Differentielles GNSS — **217**

8 Leistungsbasierte Navigation in den Nahverkehrsbereichen — 227
8.1 Konzept der leistungsbasierten Navigation — **227**
8.2 Instrumentenabflugverfahren — **230**
8.3 Instrumentenanflüge — **235**
8.3.1 Anflüge mithilfe des ILS — **235**
8.3.2 Anflüge nach RNP/RNAV — **243**
8.3.3 Anflüge auf der Basis von SBAS — **250**
8.3.4 Anflüge auf der Basis von GBAS — **254**

9 Führung mithilfe der Ortungssysteme der Flugsicherung — 258
9.1 Führung mithilfe des Rundsichtradar — **261**
9.2 Führung mithilfe des Präzisions-Anflugradar — **265**

A Das Ellipsoidmodell der Erde — 268
A.1 Koordinaten und Parameter des Rotationsellipsoids — **268**
A.2 WGS84-Koordinaten — **270**
A.3 Berechnung der Meridianbogenlänge — **270**
A.4 Berechnung der Parallelkreisbogenlänge — **272**
A.5 Tangentenvektoren und Gaußsche Fundamentalgrößen — **272**
A.6 Die geodätische Linie — **272**

B Fehlerklassen und Genauigkeitsmaße — 278
B.1 Klassifizierung von Fehlern — **278**
B.2 Angabe der Genauigkeit — **279**
B.2.1 Eindimensionale Genauigkeitsmaße — **279**
B.2.2 Zwei- und dreidimensionale Genauigkeitsmaße — **282**

Abkürzungsverzeichnis — 284

Symbolverzeichnis — 289

Literatur — 293

Stichwortverzeichnis — 296

1 Einführung

Die Aufgabe der Flugnavigation besteht in der Bestimmung von Positionen sowie Kursen und Flugzeiten auf der gewählten Strecke zum Ziel- bzw. Ausweichflughafen bei der Führung eines Luftfahrzeugs. Dies umfasst auch die Planungsphase. Im weiteren Sinne ist die Flugnavigation der Komplex von Handlungen der Besatzung, welche darauf gerichtet sind, das Luftfahrzeug auf der zweckmäßigsten bzw. beabsichtigten Flugstrecke und in der beabsichtigten Zeit zum Bestimmungsort zu führen. Begrifflich ist Navigation abzugrenzen von der Ortung bei der Luftraumüberwachung durch die Flugverkehrskontrolle im Rahmen der Verkehrswegesicherung.

Unter Flugtaktik werden die Teilaufgaben verstanden, welche außerdem innerhalb des Handlungskomplexes der Navigation von Luftfahrzeugen, vorwiegend auf elementaren mathematischen Beziehungen basierend, gelöst werden müssen.

Dabei besteht ein enger Zusammenhang zur Kartographie, welche die benötigten raum- und sachbezogenen Informationen bereitstellt. Dies sind thematische Karten zur Visualisierung der relevanten Objekte und ferner Navigationsdatenbanken, auf deren Grundlage taktische und navigatorische Berechnungen durch die bordseitigen Computer erfolgen können.

Die Anfangsjahre der Luftfahrt zu Beginn des 20. Jahrhunderts waren durch die Koppelnavigation (engl. dead reckoning) dominiert. Diese besteht in der Messung oder Schätzung der Länge und Richtung eines oder mehrerer zurückgelegter Streckenabschnitte, bezogen auf den Startort oder darauffolgende Koppelorte, aufgrund von Kurs und Geschwindigkeit über einen gemessenen Zeitraum unter Berücksichtung aller vorhersehbaren Einflüsse. Entfernungs- und Kursfehler wachsen dabei linear mit der Zeit. Die verwendeten Hilfsmittel sind Magnetkompass, Stoppuhr und Flugkarte, ergänzt durch die regelmäßige Überprüfung des Standorts mittels sichtbarer Objekte oder Funkpeilung.

In den folgenden Jahrzehnten bis zum Ende des 20. Jahrhunderts fanden im kontinentalen Bereich vor allem die kooperativen Systeme der Funknavigation mit Boden- und Bordanlage Anwendung und ermöglichten eine weitgehende Unabhängigkeit von den Wetter- und Sichtbedingungen. Bei der Funknavigation werden Positionen und Kurse direkt durch Auswertung der Geräteanzeigen bestimmt.

Heutzutage bedeutet das Lösen der navigatorischen Aufgaben in der fliegerischen Praxis vorwiegend die Bedienung von Computern über Tastaturen und graphische Nutzerschnittstellen. Kenntnisse der sachlichen und mathematischen Zusammenhänge hinter den verwendeten Funktionalitäten sind für den Nutzer oft nicht mehr notwendig – solche werden durch die tägliche Routine nicht mehr motiviert. Daher fokussiert dieses Kompendium die systemunabhängige und immer gültige Mathematik der Flugtaktik und Navigation, verknüpft mit den Besonderheiten der Luftfahrtkarten. Im Vordergrund stehen hier geometrische sowie mathematische Zusammenhänge und weniger technische Realisierungen.

https://doi.org/10.1515/9783110769807-001

Die unverzichtbaren begrifflichen und sachlichen Grundlagen der Flugnavigation werden in Kapitel 2 behandelt. Die Kapitel 3 und 4 bieten, zum Teil mit rechnerischen Beispielen, die Lösung der navigatorischen Aufgabenstellungen anschaulich detailliert und taschenrechnertauglich dar[1]. Das Kapitel 5 behandelt die theoretischen Aspekte der Navigationskarten sowie deren praktischen Gebrauch bzw. deren Interpretation. Einerseits soll das Konzept für die Visualisierung sowohl der imaginären dreidimensionalen Objekte der Luftraumstruktur, zum Teil kombiniert mit realen Objekten der Erdoberfläche, aber auch der Flugverfahren mit deren dynamischen Komponente vermittelt werden. Darüberhinaus werden durch die Behandlung der Abbildungseigenschaften der Navigationskarten deren Anwendungsgrenzen aufgezeigt.

So wird ein Wissen bereitgestellt, welches bei der Nutzung beliebiger Kartenwerke sowie kartographischer Medien und Produkte zum Zweck der Flugnavigation, unter Beachtung der Signaturenkataloge und Systembeschreibungen der Hersteller, Aktualität und Relevanz behält.

Das Kapitel 6 zu integrierten Navigationssystemen in der Luftfahrt zeigt anwenderorientiert die Architektur und die funktionellen Zusammenhänge zwischen den Subsystemen. Kapitel 7 zu den verfügbaren Flugnavigationssystemen beschreibt die Funk-, die Trägheits- und die Satellitennavigation soweit, dass sowohl deren praktische Anwendung ermöglicht wird als auch dass die für das Verständnis von Kapitel 8 notwendige Wissenbasis entsteht. Letzteres behandelt die leistungsbasierte Navigation in den Nahverkehrsbereichen und ist damit zweiter Themenschwerpunkt.

Kapitel 9 skizziert die Aufgaben der Flugsicherung, gibt einen Überblick der verwendeten Ortungssysteme und behandelt die radargeführten Instrumentenanflüge.

---

i Flugbetriebliche Begriffsdefinitionen, detaillierte Vorschriften und Durchführungsbestimmungen werden in der Verordnung der EU-Kommission *EU-VO 965/2012* zusammengefasst.

---

1 Für deren Verständnis benötigen die Leserinnen und Leser Kenntnisse, welche in Lehrveranstaltungen der Mathematik in den ersten Semestern eines universitären Studiums der Naturwissenschaften oder des Ingenieurwesens vermittelt werden. Dies sind insbesondere die analytische Geometrie, das Lösen von Gleichungssystemen, Operationen mit Determinanten und Matrizen, die Differential- und Integralrechnung sowie das Rechnen mit Vektoren.

2 Navigatorische Grundlagen

2.1 Standflächen und Standlinien

Eine **Standfläche** ist die Menge aller Orte im Raum, auf welcher eine geometrische Größe (Winkel, Entfernung, Entfernungsdifferenz) einen bestimmten konstanten Zahlenwert hat. Diese wird durch die Messung einer proportionalen physikalischen Größe (Phasenwinkel, Laufzeit eines Signals, Laufzeitdifferenz) bestimmt. Ist die geometrische Größe ein Winkel, so ist die Menge der Orte, welche die Winkelbedingung erfüllen, eine Ebene – siehe Abbildung 2.1. Ist diese Größe eine bestimmte Entfernung zu einem Bezugspunkt, ergibt die Menge aller Orte mit dieser Entfernung eine Kugel. Alle Orte mit einer bestimmten Entfernungsdifferenz zu zwei Bezugspunkten bilden ein Hyperboloid-Paar.

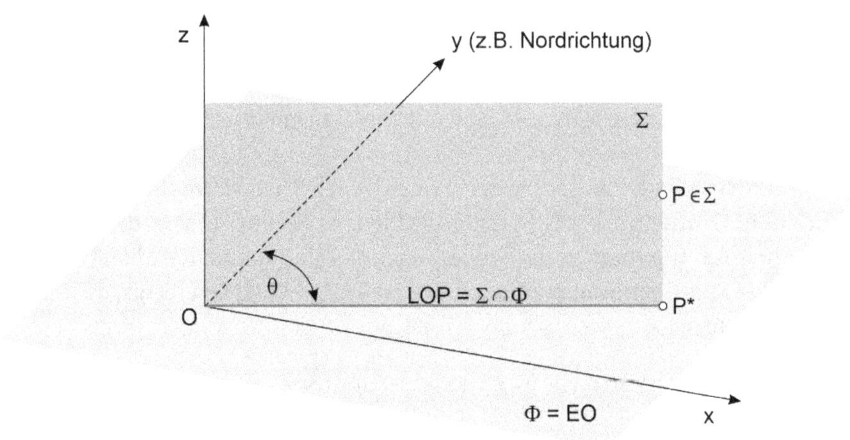

Abb. 2.1: Standfläche und -linie aus Winkelmessung

Eine **Standlinie** (line of position – LOP) ist die Schnittmenge einer Standfläche mit der als eben angenommenen Erdoberfläche (EO). Der Schnitt einer Ebene mit der EO ergibt eine Gerade, der Schnitt einer Kugel mit der EO ergibt einen Kreis und der entsprechende Schnitt eines Hyperboloids ist eine Hyperbel.

Die Position im Raum ist der Schnittpunkt dreier Standflächen. Der gemessene Standort auf der EO (fix) ist der Schnittpunkt zweier Standlinien – siehe auch Abschnitt 4.4. Der wahre Standort (P*) ist die Normalprojektion des Luftfahrzeugschwerpunkts (P) auf die EO. [28]

https://doi.org/10.1515/9783110769807-002

2.2 Winkel, Kurse und Peilungen

2.2.1 Winkel

Ein Winkel (angle) ist die Differenz zweier von einem Punkt ausgehenden Richtungen. Dieser kann orientiert (mit Bezugsrichtung) oder nichtorientiert sein. Winkel werden angegeben im Bogenmaß als Vielfaches von π, in Grad oder Gon, wobei der Vollkreis 2π, in der Sexagesimalteilung 360° (Ortung und Navigation) oder 400 Gon (Vermessung) umfasst. Ein Grad [°] gleicht 60 Bogenminuten ['], eine Bogenminute wird aus 60 Bogensekunden ["] gebildet. Ein Gon ist der hundertste Teil des rechten Winkels, damit gilt: 1 Gon = 0,9°.

2.2.2 Kurs

Der Kurs (course) ist ein in der Horizontalebene gemessener Winkel. Dieser ist eine Steuerungsgröße und wird von einer anzugebenden Bezugsrichtung aus im Uhrzeigersinn von 000° bis 359° gezählt und in ganzen Grad dreistellig geschrieben – z.B. 075°. [8] Den Himmelsrichtungen Nord, Ost, Süd und West entsprechen 360°, 090°, 180° und 270°.

Aufgrund des Windeinflusses muss man zwischen **Steuerkurs** (heading – HDG) und **Kurs über Grund** (track – TRK) unterscheiden. Abbildung 2.2 zeigt das Aussehen der 360°-Kursrose. Hier beträgt der Steuerkurs unter der Kursmarke oben 090°, der sich ergebende Kurs über Grund (grüner Kreis) ist 082° ⇒ Wind von rechts, die Abdrift beträgt 8° nach links.

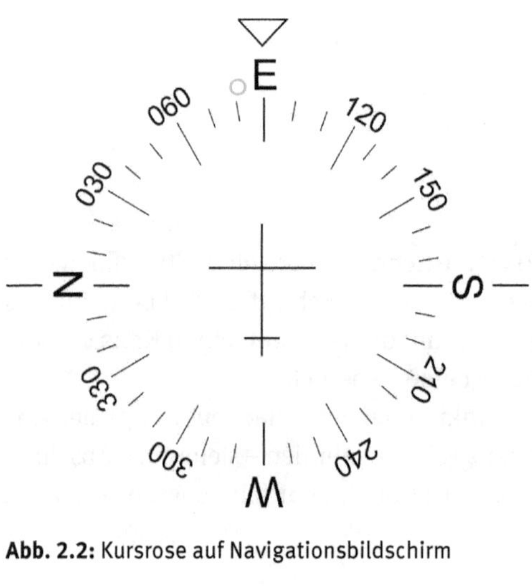

Abb. 2.2: Kursrose auf Navigationsbildschirm

2.2.2.1 Bezugsrichtungen und Störgrößen

Die Bezugsrichtungen für Kurse sind geographisch (rechtweisend) Nord, magnetisch (missweisend) Nord, Gitternord (z.B. UTM-Gitter) oder Kompassnord. Abhängig von der Bezugsrichtung werden die Kurse bezeichnet: rechtweisender Kurs (rwK), missweisender Kurs (mwK), Gitterkurs (GK) oder Kompasskurs (KK). Kurse werden gemessen mit Magnetkompass – siehe Abbildung 2.3, Erdfelddetektor oder nordsuchendem Kreiselkompass.

Die Nadel eines Magnetkompasses richtet sich parallel zu den lokalen Linien des Erdmagnetfelds aus. Dieses entsteht aufgrund des Geodynamo-Effekts durch die Relativbewegung des Erdkerns gegenüber dem Erdmantel. Für die Richtungsbestimmung ist die Horizontalkomponente der Feldlinien maßgeblich. Die Nordspitze der Kompassnadel zeigt die Richtung zum magnetischen Pol, welcher ein Südpol ist.

Jedoch sind die magnetischen Pole nicht ortsfest (Säkularvariation) und deren Lage entspricht nicht den geographischen Polen. So ergibt sich, abhängig vom Standort, ein Unterschied zwischen den Richtungen nach geographisch (rechtweisend) Nord und magnetisch (missweisend) Nord. Einflussgrößen sind Störungen des Feldlinienverlaufs durch lokale Magnetfeldanomalien (z.B. Eisenerzlagerstätten) und Deformation des Magnetfelds durch den solaren Teilchenstrom.

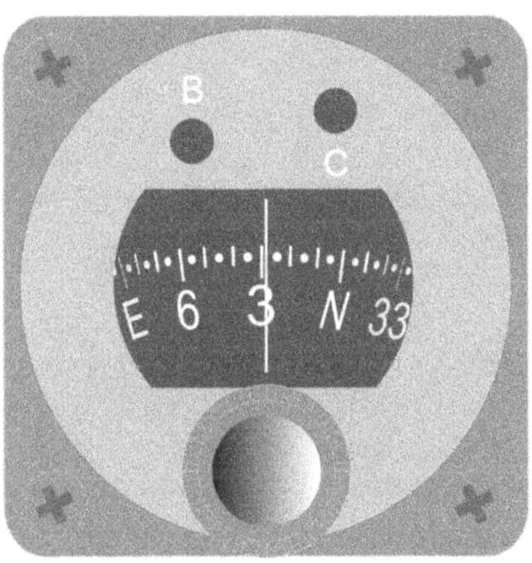

Abb. 2.3: Flüssigkeitsgelagerter Magnetkompass

Mit Annäherung an die Magnetpole nimmt die Brauchbarkeit des Magnetkompasses wegen der zunehmenden Neigung der Magnetfeldlinien und damit Verringerung von deren Horizontalkomponente/Vergrößerung der Vertikalkomponente ab – siehe Abbildung 2.4. An den Polen verlaufen die Feldlinien senkrecht zur EO. Zur Nutzbarkeit des Erdmagnetfelds sind diskrete Werte für die Feldstärke definiert: 9 μTesla (unreliable), 6 μTesla (erratic) und 3 μTesla (useless). Die 6 μTesla-Linie wird in Navigationskarten angegeben.

Der ortsabhängige Richtungsunterschied zwischen rechtweisend (rwN) und missweisend Nord (mwN) ist die **Ortsmissweisung** (variation – VAR). Diese wird durch Linien gleicher Ortsmissweisung (Isogonen) für die gesamte EO bestimmt und in den Navigationskarten verzeichnet. In polaren Gebieten ist deren Erfassung jedoch nur lückenhaft. Die Isogone, welche alle Orte mit VAR = 0 verbindet, nennt man **Agone**. Diese endet am geographischen oder magnetischem Pol, niemals dazwischen.

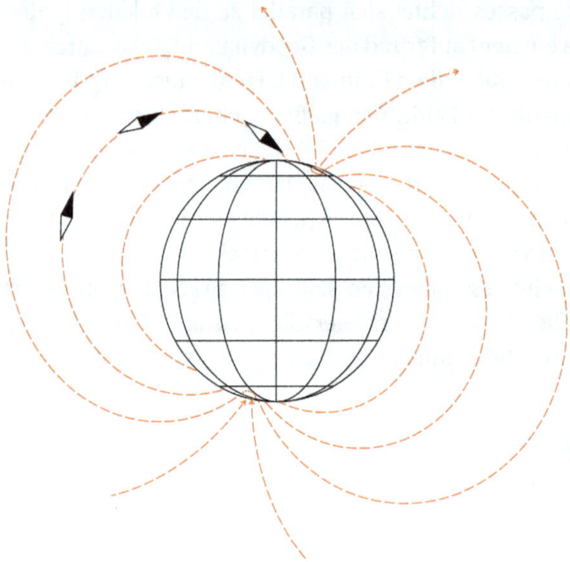

Abb. 2.4: Verlauf der Erdmagnetfeldlinien, Lage der Pole und Ausrichtung der Kompassnadel – schematisch

Die Kompassablenkung kann nach Osten oder Westen erfolgen. Wird die Nadel nach Osten abgelenkt ⇒ VAR positiv (+), bei Ablenkung nach Westen ⇒ VAR negativ (–). Abbildung 2.5 zeigt eine Region der Nordhalbkugel im Bereich von 70° bis 80° Nord und 105° bis 145° Ost – Neusibirische Inseln, Laptew-/Ostsibirische See mit beschränkter Nutzbarkeit des Magnetkompasses. Nördlich der magentafarbenen 6 μTesla-Linie ist die Kompassanzeige fehlerhaft (erratic). Die Isogonen verlaufen stark gekrümmt bis zur 6 μTesla-Linie; der Maximalwert der Ortsmissweisung beträgt in dieser Region 16°W. In Richtung Westen wechseln hier die VAR-Werte von West über Null auf Ost.

Jedoch entspricht die Kompassanzeige in der Regel nicht der Richtung nach mwN. Bordelektrische Felder verursachen eine zusätzliche Ablenkung der Anzeige nach Kompassnord (KN). Der Richtungsunterschied zwischen mwN und KN ist die **Kompassablenkung** (deviation – DEV). Diese wird für jedes Luftfahrzeug durch eine Deviationstabelle erfasst, welche in der Nähe des Magnetkompasses angebracht ist.

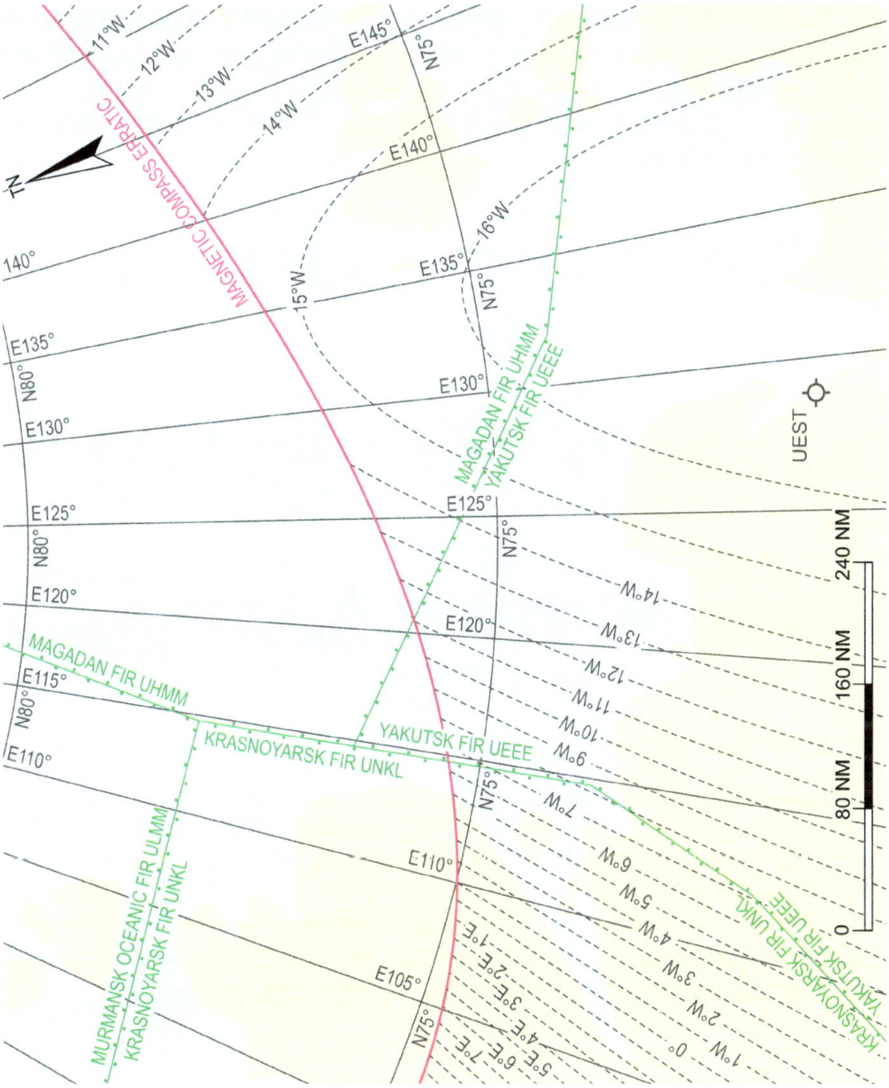

Abb. 2.5: Region mit großen Werten der Ortsmissweisung *[nach Lufthansa Systems FlightNav, Lido eRouteManual]*

Auch hier kann die Ablenkung in östlicher oder westlicher Richtung sein. Wird die Kompassnadel nach Osten abgelenkt ⇒ DEV positiv (+), bei Ablenkung nach Westen ⇒ DEV negativ (–).

Zu den Beziehungen zwischen den Kursen – siehe Abbildung 2.6. Hier haben VAR und DEV negative Werte.

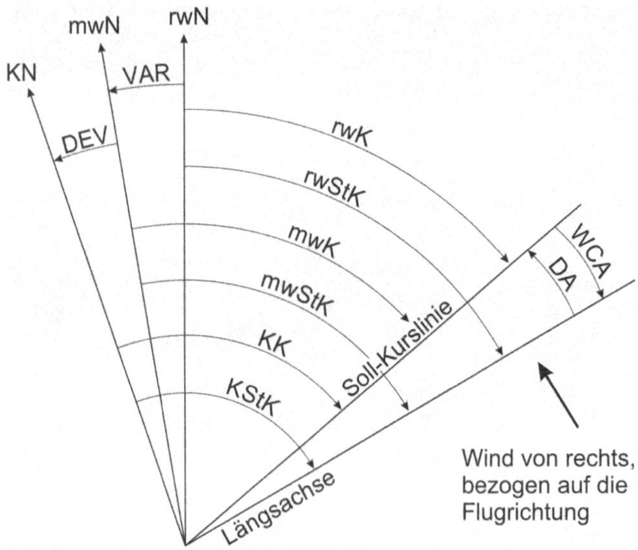

Abb. 2.6: Beziehungen zwischen den Kursen

Der Rechenweg **rwk ⇒ KK** wird in der Flugplanungsphase gewählt, wenn die in der Karte gemessenen Kurse in zu realisierende Kompasskurse umgewandelt werden. Aufgrund der Addition bleibt das Vorzeichen von VAR und DEV erhalten:

$$mwK = rwK + VAR \tag{2.1}$$

und

$$KK = mwK + DEV \tag{2.2}$$

Der umgekehrte Rechenweg **KK ⇒ rwk** wird angewendet, wenn bereits realisierte Kompasskurse in die Karte übertragen werden sollen. Wegen der Subtraktion kehrt sich hier das Vorzeichen für VAR und DEV um:

$$mwK = KK - DEV \tag{2.3}$$

und

$$rwK = mwK - VAR \tag{2.4}$$

Um den Einfluss des Windes zu kompensieren und um auf der Soll-Kurslinie zu verbleiben, wird ein Vorhaltewinkel (wind correction angle – WCA) gewählt, welcher idealerweise die Abdrift (drift angle – DA) genau ausgleicht $\Rightarrow WCA = -DA$. Aus einem Kurs wird ein Steuerkurs durch Addition des WCA. Gleicht der WCA den DA nicht aus, so weicht der Kurs über Grund von der Soll-Kurslinie ab, und es ist eine zusätzliche Kurskorrektur erforderlich. Zur Berechnung der mit dem Wind verknüpften Größen – siehe Abschnitt 3.1.

Für die Bewegungsrichtung gilt grundsätzlich: Süd → Nord, West → Ost mit Vorzeichen + und Nord → Süd, Ost → West mit Vorzeichen –.

Zur Übersicht stellt Tabelle 2.1 die deutschen Begriffe und Abkürzungen denen der englischen Terminologie gemäß DIN 13312 [8] gegenüber.

Tab. 2.1: Bezugsrichtungen und Kursbegriffe

deutsche ...	englische Bezeichnung
rechtweisend Nord (rwN)	true north (TN)
missweisend Nord (mwN)	magnetic north (MN)
Kompassnord (KN)	compass north (CN)
rechtweisender Kurs (rwK)	true course (TC)
missweisender Kurs (mwK)	magnetic course (MC)
Kompasskurs (KK)	compass course (CC)
Ortsmissweisung	variation (VAR)
Kompassablenkung	deviation (DEV)
Steuerkurs (StK)	heading (HDG)
Kurs über Grund (KüG)	track (TRK)
rechtweisender Steuerkurs (rwStK)	true heading (TH)
missweisender Steuerkurs (mwStK)	magnetic heading (MH)
Kompasssteuerkurs (KStK)	compass heading (CH)
Abdrift	drift angle (DA)
Vorhaltewinkel	wind correction angle (WCA)

2.2.2.2 Kompassdrehfehler

Bei einem Magnetkompass mit flüssigkeitsgelagerter Nadel, wie in Abbildung 2.3 gezeigt, entstehen im Kurvenflug sowie im Steig- und Sinkflug aufgrund der Neigung des Luftfahrzeugs Anzeigefehler (Neigungsdeviation) durch Winkel, welche die wirksame Horizontalkomponente des Magnetfelds reduzieren. Beim Sinken ist der angezeigte Kurs etwas zu klein, beim Steigen etwas zu groß. In Kurven eilt die Kursanzeige voraus oder läuft nach, daher muss zum Ausgleich eine Kurve, bezogen auf den Drehsinn, vor oder nach Erreichen des Soll-Kurses ausgeleitet werden. Die dabei anzuwendenden Korrekturwerte sind richtungsabhängig und gehen aus Tabelle 2.2 hervor.

Für Soll-Kurse, welche im nördlichen Halbkreis liegen, muss eine Kurve mit dem betreffenden Korrekturwert **vor** Erreichen der Soll-Kursanzeige ausgeleitet werden, weil die Kompassanzeige nachläuft. Liegt der Soll-Kurs im südlichen Halbkreis, ist das Ausleiten der Kurve **nach** Erreichen der Soll-Kursanzeige erforderlich, da die Kompassnadel vorauseilt und nach Beendigung der Kurve zurückdreht. Folglich liefert der Magnetkompass nur im Horizontalflug eine korrekte und stabile Kursanzeige.

Tab. 2.2: Werte zum Ausgleich des Kompassdrehfehlers

Soll-Kurs [°]	Korrekturwert [°]
360; 180	30
030; 150; 210; 330	20
060; 120; 240; 300	10
090; 270	0

2.2.3 Peilung

Die Peilung (bearing) ist ein in der Horizontalebene gemessener Winkel. Dieser wird von einer anzugebenden Bezugsrichtung aus im Uhrzeigersinn von 000° bis 359° gezählt und in ganzen Grad dreistellig geschrieben. [8] Die Messung geschieht optisch oder über Funkwellen (Eigenpeilung) bzw. mittels RADAR (Fremdpeilung) zwischen Bezugsrichtung und Sehstrahl zu einem Objekt, welches sich außerhalb des Luftfahrzeugs befindet. Abhängig von der Bezugsrichtung kann eine Peilung recht- oder missweisend sein – genauso, wie ein Kurs. Zum Anpeilen können sichtbare Objekte, deren Position bekannt ist oder Funkfeuer genutzt werden. Peilungen sind **relativ** (bezogen auf die Luftfahrzeuglängsachse) oder **absolut**.

In der Epoche des Morse-Funkverkehrs wurden sogenannte Q-Gruppen zur Übermittlung flugtaktischer Angaben entwickelt. QDM, QDR, QTE und QUJ werden seit dieser Zeit zur Kennzeichnung der absoluten Peilungen verwendet. Folgende Peilbegriffe werden unterschieden:
- missweisende Peilung (magnetic bearing) vom Fahrzeug zum Objekt (QDM)
- missweisende Peilung vom Objekt zum Fahrzeug (QDR)
- rechtweisende Peilung (true bearing) vom Fahrzeug zum Objekt (QTE)
- rechtweisende Peilung vom Objekt zum Fahrzeug (QUJ)

Missweisende Peilungen entstehen in Verbindung mit der Kursbestimmung durch den Magnetkompass. Nach Umrechnung in rechtweisend können diese in die Navigationskarte zur Bestimmung der eigenen Position eingezeichnet werden. Ohne Wind gleicht das QDM dem missweisenden Steuerkurs (magnetic heading – MH) zum angepeilten Objekt. Der missweisende Steuerkurs entspricht der Ausrichtung der Längsachse.

Den Winkel zwischen Längsachse und Richtung zum Peilobjekt im Uhrzeigersinn bezeichnet man als relative Peilung bzw. Seitenpeilung (relative bearing – RB).

Eine absolute Peilung erhält man durch Verknüpfung der Seitenpeilung mit dem Steuerkurs:

$$QDM = MH + RB \tag{2.5}$$

Für das QDR (= Standlinie) gilt:

$$QDR = MH + RB + 180^\circ = QDM + 180^\circ \tag{2.6}$$

In Abbildung 2.7 beträgt der missweisende Steuerkurs 040°; angepeilt werden zwei Funkfeuer (FF). Die Seitenpeilung zu FF 1 beträgt 50°, jene zu FF 2 hat den Wert 290°. Die missweisende Peilung vom Luftfahrzeug zu FF 1 beträgt 090°, jene zu FF 2 ist 330°. Die missweisende Peilung von FF 1 zum Luftfahrzeug ist 270°, jene von FF 2 zum Luftfahrzeug ist 150°. QDM-Werte liest man an der Nadelspitze und QDR-Werte am Nadelende ab.

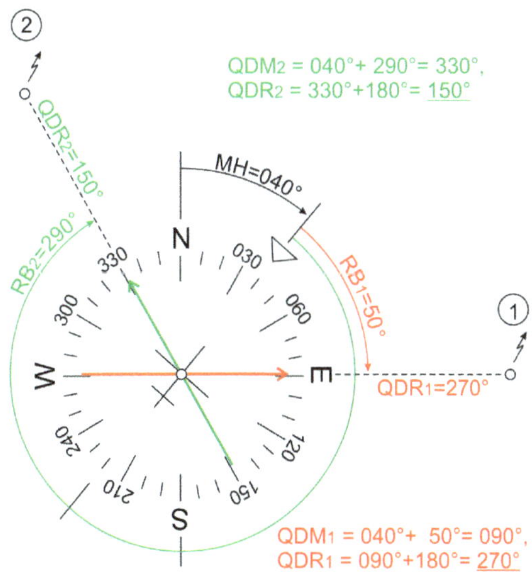

Abb. 2.7: Relative und absolute Peilung sowie Kreuzpeilung

Die Peilung zweier Objekte ermöglicht so einen Standlinienschnitt und damit die Positionsbestimmung durch Kreuzpeilung. Werden beide QDR-Werte als Geraden, bezogen auf das Peilobjekt, in die Navigationskarte eingetragen, ergibt sich die eigene Position im Schnittpunkt. Für eine optimale Genauigkeit sollten die angepeilten Objekte so zueinander liegen, dass sogenannte schleifende Schnitte vermieden werden.

2.3 Bezugs- und Koordinatensysteme der Erde

Positionsangaben setzen ein Koordinatensystem (KS) voraus. Bei der Vermessung und Landesaufnahme werden Meridianstreifensysteme als lokale Gitternetze auf der Grundlage eines Ellipsoids verwendet. Erwähnt seien hier Gauß-Krüger-Koordinaten und UTM-Koordinaten (Universal Transverse Mercator Grid). Für die Ortung und Navigation auf der EO sind globale, geozentrische oder ellipsoidische Koordinaten jedoch ungeeignet. So nutzt man in der Navigation geographische Koordinaten.

2.3.1 Geodätische Referenzsysteme

Die Figur der Erde ist als Kugel oder als Ellipsoid modellierbar. Für kleinräumige Lagevermessungen bis etwa 10 km Durchmesser ist auch eine Ebene als Bezugsfläche zulässig. Das Kugel-Modell findet bei den navigatorischen Berechnungen Anwendung.

Im Ergebnis der Gradmessungen des 18. Jahrhunderts ersetzte das an den Polen abgeplattete Rotationsellipsoid in der Vermessung das Kugel-Modell.

Bereits Laplace (1802), Gauß (1828) und Bessel (1837) zogen Schlussfolgerungen aus der Tatsache, dass die physikalische Lotrichtung von der Ellipsoidnormalen abweicht (Lotabweichung). Ferner ergaben Ausgleichungen von Gradmessungen Widersprüche, welche weit größer als die Beobachtungsgenauigkeit waren. Das resultierende, durch Gauß 1828 definierte und durch Listing 1872 so benannte Modell des Erdkörpers ist das **Geoid**. Dessen Oberfläche kann, abhängig von der Region, über oder unter der Ellipsoid-Fläche liegen und wird heutzutage als Bezugsfläche für Schwere- und Höhenmessungen verwendet. [45], [48]

Das (Rotations-)Ellipsoid wird durch die Parameter **große Halbachse** a und polare **Abplattung** (flattening) $f = \frac{a-b}{a}$, mit b als kleiner Halbachse, definiert. Beispiele für frühere regionale konventionelle (lokal bestanschließende) Ellipsoide sind: Bessel (Deutschland, Österreich, Schweiz), Clarke (USA, Kanada, Frankreich), Hayford (NATO) und Krassowski (frühere Ostblock-Staaten und Sowjetunion).

Als idealisierte Bezugsfläche für die Koordinatenrechnung hatten diese Modelle der Erdfigur unterschiedlich lange, nicht parallele Halbachsen. Deren Mittelpunkte fielen nicht zusammen, als Höhenbezug dienten unterschiedliche Pegel. Ein Objekt im Randbereich zweier Systeme hatte als identischer Punkt folglich jeweils verschiedene Koordinaten. Die räumliche Realisierung durch Positionierung und Orientierung eines geodätischen Festpunktfelds (geodätisches Datum) erfolgte z.B. durch das Datum Rauenberg (Bessel) oder das Datum Pulkowo (Krassowski). Der Wechsel zwischen den Systemen erfordert daher eine Datums- bzw. Koordinatentransformation – d.h.

die Umrechnung von Punktkoordinaten von einem Bezugssystem in ein anderes (mit Datumsübergang)[2].

Geodätische Flächenkoordinaten werden durch die **ellipsoidische Breite** B und die **ellipsoidische Länge** L definiert. B ist der Winkel zwischen der Ellipsoidnormale durch einen Punkt P und der Äquatorebene, L ist der Winkel zwischen dem Nullmeridian und dem Meridian durch P.

Seit Ende des 20. Jahrhunderts sind globale Satellitennavigationssysteme (Global Navigation Satellite Systems – GNSS) verfügbar. Nutzt man diese für Vermessung und präzise Navigation, müssen die verwendeten Koordinaten von einem globalen, geozentrischen, satelliten-spezifischen Referenzsystem abgeleitet werden. Geometrisch wird hier das gesamte Geoid durch ein mittleres Ellipsoid approximiert.

Der Wechsel zwischen einem globalen und einem lokalen System erfolgt als **dreidimensionale Ähnlichkeitstransformation** unter Verwendung der Definitionsparameter der Ellipsoide nach der Beziehung:

$$X_{Lokal} = x_0 + (1 + m) \cdot R \cdot X_{Global} \tag{2.7}$$

In diesem Gleichungssystem sind X_{Lokal} und X_{Global} die Ortsvektoren eines Punkts im jeweiligen System. Der Vektor x_0 wird aus den drei Verschiebungen Δx, Δy, Δz des Koordinatenursprungs gebildet. Der Maßstabsparameter m gibt die Änderung des Maßstabs an. Die Matrix R beschreibt zusammengefasst die Rotationen um die drei Koordinatenachsen. Benötigt werden damit sieben Transformationsparameter. [6]

Die Gewinnung der Transformationsparameter ist durch Ausgleichung möglich, wenn von mehr als drei identischen (homologen) Punkten die Koordinaten in beiden Systemen vorliegen (d.h. Überbestimmung mit mehr Freiheitsgraden als nötig).

---

i

Ausgleichungsrechnung erfolgt in der Vermessung und Geodäsie für die Beobachtungsgrößen Strecke, Winkel und Richtung für Reihen von Messungsergebnissen (Beobachtungsvektor). Unter Verwendung der Methode der kleinsten Quadrate gilt dabei die Ausgleichungsforderung: Die gewichtete Verbesserungsquadratsumme soll minimal sein. Hierfür wird ein funktionales Modell (Modell- bzw. Design-Matrix) auf Grundlage von Beobachtungsgleichungen, als mathematische Beziehung zwischen den Messgrößen und den Parametern, und ein stochastisches Modell als Information über die Genauigkeit der Beobachtungsgrößen aufgestellt.

Eine solche Transformation hat für den Übergang in die Koordinaten des globalen Systems WGS84, vom konventionellen Bessel-Ellipsoid mit dem geodätischen Datum

2 Hingegen bedeutet der Begriff „Koordinatenumrechnung“ Wechsel von Punktkoordinaten von einem KS in ein anderes innerhalb eines Bezugssystems – z.B. Umrechnung ellipsoidischer Koordinaten eines Punkts in dessen kartesische Koordinaten.

RD83 (Rauenberg 1983) ausgehend, folgendes Aussehen:

$$\begin{pmatrix} X_{WGS84} \\ Y_{WGS84} \\ Z_{WGS84} \end{pmatrix} = \begin{pmatrix} 582 \\ 105 \\ 414 \end{pmatrix} + (1+m) \cdot \begin{pmatrix} 1 & \omega_z & -\omega_y \\ -\omega_z & 1 & \omega_x \\ \omega_y & -\omega_x & 1 \end{pmatrix} \cdot \begin{pmatrix} X_{RD83} \\ Y_{RD83} \\ Z_{RD83} \end{pmatrix} \tag{2.8}$$

Für die Translationen des Koordinatenursprungs gilt die Einheit Meter, der Maßstabsfaktor m hat hier den Wert 8,3 $[m \cdot 10^{-6}]$. Für R gelten die Werte: $\omega_x = -1,0$ sowie $\omega_y = -0,4$ und $\omega_z = 3,1$ in Bogensekunden. [48]

Unter einem geodätischen Referenzsystem versteht man die Summe der theoretischen Vereinbarungen zur Konkretisierung eines KS für geodätische Zwecke. Die Verabredungen zur Anordnung eines geodätischen Netzes in einem gewählten KS wird Datumsfestsetzung genannt. Das Referenznetz ist die geodätische Realisierung des Referenzsystems. [6]

Das Internationale Terrestrische Bezugssystem (International Terrestrial Reference System – ITRS) wird durch den Erdrotationsdienst (International Earth Rotation Service – IERS) mit einem globalen Netz geodätischer Stationen realisiert. Die geozentrischen kartesischen Koordinaten und die Geschwindigkeiten dieser Beobachtungsstationen bilden den Internationalen Terrestrischen Bezugsrahmen (International Terrestrial Reference Frame – ITRF). Der IERS veröffentlicht in jährlichen Abständen ITRF-Lösungen (mit Jahresangabe z.B. ITRF2005). [45]

Das **Global Positioning System** (GPS) der USA nutzt WGS84 (World Geodetic System 1984) mit sich kontinuierlich verbessernden Realisierungen als System und Frame. WGS72, dessen Vorgängersystem, bestand bis 1986. WGS84(G1150) und ITRF2000 stimmen auf cm-Niveau überein. Dabei ist GXXXX die Angabe der GPS-Wochen seit Einführung des Systems. Das von Russland betriebene Globalnaja Navigationaja Sputnikova Sistema (GLONASS) basiert auf PZ90 (Parametri Zemli 1990), welches am ITRF2000 orientiert ist. Das Europäische GALILEO verwendet GTRF (Galileo Terrestrial Reference) als weitere ITRS-Realisierung. [18], [14]

Seit dem 1. Januar 1998 ist **WGS84** für Koordinaten in Luftfahrtkarten und Navigationsdatenbanken verbindlich.

Neben der geozentrischen Gravitationskonstante, einschließlich des Atmosphärenanteils, und der Winkelgeschwindigkeit der Erdrotation sind die geometrischen Definitionsparameter des WGS84: [45]
- große Halbachse a = 6 378 137,0 m
- reziproke Abplattung 1/f = 298,257 223 563

Für die Luftfahrt relevante Objekte auf der EO sind z.B. Standorte von Funknavigationsanlagen, Schwellen der Start- und Landebahnen, Parkpositionen auf den Vorfeldern der Flughäfen oder Flughafenbezugspunkte. Deren Koordinaten werden durch GNSS-basierte Vermessung gewonnen und von der Planungssoftware der Flugsicherung verwendet. Objekte wie z.B. Wegpunkte, deren Koordinaten nicht durch Vermessung entstehen, werden konstruktiv erzeugt – siehe auch Abschnitt 5.4.3.

So wird bei der DFS Deutsche Flugsicherung GmbH in der Kartenherstellung auf dem WGS84-Ellipsoid, unter Verwendung des Geoid-Modells EGM96 für Höhenangaben, gearbeitet.[3] Ebenso basieren die Entwürfe der Navigationskarten und die Koordinaten des Lido RouteManual von Lufthansa Systems auf dem WGS84-Ellipsoid.[4]

2.3.2 Geographische Koordinaten

Geographische Koordinaten beschreiben zweidimensional Positionen auf der EO als Paar der **geographischen Breite** (latitude) und der **geographischen Länge** (longitude), basierend auf dem Kugel-Modell der Erde mit dem mittleren Radius $r = 6371$ km oder auf dem Ellipsoid-Modell des WGS84.

Entsprechend Abbildung 2.8 ist die geographische Breite φ der Winkel in der Ebene senkrecht zum Äquator, zwischen der Äquatorebene und der Lotrichtung (Flächennormale) durch einen Punkt P auf der EO. Man zählt von 0° bis ±90°; damit ergeben sich nördliche und südliche Breiten, bezogen auf den Äquator.

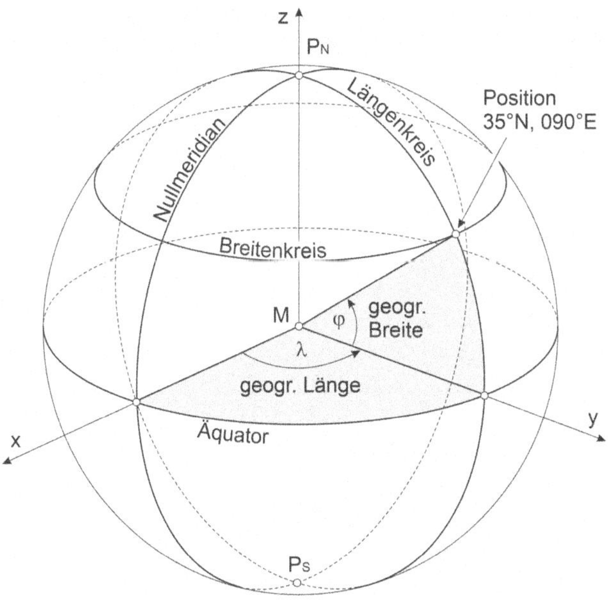

Abb. 2.8: Definition der geographischen Koordinaten

3 Quelle: Hartmut Wiethaup, DFS Deutsche Flugsicherung GmbH, AIM Aeronautical Information Management, Büro der Nachrichten für Luftfahrer

4 Quelle: Chadwick Bramwell, Product Delivery Manager (PDM), Lido RouteManual Customer Support, Lufthansa Systems

Die Parameterlinie als Menge der Orte mit einer bestimmten geographischen Breite (φ = konst.) ist der **Breitenkreis** (Breitenparallel). Schneidet die Ebene eines Breitenkreises den Erdmittelpunkt, ist dieser ein Großkreis (Äquator), andernfalls ein Kleinkreis.

Die geographische Länge λ ist der Winkel zwischen der Ebene des Null-Meridians (seit 1883 durch Greenwich) und der Ebene des Ortsmeridians durch den Punkt P. Geographische Längen werden von 0° bis ±180° gezählt. Damit ergeben sich östliche und westliche Längen.

Die Parameterlinie als Menge aller Orte mit einer bestimmten geographischen Länge (λ = konst.) ist der **Längenkreis** (oder Mittagslinie = Meridian). Alle Längenkreise sind Großkreise, da deren Ebene den Erdmittelpunkt schneidet. Längenkreise schneiden die Breitenkreise im rechten Winkel.

Bewegt man sich entlang der Breiten- bzw. Längenkreise, entstehen Längen- und Breitendifferenzen $\Delta\lambda$ bzw. $\Delta\varphi$. Einem dabei überstrichenen Winkel kann eine Bogenlänge oder Entfernung zugeordnet werden. Tabelle 2.3 zeigt die Beziehungen zwischen den Winkeln und den Bogenlängen bzw. Entfernungen auf einem Großkreis. Daraus ergeben sich die in der Navigation verwendeten Entfernungseinheiten.

Entfernungsmaß ist die **Seemeile** [sm] bzw. **Nautische Meile** [nm]. Diese wird direkt vom geographischen KS abgeleitet und ist die dem Winkel 1/60° zugeordnete Bogenlänge auf einem Großkreis (= Länge einer Bogenminute) ⇒ 1°= 60', 1'= 60". [8]

Tab. 2.3: Umrechnung zwischen den Entfernungsmaßen

Winkel	Bogenlänge [km]	Bogenlänge [nm]
360°	40.000	21.600
1°	111,11	60
1'	1,852	1
1"	0,0309	1/60

Die Meridiane konvergieren zu den Polen hin. Diese (natürliche) **Konvergenz** K_N ist der Winkel zwischen den Tangenten an jeweils zwei Meridiane mit einer bestimmten Längendifferenz in einer bestimmten geographischen Breite. Es gilt:

$$K_N = \Delta\lambda \cdot \sin\varphi \tag{2.9}$$

Damit ist der Wert von K_N an den Polen gleich der Längendifferenz, am Äquator ist dieser gleich Null. Wegen der Meridiankonvergenz reduziert sich die dem Winkel $\Delta\lambda$ entlang eines Kleinkreises entsprechende Bogenlänge l mit zunehmenden Abstand vom Äquator. Diese Reduktion ist die **Abweitung** a in der Einheit [km, nm]:

$$a = l \cdot \cos\varphi \tag{2.10}$$

Folglich ergibt sich: $a = l$ für $\varphi = 0°$ sowie $a = 0$ für $\varphi = \pm 90°$.

2.4 Navigatorisch-/räumliche Orientierung

In der Navigation und Flugmechanik werden drei Koordinatensysteme (Achsenkreuze) für die navigatorisch-/räumliche Orientierung eines Luftfahrzeugs verwendet: flugzeugfestes, erdfestes und flugwindfestes KS. Diese sind durch **Eulersche Winkel**, d.h. drei Winkel, welche die gegenseitige Lage jeweils zweier rechtwinkliger KS mit gemeinsamen Ursprung beschreiben, gekoppelt.

2.4.1 Flugzeugfestes Koordinatensystem

Das flugzeugfeste KS (body frame) wird gebildet durch die folgenden, zueinander senkrechten Achsen – siehe auch Abbildung 2.12 oben:
- Längsachse x (Rollachse/roll-axis)
- Querachse y (Nickachse/pitch-axis)
- Hochachse z (Gierachse/yaw-axis)

Die Ausrichtung der Achsen des flugzeugfesten KS lässt sich durch die **linke Hand-Regel** beschreiben: Der ausgestreckte Zeigefinger bildet die x-Achse, der gespreizte Daumen die y-Achse und der gestreckte Mittelfinger ist die positive z-Achse.

Bewegungen des Luftfahrzeugs finden um diese Achsen (Rotation) und entlang dieser (Translation) statt. Damit ergeben sich sechs Freiheitsgrade der Bewegung. Die Drehwinkel können durch Verknüpfung der Achsenkreuze der drei KS definiert werden. Drehungen im Uhrzeigersinn in Richtung der positiven Drehachse sind positiv. Positive Drehungen ergeben positive Winkel. Die vom Luftfahrzeug überstrichenen Winkel werden durch Kreisel oder von Drehratensensoren durch Messung der um die jeweilige Achse wirkenden Beschleunigungen gewonnen.

2.4.2 Erdfestes Koordinatensystem

Das erdfeste (geodätische) KS (navigation frame) bildet das Navigations-KS. Dessen Koordinatenursprung liegt im Luftfahrzeugschwerpunkt und fällt mit dem Ursprung des flugzeugfesten KS zusammen – siehe Abbildung 2.12 unten. Das erdfeste KS wird aus den folgenden Achsen gebildet:
- Achse x_g tangential an den Ortsmeridian, nach geographisch Nord
- Achse y_g in Tangentialebene senkrecht zu x_g, nach Ost
- Achse z_g senkrecht zu x_g, y_g-Ebene, positive Richtung zum Erdmittelpunkt

Im englischen Sprachraum ist für das erdfeste KS die Bezeichnung **NED-System** (north, east, down) gebräuchlich. [19]

2.4.3 Flugwindfestes Koordinatensystem

Das flugwindfeste (aerodynamische) KS (aerodynamic frame) hat die Achsen:
- Achse der Flugrichtung (Flugbahn) x_a
- Achse y_a senkrecht zu x_a, spannt mit x_a eine Ebene auf, welche die Flugbahn enthält
- Achse z_a senkrecht zu x_a, y_a-Ebene

2.4.4 Beziehungen zwischen den Koordinatensystemen

Werden die Drehungen um die Achsen isoliert betrachtet, kann man die Beziehungen zwischen den Achsenkreuzen und die sich ergebenden Winkel ableiten.

2.4.4.1 Drehung um die z-Achse

Bei Drehung um die z-Achse entstehen Azimutwinkel – siehe Abbildung 2.9:
- Flugwindazimutwinkel χ (Kurswinkel)
- Schiebewinkel β
- Flugzeugazimut ψ (Gierwinkel/yaw angle)

Hier ist x_a die Richtung der Anströmung der Luft ($x_a \parallel \vec{v}$). Die Anströmung sollte möglichst symmetrisch sein ($\beta = 0$) $\Rightarrow$ minimaler Widerstand. In diesem Fall gilt: $\psi = \chi$. Die Verknüpfung der KS bezüglich der z-Achse geschieht nach:

$$\psi = \chi + \beta \tag{2.11}$$

2.4.4.2 Drehung um die y-Achse

Bei Drehung um die y-Achse entstehen Längsneigungswinkel – siehe Abbildung 2.10:
- Anstellwinkel α (angle of attack – AOA) – Winkel zwischen Längsachse des Luftfahrzeugs und Richtung der Anströmung
- Flugwindlängsneigungswinkel γ (flight path angle – FPA) – Winkel zwischen Bewegungsrichtung des Luftfahrzeugs und (horizontaler) x-Achse des erdfesten KS
- Nickwinkel θ (pitch angle) – Winkel zwischen Längsachse des Luftfahrzeugs und (horizontaler) x-Achse des erdfesten KS

Wenn $\gamma = 0 \Rightarrow$ Horizontalflug, $\gamma > 0 \Rightarrow$ Steigflug und $\gamma < 0 \Rightarrow$ Sinkflug. Falls $\alpha = 0 \Rightarrow \theta = \gamma$. Die Verknüpfung zwischen den KS bezüglich der y-Achse ergibt sich mit:

$$\theta = \alpha + \gamma \tag{2.12}$$

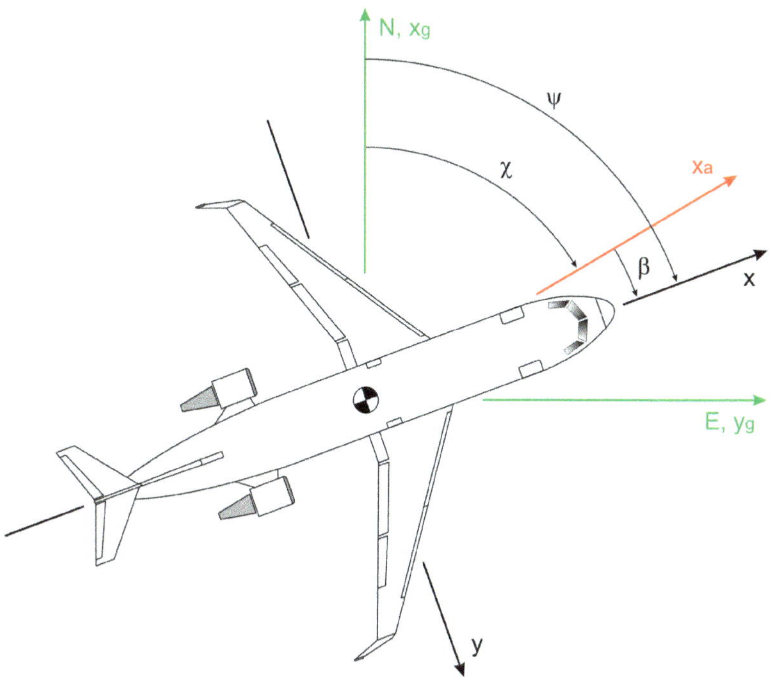

Abb. 2.9: Winkel um die z-Achse

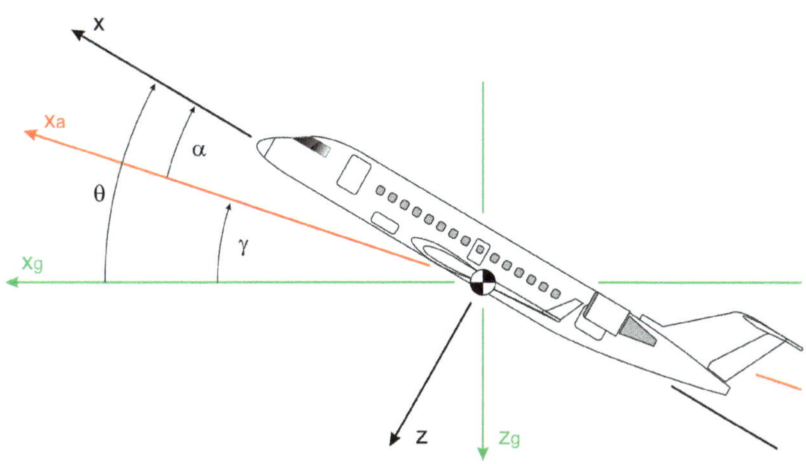

Abb. 2.10: Winkel um die y-Achse

2.4.4.3 Drehung um die x-Achse

Bei Drehung um die x-Achse entstehen Querneigungswinkel – siehe Abbildung 2.11:
- Flugwind-Querneigungswinkel μ
- Flugzeug-Querneigungswinkel ϕ (bank angle)

Wenn der Anstellwinkel $\alpha \neq 0$ bzw. Schiebewinkel $\beta \neq 0$ (Schiebeflug bei asymmetrischer Anströmung), folgt: $\mu \neq \phi$. Die Größe $\Delta = f(\alpha, \beta)$ führt zur Unterscheidung der Winkel μ, ϕ und verknüpft damit die KS bezüglich der x-Achse. Mit Vergrößerung von α oder β vergrößert sich Δ. Es gilt:

$$\Delta = |\mu - \phi| \tag{2.13}$$

Die Anströmungsrichtung eines Körpers wird nur durch **zwei Winkel** bestimmt, da eine Strömung rotationssymmetrisch ist. Durch Drehung um die Längsachse ändern sich die Luftkräfte nicht.

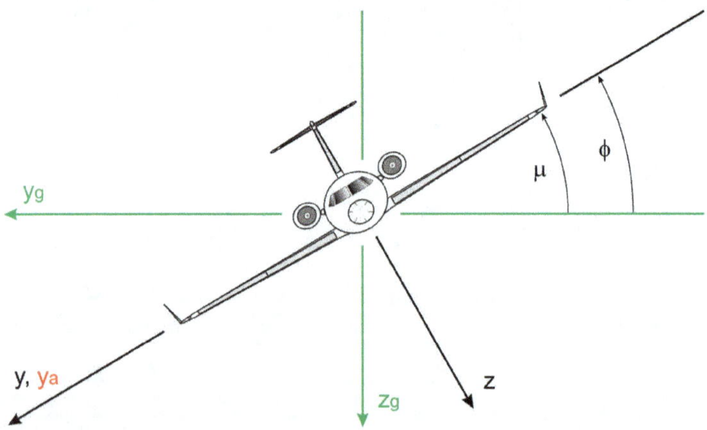

Abb. 2.11: Winkel um die x-Achse

2.4.5 Transformation zwischen flugzeugfestem und erdfestem Koordinatensystem

Die Transformation der im flugzeugfesten KS gemessenen Winkel in das NED-System geschieht über Rotationsmatrizen. Dabei erfolgen drei Rotationen in der Reihenfolge Gier-Nick-Roll um die Winkel ψ, θ, ϕ bezüglich der Achsen z, y, x im flugzeugfesten KS – siehe Abbildung 2.12. Das Produkt der Rotationsmatrizen ergibt die Transformationsmatrix T. Der Index A steht für Flugzeug, der Index N steht für NED:

$$T_A^N = R_3(\phi)R_2(\theta)R_1(\psi) \tag{2.14}$$

Drehung um die z-Achse:

$$R_1(\psi) = \begin{pmatrix} \cos\psi & -\sin\psi & 0 \\ \sin\psi & \cos\psi & 0 \\ 0 & 0 & 1 \end{pmatrix} \tag{2.15}$$

Drehung um die y-Achse:

$$R_2(\theta) = \begin{pmatrix} \cos\theta & 0 & \sin\theta \\ 0 & 1 & 0 \\ -\sin\theta & 0 & \cos\theta \end{pmatrix} \tag{2.16}$$

Drehung um die x-Achse:

$$R_3(\phi) = \begin{pmatrix} 1 & 0 & 0 \\ 0 & \cos\phi & -\sin\phi \\ 0 & \sin\phi & \cos\phi \end{pmatrix} \tag{2.17}$$

Die Transformation aus dem NED-System in das flugzeugfeste KS geschieht mit der Transponierten von T:

$$T_N^A = R_3(\psi)^T R_2(\theta)^T R_1(\phi)^T \tag{2.18}$$

Drehung um die x-Achse:

$$R_1(\phi)^T = \begin{pmatrix} 1 & 0 & 0 \\ 0 & \cos\phi & \sin\phi \\ 0 & -\sin\phi & \cos\phi \end{pmatrix} \tag{2.19}$$

Drehung um die y-Achse:

$$R_2(\theta)^T = \begin{pmatrix} \cos\theta & 0 & -\sin\theta \\ 0 & 1 & 0 \\ \sin\theta & 0 & \cos\theta \end{pmatrix} \tag{2.20}$$

Drehung um die z-Achse:

$$R_3(\psi)^T = \begin{pmatrix} \cos\psi & \sin\psi & 0 \\ -\sin\psi & \cos\psi & 0 \\ 0 & 0 & 1 \end{pmatrix} \tag{2.21}$$

Zum Ausgleich der Erdrotation und der gekrümmten Bewegungsbahn über die EO muss das NED-System kontinuierlich gekippt werden, um die örtliche Horizontale beizubehalten. Die Daten über die räumliche Orientierung des Luftfahrzeugs bezüglich des erdfesten KS werden von verschiedenen Bordsystemen benötigt und diesen zugeführt, die Visualisierung für den Piloten geschieht durch den künstlichen Horizont.

In der durch Abbildung 2.13 gezeigten Situation befindet sich das Luftfahrzeug in einer Rechtskurve ($\phi = +25°$) im Sinkflug ($\theta = 0°$, $\gamma = -5°$). Der *Flight path vector* (FPV) visualisiert die Flugbahn (Trajektorie).

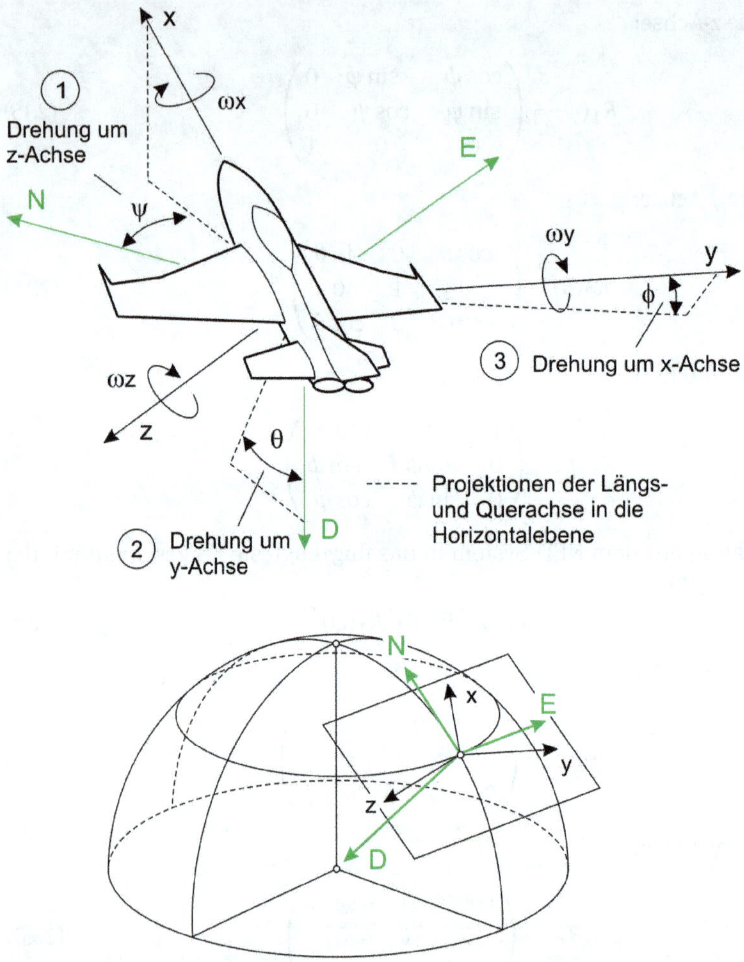

Abb. 2.12: Beziehungen zwischen dem flugzeugfesten und dem erdfesten KS

Kontinuierliche Drehraten- und Winkelmessungen um die Achsen des flugzeugfesten KS und Beschleunigungsmessungen entlang dieser werden durch bordautonome **Trägheitsnavigationssysteme** (inertial navigation system/inertial reference system – INS/IRS) geleistet. Deren Sensoren sind achsbezogen auf einer durch Kreisel stabilisierten Plattform orthogonal zueinander angebracht oder bei modernen Anlagen fest mit dem Luftfahrzeug verbunden (strapped down) – siehe Abschnitt 7.2.2.

Letztere realisieren die Plattform mathematisch durch die Transformationsmatrix. Nach Überführung der Winkel und Wege in das Navigations-KS können jederzeit die räumliche Orientierung und die Position des Luftfahrzeugs, bezogen auf den Abflugort, berechnet werden.

Die Messwerte werden durch Drehratensensoren und Beschleunigungsmesser mit großer Wiederholrate der Messungen gewonnen. Integriert man die Beschleunigung nach der Zeit, erhält man die Geschwindigkeit; Integration der Geschwindigkeit nach der Zeit liefert den zurückgelegten Weg.

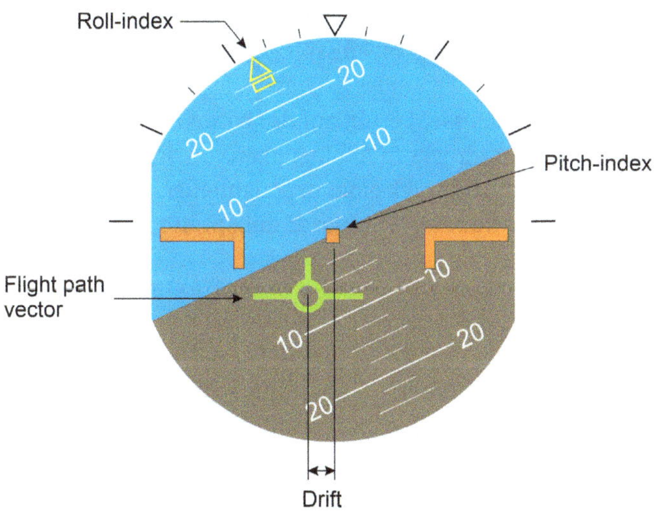

Abb. 2.13: Künstlicher Horizont zur Anzeige der räumlichen Orientierung und der Flugbahn eines Luftfahrzeugs

2.5 Steuerungsgrößen

Neben dem Kurs sind weitere Steuerungsgrößen: die Flughöhe, die Änderung der Flughöhe und die Fluggeschwindigkeit. Über diese werden der Flugweg und die Position des Luftfahrzeugs kontrolliert.

2.5.1 Flughöhe

Die Einheit zur Angabe der Flughöhe ist Meter [m] oder Fuß (foot, feet) [ft]. Letztere hat sich international durchgesetzt. Für die Umrechnung gilt: 1 m = 3,28 ft.

2.5.1.1 Prinzip der barometrischen Höhenmessung

Flughöhen werden (außer Funk- und GPS-Höhe) mit barometrischen Höhenmessern bestimmt. Deren Statischdruck-Sensor befindet sich seitlich am Rumpf des Luftfahrzeugs, senkrecht zur Luftströmung. Mechanische Höhenmesser bestehen aus Aneroid-Dose, Hebelwerk mit Zeiger, Skala und Skalenverstellung. Luftdruckänderungen verändern die Ausdehnung der Dose, welche über Hebelwerk und Zeiger auf der Skala als Höhenwert zur Anzeige gebracht wird. Moderne Anlagen liefern die barometrischen Werte vom Statischdruck-System über *Air data computer (ADC)* digital zur Anzeige – siehe Abbildung 2.15.

Eine Änderung der angezeigten Höhe am Boden aufgrund atmosphärischer Druckschwankungen kann durch die Skalenverstellung der Anzeige kompensiert werden. Durch die Skalenverstellung kann ebenso ein Referenzwert für die Druckanzeige gesetzt werden – z.B. der Luftdruck, welcher in Meeresspiegelhöhe (mean sea level – MSL) herrscht.

Das Funktionsprinzip der Höhenmesser beruht auf der barometrischen Höhenformel. Diese ist eine Funktion des Luftdrucks in Abhängigkeit von der Höhe dp/dH, d.h. mit zunehmender Höhe folgt der Luftdruck einer exponentiellen Abnahme. Die Höhenformel ist Element der **Internationalen Standardatmosphäre** (ISA). [30]

Für die Troposphäre gilt:

$$p = p_0 \cdot \left(1 - \frac{a}{T_0} \cdot H\right)^{\frac{g}{R \cdot a}} \tag{2.22}$$

Hier ist p_0 der Anfangsdruck in MSL (1013,25 hPa), T_0 ist die Anfangstemperatur in MSL (288,15 K), g ist die Erdbeschleunigung $[m/s^2]$, a ist der vertikale Temperaturgradient (6,5 K/km) und R die Gaskonstante für Luft (286,9 J/kgK).

Die Umformung von Gleichung (2.22) nach der Höhe ergibt:

$$H = \frac{T_0}{a} \cdot \left(1 - \sqrt[n]{\frac{p}{p_0}}\right) \tag{2.23}$$

mit

$$n = \frac{g}{R \cdot a} \tag{2.24}$$

Oberhalb der Tropopause gilt:

$$p = p_0 \cdot e^{-\frac{g}{R \cdot T_0}(H - H_0)} \tag{2.25}$$

In dieser Gleichung ist p_0 der Anfangsdruck (226,32 hPa), T_0 ist die Anfangstemperatur (216,5 K) und H_0 die Anfangshöhe (11 km).

Aus der Umformung von Gleichung (2.25) nach der Höhe ergibt sich:

$$H = \ln\left(\frac{p_0}{p}\right) \cdot \frac{R \cdot T_0}{g} + H_0 \tag{2.26}$$

Damit entspricht eine Flughöhe dem Druckunterschied zwischen dem Statischdruck-Sensor am Luftfahrzeug und dem Niveau des Referenzdrucks, welches durch den Piloten an der Eichskala des Höhenmessers eingestellt wird. Die Eichung der Höhenmesser erfolgt nach ISA.

2.5.1.2 Barometrische Höhen

Für die Definition des jeweiligen Luftdrucks, auf welchen sich die barometrische Höhenmessung beziehen soll, verwendet man ebenfalls Q-Gruppen. QFF ist der Luftdruck der aktuellen Atmosphäre in MSL. Die folgenden Flughöhen werden, abhängig von der Druckreferenz, unterschieden:

- QNH-Höhe (altitude – ALT)
- QFE-Höhe (height)
- Standardhöhe (flight level – FL bzw. pressure altitude)

Das **QNH** ist der am Flugplatz gemessene, nach ISA auf MSL reduzierte Luftdruck. Dabei wird unterstellt, dass sich die ISA-Bedingungen unterhalb des Flugplatzes bis MSL fortsetzen. Eine QNH-Höhe bezieht sich damit auf MSL – siehe Abbildung 2.14. Bei eingestelltem gültigen QNH zeigt der Höhenmesser am Boden die Flugplatzhöhe über MSL an, solange der atmosphärische Druck zwischen Messstation und Luftfahrzeug konstant bleibt. Luftdruckänderung verändert den QNH-Wert und damit die angezeigte Höhe.

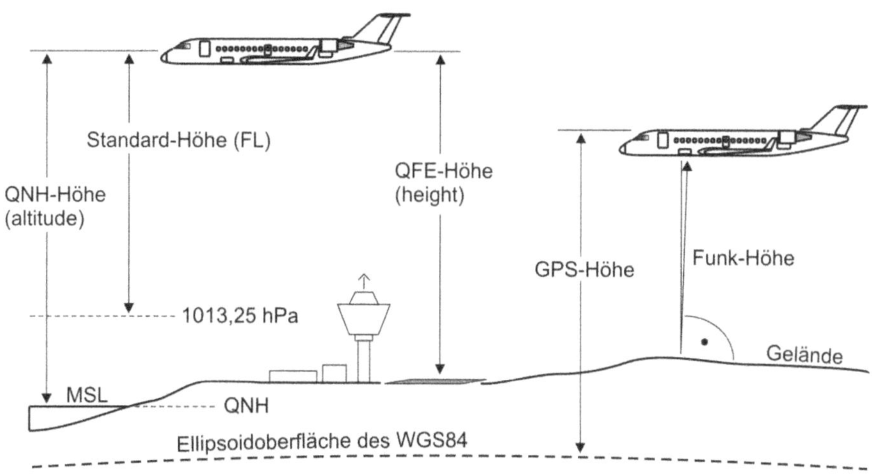

Abb. 2.14: Definition der Höhenbegriffe

Folglich muss das lokal gültige QNH als Referenzwert verwendet werden. Da Hindernis- und Geländehöhen in Luftfahrtkarten auf MSL bezogen sind, liegt die Bedeutung der QNH-Höhe in der Gewährleistung des sicheren Abstands eines Luftfahrzeugs zur EO bzw. zu Hindernissen.

Um aus der QNH-Höhe die wahre (geometrische) Höhe über MSL zu bestimmen, muss eine Temperaturkorrektur erfolgen, welche zu addieren ist, da ISA mit der Höhe den konstanten Gradienten für die Änderung der Lufttemperatur voraussetzt.

Bei $T < T_{ISA}$ ist die Luftsäule zwischen Bezugsdruckfläche und Luftfahrzeug geschrumpft, bei $T > T_{ISA}$ ist diese gestreckt. Der Betrag der Höhenänderung der Luftsäule ΔH [ft] beträgt 0,4%/°C Abweichung von der Standardtemperatur in MSL ($T_{ISA} = 15°C$). Mit $\Delta T = |T - T_{ISA}|$ ergibt sich:

$$\Delta H = 0,04 \cdot H_{QNH} \cdot \Delta T \tag{2.27}$$

Da bei tiefen Temperaturen (T < 0°C) während des Landeanflugs die barometrische Minimum-Höhe somit tiefer liegt, muss die Höhenkorrektur ΔH zur angezeigten Höhe addiert werden.

Das **QFE** ist der am Flugplatz aktuell gemessene Luftdruck. Wird QFE am Höhenmesser als Referenz eingestellt, dann bezieht sich die Höhenmesseranzeige auf diesen Flugplatz – siehe Abbildung 2.14. Der Höhenmesser zeigt hier am Boden Null an. QFE-Höhen sind aus diesem Grund nur in Flugplatznähe für Ab- und Anflug brauchbar.

Der **Standardluftdruck** für MSL $p_{0(ISA)}$ gemäß ISA beträgt 1013,25 hPa (eine ältere Bezeichnung ist QNE). Der tatsächliche Luftdruck weicht jedoch, entsprechend den aktuellen atmosphärischen Bedingungen, meist von diesem ab.

Ein auf Standarddruck eingestellter Höhenmesser misst stets die Höhe bezogen auf die 1013,25 hPa-Druckfläche – siehe Abbildung 2.14. Bei Hochdruck-Wetterbedingungen liegt diese Druckfläche oberhalb, bei Tiefdruck unterhalb von MSL.

In Abbildung 2.15 ist die Höhenanzeige jeweils FL 350. Die Druckreferenz ist damit 1013 hPa. Im selben Fenster wird alternativ QNH als Druckreferenz für eine QNH-Höhe einstellt.

Standardhöhen als sogenannte **Flugfläche** (flight level – FL) dienen der Staffelung der Luftfahrzeuge zur Gewährleistung eines vertikalen Sicherheitsabstands während des Reiseflugs. Diese werden im Steigflug ab der Übergangshöhe (transition altitude – TA) und im Sinkflug bis zur Übergangsfläche (transition level – TL) verwendet – siehe Abbildung 2.16.

Zwischen der Übergangshöhe und der Übergangsfläche liegt die Übergangsschicht (transition layer) mit einer vertikalen Ausdehnung von **mindestens** 1000 ft.

Übergangshöhen sind national festgelegt und werden in den Navigationskarten für An- und Abflug angegeben – siehe Abbildung 5.24. Übergangsflächen werden durch die Flugsicherung (air traffic control – ATC) bestimmt und als Bestandteil der halbstündlichen Flugplatzwettermeldungen (automatical terminal information service – ATIS) über UKW-Frequenzen, welche in den An- und Abflugkarten veröffentlicht sind,

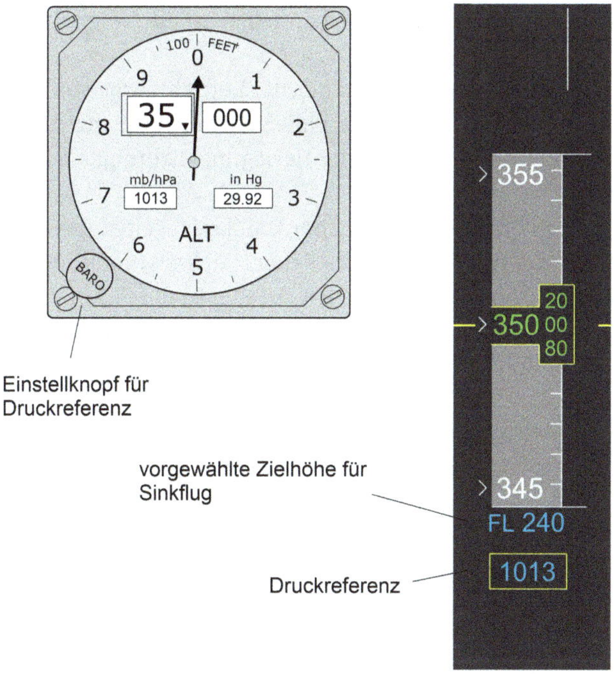

Abb. 2.15: Höhenmesser – links: analoges Anzeigegerät, rechts: moderne Bildschirmanzeige

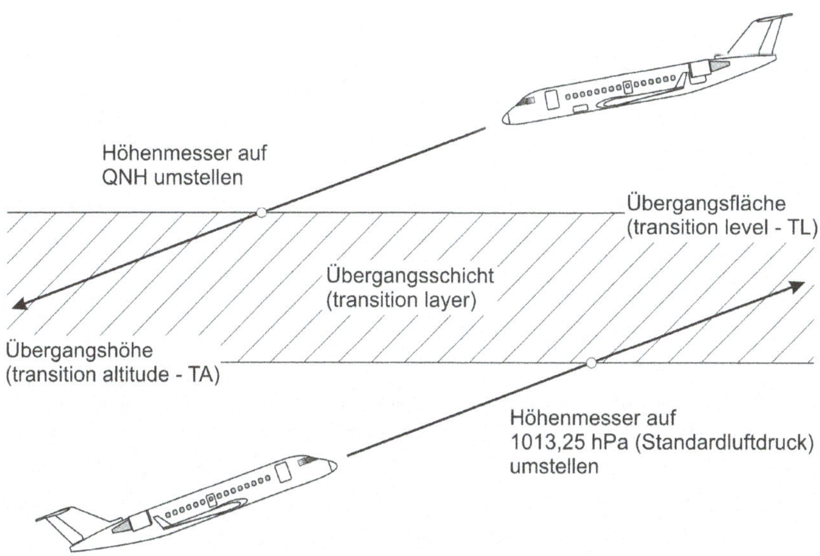

Abb. 2.16: Wechsel von QNH-Höhen in das Flugflächen-System und umgekehrt

ausgestrahlt – siehe Abbildung 5.27. ATIS-Meldungen können meist auch digital über Datalink empfangen werden.

Zur Sicherstellung eines vertikalen Mindestabstands der Luftfahrzeuge von mindestens 1000 ft oberhalb der Übergangshöhe und einschließlich der Übergangsfläche richten sich die einzuhaltenden Flugflächen nach der Bewegungsrichtung als sogenannte **Halbkreisflughöhen.**

Für missweisende Kurse von 000° bis 179° (östlicher Halbkreis) gelten ungeradzahlige, für missweisende Kurse von 180° bis 359° (westlicher Halbkreis) geradzahlige Flugflächen – siehe Abbildung 2.17. Nach Instrumentenflugregeln ist der FL ein Vielfaches von 1000, nach Sichtflugregeln ist dieser ein Vielfaches von 500; dabei ist FL 285 die größte für Sichtflug wählbare Höhe.

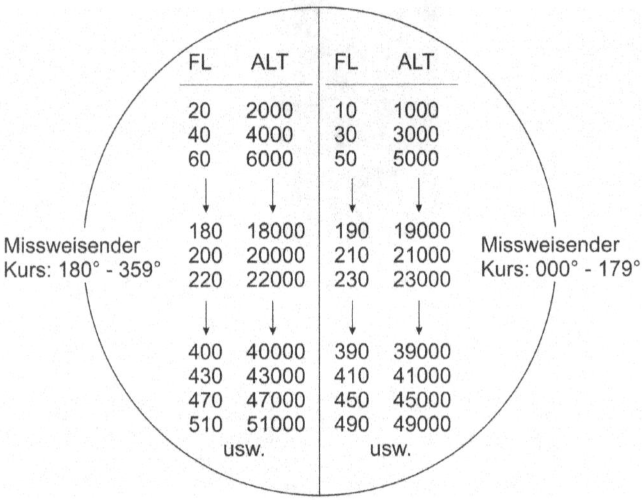

Abb. 2.17: System der Halbkreisflughöhen

2.5.1.3 Nicht-barometrische Höhen

Nicht-barometrische Höhen sind die Funk-Höhe (radio-altitude – RA bzw. height) und die GPS-Höhe. Die **Funk-Höhe** ist der senkrechte Abstand der Sende- und Empfangsantenne an der Luftfahrzeugunterseite von der Geländeoberfläche – siehe Abbildung 2.14. Diese wird mittels Funkhöhenmesser nach dem Impulsmessverfahren durch Zweiwege-Laufzeitmessung gewonnen. Das Zeitintervall Δt zwischen der Abstrahlung des sehr kurzen Funkmesssignals von der Antenne und dem Empfang des vom Boden reflektierten Signals durch dieselbe Antenne, bei bekannter Signalgeschwindigkeit c_0, ergibt direkt die Funkhöhe H [m] nach der Beziehung:

$$H = \frac{\Delta t}{2n} \cdot c_0 \tag{2.28}$$

Hier ist c_0 die Lichtgeschwindigkeit im Vakuum = 299.792.458 m/s, n ist die Brechzahl der Atmosphäre. Impuls-/Funkhöhenmesser arbeiten mit Frequenzen im Mikrowellenbereich (4300 MHz).

Die Bedeutung der Funk-Höhe besteht in der präzisen Höhenbestimmung, bezogen auf die Geländeoberfläche. Voraussetzung ist, dass die Abstrahlung des Funksignals normal zum Gelände erfolgt (horizontale Orientierung des Luftfahrzeugs ohne Längs- und Schrägneigung). Ein korrekter und stabiler Höhenwert ergibt sich nur über ebenem Terrain und Wasserflächen; Unebenheiten gehen in die Höhenanzeige ein. Abbildung 2.20 veranschaulicht die Anzeige der Funk- bzw. Radio-Höhe.

Die **GPS-Höhe** wird durch Positionsbestimmung mit einem Satellitennavigationssystem (z.B. GPS – Global Positioning System) gewonnen. Diese bezieht sich auf die Oberfläche des Referenzellipsoids WGS84, und ist der lotrechte Abstand der GPS-Empfangsantenne auf der Luftfahrzeugoberseite von der hypothetischen Ellipsoidoberfläche – siehe Abbildung 2.14. Als Näherung der EO kann die Ellipsoidoberfläche ortsabhängig über oder unter dem Gelände bzw. MSL liegen.

GPS-Höhen sind direkt mit dem Entfernungsmessfehler zum jeweiligen Satelliten korreliert und daher ungenauer als GPS-Lagekoordinaten. GPS-Höhen werden nicht primär zur Bestimmung der Flughöhe genutzt und nicht direkt auf dem Höhenmesser angezeigt. Für deren Verwendung als Gebrauchshöhe ist die Umrechnung bezüglich der Oberfläche des WGS84 erforderlich.

2.5.2 Änderung der Flughöhe

Die Änderung der Flughöhe $\Delta H/\Delta t$ geschieht durch Steigen und Sinken. Dies ergibt Steig- und Sinkraten (vertical speed – V/S bzw. rate of climb – ROC und rate of descent – ROD). Deren Maßeinheit ist Meter pro Sekunde [m/s] oder international vorherrschend, Fuß pro Minute [ft/min].

Die Anzeige erfolgt durch das Variometer – siehe Abbildung 2.18. Auf der linken Seite dieser Abbildung ist die Situation ein Horizontalflug mit V/S = 0, rechts ein Sinkflug mit V/S = –2500 ft/min.

Für eine optimale Flugbahn im Sinkflug (–3°) sollte die Sinkrate gleich dem halben numerischen Wert der Geschwindigkeit über Grund sein ($V/S = \frac{GS}{2}$).

2.5.3 Fluggeschwindigkeit

Fluggeschwindigkeiten werden in der Einheit Meter pro Sekunde [m/s], Kilometer pro Stunde [km/h] oder vorzugsweise in **Knoten** [kt] angegeben. Dabei gilt: 1 kt = 1 nm/h = 1,852 km/h. Knoten ist keine gesetzliche Einheit, in der See- und Luftfahrt wegen internationaler Vereinbarungen jedoch zugelassen. [8]

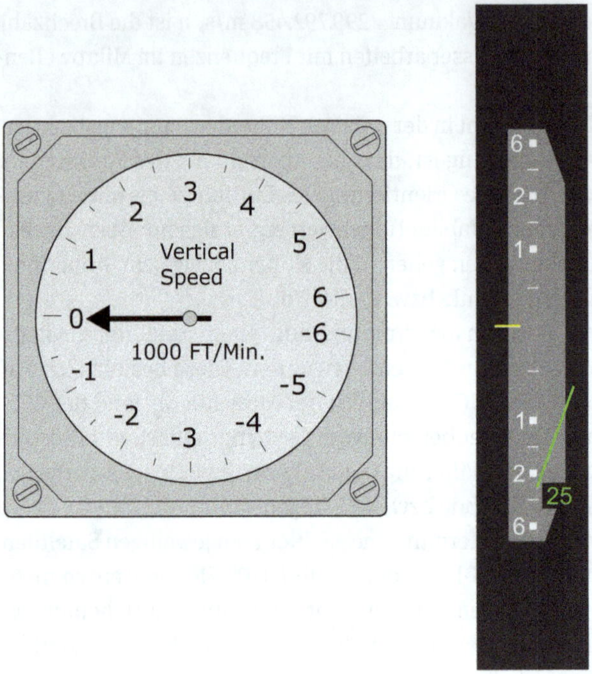

Abb. 2.18: Variometer – links: analoge Anzeige, rechts: moderne Bildschirmanzeige

2.5.3.1 Geschwindigkeitsbegriffe

Folgende Geschwindigkeiten werden in der Flugmechanik und Navigation unterschieden:

- wahre Fluggeschwindigkeit (true airspeed – TAS)
- angezeigte Fluggeschw. (indicated airspeed – IAS)
- korrigierte Fluggeschw. (calibrated airspeed – CAS)
- equivalente Fluggeschw. (equivalent airspeed – EAS)
- Geschwindigkeit über Grund (groundspeed – GS)
- Mach-Zahl (M)

Die **TAS** ist die absolute Geschwindigkeit eines Luftfahrzeugs, abhängig von der Masse, von den atmosphärischen Bedingungen und vom Triebwerksschub. Diese wird im Betriebshandbuch bei den Flugleistungsdaten angegeben.

Die **IAS** wird durch ein nach ISA geeichtes System gemessen und angezeigt. Als Geschwindigkeit relativ zur umgebenden Luft entsteht diese nicht durch direkte Messung, sondern durch Druckmessung. Deren Größe ist von der Luftdichte abhängig.

Zwischen TAS und IAS besteht der Zusammenhang: [7]

$$TAS = \frac{IAS}{\sqrt{\rho/\rho_0}} \tag{2.29}$$

Dabei ist ρ in $[kg/m^3]$ der örtliche Wert der Luftdichte, entsprechend den atmosphärischen Bedingungen, ρ_0 ist der ISA-Wert für die Luftdichte in Meeresspiegelhöhe $(= 1,225 kg/m^3)$.

Die TAS kann nach der folgenden Faustformel aus der IAS, abhängig von der Flughöhe, berechnet werden:

$$TAS = IAS + 2\%/1000ft \tag{2.30}$$

Die IAS muss für **Einbau- und Kompressibilitätsfehler** korrigiert werden. Wird diese für Einbaufehler korrigiert, erhält man die **CAS**. Unter Einbaufehlern werden Effekte verstanden, welche sich durch die Anbringung der Sensoren am Rumpf und deren Ausrichtung zum Luftstrom sowie durch Druckverluste im Leitungssystem ergeben. Wird die CAS für die Kompressibilitätsfehler korrigiert, erhält man die **EAS**. [38]

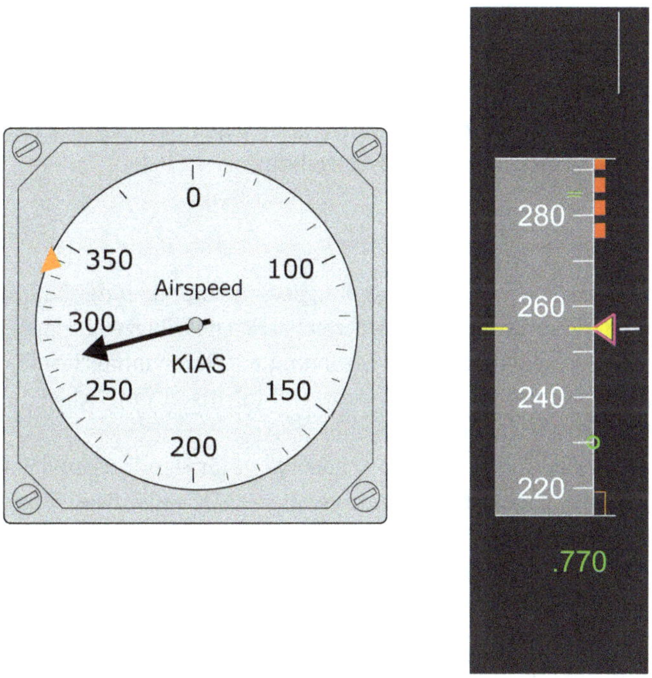

Abb. 2.19: Geschwindigkeitsmesser – links: analoges Anzeigegerät, rechts: moderne Bildschirmanzeige

Unter Kompressibilität der Luft versteht man die Dichteänderung aufgrund von Druckkräften. Diese ist eine Funktion der Mach-Zahl und kann für kleine Werte von M $(M \leq 0,4)$ vernachlässigt werden. Abbildung 2.19 zeigt eine Situation mit IAS = 280 kt (links) und eine moderne Bildschirmanzeige mit CAS = 255 kt/Mach 0,77 (rechts).

Die **GS** ergibt sich durch den Einfluss des Windes, bezogen auf die Bewegungsrichtung des Luftfahrzeugs. Dieses bewegt sich mit TAS durch die Luftmasse; ist jedoch relativ zur EO an die Strömungsrichtung der Luftmasse gebunden:

$$GS = TAS + LWC \tag{2.31}$$

Hier ist LWC die Längswindkomponente (longitudinal wind component) [kt, m/s oder km/h], welche das Luftfahrzeug gegenüber der EO beschleunigt oder verzögert. Diese wird mit dem Vorzeichen + für Rückenwind und – für Gegenwind eingesetzt – siehe Abschnitt 3.1.

Die **Mach-Zahl** ist das dimensionslose Verhältnis der Fluggeschwindigkeit zur örtlichen Schallgeschwindigkeit:

$$M = \frac{TAS}{a} \tag{2.32}$$

In Meeresspiegelhöhe gilt für die Schallgeschwindigkeit: $a_0 = 340{,}294$ m/s.

2.5.3.2 Geschwindigkeitsmessung

Die IAS wird mit dem Prandtl'schen Staurohr als Differenz zwischen Gesamtdruck und Statischdruck, als Staudruck q, ermittelt nach der Beziehung:

$$q = p_{ges} - p_{stat} = \frac{\rho}{2} v^2 \tag{2.33}$$

Hier ist ρ in $[kg/m^3]$ die Luftdichte und v die Strömungsgeschwindigkeit der Luft in [m/s]. Das stromlinienförmige Staurohr wird im vorderen Bereich des Flugzeugrumpfes seitlich so angebracht, dass dieses in der freien Strömung mit der Symmetrieachse parallel zum Luftstrom ausgerichtet ist. An der vorderen Eintrittsöffnung wirkt der Gesamtdruck, an der seitlichen Öffnung der Statischdruck.

Bei modernen Luftfahrzeugen werden die gemessenen Werte für Staudruck und Statischdruck von einem **Luftdatenrechner** (air data computer – ADC) ausgewertet und korrigiert. Die zur Anzeige gebrachte Geschwindigkeit ist die CAS – siehe Abbildung 2.19 rechts. Die Sensoren, ADC und Anzeigen sind redundant (2 + 1) ausgelegt. Der ADC liefert die Daten über Geschwindigkeit, Höhe und Höhenänderung. Bildschirmanzeigen bieten die Möglichkeit der Darstellung der operationellen und charakteristischen Geschwindigkeiten aus der Flugleistung, welche nach der Berechnung in das *Flight management system (FMS)* eingegeben werden und durch Symbolgeneratoren, mit der Geschwindigkeitsskala verknüpft, angezeigt werden können.

Abbildung 2.20 zeigt die kombinierte Präsentation der Steuerungsgrößen auf einem *Primary flight display (PFD)*. Die untere waagerechte Skala ist die Kompassanzeige mit Steuerkurs, welcher unter dem gelben Strich abgelesen wird und Kurs über Grund, welchen man an der grünen Raute abliest. Die Radio-Höhe (RA in grün) wird unterhalb des künstlichen Horizonts eingeblendet.

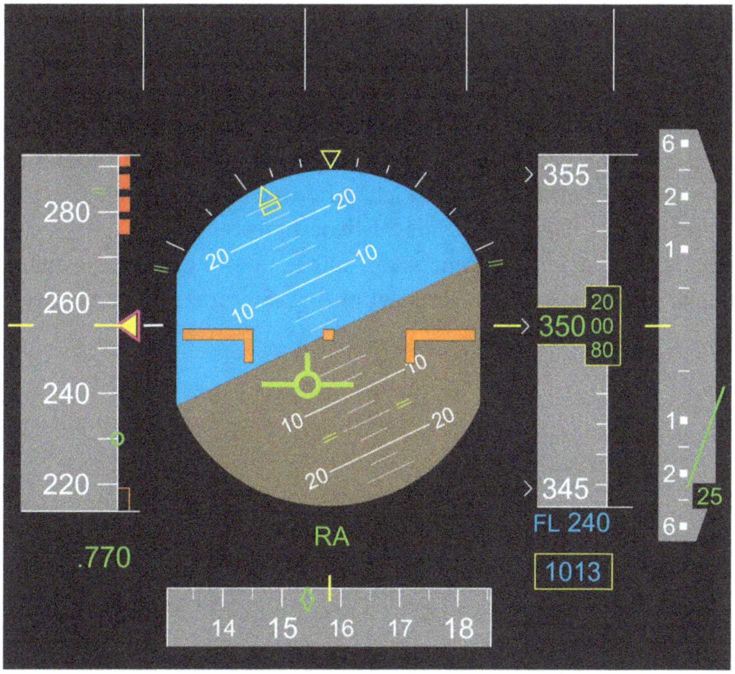

Abb. 2.20: Beispielsituation auf einem PFD

2.6 Zeitsysteme

Die Zeitmessung hat in der Navigation fundamentale Bedeutung. Dabei werden periodische (sich wiederholende) Prozesse mit gleichbleibender Dauer genutzt. Natürliche Zeiteinheiten sind der Tag und das Jahr als Folge der Bewegung der Erde um die Sonne. Der Tag wird unterteilt in Stunden, Minuten und Sekunden. Zeitskalen werden durch künstlich geschaffene periodische Prozesse gewährleistet. In der Navigation sind die **Sternzeit**, die **Sonnenzeit** (wahre/mittlere) und die **Atomzeit** von Bedeutung. Die Periode der Drehung der Erde um ihre Achse kann man nach der Stellung der Sterne oder nach der Stellung der Sonne messen.

2.6.1 Sternzeit

Eine Möglichkeit, die Zeit auf Grundlage der Erdrotation zu bestimmen, ist die Beobachtung des Meridiandurchgangs eines Fixsterns. Gedachter Fixstern ist der **Frühlingspunkt** (ältere Bezeichnung ist Widderpunkt – daher durch Gehörn symbolisiert). Dieser ist der Schnittpunkt der Erdumlaufbahn um die Sonne (Ekliptik) mit dem Äquator – hier wechselt die Sonne am astronomischen Frühlingsbeginn (Tag- und Nachtgleiche) von der Süd- auf die Nordhalbkugel. Die Ekliptik ist 23,5° gegen den Himmelsäquator geneigt.

Ein Sterntag entspricht der Umdrehung der Erde um 360°, ein Sonnentag entspricht $360°+\alpha$ aufgrund der Parallaxe, welche sich durch den Fortschritt der Erde auf ihrer Bahnellipse ergibt. Dabei bleibt die Sonne auf ihrer gedachten Bahn jeden Tag zurück. Die Parallaxe beträgt etwa 1° (≈ 4 Minuten) täglich. Aufgrund dieser Zeitdifferenz fällt der Beginn der Sternzeit über das Jahr auf verschiedene Tageszeiten.

Der **Sterntag** ist die Zeitspanne zwischen zwei aufeinanderfolgenden, gleichartigen Kulminationen des Frühlingspunkts; der Beginn eines Sterntags ist dessen obere Kulmination.

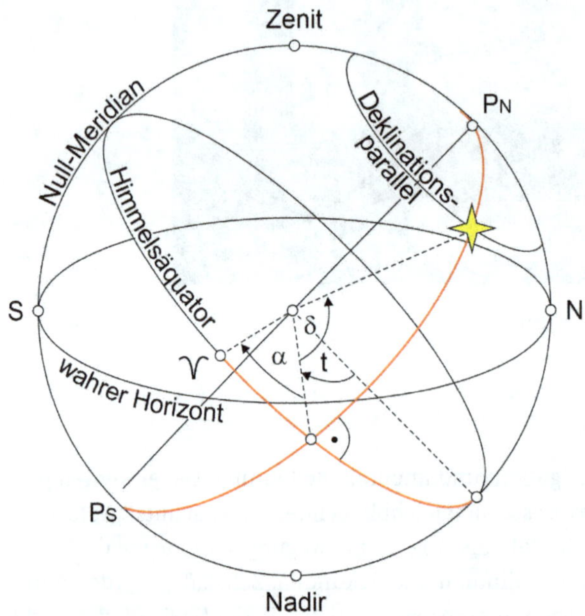

Abb. 2.21: KS des Himmelsäquators

Das beobachterbezogene KS des Himmelsäquators ist das Bezugssystem – siehe Abbildung 2.21. Dieses wird aus dem Großkreis durch die Himmelspole P_N und P_S sowie durch den Nord- und Südpunkt N bzw. S gebildet. Der Großkreis durch das beobachtete Gestirn ist der Stundenkreis. Die Ebene des wahren Horizonts geht durch das Auge des Beobachters.

Stundenwinkel, Deklination und **Rektaszension** als Koordinaten des Gestirns sind für die Sonne und Sterne dem jährlich veröffentlichten Nautischen Jahrbuch (NJB) zu entnehmen.

Der Stundenwinkel t kann als die Zeit angesehen werden, welche seit der oberen Kulmination des Gestirns vergangen ist; t wird vom Himmels-Nullmeridian entlang des Himmelsäquators bis zum Stundenkreis des Gestirns gemessen. Wie geographische Koordinaten, wird t vom Nullmeridian in östlicher oder westlicher Richtung von 0° bis 180° gezählt und mit t_E bzw. t_W bezeichnet.

Die Deklination δ ist der Winkel in der Ebene des Stundenkreises zwischen Himmelsäquator und Richtung zum Deklinationsparallel. Diese wird von 0° bis 90° nach Norden und von 0° bis –90° nach Süden gezählt. Die Rektaszension α ist der Winkel in der Ebene des Himmelsäquators zwischen dem Frühlingspunkt und dem Stundenkreis des Gestirns.

Der Zusammenhang zwischen diesen Größen wird durch die **Sternzeit** S hergestellt. Diese ist gleich dem Stundenwinkel des Frühlingspunkts in einem beliebigen Moment:

$$S = t + \alpha \tag{2.34}$$

Bei oberer Kulmination eines Gestirns gilt: $t = 0 \Rightarrow S = \alpha$.

2.6.2 Sonnenzeit

2.6.2.1 Wahre Sonnenzeit

Beobachtet man zwei aufeinanderfolgende Sonnenhöchststände am Bezugsort, ist die Zeitspanne zwischen diesen beiden oberen Kulminationen der Sonne ein **wahrer Sonnentag**. Die damit verbundene Zeitskala ist die wahre Ortszeit (WOZ). Für eine global einheitliche Zeitskala wird dem Sonnenhöchststand im Meridian von Greenwich die Zeit 12.00 Uhr zugeordnet.

Der Beginn eines tatsächlichen Sonnentags ist Mittag, wenn sich das Zentrum der Sonne am höchsten Punkt über dem Horizont befindet. Die wahre Sonnenzeit ist daher in einem beliebigen Moment gleich dem westlichen Stundenwinkel des Zentrums der Sonne.

Das 2. Keplersche Gesetz (Flächensatz) lautet: Der von der Sonne zum Planeten gezogene Radiusvektor r überstreicht in gleichen Zeiten Δt gleiche Flächen ΔA. Folglich ist die Umlaufgeschwindigkeit der Erde um die Sonne nicht gleichförmig, sondern abhängig von deren Position auf der Bahnellipse. Der einer überstrichenen Fläche in der Ebene der Umlaufbahn (Ekliptik) zugeordnete Zeitabschnitt ist dem Flächeninhalt proportional.

Für die Flächeninhalte, die Zeitabschnitte und die Winkel in Abbildung 2.22 gilt: $A_1 = A_2 = \Delta A$, $\Delta t_1 = \Delta t_2 = \Delta t$ und $\alpha_{Ap} < \alpha_{Pe}$. Der während Δt zurückgelegte Bahnabschnitt ist variabel, folglich variiert die Umlaufgeschwindigkeit. Die Umlaufgeschwindigkeit ist in Sonnennähe (Perihel) maximal, in Sonnenferne (Aphel) minimal. Die wahre Sonnenzeit wird nur durch Sonnenuhren angezeigt. Ein wahrer Sonnentag ist im Mittel vier Minuten länger als ein Sterntag, dessen Länge als konstant angenommen wird.

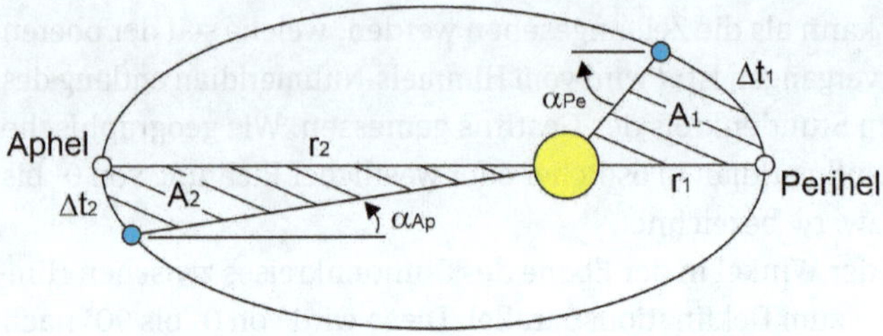

Abb. 2.22: Unterschiedliche Dauer der Sonnentage, nach [6]

2.6.2.2 Mittlere Sonnenzeit

Als beständigere Zeiteinheit für die Messung der Sonnenzeit wurde die **mittlere Sonne** und die mittlere Sonnenzeit eingeführt. Die Definition einer mittleren Sonnenbahn ergibt einen mittleren Sonnentag, dessen Dauer über das Jahr konstant ist.

Die mittlere Ortszeit (MOZ) wird nach dem westlichen Stundenwinkel der mittleren Sonne gemessen. Dieser ist bei der oberen Kulmination der mittleren Sonne Null. Da es im täglichen Leben unzweckmäßig ist, den neuen Tag mittags zu beginnen, wurde als Beginn der Moment der unteren Kulmination der mittleren Sonne (Mitternacht) festgelegt ⇒ Bürgerliche Zeit. Diese unterscheidet sich von der mittleren Sonnenzeit um genau 12 Stunden. Die Differenz zwischen wahrer und mittlerer Sonnenzeit ist durch die **Zeitgleichung** (ZG) gegeben. Deren Werte betragen bis zu ±15 Minuten. Diese können einer Tabelle im jeweils aktuellen NJB für 12.00 Uhr UT mit dem entsprechenden Vorzeichen entnommen werden. Es gilt der Zusammenhang:

$$MOZ = WOZ - ZG \tag{2.35}$$

Die mittlere Sonnenzeit des Nullmeridians nennt man Weltzeit (Universal Time – UT). Diese wird routinemäßig durch ein Netz von 50 um die Erde verteilten astronomischen Stationen aus Beobachtungen abgeleitet. UT bezieht sich auf die augenblickliche Rotationsachse der Erde und wird durch Polschwankungen beeinflusst. Deren Korrektur für die Effekte der Polbewegung ergibt UT1. Diese bezieht sich auf die aktuelle Erdrotation, die mittlere Sonnenbahn und den mittleren Pol. Die Berücksichtigung jahreszeitlicher Schwankungen der Erddrehung ergibt UT2, welche wegen der heute üblichen Atomzeit unbedeutend geworden ist. [6]

Die Zeitspanne zwischen zwei Durchgängen der Sonne am gleichen Gestirn ist das **siderische Jahr**. Dieses hat 365,25636 mittlere Sonnentage. Die Zeitspanne zwischen zwei Durchgängen der Sonne durch den Frühlingspunkt ist das **tropische Jahr** – dies gilt für die wahre und die mittlere Sonne. Ein tropisches Jahr hat 365,242199 mittlere Sonnentage. Wegen der rückläufigen Wanderung des Frühlingspunkts aufgrund der Präzession der Erdachse ist das tropische kürzer als das siderische Jahr. Die Differenz beträgt drei Tage in 400 Jahren.

Da ein Kalenderjahr 365 Tage hat, ist die Differenz zum tropischen Jahr jährlich ca. 1/4 Tag. Zum Ausgleich wird alle vier Jahre dem Kalenderjahr ein Tag hinzugefügt –

Jahreszahl durch 4 oder durch 400 teilbar ⇒ Schaltjahr, Jahreszahl durch 100 teilbar ⇒ kein Schaltjahr.

2.6.3 Atomzeit

Eine hochgenaue Zeitmessung ist insbesondere in der astronomischen Geodäsie und in der Satellitennavigation unabdingbar. Die hier genutzten periodischen, sich wiederholenden Vorgänge werden durch zum Schwingen angeregte Quarz-Oszillatoren oder sogenannte Atom-Frequenznormale (Atomuhren) realisiert. Diese nutzen die Übergänge zwischen den Hyperfein-Energieniveaus der Wasserstoff- (H^1), Rubidium- (Rb^{87}) oder Cäsium-Atome (Cs^{133}). [41]

2.6.3.1 Definition der Sekunde im Système international d' unités

Die Sekunde als 1/86.400 eines mittleren Sonnentags, aufgrund von Rotationsschwankungen der Erde auf das tropische Jahr 1900 bezogen, erwies sich als unzureichende Definition. Zeitskalen auf der Basis eines Atom-Standards sind reproduzierbarer und präziser.

Seit 1967 gilt die von der Internationalen Kommission für Maße und Gewichte (Bureau international des poids et mesures – BIPM) eingeführte SI-Sekunde: Die Sekunde ist die Dauer von 9.192.631.770 Perioden der Strahlung, welche dem Übergang zwischen zwei Hyperfein-Energieniveaus des Grundzustands (0°K) des Cäsium 133-Atoms entspricht. [43]

2.6.3.2 Zeitskalen

Die zugehörige Zeitskala ist die Atomzeit (Temps Atomique International – TAI). Deren Nullpunkt stimmt mit UT vom 1. Januar 1958 überein. TAI wird von 400 Atomuhren in 68 global verteilten Laboratorien realisiert. [41]

1965 wurde die **Koordinierte Weltzeit** (Universal Time Coordinated – UTC) eingeführt. Deren Zeitskala ist UT1:

$$TAI = UTC + Ns \tag{2.36}$$

mit

$$|UTC - UT1| < 0,9s \tag{2.37}$$

Der Faktor N ist eine ganze, positive Zahl. Seit dem 1. Januar 1972 wird UTC durch regelmäßiges Einfügen von Schaltsekunden an UT1 angeglichen. UTC ist die in der Navigation relevante Zeitskala.

2.6.3.3 Zeitübertragung

Die Zeitübertragung erfolgt durch die ständige Aussendung von Zeitmarken über Zeitzeichensender oder mit Hilfe von Satelliten. In Europa gibt es vier Sender, welche im Frequenzbereich 50–77,5 kHz Zeitzeichen aussenden. Dies sind die Sender DCF77 (Mainflingen – BRD), HBG75 (Prangins – Schweiz), MSF60 (Rugby – U.K.) und OMA50 (Podebrady/Prag – Tschechien). Die Physikalisch-Technische Bundesanstalt in Braunschweig (PTB) sendet über DCF77 auf 77,5 kHz Zeitmarken, bezogen auf MEZ (s.u.), welche von einer Cs-Frequenznormale erzeugt werden. Deren Reichweite beträgt bei guten Ausbreitungsbedingungen ca. 2000 km. [41]

Die bordseitigen Uhren der Satelliten des *Global Positioning System (GPS)* generieren ein hochgenaues Zeitsignal als Basis für die Pseudostreckenmessung zwischen Satellit mit bekanntem Orbit und Empfänger auf der EO. Die Verwendung dieses Signals zur Zeitübertragung bietet die Vorteile einer hohen Genauigkeit, globalen Überdeckung und schnellen Verfügbarkeit.

Die Zeit kann global mit einer Genauigkeit von 1 ns übertragen werden. Es werden vier Methoden unterschieden, um mit GPS Zeitvergleiche durchzuführen: [41]

- Anmessen eines GPS-Satelliten durch eine Bodenstation bei dessen Überflug, Vergleich der Bodenuhr mit der GPS-Systemzeit (±100 ns)
- Überflug eines GPS-Satelliten über zwei Bodenstationen, Austausch der Messergebnisse zur Bestimmung der Zeitdifferenz zwischen den Uhren dieser Stationen (±50 ns)
- gleichzeitiges Anmessen eines GPS-Satelliten durch zwei Bodenstationen (common view), Austausch der Messergebnisse (±10 ns)
- gleichzeitiges Anmessen mehrerer GPS-Satelliten durch zwei Bodenstationen, Korrelation der Signale (interferometrische Methode, ±1 ns)

2.6.4 Orts- und Zonenzeit

Die Stundenwinkel, mit denen die Stern- bzw. die Sonnenzeit ermittelt wird, sind die Einheit der Ortszeit. Da diese Winkel vom Meridian des Beobachters bestimmt werden, hat jeder Meridian seine eigene Ortszeit. Entsprechend dem Drehsinn der Erde (ostwärts) erreichen die Gestirne zuerst im Osten ihren Höchststand. Die Zeitspanne zwischen den Kulminationen an zwei Beobachtungsorten unterschiedlicher geographischer Länge ist abhängig von deren Längenunterschied. Die Erde rotiert in 24 Stunden um 360°, während einer Stunde um 15°, in vier Minuten um 1° und in einer Minute um 15' (exakte Rotationsperiode: 23 Stunden, 56 Minuten, 4 Sekunden).

Mit Hilfe dieser Relation ist es umgekehrt auch möglich, bei genauer Kenntnis der Zeitdifferenz zweier Orte deren Längendifferenz zu berechnen. Es sei ein Beispiel gegeben: Am Beobachterort kulminiert die Sonne, d.h. es ist 12.00 Uhr Ortszeit (local time – LT). Gleichzeitig hat der Null-Meridian eine Zeit von 14.20 Uhr UTC.

Dieser Zeitdifferenz entspricht gemäß obiger Relation eine Längendifferenz: $\Delta\lambda = 2 \times 15^\circ + 5 \times 1^\circ = 35^\circ$. Folglich ist die geographische Länge des Beobachtungsorts 035°W, da es in Greenwich schon später ist.

Im Alltag ist die Verwendung der Ortszeit jedoch unpraktisch, weil jeder Ort auf der EO eine andere Zeit hätte. Daher wurden 24 Zeitzonen festgelegt – 0 bis 23 aufsteigend in östliche Richtung – bezogen auf die mittlere Ortszeit des Null-Meridians (Greenwich Mean Time – GMT). Die Zeitzonen werden durch Kugelzweiecke gebildet mit einer Streifenbreite von 15° (Bezugsmeridian $\pm 7,5^\circ$). Der Zeitunterschied zwischen zwei benachbarten Zonen ist meist eine ganze Stunde. Der Zeitunterschied in Stunden zwischen beliebigen Zeitzonen ist gleich der (ganzzahligen) Differenz aus deren Zonen-Nummern. Wegen nationaler Grenzen und aus praktischen Gründen wurden einige Regionen, die 15°-Ausdehnung übersteigend, zusammengefasst (z.B. Europa, USA). In jeder Zeitzone gilt als einheitliche Zonenzeit (zonal time – ZT) die Ortszeit des Mittelmeridians. Für den Bereich Europas wurden die Westeuropäische Zeit (WEZ), die Mitteleuropäische Zeit (MEZ), die Osteuropäische Zeit (OEZ) und die Moskauer Zeit (MZ) auf der Basis von UTC festgelegt. Für Zentraleuropa gilt:

$$MEZ = UTC + 1h \tag{2.38}$$

Die Mitteleuropäische Sommerzeit (MESZ) ist:

$$MESZ = UTC + 2h \tag{2.39}$$

In Nordamerika gelten die folgenden Zeitzonen: Atlantic Standard Time (AST), Eastern Standard Time (EST), Central Standard Time (CST), Mountain Standard Time (MST) und Pacific Standard Time (PST).

Für den Beginn des neuen Tags wurde die **Datumslinie** definiert. Diese verläuft im Wesentlichen über dem offenen Pazifik entlang des Meridians mit der geographischen Länge 180°. Wird die Datumslinie während des Sonnenaufgangs von Ost nach West passiert, muss bei der Zeitrechnung ein Tag übersprungen werden; wird diese von West nach Ost passiert, muss der Tag zweimal gezählt werden – siehe Abschnitt 3.10.

2.7 Lufträume

Die Internationale Zivilluftfahrtorganisation (International Civil Aviation Organization – ICAO) sieht in den Luftverkehrsregionen Europa (EUR), Afrika/Indischer Ozean (AFI), Nordatlantik (NAT), Nordamerika (NAM), Karibik/Südamerika (CAR/SAM), Mittlerer Osten/Asien (MID/ASIA), Pazifik (PAC) und in den polaren Regionen eine einheitliche Luftraumstruktur vor, bei regional zulässigen Abweichungen.

Zunächst unterscheidet man kontrollierten und unkontrollierten sowie unteren und oberen Luftraum; dabei sind die Höhenfestlegungen national verschieden. Die Luftraumstruktur gliedert sich in folgende Kategorien:

- Fluginformationsgebiete des unteren und oberen Luftraums (flight information region – FIR)/(upper flight information region – UIR), welche die staatlichen Hoheitsgebiete abdecken, in denen allen Luftraumnutzern Flugsicherungsdienste zur Verfügung stehen
- Kontrollbezirke des unteren und oberen Luftraums (control area – CTA)/(upper control area – UTA) mit radargestützter Luftraumüberwachung durch die Regionalkontrollstellen (RADAR/CENTER) der Flugsicherung
- Nahverkehrsbereiche (terminal control area – TMA) als kontrollierte Lufträume, welche dem besonderen Schutz der ab-/anfliegenden Luftfahrzeuge im Bereich der Flughäfen dienen, mit radargestützter Überwachung durch die Anflugkontrollstelle (APPROACH)
- Kontrollzonen (control zone – CTR) als Lufträume, welche Flugplätze mit Flugverkehrskontrolle (TOWER) umgeben und damit startende und landende Luftfahrzeuge besonders schützen
- System der Luftstraßen (air traffic services routes – ATS-Routes) und RNAV-Routen, welche als Großkreissegmente zwischen bodenseitigen Funknavigationsanlagen oder virtuellen Wegpunkten definiert sind
- Ozeanisches Routensystem des Nordatlantiks (organized track system – OTS) mit täglich neu festgelegten Streckenführungen (NAT-Tracks) von Europa nach Nordamerika und umgekehrt zwischen den Einflugpunkten (oceanic entry points – OEP)
- Lufträume, welche als Flugbeschränkungsgebiete (restricted areas), Luftsperrgebiete (prohibited areas), Gefahrengebiete (danger areas) und zeitweilig reservierte Lufträume (temporary reserved airspace – TRA) ausgewiesen sind

Deren horizontale und vertikale Abmessungen sind von politischen Gegebenheiten, technologischen Anforderungen der Flugsicherung sowie militärischen Bedürfnissen determiniert und in den Navigationskarten angegeben. Zur effektiveren Lenkung der Verkehrsströme werden regional Kontrollbezirke zu sogenannten *Functional airspace blocks (FAB)* zusammengefasst.

In die oben angeführten Kategorien des Luftraums sind die ICAO-Luftraumklassen A bis G eingebettet, welche in den Navigationskarten gekennzeichnet sind. Für die Nutzung nach Instrumentenflugregeln (instrument flight rules – IFR) und nach Sichtflugregeln (visual flight rules – VFR) gelten indes unterschiedliche Bedingungen – siehe Tabelle 2.4.

Gegenwärtig sind die Klassen A und B in der Bundesrepublik Deutschland nicht eingerichtet. Die Klassen A bis E zählen zu den **kontrollierten** Lufträumen, die Klassen F und G sind **unkontrollierte** Lufträume. Deren vertikale Grenzen (schematisch) und die jeweiligen Wettermindestbedingungen für VFR-Flüge gehen aus Abbildung 2.23 hervor.

Im Luftraum der Klassen A und B werden alle Luftfahrzeuge durch die Flugsicherung (air traffic control – ATC) horizontal und vertikal gestaffelt, in Klasse C IFR von

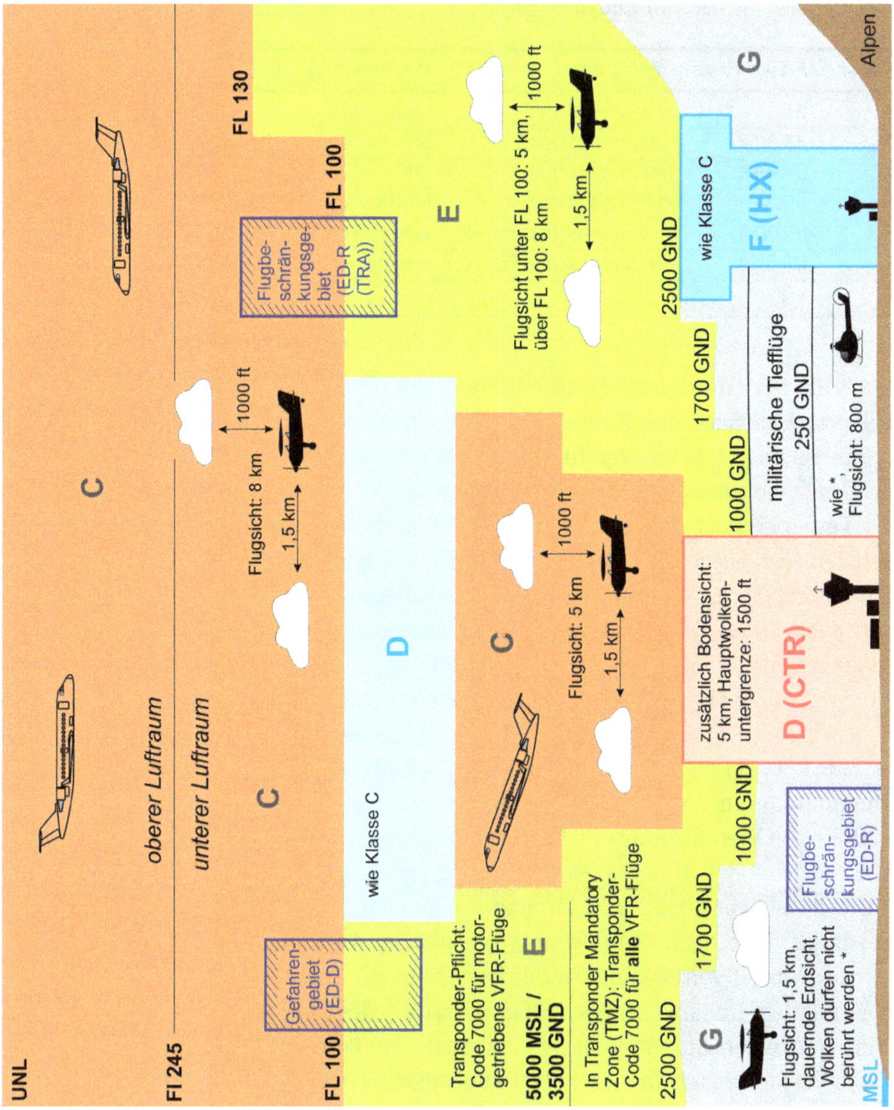

Abb. 2.23: Luftraumstruktur in der Bundesrepublik Deutschland mit den Bedingungen für VFR-Flüge, nach [27]

Tab. 2.4: Übersicht der ICAO-Luftraumklassen

Klasse	Art der Flüge	Sprechfunk	Flugverkehrskontrollfreigabe
A	IFR	Hörbereitschaft	erforderlich
B	IFR/VFR	Hörbereitschaft	erforderlich
C	IFR/VFR	Hörbereitschaft	erforderlich
D	IFR/VFR	Hörbereitschaft	erforderlich
E	IFR/VFR	Hörbereitschaft für IFR	erforderlich für IFR
F	IFR/VFR	Hörbereitschaft für IFR	erforderlich für IFR
G	VFR	–	–

IFR/VFR, in den Klassen D und E IFR von IFR und in Klasse F IFR von IFR, soweit bekannt. Eine maximale Fluggeschwindigkeit ist in den Klassen A und B nicht vorgeschrieben, in Klasse C gelten für VFR 250 kt (IAS) unterhalb FL 100, in den Klassen D bis G gelten grundsätzlich 250 kt unterhalb FL 100.

Ferner können bestimmte Lufträume z.B. Kontrollzonen (Klasse D) nur zeitweilig aktiviert sein. Ein solcher Status wird mit HX in den Navigationskarten angegeben. Die Einhaltung der für VFR-Flüge geforderten Wetterbedingungen, die Beobachtung des Luftraums und die Anwendung der Ausweichregeln bei Annäherung anderer Luftfahrzeuge obliegt der Verantwortung des Piloten.

Seitens der Flugsicherung (in der Bundesrepublik Deutschland die DFS Deutsche Flugsicherung GmbH) werden für die Luftraumklassen die Dienste Flugverkehrskontrolle (A, B, C, D, E, F), Verkehrsinformation (C, D, E), Flugverkehrsberatungsdienst (F) und Fluginformationsdienst (F, G) bereitgestellt. Die Ortung der Luftfahrzeuge geschieht mithilfe von **Primärradar** und **Sekundärradar** – bei letzterem wird das Luftfahrzeug aktiv eingebunden. Unter Verwendung eines jeweils individuellen Codes werden dabei durch die bodenseitige Sekundärradar-Komponente Abfragesignale gesendet, welche bei der bordseitigigen Komponente (transponder) Antwortsignale auslösen.

Der Vorteil von Sekundärradar besteht in der größeren Reichweite und darin, dass auf dem Radarschirm des Fluglotsen für jedes Luftfahrzeug ein Label erzeugt wird. Neben dem Standort können, abhängig von Betriebsart und Impulsformat, die Flughöhe und weitere flugtaktische Daten angezeigt werden. Des Weiteren werden die Transponderdaten für die kooperativen Systeme der Kollisionsvermeidung verwendet.

2.8 Leistungsbasierte Navigation

Das Konzept der leistungsbasierten Navigation (performance based navigation – PBN) verknüpft das Verfahren der Flächennavigation mit der Definition von Qualitätsmerkmalen, welche für die Nutzung bestimmter Lufträume erforderlich sind. **Flächennavigation** (random-/area navigation – RNAV) ist ein Verfahren, mit welchem auf jedem gewünschten Flugweg innerhalb der Reichweite bodenseitiger Navigationsanlagen oder innerhalb der Betriebsgrenzen von bordautonomen Navigationsgeräten oder mit Hilfe der Satellitennavigation navigiert werden kann. Auch deren Kombination ist möglich. RNAV-Systeme führen eine automatische Positionsbestimmung bei Verwendung eines oder mehrerer Sensoren durch. Diese sind mit einem Bordrechner zur Bestimmung und Einhaltung des gewünschten Flugwegs verbunden. [32]

Zum Zweck der Einsparung von Zeit und Brennstoff sowie um die Verkehrskapazität der Lufträume zu erhöhen, werden durch die Anwendung von RNAV seit den 1990er Jahren, alternativ zu den Standardstrecken über die Luftstraßen, Abkürzungen durch direkte Anflüge von Wegpunkten ermöglicht. Die Flugsicherung hat hierfür Lufträume geschaffen, welche eine freie Streckenwahl erlauben. Um ausgewiesene RNAV-Routen und RNAV-Lufträume nutzen zu können, müssen Luftfahrzeuge über die entsprechende Ausrüstung und Zulassung verfügen.

Die Qualitätsmerkmale werden durch das *RNP-Konzept (required navigation performance)* als Komponente des Communication, Navigation, Surveillance/Air Traffic Management (CNS/ATM)-Systems der ICAO festgelegt. Für den Streckenflug wird hier eine **Kurshaltegenauigkeit**[5] definiert, welche in 95% der Flugzeit zu erfüllen ist. Im Bereich des An- und Abflugs kommen die Parameter *Integrität*, *Kontinuität* und *Verfügbarkeit* hinzu. Damit sind die Leistungsparameter relevant, jedoch nicht mehr die Zusammensetzung der Bordausrüstung. [32], [36]

Die Integrität eines Navigationssystems bezieht sich auf dessen Fähigkeit, den Nutzer rechtzeitig zu warnen und ihn von dessen Verwendung abzuraten, wenn es falsche bzw. fehlerhafte Informationen liefert. [29]

Grundsätzlich ordnet das RNP-Konzept kontinentalen Gebieten mit hoher Verkehrsdichte und den Nahverkehrsbereichen RNP1 zu – siehe Abschnitt 2.7. In kontinentalen Gebieten mit einem bisher auf Funknavigationsanlagen basierenden Luftstraßensystem findet RNP4 Anwendung. Über dem Nordatlantik und in Bereichen mit niedrigem Verkehrsaufkommen (z.B. ozeanische oder polare Gebiete) wird RNP10 angewendet. Im europäischen Luftraum (EUR) finden folgende Spezifikationen Anwendung:

- Basic-RNAV (B-RNAV = RNP5) im Streckensegment
- Precision-RNAV (P-RNAV = RNP1) im An- und Abflug
- RNP0,3 für Instrumentenanflüge

So bedeuten RNAV1 und RNP1, dass ein Luftfahrzeug in 95% der Flugzeit innerhalb von 1 nm von der beabsichtigten Position verbleiben muss. Jedoch erfordert RNP die bordseitige Überwachung der obigen Parameter und eine automatische Warnung durch

5 Dieser, in vielen Publikationen verwendete Begriff ist problematisch, da durch die Steuerungsgröße *Kurs* nicht notwendigerweise eine unzureichende Positionsgenauigkeit des verwendeten Navigationssystems kompensierbar ist.

das bordseitige integrierte Navigationssystem bei Verlassen der zulässigen Toleranz, RNAV fordert dies nicht.

Bei der Airbus A320-Familie ist der *Flight management and guidance computer (FMGC)* die zentrale Komponente des integrierten Navigationssystems. Schnittstelle für die Ein- und Ausgabe von Daten ist die *Flight management system-main control and display unit* (FMS-MCDU). Nach Vergleich der Daten, welche von den Trägheits-, den Satelliten- und den Funknavigationssensoren sowie vom Luftdaten-Rechner (air data computer – ADC) geliefert werden, wird die Position des Luftfahrzeugs als Hybrid-Lösung unter Verwendung der genauesten Positionsdaten berechnet.

Die Leistungsüberwachung bezüglich der Navigationsgenauigkeit geschieht durch den kontinuierlichen Vergleich des für den Flugabschnitt geforderten RNP-Werts, welcher in der Datenbank des FMGC hinterlegt ist, mit dem aktuellen wahrscheinlichen Positionsfehler (estimated position uncertainty – EPU).

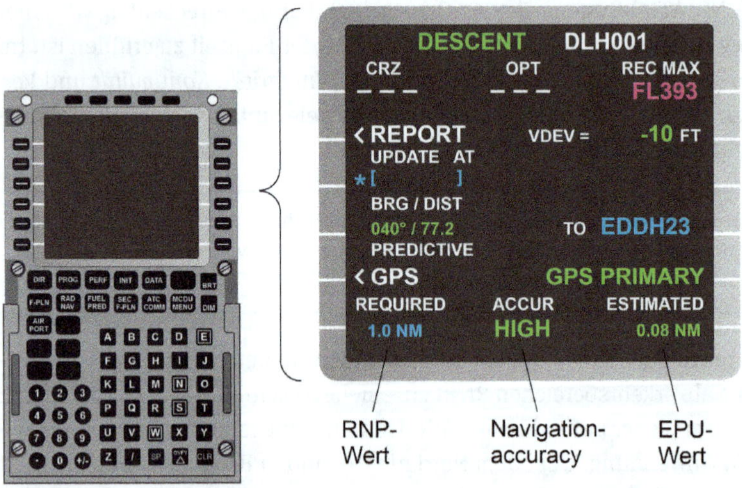

Abb. 2.24: PROGRESS-page der FMS-MCDU, Airbus A320-Flugzeugfamilie

Sobald der EPU-Wert größer als der RNP-Wert ist, generiert der FMGC die Warnmeldung NAV ACCURACY LOW, GPS PRIMARY LOST. Eine Möglichkeit zur Überprüfung der Navigationsleistung bietet die PROGRESS-Seite der FMS-MCDU des A320 – siehe Abbildung 2.24. Der hier angezeigte RNP-Wert ist 1,0 nm, der EPU-Wert beträgt 0,08 nm. Daraus resultiert NAV ACCURACY HIGH, sodass keine Einschränkungen bestehen. Die Funktionalität PREDICTIVE GPS ermöglicht die Beurteilung der Verfügbarkeit der Satellitenkonstellation für einen beliebigen Zeitpunkt. Auch besteht die Möglichkeit, bestimmte, in der Nutzbarkeit eingeschränkte Navigationssatelliten durch die Eingabe von deren PRN-Nummer abzuwählen. Fehlerabhängig werden durch den FMGC weitere spezifische Warnmeldungen generiert.

Referenzdokumente sind: *Performance Based Navigation (PBN) Manual (Doc 9613) 4th Edition, 2013* und *Procedures for Air Navigation Services – Aircraft Operations (PANS-OPS) (Doc 8168)* der ICAO. **i**

2.9 Besonderheiten polarer Gebiete

Die in der Flugnavigation relevanten äußeren, veränderlichen Einflussgrößen sind: Sichtbedingungen, Wetter, Erdmagnetfeld und der Zustand der atmosphärischen Schichten hinsichtlich der Ausbreitung elektromagnetischer Wellen. In den hohen geographischen Breiten größer ±60° N/S haben ferner das sogenannte Weltraumwetter bzw. die kosmische Strahlung (space weather) einen kritischen Einfluss.

Da in polaren Regionen der Elektronengehalt in den Schichten der Ionosphäre oberhalb von 50 km geringer ist, als in mittleren und äquatorialen geographischen Breiten, und wegen der Ausprägung des Erdmagnetfelds, verursachen solare Emissionen bei starker Sonnenaktivität hier eine besondere Wirkung. Unter **Ionosphäre** versteht man den Höhenbereich von etwa 50 bis 500 km, welcher durch die Bildung der Schichten D, E, F_1 und F_2, entsprechend dem Elektronengehalt, charakterisiert wird. [6]

Die bei einer Sonneneruption erhöhte Menge elektromagnetischer Strahlung (UV- und Röntgenstrahlung), welche die Tagseite der Erde erreicht, verursacht **plötzliche Ionosphärenstörungen** (sudden ionospheric disturbance – SID). Diese äußern sich als abnormal hohe Ionisationsdichte der unteren Ionosphäre. Da deren D- und E-Schicht als Reflektor für Funkwellen mit niedriger Frequenz wirken, erhöhen sich die Sendereichweiten auf der Längst- und Langwelle, wodurch Funkstörungen aufgrund von Überlagerungen/Interferenzen entstehen können.

Dringen Ausschüttungen des solaren Teilchenstroms (Protonen) nahe der magnetischen Pole entlang der Erdmagnetfeldlinien in die Ionosphäre ein, führt dies zu Störungen und Auslöschungen von Funksignalen im Frequenzbereich der Kurzwelle durch Dämpfung und Absorption (polar cap absorption – PCA).

Geomagnetische Stürme sind Störungen der Magnetosphäre durch koronale Massenauswürfe, welche üblicherweise um einige Tage verzögert, in seltenen Fällen etwa nur 18 Stunden nach der Sonneneruption auftreten. [31] Mit einer Dauer von 24 bis 48 Stunden erreichen diese ihre größte Wirkung in den Gebieten der Polarlichter (Aurora Borealis) in einem Band zwischen etwa 600 und 1200 nm von den magnetischen Polen der Erde entfernt.

Während magnetischer Stürme kann dieses Band äquatorwärts wandern. Funkfrequenzen im Bereich der Dezimeterwelle (Satellitennavigation) und auch Stromnetze können gestört werden. Es sind Änderungen der Ortsmissweisung von mehreren Grad innerhalb weniger Minuten möglich. Die Magnetisierung von Flugzeugteilen kann zu veränderten Werten der Kompassablenkung führen mit der Folge von Peilsprüngen bei der Nutzung ungerichteter Funkfeuer im Mittel- und Langwellenbereich. Der Peilwert ändert sich dabei spontan um mehrere Grad bei insgesamt unruhiger Anzeige. Die Überwachung und Vorhersage von SID, PCA und magnetischen Stürmen geschieht durch das US Space Weather Prediction Center (SWPC) in Boulder/Colorado, USA (www.swpc.noaa.gov/).

Während der Polarnacht in der jeweiligen Winterperiode ist terrestrische Navigation nach Sicht nicht möglich. Zusammenhängende Eisflächen erschweren das Erkennen von Küstenlinien und Binnengewässern. Das vom Bordwetterradar erzeugte Geländebild hängt von der Beschaffenheit der Eisoberfläche ab. Grenzlinien und Verwerfungen können gut identifiziert werden, eine harte und trockene Eisoberfläche hat jedoch andere Rückstrahleigenschaften als eine weiche, welche ein schwarzes Bild verursacht und als Wasserfläche fehlinterpretiert werden kann.

Aufgrund der ungünstigen Bedingungen für Aufstellung und Betrieb von Funkfeuern sind für die Navigation nur wenige Anlagen verfügbar. Wie in Abschnitt 2.2 behandelt, ist der Magnetkompass unbrauchbar. Zur Kurshaltung können Gitterkurse in einem Navigationsgitter, wie in Abschnitt 5.3 beschrieben, verwendet werden. Bei einem Kurskreisel (directional gyro – DG) kann die Stützung durch das Erdmagnetfeld zur Kurshaltung abgeschaltet werden. Für die Navigationsgenauigkeit gilt RNAV10/RNP10 (remote – polar).

3 Berechnung flugtaktischer Größen

3.1 Einfluss des Windes auf den Flugweg

Da sich ein Luftfahrzeug im Fluge in einer Luftmasse bewegt, welche sich selbst entsprechend der atmosphärischen Strömung (Wind) horizontal verlagert, wird dessen Bewegung bezüglich der EO beeinflusst. Dieser Einfluss kann durch das Winddreieck für den jeweiligen Abschnitt der Flugstrecke graphisch oder rechnerisch erfasst werden.

Die gesuchten Größen sind: Abdrift, Vorhaltewinkel und Geschwindigkeit über Grund. Das Winddreieck wird aus drei Vektoren gebildet, deren Richtung sich auf rechtweisend Nord (rwN bzw. TN) bezieht.

Nach Abbildung 3.1 hat der **Steuerkursvektor** (mit einer Pfeilspitze) die Richtung des rechtweisenden Steuerkurses (rwStK bzw. TH). Dessen Länge ist propotional zu der wahren Fluggeschwindigkeit (TAS).

Der **Grundvektor** (mit zwei Pfeilspitzen) hat die Richtung des Kurses über Grund (KüG bzw. TRK). Dessen Länge entspricht der Geschwindigkeit über Grund (GS).

Der **Windvektor** (mit drei Pfeilspitzen) gibt die Richtung an, aus welcher der Wind weht. Dessen Länge entspricht der gemeldeten Windgeschwindigkeit. Die Windrichtung wird in [°], die Windgeschwindigkeit in [kt] angegeben. Aktuelle oder vorhergesagte Winddaten können z.B. einer Wetterkarte entnommen werden.

3.1.1 Graphische Bestimmung

Zur Konstruktion eines Winddreiecks muss, abhängig von der TAS auf dem Streckenabschnitt, ein geeigneter Maßstab festgelegt werden: z.B. 1 cm = 20 kt.

Zuerst wird eine Linie mit der Richtung des Soll-Kurses gezogen. An das Ende dieser Linie wird der Windvektor nach Richtung und Geschwindigkeit (W/V) angezeichnet. Nachdem am Zirkel eine Spanne eingestellt wurde, welche der TAS entspricht, wird die Spitze des Zirkels in den Schnittpunkt Windvektor/Soll-Kurslinie eingestochen und der Kreisbogen auf der Soll-Kurslinie abgesetzt.

Nun wird die Spitze des Windvektors mit der Markierung auf der Soll-Kurslinie durch eine Gerade verbunden. Diese ist der Grundvektor. Der gemessene Winkel [°] zwischen Grundvektor und Soll-Kurslinie ist die **Abdrift** (drift angle – DA). Abdrift nach rechts hat das Vorzeichen +, Abdrift nach links bekommt das Vorzeichen –. Der Betrag der Abdrift mit umgekehrtem Vorzeichen ist der **Vorhaltewinkel** (wind correction angle – WCA) $\Rightarrow WCA = -DA$. Um dessen Wert muss der Kurs verändert werden, um auf der Soll-Kurslinie zu verbleiben:

$$TH = TT + WCA \tag{3.1}$$

https://doi.org/10.1515/9783110769807-003

Aus der luvseitigen Soll-Kurslinie wird nun der Steuerkursvektor. Den Wert für die GS [kt] erhält man durch Messung der Länge des Grundvektors.

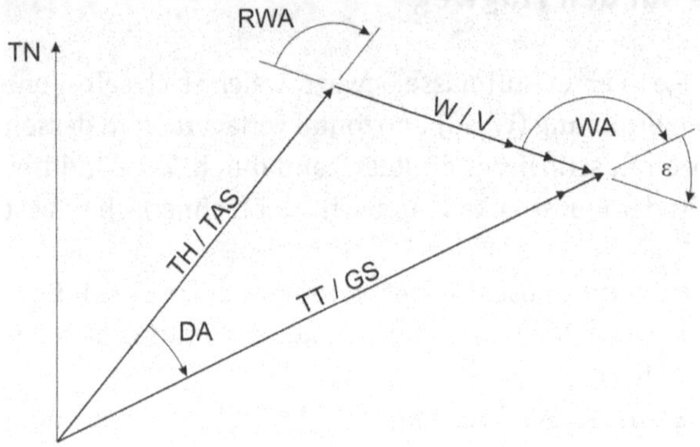

Abb. 3.1: Vektoren im Winddreieck

3.1.2 Rechnerische Bestimmung

Wie oben, werden alle Winkel in [°] und alle Geschwindigkeiten in [kt] angegeben. Die Berechnung des Vorhaltewinkels geschieht nach:

$$WCA = \arcsin\left(\frac{WS}{TAS} \cdot \sin\varepsilon\right) \tag{3.2}$$

WS (wind speed) ist die Windgeschwindigkeit. Der Winkel ε wird berechnet mit:

$$\varepsilon = WD - (180^\circ + TT) \tag{3.3}$$

WD (wind direction) ist die Windrichtung. TT (true track) ist der rechtweisende Kurs über Grund. Diesen kann man sich mit einer Flugspur auf der EO veranschaulichen.

Die Geschwindigkeit über Grund wird berechnet mit:

$$GS = TAS \cdot cosDA + WS \cdot \cos\varepsilon \tag{3.4}$$

Da die drei Vektoren des Winddreiecks additiv miteinander verknüpft sind, kann jeweils der dritte Vektor bestimmt werden, wenn die beiden Anderen bekannt sind. Abhängig von der gesuchten Größe, ergeben sich die folgenden Grundaufgaben:

- Bestimmung von TH mit TAS aus TT/GS und W/V
- Bestimmung von TT/GS aus TH/TAS und W/V
- Bestimmung von W/V aus TH/TAS und TT mit gemessener GS aus Ortsveränderung

Diese Aufgaben wurden traditionell mit analogen Navigationsrechnern gelöst – siehe Abbildung 3.2.

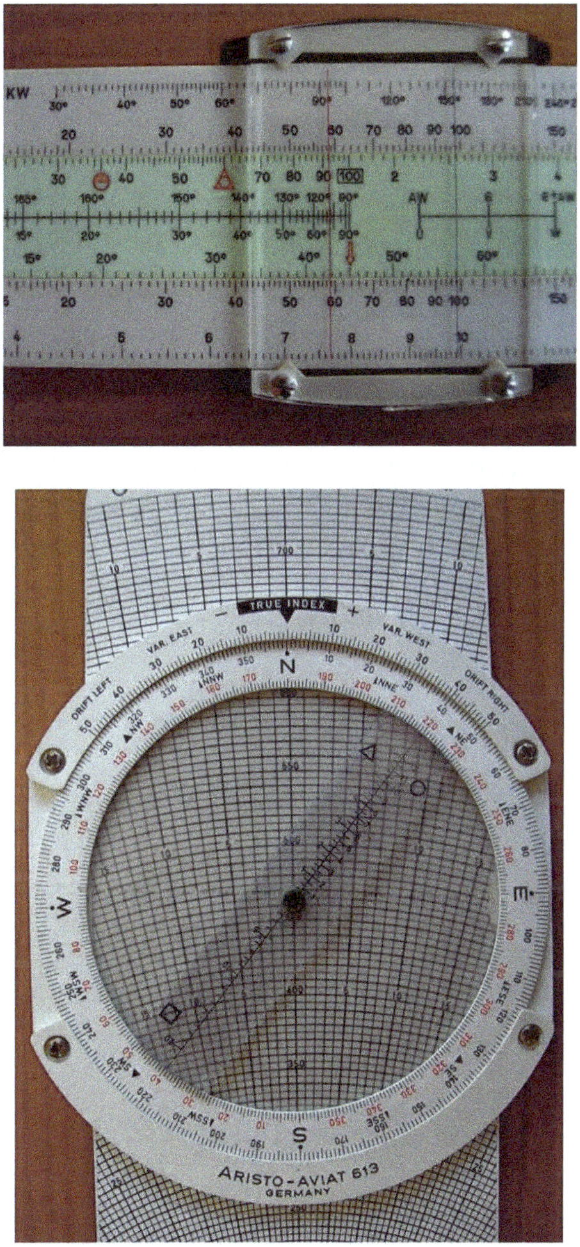

Abb. 3.2: Beispiele für analoge Navigationsrechner

Der Windwinkel (wind angle – WA) ist der Winkel zwischen der Windrichtung und der Längsachse des Luftfahrzeugs. Der Windeinfallwinkel (relative wind angle – RWA) liegt zwischen der Windrichtung und der Bewegungsrichtung des Luftfahrzeugs über Grund. Der oben verwendete Winkel ε ist die Differenz zwischen WA und RWA. Bei Start und Landung gilt: WA ≈ RWA, da die Längsachse des Luftfahrzeugs nach der Start- und Landebahn ausgerichtet wird.

3.2 Seiten- und Längswindkomponente

Die Seitenwindkomponente (cross wind component – CWC) [kt] wird berechnet mit:

$$CWC = \sin(WA) \cdot WS \tag{3.5}$$

Die Windkomponente, welche parallel zur Längsachse des Luftfahrzeugs wirkt (longitudinal wind component – LWC) [kt], berechnet man nach:

$$LWC = \cos(WA) \cdot WS \tag{3.6}$$

Für die Funktionswerte, zum Zweck der Überschlagsrechnung siehe Tabelle 3.1.

Tab. 3.1: Werte der Winkelfunktionen

WA	sin(WA)	cos(WA)
0°	0	1
10°	0,174	0,985
20°	0,342	0,939
30°	0,5	0,866
40°	0,642	0,766
50°	0,766	0,642
60°	0,866	0,5
70°	0,939	0,342
80°	0,985	0,174
90°	1	0

3.3 Anwendung der 1 : 60-Regel

Der Winkel von einem Grad kann näherungsweise durch das Seitenverhältnis 1 : 60 dargestellt werden. Diese Regel kann man für kleine Winkel bis 15° zur überschlägigen Berechnung des Kursfehlers F_K auf einem Streckenabschnitt nutzen. Die Strecken d sind hier in [nm]:

$$F_K = \frac{d_{versetzt} \cdot 60}{d_{zurückgelegt}} \tag{3.7}$$

Den Ausgleichswinkel W_A berechnet man mit:

$$W_A = \frac{d_{versetzt} \cdot 60}{d_{verbleibend}} \tag{3.8}$$

Die anzubringende Steuerkurskorrektur K_{StK} ergibt sich aus:

$$K_{StK} = F_K + W_A \tag{3.9}$$

Eine weitere Anwendung der 1 : 60-Regel ist: Auf einem 3°-Gleitweg erreicht man mit der Winkelkorrektur von einem Grad eine Höhenkorrektur von 100 ft/nm.

3.4 Kurvenradius

Der Kurvenradius R [nm] wird berechnet mit:

$$R = \left(\frac{v^2}{g \cdot \tan \phi} \right) : 1852 \frac{m}{nm} \tag{3.10}$$

Dabei ist v die wahre Fluggeschwindigkeit [m/s], g ist die mittlere Erdbeschleunigung [$9,81 m/s^2$] und ϕ ist der Winkel der Querneigung [°]. Für v kann auch die Geschwindigkeit über Grund eingesetzt werden, um den Windeinfluss zu berücksichtigen. Dies ist sinnvoll, wenn für eine Verfahrensgeometrie mit vorgegebenem Kurvenradius die maximale Fluggeschwindigkeit bestimmt werden soll. Hierfür muss Gleichung (3.10) nach v umgestellt werden.

3.5 Linearer Kurvenvorhalt

Bei Wegpunkten (waypoints – WPT) unterscheidet man **fly-over** und **fly-by WPT**. Fly-over WPT werden direkt passiert, fly-by WPT leiten kursmäßig definierte Kurven ein. Dabei ist der lineare Kurvenvorhalt (LKV) die Entfernung zu einem fly-by WPT, in welcher die Kurve vor dessen Erreichen eingeleitet werden muss, um hinter diesem die Kurve, ohne zu überschießen, auf einer definierten Kurslinie ausleiten zu können. Der Übergangsbogen ist eine Klotoide – siehe Abschnitt 3.6. Den Kurvenvorhalt [nm] berechnet man mit:

$$LKV = R \cdot \tan \left(\frac{KW}{2} \right) \tag{3.11}$$

KW ist der Betrag des Kurvenwinkels zwischen dem Kurs zum WPT und dem folgenden, vom WPT wegführenden Kurs [°].

Nach Gleichung (3.10) hängt der Kurvenradius bei gegebener Querneigung von der Geschwindigkeit über Grund (GS) ab. Daher sollte die GS nach Einleiten der Kurve vor einem fly-by WPT nicht geändert werden, um ein Abweichen von der Verfahrensgeometrie zu vermeiden. Weil die GS nicht direkt steuerbar ist, wird die IAS während der Kurve konstant gehalten.

In Abbildung 3.3 ist WPT1 ein fly-by WPT, R_0 ist der Kurvenradius, welcher der Berechnung des LKV zugrundeliegt. Der zu überstreichende KW hat den Wert 80°. Die rote gerissene Linie veranschaulicht die Situation, in welcher nach dem Einleiten der Kurve die GS wächst, sodass sich der Kurvenradius auf R_n erhöht. Dies führt zu einer unerwünschten radialen Abweichung von der Soll-Kurslinie zwischen WPT1 und WPT2 um den Betrag ΔR_{RAD} und erfordert ein erneutes Anschneiden der Soll-Kurslinie.

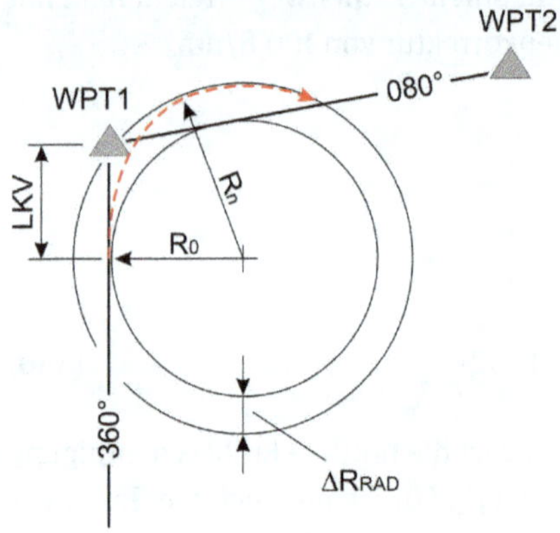

Abb. 3.3: Beispielsituation für LKV bei einem fly-by WPT

3.6 Übergangsbögen

Beim Ein- und Ausleiten von Kurven entsteht zwischen der geradlinigen Flugbahn und dem Kreissegment ein Übergangsbogen. Dieser muss in der fliegerischen Praxis für das exakte Erreichen des Soll-Kurses und während der Verfahrensplanung bei der Festlegung der Geometrie von An- und Abflugverfahren berücksichtigt werden. Ein solcher Übergangsbogen ist der Weg vom Beginn der Rollbewegung ($\phi = 0°$) um die Längsachse des Luftfahrzeugs bis zum Zeitpunkt, an welchem die Soll-Schräglage ($\phi = 20° \dots 30°$) erreicht wird und damit ein stationärer Kurvenflug auf dem Kreissegment eintritt. Entsprechend der Rollrate $d\phi/dt$ beträgt bei Verkehrsflugzeugen die Zeit auf dem Übergangsbogen [s] etwa ein Drittel des numerischen Werts der Schräglage auf dem Kreissegment [°]. So ist für $\phi = 21°$ die zeitliche Länge des Bogens t = 7 s. Die Bogenlänge ist der in dieser Zeit mit der wahren Fluggeschwindigkeit zurückgelegte Weg nach $s = v \cdot t$.

Dies gilt ebenso für den Übergang aus einer Kurve in den Geradeausflug. Das Beenden einer Kurve ergibt sich aus der Regel, dass mit dem Ausleiten begonnen werden soll, wenn die Kursdifferenz zum Soll-Kurs ein Drittel der Schräglage beträgt. So liegt für $\phi = 30°$ der Beginn des Ausleitens 10° vor dem Soll-Kurs.

Mathematisch kann ein solcher Übergangsbogen durch die **Klotoide** beschrieben werden. Diese ist eine ebene Spiralkurve, deren Krümmung k proportional ihrer vom Ursprung gemessenen Bogenlänge l ist. Für den Übergang einer Gerade in einen Kreis gilt: $k_1 = 0$ mit $R_1 = \infty$, $k_2 = 1/R_2$, wobei R_2 der Radius des anschließenden Kreisbogens ist.

Die Definitionsgleichung der Klotoide lautet: [33]

$$R \cdot l = A^2 \tag{3.12}$$

R ist der Krümmungsradius im jeweiligen Punkt P [m], l ist die Bogenlänge vom Ursprung bis P [m], A ist der Parameter als Maß der Krümmungsänderung je Längeneinheit [m]; dieser kann jede Größe von 0 bis ∞ annehmen. Mit wachsender Bogenlänge verringert sich der Radius und wächst die Krümmung.

Während bei der Planung von Trassen für Straßen und Eisenbahnen der Parameter A festgelegt wird, kann dieser für einen Übergangsbogen auf einer Flugbahn aus der für jeden Punkt bekannten Bogenlänge nach der verstrichenen Zeit und dem gegenwärtigen Radius entsprechend der Schräglage unter Anwendung der Gleichungen (3.12) und (3.10) berechnet werden:

$$A = \sqrt{R \cdot l} = \sqrt{\frac{v^3}{g \cdot \tan \phi} \cdot t} \tag{3.13}$$

Die Kursänderung wird durch den Tangentenwinkel τ [rad] beschrieben, welcher aus der Definition der Krümmung folgt: Die Krümmung k einer Kurve ist die Richtungsänderung der Tangente je Längenänderung. [33]

$$k = \frac{d\tau}{dl} = \frac{1}{R} = \frac{l}{A^2} \tag{3.14}$$

$$\tau = \frac{l^2}{2A^2} = \frac{l}{2R} \tag{3.15}$$

Nach Abbildung 3.4 gilt für die Berechnung rechtwinkliger Koordinaten der Klotoide [m] in einem lokalen KS:

$$dx = dl \cos\left(\frac{l^2}{2A^2}\right) \Rightarrow x = \int_0^l \cos\left(\frac{l^2}{2A^2}\right) dl \tag{3.16}$$

$$dy = dl \sin\left(\frac{l^2}{2A^2}\right) \Rightarrow y = \int_0^l \sin\left(\frac{l^2}{2A^2}\right) dl \tag{3.17}$$

Da obige Integrale nicht geschlossen lösbar sind, führen diese zu den folgenden Reihenentwicklungen: [33]

$$x = l - \frac{l^5}{40A^4} + \frac{l^9}{3456A^8} - + \ldots \tag{3.18}$$

$$y = \frac{l^3}{6A^2} - \frac{l^7}{336A^6} + \frac{l^{11}}{42240A^{10}} - + \ldots \tag{3.19}$$

Im Rahmen der Verfahrensplanung müssen die so gewonnenen Koordinaten in das geographische KS überführt werden.

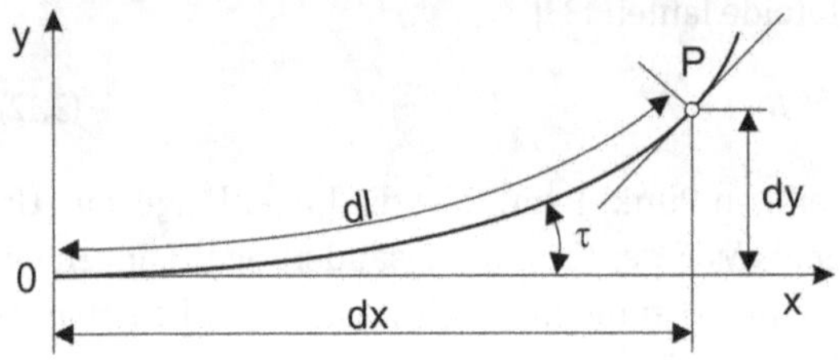

Abb. 3.4: Bogendifferential zur Ableitung der rechtwinkligen Koordinaten der Klotoide [33]

3.7 Gleitwegkorrektur und Lage des Entscheidungspunkts

Falls bei einem Nichtpräzisionsanflug (non-precision approach – NPA), d.h. ohne Gleitwegführungssignal, von dem planerischen 3°-Gleitweg um ±x ft abgewichen wird, korrigiert die Gleitwinkeländerung von 1° eine Höhenabweichung von 100 ft auf 1 nm.

Bei NPA mit Übergang in den Horizontalflug am Minimum (minimum descent altitude – MDA) [ft] wird die Entfernung des Entscheidungspunkts (decision to land point – DLP) zum Aufsetzpunkt [nm] berechnet mit der Faustformel:

$$DLP = \frac{MDH + 50ft}{GPA \cdot 100} \tag{3.20}$$

MDH (minimum descent height) ist die Höhe über Grund [ft], GPA (glide path angle) ist der Gleitweg [°].

3.8 Angezeigte Geschwindigkeit

Bei Ausfall der Geschwindigkeitsmessung kann, wenn der Wind in der Flughöhe bekannt ist, die Längswindkomponente (LWC) geschätzt werden (Vorzeichen + für Rückenwind, – für Gegenwind). Im horizontalen Geradeausflug wird unter Verwendung der GPS-GS die IAS [kt] berechnet mit:

$$IAS = (GS - LWC) - 2\%/1000ft \tag{3.21}$$

Diese Gleichung gilt, solange der auf der rechten Seite zu subtrahierende Wert 50% nicht übersteigt.

3.9 Nautical air miles

Nautical air miles (NAM) sind die bei Windstille mit der TAS in der Abschnitts-Flugzeit theoretisch zurücklegbare Entfernung [nm]. NAM werden für die Berechnung der Brennstoffmenge Start – Landung (trip fuel – TF) verwendet.

$$NAM = \frac{TAS}{60} \cdot t \tag{3.22}$$

Hier ist t die Flugzeit in [min]. Es dürfen keine akkumulierten Werte oder Zuschläge für Steig- und Sinkflug verwendet werden.

3.10 Zeitrechnung und Datumssprung

Die Zeit und das Datum der Landung können als **Ortszeit** oder **Zonenzeit** bezüglich der geographischen Längen von Start- und Landeort sowie Startzeit und Flugdauer berechnet werden.

3.10.1 Rechnung mit Ortszeiten

Hier werden die Start- und die Landezeit als mittlere Ortszeit (local mean time – LMT) angeben. Die Berechnung geschieht nach folgendem Schema:

1. Umwandlung der Startzeit in UTC
   - Die Zeitdifferenz des Startorts zum Null-Meridian gemäß der geographischen Länge ergibt sich nach:
     $$\Delta t_1 = \lambda_{Start} \cdot 4min/^\circ \tag{3.23}$$
   - Ist der Null-Meridian westlich des Startorts, subtrahiert man Δt_1; liegt er östlich, wird addiert:
     $$UTC_{Start} = LMT_{Start} \pm \Delta t_1 \tag{3.24}$$

   Wird im Ergebnis 24.00 Uhr UTC überschritten, müssen 24 Stunden subtrahiert werden und das Datum springt auf den nächsten Tag.
2. Bestimmung der Landezeit in UTC
   $$UTC_{Landung} = UTC_{Start} + Flugdauer \tag{3.25}$$
3. Rückrechnung der Landezeit in LMT
   - Berechnung der Zeitdifferenz des Landeorts zum Null-Meridian gemäß dessen geographischer Länge:
     $$\Delta t_2 = \lambda_{Landung} \cdot 4min/^\circ \tag{3.26}$$

– Ist die Flugrichtung westwärts, wird Δt_2 subtrahiert; ist diese ostwärts, wird addiert:

$$LMT_{Landung} = UTC_{Landung} \pm \Delta t_2 \tag{3.27}$$

Wird 24.00 Uhr UTC überschritten, muss man 24 Stunden subtrahieren und das Datum springt auf den nächsten Tag.

3.10.2 Rechnung mit Zeitzonen

Die Start- und die Landezeit wird hier als Zonenzeit (zonal time – ZT) angeben. Die Berechnung erfolgt nach folgendem Schema:

1. Bestimmung der Startzeit in UTC
   – Ermittlung der Nummer der Zeitzone des Startorts, abhängig von dessen geographischer Länge:

$$N_{Start} = \frac{\lambda_{Start}}{15°} \tag{3.28}$$

   Hier muss die Längenangabe auf das nächste Vielfache von 15° oder die Nummer der Zeitzone auf den nächsten ganzzahligen Wert gerundet werden.
   – Ist der Null-Meridian westlich des Startorts, wird N_{Start} subtrahiert; ist dieser östlich, wird addiert:

$$UTC_{Start} = ZT_{Start} \pm N_{Start} \tag{3.29}$$

   Wird im Ergebnis 24.00 Uhr UTC überschritten, müssen 24 Stunden subtrahiert werden und das Datum springt auf den nächsten Tag.
2. Bestimmung der Landezeit in UTC

$$UTC_{Landung} = UTC_{Start} + Flugdauer \tag{3.30}$$

3. Rückrechnung der Landezeit in ZT
   – Bestimmung der Zeitzone entsprechend der geographischen Länge des Landeorts:

$$N_{Landung} = \frac{\lambda_{Landung}}{15°} \tag{3.31}$$

   Auch hier muss die Längenangabe auf das nächste Vielfache von 15° oder die Nummer der Zeitzone auf den nächsten ganzzahligen Wert gerundet werden.
   – Liegt der Null-Meridian westlich des Landeorts, wird $N_{Landung}$ subtrahiert; liegt dieser östlich, wird addiert:

$$ZT_{Landung} = UTC_{Landung} \pm N_{Landung} \tag{3.32}$$

   Wird 24.00 Uhr UTC überschritten, muss man 24 Stunden subtrahieren und das Datum springt auf den nächsten Tag.

Wird die Datumslinie überflogen, erfolgt ein Datumssprung. Dabei können vier Fälle unterschieden werden – siehe Tabelle 3.2. Mit dem Begriff *Flugrichtung* sind hier allgemein geographische Längen gemeint.

Tab. 3.2: Möglichkeiten des Datumssprungs

Datumsänderung	Startzeit	Flugrichtung
+1	kurz nach Mitternacht	West ⇒ Ost
+2	kurz vor Mitternacht	West ⇒ Ost
keine	kurz vor Mitternacht	Ost ⇒ West
−1	kurz nach Mitternacht	Ost ⇒ West

3.11 Bildflugplanung

Planungsgrundlage ist die Bestimmung der Anzahl von Luftbildern (Senkrechtaufnahmen) bei festem Bildmaßstab für eine vorgegebene Längs-/Querüberdeckung des Untersuchungsgebiets (meist 60/40%).

3.11.1 Bildmaßstab und erfasste Fläche

Im ersten Schritt wird der Bildmaßstab ermittelt. Dieser ergibt sich aus der wahren Länge einer im Objektbereich gemessenen Bezugsstrecke (z.B. Straße) und der im Luftbild zugeordneten Strecke nach der Beziehung:

$$M_B = \frac{s}{l} \tag{3.33}$$

M_B ist der Bildmaßstab, s ist die gemessene Strecke im Bild und l ist die Länge der Bezugsstrecke.

Im zweiten Schritt folgt die Berechnung der durch ein Luftbild erfassten Fläche. Das Bildformat sei a cm · b cm. Mit dem oben angegebenen Maßstab entspricht die Kantenlänge von a bzw. b jeweils einer bestimmten Strecke in der Natur. Das Produkt dieser Strecken ergibt den gesuchten Flächeninhalt.

Das vorgegebene zu erfassende Gebiet hat eine bestimmte Gesamtfläche. Die Zahl n der Bilder für eine Überdeckung gleich Null (d.h. ohne Überdeckung) ist der Quotient aus der zu erfassenden Fläche und der durch ein Luftbild erfassten Fläche. Der berechnete Wert von n wird auf den nächsten ganzzahligen Wert aufgerundet. Nun kann die Zahl N der Bilder für eine vorgegebene Überdeckung berechnet werden nach der Beziehung:

$$N = \frac{n}{1 - x} \tag{3.34}$$

Hier ist x die dimensionslose Kennzahl für die Soll-Überdeckung. Ist beispielsweise eine Längs-/Querüberdeckung von 60/40% gefordert, wird die Gleichung (3.34) zweimal gerechnet. Für die erste Berechnung wird als Argument für x der Wert 0,6 eingesetzt. Bei der zweiten Berechnung ist der ermittelte Wert von N nun Argument für n; für x setzt man den Wert 0,4 ein.

3.11.2 Basisstrecke eines Bildpaares

Die Basis eines Bildpaares ist der Längsabstand der Nadirpunkte (Bildmittelpunkte), gemessen zwischen den mittleren Rahmenmarken in Flugrichtung. Im Objekt liegen zugeordnete homologe Punkte. Der gemessene Abstand im Bild, multipliziert mit der Maßstabszahl, ergibt die Basisstrecke B.

3.11.3 Planungselemente

Die Planung basiert auf dem berechneten Bildmaßstab M_B. Es werden die Elemente seitlicher Trassenabstand, Anzahl der Trassen, Trassenlänge, Zeitintervall der Aufnahmen/Zahl der Bilder pro Trasse, Flughöhe und Flugzeit berechnet. Unter dem Begriff **Trasse** versteht man die senkrechte Projektion der Flugbahn auf die EO (= Flugspur). Die Festlegung von deren Lage richtet sich nach den zu erfassenden Objekten.

3.11.3.1 Seitlicher Trassenabstand

Der vorgegebene Befliegungsbereich wird durch ein Rechteck, ein Quadrat oder längs versetzte Einzeltrassen abgedeckt. Beispielhaft wird hier eine Längs-/Querüberdeckung von 60/40% zugrundegelegt.

Der seitliche Abstand der Flugtrassen ergibt sich aus der Breite des vom Luftbild erfassten Objektbereichs und der gewünschten seitlichen Überdeckung. Gemäß M_B entspricht die Luftbildbreite von a cm einer Naturstrecke. Für eine seitliche Überdeckung von 40% wird diese Strecke mit dem Faktor 0,6 multipliziert. Dies ergibt die theoretische Streifenbreite.

Als Positionsgenauigkeit der GPS-Anlage bei Freiraumausbreitung der Signale wird hier 10 m (zweifache Standardabweichung für 95% der Betriebszeit) angenommen. Dieser Wert subtrahiert, ergibt die effektive Streifenbreite – die seitliche Soll-Überdeckung wird damit sichergestellt.

3.11.3.2 Trassenanzahl

Die Anzahl der Trassen ist der Quotient aus der Breite des Befliegungsgebiets und dem oben berechneten seitlichen Trassenabstand.

3.11.3.3 Trassenlänge

Die Trassenlänge ergibt sich direkt aus der Länge des Befliegungsgebiets. Hinzu kommt ein Streckenabschnitt, welcher mindestens dem Radius der (180°-)Kurven des Luftfahrzeugs vor dem Beginn bzw. nach dem Ende einer jeden Trasse entspricht. Damit soll sichergestellt werden, dass die Trassen vollständig abgeflogen werden können. Operationell sind die Kurven dem seitlichen Trassenabstand anzupassen.

3.11.3.4 Zeitintervall der Aufnahmen und Zahl der Bilder pro Trasse

Das Zeitintervall Δt [s] zwischen den Aufnahmen hängt von der Fluggeschwindigkeit über Grund v_G [m/s] und der Basisstrecke B [m] ab:

$$\Delta t = \frac{B}{v_G} \tag{3.35}$$

Sind die Auslösepunkte koordinatenmäßig festgelegt, sind diese unabhängig von der Geschwindigkeit über Grund.

Die Zahl der Bilder pro Trasse ist der Quotient aus Trassenlänge und Basisstrecke.

3.11.3.5 Flughöhe

Die Höhe über Grund h [m] wird primär durch den gewünschten Bildmaßstab M_B, welcher die mittlere Höhe über Grund bestimmt, determiniert. Dabei gilt die Beziehung:

$$h = \frac{c \cdot B}{M_B} \tag{3.36}$$

Hier ist c die Kamerakonstante/Brennweite (Element der inneren Orientierung), B ist die Bildbasis [m].

Die Flughöhe wird mit einem barometrischen Höhenmesser kontrolliert. Dieser ist auf den Standardluftdruck in Meereshöhe (p = 1013,25 hPa bei T = 15°C) geeicht, d.h. eine Flughöhe ist die Höhe über dem Meeresspiegel. Damit ergibt sich die Höhe über Grund jeweils als Differenz der barometrischen Höhe und der Geländehöhe. Nur wenn das Gelände in Meeresspiegelhöhe liegt, gleicht die Flughöhe der Höhe über Grund.

Soll nun eine vorgegebene Höhe über Grund eingehalten werden, muss die mittlere Geländehöhe zu dieser addiert werden, um die Einsatzflughöhe zu berechnen. Bei Abweichungen von Temperatur und/oder Luftdruck von der Internationalen Standardatmosphäre (ISA) ergibt sich die einzuhaltende Höhe durch Anbringen folgender Korrekturterme an h:

$\Delta H/\Delta T$ = 0,4% der Höhe/°C Temperaturabweichung von ISA (positiv für negative ΔT) und $\Delta H/\Delta p$ = 8 m/hPa Druckabweichung von ISA (negativ für positive Δp). E ist die mittlere Geländehöhe (Elevation) [m].

Damit wird die Einsatzflughöhe H [m] berechnet nach:

$$H = \frac{c \cdot B}{M_B} + E + \frac{\Delta H}{\Delta T} + \frac{\Delta H}{\Delta p} \tag{3.37}$$

3.11.3.6 Flugzeit

Die Flugzeit im Einsatzgebiet wird durch die Gesamttrassenlänge bestimmt, abhängig von der mittleren Geschwindigkeit über Grund. Dabei müssen die unterschiedlichen Werte für v_G, abhängig von der Trassen- und damit Flugrichtung, beachtet werden. Die Wendekurven (eine pro Trasse) kann man mit einer zeitlichen Pauschale von einer Minute pro Kurve ansetzen. Zusätzlich ist die An-/Abflugzeit zum/vom Einsatzgebiet zu berücksichtigen.

Die taktisch-technischen Kenngrößen ergeben sich aus dem Betriebshandbuch des verwendeten Luftfahrzeugs. Auf deren Basis können die Flugplanung und Kostenkalkulation erstellt werden.

3.11.4 Genauigkeit

Die Genauigkeit der aus dem Luftbild/Stereobildpaar abgeleiteten Größen ist abhängig von der Genauigkeit der Messung der Basisstrecke im Objekt, der Genauigkeit der Messung der zugeordneten Strecke im Luftbild und vom Messverfahren (z.B. Bandmaß oder Laser). Daraus folgt der Maßstabsfehler, welcher die Genauigkeit aller auf dem Maßstab basierenden Berechnungen bestimmt.

4 Berechnung navigatorischer Größen, Schnitt von Standflächen und Standlinien

4.1 Orte gleicher Entfernungen und Zeiten

4.1.1 Point of safe return

Der *Point of safe return (PSR)* ist der Zeitpunkt, an welchem, falls der Flug nicht wie geplant fortgesetzt werden kann, spätestens die Umkehr erfolgen muss, um sicher einen vorausbestimmten Rückflughafen (return alternate) erreichen zu können. Dieser wird in Minuten oder Stunden angegeben, bezogen auf den Start- oder den Rückflughafen.

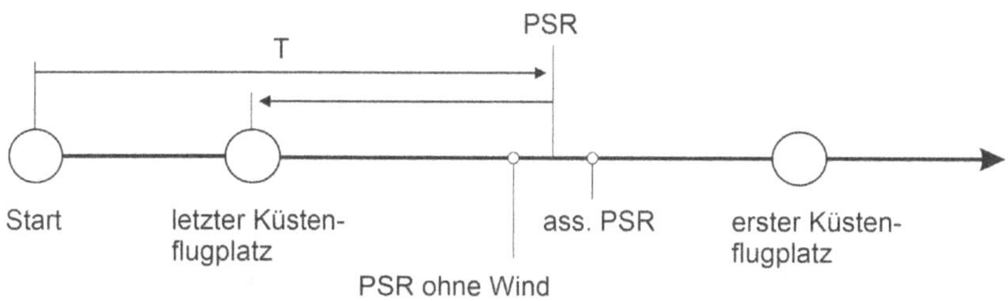

Abb. 4.1: Ermittlung des PSR

Der PSR [min] wird berechnet mit:

$$PSR = \frac{GS_R \cdot T}{GS_O + GS_R} \tag{4.1}$$

Dabei ist GS_O (groundspeed – out) die Geschwindigkeit über Grund [kt] in der geplanten Richtung. Diese ermittelt man aus dem Strecken-/Zeit-Verhältnis:

$$GS_O = \frac{d}{t} \tag{4.2}$$

In dieser Gleichung ist d die Gesamtstrecke [nm] und t ist die Gesamtzeit [h] zum assumed PSR, bezogen auf den Startflughafen. Der assumed PSR ist der nächste Wegpunkt hinter dem PSR ohne Wind auf der geplanten Strecke im *Operational flightplan (OFP)* – siehe Abbildung 4.1.

GS_R (groundspeed – return), als Geschwindigkeit über Grund auf dem Rückweg [kt], ergibt sich nach:

$$GS_R = TAS + \Delta v \tag{4.3}$$

Die Geschwindigkeitsdifferenz Δv [kt] wird berechnet mit:

$$\Delta v = TAS - GS_O \tag{4.4}$$

https://doi.org/10.1515/9783110769807-004

Herrscht in Hinflugrichtung Rückenwind, gilt: $GS_O > TAS$ – damit ist Δv negativ. Die TAS ergibt sich aus den Flugleistungsunterlagen des Luftfahrzeugs für die gegebenen Bedingungen.

T [min] als *Safe endurance* ist die Zeit, welche genutzt werden kann für die Bestimmung eines Umkehrpunkts, um sicher einen Rückflughafen mit einer Reserveflugzeit von einer Stunde, entsprechend dem mittleren Brennstoffverbrauch (fuel flow – FF), zu erreichen. *T* wird berechnet nach:

T/O-fuel
– reserve fuel (1 h mit $\overline{FF}$)
= safe fuel (darf verbraucht werden)
– trip fuel (trip time)
= rest fuel (rest time)
⇒ safe endurance = trip time + rest time

4.1.2 Equal time point

Für den Fall eines notwendigen Umkehrens wird der Punkt gleicher Flugzeiten (equal time point – ETP, auch point of equal time – PET) bestimmt. Dieser wird normalerweise zwischen zwei Flughäfen auf der geplanten Flugroute ermittelt.

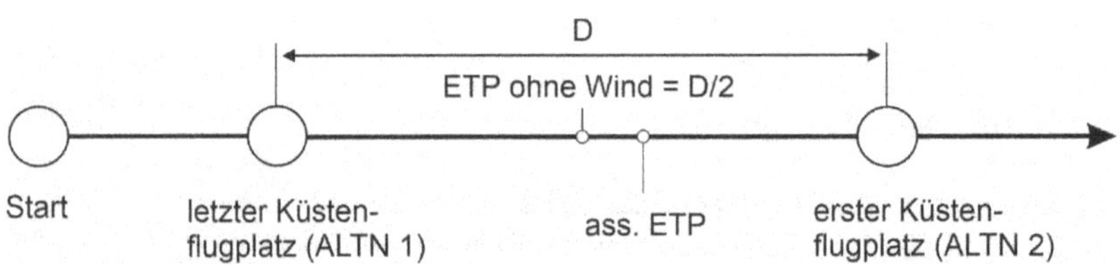

Abb. 4.2: Ermittlung des ETP

Der ETP [nm] wird berechnet mit:

$$ETP = \frac{GS_R \cdot D}{GS_C + GS_R} \tag{4.5}$$

D [nm] ist die Entfernung zwischen den beiden Flughäfen, zwischen denen der ETP berechnet werden soll.

GS_R (groundspeed – return) ist die Geschwindigkeit über Grund [kt] auf dem Weg vom ETP zurück zum ersten Bezugsflughafen (ALTN 1):

$$GS_R = \overline{TAS} + \Delta v \tag{4.6}$$

Die Rechnung erfolgt mit mittlerer TAS [kt] vom ALTN 1 zum assumed ETP.

$$\overline{TAS} = \frac{1}{n} \sum_{1 \leq i \leq n} TAS_i \tag{4.7}$$

Hier ist n die Anzahl der für die Berechnung verwendeten Streckenabschnitte. Der assumed ETP ist der nächste Wegpunkt im OFP, bezogen auf den ETP – siehe Abbildung 4.2.

Die Geschwindigkeitsdifferenz Δv [kt] wird ermittelt nach:

$$\Delta v = \overline{TAS} - GS_O \tag{4.8}$$

GS_O (groundspeed – out) ist die Geschwindigkeit über Grund in der geplanten Richtung [kt]. Diese berechnet man aus dem Strecken-/ Zeit-Verhältnis vom ALTN 1 zum assumed ETP:

$$GS_O = \frac{d_1}{t_1} \tag{4.9}$$

GS_C (groundspeed – continue) als Geschwindigkeit über Grund [kt] auf dem Weg vom ETP weiter zum zweiten Bezugsflughafen ergibt sich aus dem Strecken-/Zeit-Verhältnis zwischen dem assumed ETP und dem zweiten Bezugsflughafen (ALTN 2):

$$GS_C = \frac{d_2}{t_2} \tag{4.10}$$

4.2 Großkreisbogen zwischen zwei Orten

Die kürzeste Verbindung zwischen zwei Orten auf der Kugel ist der **Großkreis** (Orthodrome, engl. great circle) bzw. ein Bogenstück dessen als dreidimensionale, planare Kurve. Deren Ebene schneidet den Erdmittelpunkt. Die Koordinaten der Orte werden durch φ (geographische Breite) und λ (geographische Länge) angegeben.

4.2.1 Berechnung mittels Ortsvektoren

4.2.1.1 Bogenlänge der Orthodrome

Die Bogenlänge s der Orthodrome durch die Orte $A(\varphi_A, \lambda_A)$ und $B(\varphi_B, \lambda_B)$ wird berechnet (mit r in [km] oder [nm]):

$$s = \frac{\gamma \cdot r \cdot \pi}{180°} \tag{4.11}$$

Obige Gleichung überführt den Zentriwinkel γ [°] in das Bogenmaß als Vielfaches von π. Der Winkel γ wird durch die Ortsvektoren von A und B in der Großkreisebene aufgespannt – siehe Abbildung 4.3.

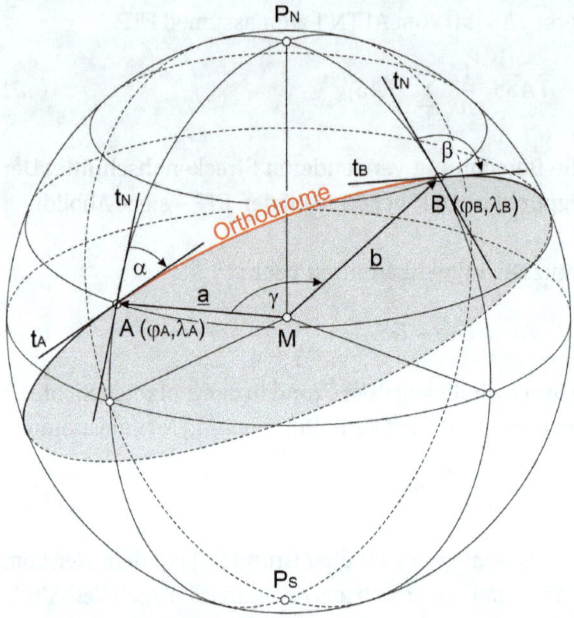

Abb. 4.3: Orthodrome durch die Orte A und B

Man berechnet diesen mit:

$$\gamma = \arccos\left(\frac{\underline{a} \cdot \underline{b}}{\|\underline{a}\| \cdot \|\underline{b}\|}\right) \tag{4.12}$$

Die Größen $\underline{a}$ und $\underline{b}$ in [km] oder [nm] sind die Ortsvektoren von A und B:

$$\underline{a}(\varphi_A, \lambda_A) = r \begin{pmatrix} \cos\lambda_A \cos\varphi_A \\ \sin\lambda_A \cos\varphi_A \\ \sin\varphi_A \end{pmatrix} \tag{4.13}$$

sowie

$$\underline{b}(\varphi_B, \lambda_B) = r \begin{pmatrix} \cos\lambda_B \cos\varphi_B \\ \sin\lambda_B \cos\varphi_B \\ \sin\varphi_B \end{pmatrix} \tag{4.14}$$

$\|\underline{a}\|$ und $\|\underline{b}\|$ sind die normierten Vektoren. Deren Länge wird berechnet nach der Beziehung:

$$\|\underline{a}\| = \sqrt{{a_1}^2 + {a_2}^2 + {a_3}^2} \tag{4.15}$$

Die Berechnung von $\|\underline{b}\|$ erfolgt analog. Da die Länge von $\|\underline{a}\|$ und $\|\underline{b}\|$ dem mittleren Erdradius $r = 6371$ km gleicht, kann vereinfachend im Nenner von Gleichung (4.12) der Wert von r^2 eingesetzt werden.

Für die Umrechnung der Entfernungseinheit der Bogenlänge gilt:

$$s_{[nm]} = s_{[km]} : 1,852 km/nm \tag{4.16}$$

4.2.1.2 Richtung und Kurs der Orthodrome

Die Anfangsrichtung der Orthodrome zwischen A und B ist die Richtung der Tangente t_A an A. Die Endrichtung ist die Richtung der Tangente t_B an B – siehe Abbildung 4.3. Damit ergibt sich die Richtung jeweils aus der **ersten Ableitung der Parameterdarstellung** der Orthodrome durch A und B in ebendiesen Punkten.

Die Parameterdarstellung[6] hat bezüglich der Ebene der Orthodrome durch den Erdmittelpunkt mit $M = (0, 0, 0)^T$ folgendes Aussehen (Linearkombination): [34]

$$P(\gamma) = \cos\gamma \cdot \underline{e}'_1 + \sin\gamma \cdot \underline{e}'_2 + 0 \cdot \underline{e}'_3 \tag{4.17}$$

P ist ein beliebiger, auf dem Großkreis abzubildender Punkt, laufender Parameter ist der Winkel γ mit $0 \le \gamma \le ds(A, B)$ als Bogenlänge. Die erste Ableitung von $P(\gamma)$ ist gegeben durch:

$$P'(\gamma) = -\sin\gamma \cdot \underline{e}'_1 + \cos\gamma \cdot \underline{e}'_2 \tag{4.18}$$

Die Ebene durch $\underline{a}$ und $\underline{b}$ soll zweckmäßigerweise die Einheitsvektoren $\underline{e}'_1$ und $\underline{e}'_2$ enthalten. $\underline{e}'_1$ und $\underline{e}'_2$ spannen diese Ebene auf, der Normalenvektor $\underline{e}'_3$ steht senkrecht zur Ebene – siehe Abbildung 4.4. Es gilt:

$$\underline{e}'_1 = \frac{\underline{a}}{\|\underline{a}\|} \tag{4.19}$$

$\underline{e}'_1$ hat die Länge Eins, ist einheitenlos und ersetzt den Ortsvektor $\underline{\mathrm{a}}$. Der Normaleneinheitsvektor der Trägerebene wird berechnet nach:

$$\underline{e}'_3 = \frac{\underline{a} \times \underline{b}}{\|\underline{a} \times \underline{b}\|} \tag{4.20}$$

$\underline{e}'_3$ hat ebenfalls die Länge Eins und ist einheitenlos. $\underline{e}'_2$ als Kreuzprodukt zweier orthogonaler Einheitsvektoren ist wieder ein Einheitsvektor mit der Länge Eins:

$$\underline{e}'_2 - \underline{e}'_3 \times \underline{e}'_1 \tag{4.21}$$

Gleichung (4.18), angewendet auf die Tangente der Anfangsrichtung der Orthodrome an der Stelle A, ergibt (γ wird im Bogenmaß eingesetzt):

$$t_A = P'(\gamma)\ |_A = -\sin\gamma \cdot \underline{e}'_1 + \cos\gamma \cdot \underline{e}'_2 \tag{4.22}$$

Da der Winkel γ an dieser Stelle den Wert Null hat, folgt:

$$t_A = 0 \cdot \underline{e}'_1 + 1 \cdot \underline{e}'_2 = \underline{e}'_2 \tag{4.23}$$

Für die Richtung der Tangente im Endpunkt der Orthodrome an der Stelle B gilt:

$$t_B = P'(\gamma)\ |_B = -\sin\gamma \cdot \underline{e}'_1 + \cos\gamma \cdot \underline{e}'_2 \tag{4.24}$$

6 Für den Begriff *Parameterdarstellung* – siehe auch Abschnitt 5.2.1.

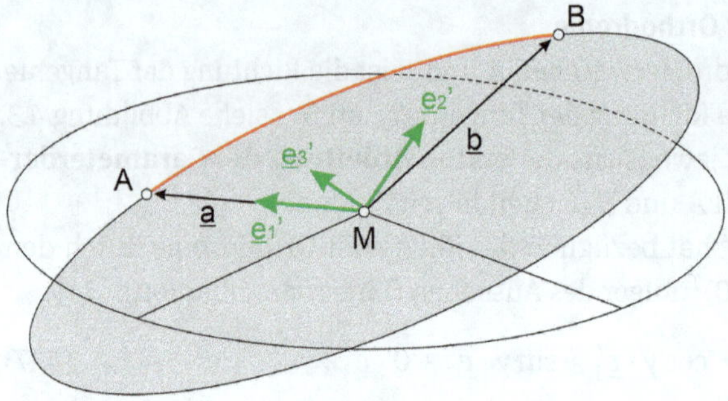

Abb. 4.4: Festlegung der Trägerebene der Orthodrome durch Einheitsvektoren

Der **Anfangskurs** α der Kurve im Punkt A ist der Winkel zwischen t_A und der Tangente t_N an den Ortsmeridian (Nordrichtung) durch A. Der **Endkurs** β der Kurve im Punkt B ist der Winkel zwischen t_B und der Tangente t_N an den Ortsmeridian durch B – siehe Abbildung 4.3. Die Tangentenvektoren für die Nord- bzw. Ostrichtung erhält man durch partielle Differentiation der Parameterdarstellung: [34]

$$\underline{x}(\varphi, \lambda) = r \begin{pmatrix} \cos\varphi\cos\lambda \\ \cos\varphi\sin\lambda \\ \sin\varphi \end{pmatrix} \tag{4.25}$$

Die **Nordrichtung** (t_N) ist:

$$\frac{\partial}{\partial\varphi} \begin{pmatrix} \cos\varphi\cos\lambda \\ \cos\varphi\sin\lambda \\ \sin\varphi \end{pmatrix} = \begin{pmatrix} -\sin\varphi\cos\lambda \\ -\sin\varphi\sin\lambda \\ \cos\varphi \end{pmatrix} = \underline{e}_N \tag{4.26}$$

Dieser Vektor entspricht dem Einheitsvektor in Nordrichtung mit der Länge Eins. Die **Ostrichtung** (t_O) ist:

$$\frac{\partial}{\partial\lambda} \begin{pmatrix} \cos\varphi\cos\lambda \\ \cos\varphi\sin\lambda \\ \sin\varphi \end{pmatrix} = \begin{pmatrix} -\cos\varphi\sin\lambda \\ \cos\varphi\cos\lambda \\ 0 \end{pmatrix} = \cos\varphi \begin{pmatrix} -\sin\lambda \\ \cos\lambda \\ 0 \end{pmatrix} \tag{4.27}$$

Die Länge dieses Vektors beträgt $\cos\varphi$. Der Einheitsvektor in Ostrichtung ist gegeben durch:

$$\underline{e}_O = \begin{pmatrix} -\sin\lambda \\ \cos\lambda \\ 0 \end{pmatrix} \tag{4.28}$$

Einsetzen der Koordinaten der Orte A und B in die Nordrichtung gemäß Gleichung (4.26) ergibt $t_N\,|_A$ und $t_N\,|_B$.

Die Winkel α_0 und β_0 [°] sind zunächst Hilfsgrößen:

$$\alpha_0 = \arccos\left[\angle(t_A, t_N\,|_A)\right] = \arccos\left(\frac{t_A \cdot t_N\,|_A}{\|t_A\| \cdot \|t_N\,|_A\,\|}\right) \tag{4.29}$$

sowie

$$\beta_0 = \arccos\left[\angle(t_B, t_N\,|_B)\right] = \arccos\left(\frac{t_B \cdot t_N\,|_B}{\|t_B\| \cdot \|t_N\,|_B\,\|}\right) \tag{4.30}$$

Wegen der Periodizität der Cosinus-Funktion ergibt sich schließlich für Kurse im östlichen Halbkreis (>0° bis 180°):

$$\alpha = \alpha_0 \tag{4.31}$$

bzw.

$$\beta = \beta_0 \tag{4.32}$$

Für Kurse innerhalb des westlichen Halbkreises (>180° bis 360°) gilt:

$$\alpha = 360^\circ - \alpha_0 \tag{4.33}$$

und

$$\beta = 360^\circ - \beta_0 \tag{4.34}$$

4.2.1.3 Koordinaten des Scheitelpunkts

Am Scheitelpunkt ändert sich der Richtungssinn der Orthodrome. Deren Kurs ist hier 090° oder 270°, d.h. die Tangentenrichtung der Orthodrome und die Ost-/Westrichtung sind gleich. Da folglich in Ostrichtung die z-Komponente der Tangentenrichtung Null ist, kann der Zentriwinkel γ_S des Scheitelpunkts berechnet werden unter Verwendung der z-Komponenten in Gleichung (4.18):

$$0 = -\sin\gamma \cdot e_{13} + \cos\gamma \cdot e_{23} \tag{4.35}$$

Umformung ergibt:

$$\gamma_S = \arctan\left(\frac{e_{23}}{e_{13}}\right) \tag{4.36}$$

Wird γ_S in Gleichung (4.17) eingesetzt, kann das folgende Gleichungssystem für φ und λ leicht gelöst werden:

$$\begin{pmatrix} \cos\varphi\cos\lambda \\ \cos\varphi\sin\lambda \\ \sin\varphi \end{pmatrix} = \cos\gamma_S \begin{pmatrix} e_{11} \\ e_{12} \\ e_{13} \end{pmatrix} + \sin\gamma_S \begin{pmatrix} e_{21} \\ e_{22} \\ e_{23} \end{pmatrix} \tag{4.37}$$

Umformung von Gleichung III nach φ liefert:

$$\varphi_S = \arcsin(\cos\gamma_S \cdot e_{13} + \sin\gamma_S \cdot e_{23}) \tag{4.38}$$

Die Gleichung II, umgeformt nach λ, bei Verwendung von φ_S lautet:

$$\lambda_S = \arcsin\left(\frac{\cos\gamma_S \cdot e_{12} + \sin\gamma_S \cdot e_{22}}{\cos\varphi_S}\right) \tag{4.39}$$

Für die Berechnung kartesischer Koordinaten des Scheitelpunkts (falls benötigt) hat Gleichung (4.17) folgendes Aussehen:

$$\begin{pmatrix} x \\ y \\ z \end{pmatrix} = \cos \gamma_S \begin{pmatrix} e_{11} \\ e_{12} \\ e_{13} \end{pmatrix} + \sin \gamma_S \begin{pmatrix} e_{21} \\ e_{22} \\ e_{23} \end{pmatrix} \tag{4.40}$$

Diese können wiederum in geographische Koordinaten transformiert werden. Die geographische Breite des Scheitelpunkts ergibt sich nach der Beziehung:

$$\varphi_S = \arcsin(z) \tag{4.41}$$

Für die geographische Länge gilt:

$$\lambda_S = \arctan\left(\frac{y}{x}\right) \tag{4.42}$$

Aufgrund der nicht eindeutigen Umkehrbarkeit der Tangens-Funktion muss, abhängig vom Quadranten, zu dem Ergebnis ein geeignetes Vielfaches von 180° addiert werden.

Diese Berechnung der Scheitelpunktkoordinaten basiert auf der Ostrichtung. Bei einer westlich ausgerichteten Orthodrome liegt deren Scheitelpunkt bei Anwendung der obigen Gleichungen um 180 Längengrad versetzt. In diesem Fall ergibt sich λ_S durch Addition von 180° und φ_S durch Umkehrung des Vorzeichens. Befindet sich der Scheitelpunkt auf der Südhalbkugel, dann erhält φ_S das Vorzeichen –.

Ändert sich der Richtungssinn der Orthodrome zwischen den Orten A und B nicht, liegt deren Scheitelpunkt außerhalb der Flugstrecke.

4.2.2 Anwendungsbeispiel mit Ortsvektoren

Für einen Flug von Dresden nach Colombo (Sri Lanka) sollen Bogenlänge, Richtung/Kurs und Scheitelpunktkoordinaten der Orthodrome berechnet werden. Die Koordinaten der Flughafenbezugspunkte sind für Dresden: 51°08,1'N, 013°46,1'E und für Colombo: 07°10,8'N, 079°53,1'E.

Zum leichteren Gebrauch des Taschenrechners empfiehlt sich die Umwandlung der gegebenen Koordinaten in das Dezimalsystem (Angabe der Grad mit Nachkommastelle). Das folgende Beispiel der geographischen Breite Dresdens veranschaulicht die Umrechnung von Bogenminuten in Grad:

$$\frac{8,1'}{60'/°} = 0,135° \tag{4.43}$$

Die gesuchte Gradangabe ist die Summe aus obigem Ergebnis und dem ganzzahligen Grad-Wert: 0,135° + 51° = 51,135°.

4.2.2.1 Bogenlänge

Um die Bogenlänge der Orthodrome zwischen Dresden und Colombo gemäß Gleichung (4.11) bzw. (4.12) zu ermitteln, werden im ersten Schritt die Ortsvektoren für die Bezugspunkte der Flughäfen berechnet. Nach Gleichung (4.13) ist der Ortsvektor für Dresden (mit $r = 6371$ km):

$$\underline{a} = r \begin{pmatrix} \cos 13,768^\circ \cos 51,135^\circ \\ \sin 13,768^\circ \cos 51,135^\circ \\ \sin 51,135^\circ \end{pmatrix} = \begin{pmatrix} 3882,86 \\ 951,42 \\ 4960,63 \end{pmatrix} km \tag{4.44}$$

Der Ortsvektor für Colombo ist gemäß Gleichung (4.14):

$$\underline{b} = r \begin{pmatrix} \cos 79,885^\circ \cos 7,180^\circ \\ \sin 79,885^\circ \cos 7,180^\circ \\ \sin 7,180^\circ \end{pmatrix} = \begin{pmatrix} 1110,13 \\ 6222,79 \\ 796,29 \end{pmatrix} km \tag{4.45}$$

Unter Verwendung dieser Vektoren wird im zweiten Schritt der Winkel γ nach Gleichung (4.12) berechnet:

$$\gamma = \arccos\left(\frac{14.181.066,3km^2}{40.589.641km^2}\right) = \arccos(0,349) = 1,214rad = 69,55^\circ \tag{4.46}$$

Schließlich ergibt sich die Bogenlänge der Orthodrome von Dresden nach Colombo entsprechend Gleichung (4.11):

$$s = \frac{69,55^\circ \cdot 6371km \cdot \pi}{180^\circ} = 7733,61km = 4175,81nm \tag{4.47}$$

4.2.2.2 Richtung und Kurs

Die Berechnung der Richtung und des Kurses in den Anfangs- und Endpunkten der Orthodrome geschieht in der Abfolge:

1. Bestimmung der Einheitsvektoren
2. Berechnung der Tangentenrichtungen
3. Bestimmung der lokalen Nordrichtung (Ortsmeridian)
4. Ermittlung der Winkel zwischen den Tangenten und Ortsmeridianen
5. Berechnung von Anfangs- und Endkurs

Im **ersten Schritt** werden die Einheitsvektoren $\underline{e}_1'$, $\underline{e}_2'$ und $\underline{e}_3'$ bestimmt. Diese legen die Trägerebene der Orthodrome fest. Gemäß Gleichung (4.19) ergibt sich mit $\|\underline{a}\| =$ 6371 km:

$$\underline{e}_1' = \frac{\underline{a}}{\|\underline{a}\|} = \begin{pmatrix} 0,609 \\ 0,149 \\ 0,779 \end{pmatrix} \tag{4.48}$$

Dieser Vektor hat die Länge Eins. Der Normalenvektor zu $\underline{e}_1$ entsteht aus dem Kreuzprodukt nach Gleichung (4.20):

$$\underline{e}_3' = \frac{\underline{a} \times \underline{b}}{\|\underline{a} \times \underline{b}\|} = \left[\begin{pmatrix} 0,609 \\ 0,149 \\ 0,779 \end{pmatrix} \times \begin{pmatrix} 0,174 \\ 0,977 \\ 0,125 \end{pmatrix}\right] \cdot \frac{1}{\|\underline{a} \times \underline{b}\|} \tag{4.49}$$

$$= \begin{pmatrix} -0,742 \\ 0,059 \\ 0,569 \end{pmatrix} \cdot \frac{1}{0,937} = \begin{pmatrix} -0,792 \\ 0,063 \\ 0,607 \end{pmatrix} \tag{4.50}$$

Die Länge von $\underline{e}_3'$ beträgt ebenfalls Eins. Schließlich ergibt sich gemäß Gleichung (4.21):

$$\underline{e}_2' = \underline{e}_3' \times \underline{e}_1' = \begin{pmatrix} -0,792 \\ 0,063 \\ 0,607 \end{pmatrix} \times \begin{pmatrix} 0,609 \\ 0,149 \\ 0,779 \end{pmatrix} = \begin{pmatrix} -0,041 \\ 0,986 \\ -0,156 \end{pmatrix} \tag{4.51}$$

Auch $\underline{e}_2'$ hat die Länge Eins. Im **zweiten Schritt** werden die Tangentenrichtungen berechnet. Die Anfangsrichtung der Tangente an die Orthodrome (Stelle A – Dresden) ist nach Gleichung (4.23):

$$t_A = \underline{e}_2' = \begin{pmatrix} -0,041 \\ 0,986 \\ -0,156 \end{pmatrix} \tag{4.52}$$

Die Endrichtung der Tangente an die Orthodrome (Stelle B – Colombo) ist nach Gleichung (4.24) mit $\gamma\ |_B = 1,214 rad$:

$$t_B = -\sin(1,214) \cdot \underline{e}_1' + \cos(1,214) \cdot \underline{e}_2' \tag{4.53}$$

$$= -0,937 \cdot \begin{pmatrix} 0,609 \\ 0,149 \\ 0,779 \end{pmatrix} + 0,349 \cdot \begin{pmatrix} -0,041 \\ 0,986 \\ -0,156 \end{pmatrix} = \begin{pmatrix} -0,585 \\ 0.204 \\ -0,784 \end{pmatrix} \tag{4.54}$$

Die Länge von t_B beträgt Eins. Im **dritten Schritt** wird die Richtung des lokalen Ortsmeridians bestimmt. Entsprechend der Gleichung (4.26) ist die Nordrichtung an der Stelle A:

$$t_N\ |_A = \begin{pmatrix} -\sin 51,135^\circ \cos 13,768^\circ \\ -\sin 51,135^\circ \sin 13,768^\circ \\ \cos 51,135^\circ \end{pmatrix} = \begin{pmatrix} -0,756 \\ -0,185 \\ 0,627 \end{pmatrix} \tag{4.55}$$

$t_N\ |_A$ hat die Länge Eins. Analog ergibt sich die Nordrichtung an der Stelle B:

$$t_N\ |_B = \begin{pmatrix} -\sin 7,18^\circ \cos 79,885^\circ \\ -\sin 7,18^\circ \sin 79,885^\circ \\ \cos 7,18^\circ \end{pmatrix} = \begin{pmatrix} -0,022 \\ -0,123 \\ 0,992 \end{pmatrix} \tag{4.56}$$

$t_N\,|_B$ hat ebenfalls die Länge Eins. Im **vierten Schritt** wird jeweils der Winkel zwischen Tangente und Ortsmeridian berechnet. Der Winkel α_0 ergibt sich gemäß Gleichung (4.29) – hier ist der Zähler des Bruchs ein Skalarprodukt:

$$\alpha_0 = \arccos\left(\frac{t_A \cdot t_N\,|_A}{\|t_A\| \cdot \|t_N\,|_A\,\|}\right) = \arccos\left(\frac{-0,250}{1}\right) = \arccos(-0,250) = 104,48^\circ \tag{4.57}$$

Analog wird β_0 gemäß Gleichung (4.30) ermittelt:

$$\beta_0 = \arccos\left(\frac{t_B \cdot t_N\,|_B}{\|t_B\| \cdot \|t_N\,|_B\,\|}\right) = \arccos\left(\frac{-0,789}{1}\right) = \arccos(-0,789) = 142,10^\circ \tag{4.58}$$

α_0 und β_0 sind wiederum Hilfsgrößen und noch nicht der gesuchte Anfangs- bzw. Endkurs.

Die Berechnung der Kurse α und β bildet den **fünften, abschließenden Schritt**. Da beide Winkel im östlichen Halbkreis liegen, gilt: $\alpha = \alpha_0$ und $\beta = \beta_0$. Damit ist der Anfangskurs der Orthodrome $\alpha = 104,48^\circ$ und der Endkurs ist $\beta = 142,10^\circ$. Die Winkel sollten sinnvoll auf eine Nachkommastelle gerundet werden.

Anfangs- und Endkurs haben die Differenz von 37,62°. Diese wird während des Flugs durch kontinuierliche Kursänderung oder schrittweises Ändern des Kurses um einen bestimmten Betrag pro Zeitintervall (Jalonieren) ausgeglichen. Folglich müsste bei einer Flugzeit von 10 Stunden die stündliche Kursänderung etwa 3,8° betragen.

4.2.2.3 Scheitelpunkt

Zunächst wird der Winkel y_S gemäß Gleichung (4.36) berechnet:

$$y_S = \arctan\left(\frac{e_{23}}{e_{13}}\right) = \arctan\left(\frac{-0,156}{0,779}\right) = -0,197 rad \tag{4.59}$$

Dieser Wert gleicht $-11,31^\circ$. Das negative Vorzeichen bedeutet, dass der Scheitelpunkt der Orthodrome westlich vom Startort Dresden liegt.

Unter Verwendung von y_S liefert Gleichung (4.38) die geographische Breite des Scheitelpunkts:

$$\varphi_S = \arcsin\left(0,981 \cdot 0,779 + (-0,196) \cdot (-0,156)\right) = 52,65^\circ \tag{4.60}$$

Dieses Ergebnis hat ein positives Vorzeichen, der Scheitelpunkt liegt daher auf der Nordhalbkugel $\Rightarrow \varphi_S = 52,65^\circ$N. Unter Verwendung von y_S und φ_S liefert Gleichung (4.39) die geographische Länge des Scheitelpunkts:

$$\lambda_S = \arcsin\left(\frac{0,981 \cdot 0,149 + (-0,196) \cdot 0,986}{0,607}\right) = -4,47^\circ \tag{4.61}$$

Dieser Wert ist negativ und liegt somit auf der westlichen Halbkugel $\Rightarrow \lambda_S = 004,47^\circ$W.

Kartesische Koordinaten des Scheitelpunkts werden nach Gleichung (4.40) bestimmt (mit γ_S als Argument der Winkelfunktionen im Bogenmaß):

$$\begin{pmatrix} x \\ y \\ z \end{pmatrix} = \cos(-0,197) \begin{pmatrix} 0,609 \\ 0,149 \\ 0,779 \end{pmatrix} + \sin(-0,197) \begin{pmatrix} -0,041 \\ 0,986 \\ -0,156 \end{pmatrix} = \begin{pmatrix} 0,605 \\ -0,047 \\ 0,795 \end{pmatrix} \tag{4.62}$$

Transformation entsprechend Gleichung (4.41) liefert die geographische Breite:

$$\varphi_S = \varphi(z) = \arcsin(0,795) = 52,65^\circ \tag{4.63}$$

Die geographische Länge erhält man nach Gleichung (4.42):

$$\lambda_S = \lambda(x, y) = \arctan\left(\frac{-0,047}{0,605}\right) = -4,46^\circ \tag{4.64}$$

4.2.3 Berechnung mittels sphärischer Trigonometrie

4.2.3.1 Bogenlänge der Orthodrome

Die Bogenlänge s der Orthodrome zwischen den Orten A und B [km] ergibt sich wiederum nach Gleichung (4.11).

Der Winkel γ in der Großkreisebene zwischen A und B [°] kann nach dem Cosinus-Satz des sphärischen Dreiecks berechnet werden. Wird dieser gemäß den Beziehungen in Abbildung 4.5 angewendet, folgt: [47], [51]

$$\cos\gamma = \cos b \cdot \cos a + \sin b \cdot \sin a \cdot \cos \Delta\lambda \tag{4.65}$$

Wegen $b = (90^\circ - \varphi_A)$, $a = (90^\circ - \varphi_B)$, $\cos(90^\circ - \varphi) = \sin\varphi$ bzw. $\sin(90^\circ - \varphi) = \cos\varphi$ folgt schließlich nach Vereinfachung:

$$\gamma = \arccos\left(\sin\varphi_A \cdot \sin\varphi_B + \cos\varphi_A \cdot \cos\varphi_B \cdot \cos\Delta\lambda\right) \tag{4.66}$$

4.2.3.2 Kurs der Orthodrome

Der **Anfangskurs** α der Orthodrome in A bei unbekannter Länge des Bogens zwischen A und B [°] wird zunächst über die Hilfsgröße α_0 berechnet mit: [2]

$$\alpha_0 = \arctan\left(\frac{\sin\Delta\lambda}{\tan\varphi_B \cdot \cos\varphi_A - \sin\varphi_A \cdot \cos\Delta\lambda}\right) \tag{4.67}$$

Wegen der nicht eindeutigen Umkehrbarkeit der Tangens-Funktion gilt für Kurse des östlichen Halbkreises bei $\alpha_0 > 0$:

$$\alpha = \alpha_0 \tag{4.68}$$

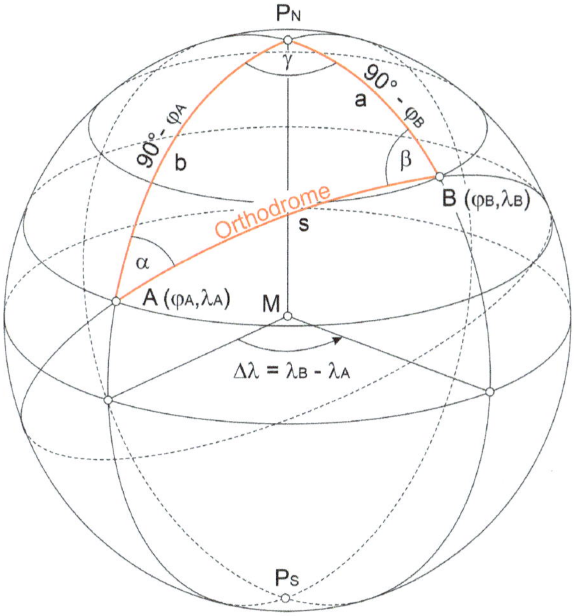

Abb. 4.5: Winkel und Seiten des sphärischen Dreiecks

Wenn $\alpha_0 < 0$, folgt:

$$\alpha = \alpha_0 + 180° \tag{4.69}$$

Im westlichen Halbkreis gilt bei $\alpha_0 > 0$:

$$\alpha = 360° - \alpha_0 \tag{4.70}$$

Wenn $\alpha_0 < 0$, gilt:

$$\alpha = \alpha_0 \tag{4.71}$$

Bei bekannter Länge des Bogens zwischen A und B und damit bekannter Größe des Winkels γ wird der Anfangskurs α in A [°] über die Hilfsgröße α_0 berechnet mit: [2]

$$\alpha_0 = \arccos\left(\frac{\sin\varphi_B - \cos\gamma \cdot \sin\varphi_A}{\cos\varphi_A \cdot \sin\gamma}\right) \tag{4.72}$$

Liegt der Kurs im östlichen Halbkreis, gilt:

$$\alpha = \alpha_0 \tag{4.73}$$

Für den westlichen Halbkreis gilt:

$$\alpha = 360° - \alpha_0 \tag{4.74}$$

Den **Endkurs** β in B oder den Kurs durch einen beliebigen anderen Punkt auf dem Großkreisbogen [°] berechnet man nach dem Sinus-Satz im sphärischen Dreieck, wobei φ die geographische Breite des End- oder Zwischenpunkts ist. Zunächst wird die

Hilfsgröße β_0 ermittelt:

$$\beta_0 = \arcsin\left(\sin\alpha \cdot \frac{\cos\varphi_A}{\cos\varphi}\right) \tag{4.75}$$

Aufgrund der Periodizität der Sinus-Funktion ergibt sich für Kurse im nordöstlichen Quadranten:

$$\beta = \beta_0 \tag{4.76}$$

Für Kurse im südöstlichen Quadranten gilt:

$$\beta = 180^\circ - \beta_0 \tag{4.77}$$

Für den südwestlichen Quadranten ergibt sich:

$$\beta = 180^\circ + \beta_0 \tag{4.78}$$

Und im nordwestlichen Quadranten gilt:

$$\beta = 360^\circ + \beta_0 \tag{4.79}$$

4.2.3.3 Koordinaten des Scheitelpunkts

Am Scheitelpunkt ändert die Orthodrome ihren Richtungssinn von nördlich auf südlich oder umgekehrt. An dieser Stelle durchläuft der Kurs β den Wert 090° oder 270°. Gemäß Gleichung (4.75) gilt hier:

$$\sin\alpha \cdot \frac{\cos\varphi_A}{\cos\varphi} = \pm 1 \tag{4.80}$$

Nach Umstellen erhält man die gesuchte geographische Breite des Scheitelpunkts der Orthodrome:

$$\varphi_S = \pm\arccos(\sin\alpha \cdot \cos\varphi_A) \tag{4.81}$$

Die geographische Länge des Scheitelpunkts der Orthodrome ergibt sich nach: [2]

$$\lambda_S = \lambda_A + \Delta\lambda_S \tag{4.82}$$

Mit α als Anfangskurs gilt: [2]

$$\Delta\lambda_S = \arctan\left(\frac{1}{\sin\varphi_A \cdot \tan\alpha}\right) \tag{4.83}$$

4.2.4 Anwendungsbeispiel mit sphärischer Trigonometrie

Die Berechnungen beziehen sich hier wiederum auf den Flug von Dresden nach Colombo, sodass die Ergebnisse der Methoden mittels Ortsvektoren und sphärischer Trigonometrie verglichen werden können. Der Wert für die Längendifferenz zwischen beiden Orten ist $\Delta\lambda = 66,117^\circ$.

4.2.4.1 Bogenlänge

Für die Berechnung des Zentriwinkels γ wird Gleichung (4.66) angewendet:

$$\gamma = \arccos(0,097 + 0,252) = 69,55^\circ \tag{4.84}$$

Dieser Wert ist identisch mit dem Ergebnis, welches mit Ortsvektoren berechnet wurde. Dessen Einsetzen in Gleichung (4.11) ergibt wiederum als Länge der Orthodrome von Dresden nach Colombo 7733,61 km = 4175,81 nm.

4.2.4.2 Kurs

Um den Anfangskurs zu berechnen, wird zunächst die Hilfsgröße α_0 gemäß Gleichung (4.67) ermittelt (für unbekannte Bogenlänge):

$$\alpha_0 = \arctan\left(\frac{0,914}{0,079 - 0,315}\right) = -75,52^\circ \tag{4.85}$$

Da $\alpha_0 < 0$, Kurs im östlichen Halbkreis, ergibt sich: $\alpha = \alpha_0 + 180^\circ = -75,52^\circ + 180^\circ = 104,48^\circ$.

Bei bekannter Bogenlänge findet Gleichung (4.72) Anwendung:

$$\alpha_0 = \arccos\left(\frac{0,125 - 0,272}{0,588}\right) = 104,48^\circ \tag{4.86}$$

Weil der Kurs im östlichen Halbkreis liegt, kann dessen Wert direkt als Anfangskurs verwendet werden: $\alpha = \alpha_0 = 104,48^\circ \Rightarrow$ beide Werte für α sind identisch.

Der Endkurs β wird über die Hilfsgröße β_0 entsprechend Gleichung (4.75) berechnet:

$$\beta_0 = \arcsin\left(0,968 \cdot \frac{0,627}{0,992}\right) = 37,76^\circ \tag{4.87}$$

Der Endkurs der Orthodrome liegt im südöstlichen Quadranten, damit ergibt sich: $\beta = 180^\circ - \beta_0 = 180^\circ - 37,76^\circ = 142,24^\circ$.

Anfangs- und Endkurs weichen wegen gerundeter Werte bei den Berechnungen geringfügig von den Ergebnissen, welche mittels Ortsvektoren berechnet wurden, ab.

4.2.4.3 Scheitelpunkt

Die geographische Breite des Scheitelpunkts der Orthodrome von Dresden nach Colombo ergibt sich nach Gleichung (4.81):

$$\varphi_S = \pm \arccos(0,968 \cdot 0,627) = \pm 52,59^\circ \tag{4.88}$$

Jener Scheitelpunkt, welcher der Flugstrecke am nächsten liegt, befindet sich auf der Nordhalbkugel. Daher gilt für φ_S das Ergebnis mit dem positiven Vorzeichen $\Rightarrow \varphi_S = 52,59^\circ N$.

Gleichung (4.83) für die geographische Länge des Scheitelpunkts ergibt:

$$\Delta\lambda_S = \arctan\left(\frac{1}{\sin 51,135^\circ \cdot \tan 104,48^\circ}\right) = -18,37^\circ \tag{4.89}$$

Einsetzen dieses Werts in Gleichung (4.82) liefert:

$$\lambda_S = 13,77^\circ - 18,37^\circ = -4,60^\circ = 004,60^\circ W \tag{4.90}$$

Wegen $\varphi_S > \varphi_A$ und $\lambda_S < 0$ liegt der Scheitelpunkt der Orthodrome westlich des Startflughafens Dresden und damit außerhalb der Flugstrecke. Die berechneten Koordinaten weichen aufgrund der Verwendung von gerundeten Werten geringfügig von dem Ergebnis nach Ortsvektoren ab.

4.3 Kursgleiche zwischen zwei Orten

Die Linie bzw. Raumkurve auf der Kugel, welche alle Meridiane mit dem **gleichen Winkel** schneidet, ist die **Kursgleiche** (Loxodrome, engl. rhumb line). Differentialgeometrisch ist diese eine logarithmische Spirale zwischen den Erdpolen.

Wie Abbildung 4.6 zeigt, ist der Kurs zwischen zwei Orten konstant. Jedoch hat die Loxodrome eine Krümmung, sodass das Bogenstück zwischen A und B länger ist, als jenes der Orthodrome. Die Loxodrome liegt immer mehr äquatorwärts als die Orthodrome.

4.3.1 Berechnung des Kurswinkels der Loxodrome

Der Kurswinkel α zwischen A und B [°] wird im Gradmaß mit $\frac{\pi}{4} = 45^\circ$ für $\varphi_A \neq \varphi_B$ berechnet mit:

$$\alpha_0 = \arctan\left[\frac{\lambda_B - \lambda_A}{\ln\tan\left(\frac{\pi}{4} + \frac{\varphi_B}{2}\right) - \ln\tan\left(\frac{\pi}{4} + \frac{\varphi_A}{2}\right)} \cdot \frac{\pi}{180^\circ}\right] \tag{4.91}$$

α_0 ist zunächst eine Hilfsgröße. Für Kurse innerhalb des östlichen Halbkreises gilt bei $\alpha_0 > 0$:

$$\alpha = \alpha_0 \tag{4.92}$$

Wenn $\alpha_0 < 0$, folgt:

$$\alpha = \alpha_0 + 180^\circ \tag{4.93}$$

Im westlichen Halbkreis gilt bei $\alpha_0 > 0$:

$$\alpha = 360^\circ - \alpha_0 \tag{4.94}$$

Wenn $\alpha_0 < 0$, ergibt sich:

$$\alpha = \alpha_0 \tag{4.95}$$

Der Betrag des Winkels, welcher von Orthodrome und Loxodrome eingeschlossen wird, ist annähernd gleich der halben natürlichen Meridiankonvergenz:

$$Kurs_{Loxodrome} - Kurs_{Orthodrome} \approx \frac{K_N}{2} \tag{4.96}$$

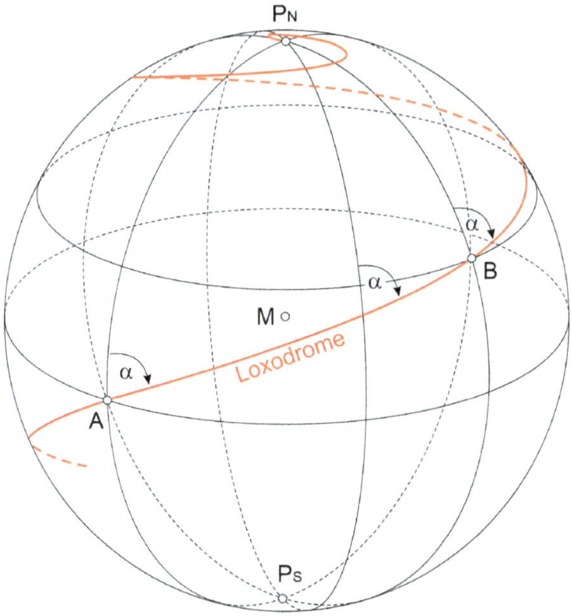

Abb. 4.6: Verlauf einer Loxodrome auf der EO

4.3.2 Berechnung der Bogenlänge der Loxodrome

Die Bogenlänge s zwischen A und B wird für $\alpha \neq 090°/270°$ berechnet mit:

$$s = \frac{\Delta\varphi \cdot r}{\cos\alpha_0} \cdot \frac{\pi}{180°} \tag{4.97}$$

Für $\alpha = 090°/270°$ bzw. $\varphi_A = \varphi_B$ gilt:

$$s = \frac{\Delta\lambda \cdot r \cdot \cos\varphi \cdot \pi}{180°} \tag{4.98}$$

Die Einheit für s ist [km] oder [nm], je nach der gewählten Einheit für r. Für die Umrechnung zwischen Grad- und Bogenmaß eines Winkels gilt die Verhältnisgleichung:

$$\frac{\alpha[°]}{\alpha[rad]} = \frac{360°}{2\pi} \tag{4.99}$$

Bei überschlägiger Berechnung auf kurzen Entfernungen kann das **Verfahren der Mittelbreite** nach den Beziehungen der ebenen Geometrie im rechtwinkligen Dreieck angewendet werden. Die Hypotenuse ist hier die Kurslinie, die Katheten ergeben sich aus der Breiten- und Längendifferenz der Orte. Die Seitenlängen erhält man nach dem *Satz des Pythagoras* und die Winkel aus den Winkelfunktionen für die Dreiecksseiten.

4.3.3 Anwendungsbeispiel

Als Beispiel für die Berechnungen dient wiederum der Flug von Dresden nach Colombo mit den oben angegebenen Koordinaten der Flughäfen.

4.3.3.1 Kurs

Die Berechnung des Kurswinkels erfolgt nach Gleichung (4.91). Alle Größen werden im Gradmaß eingesetzt ($\frac{\pi}{4} = 45°$).

$$\alpha_0 = \arctan\left[\frac{66,117°}{\ln\tan(48,59°) - \ln\tan(70,57°)} \cdot \frac{\pi}{180°}\right] \tag{4.100}$$

$$= \arctan\left(\frac{66,117°}{-0,916} \cdot \frac{\pi}{180°}\right) = \arctan(-1,26) = -51,56° \tag{4.101}$$

Da der rechtweisende Kurs von Dresden nach Colombo im östlichen Halbkreis liegt mit $\alpha_0 < 0$, folgt: $\alpha = \alpha_0 + 180° = -51,56° + 180° = 128,44°$.

4.3.3.2 Bogenlänge

Die Bogenlänge der Loxodrome wird nach Gleichung (4.97) bestimmt:

$$s = \frac{43,955° \cdot 6371km}{0,622} \cdot \frac{\pi}{180°} = 7857,83km = 4242,89nm \tag{4.102}$$

Damit ist die Strecke zwischen Dresden und Colombo auf der Loxodrome 124,22 km bzw. 67,08 nm länger als auf der Orthodrome.

4.4 Position aus Standflächen- und Standlinienschnitt

Bei der Satellitennavigation (Global Navigation Satellite System – GNSS) ergibt sich die (räumliche) Position des Nutzers auf oder über der EO als Schnittmenge dreier Kugelstandflächen, welche durch simultane Laufzeit- bzw. Entfernungsmessungen zu mindestens vier ständig sichtbaren GNSS-Satelliten entstehen. Diese Position wird im GNSS-Empfänger durch Codemessung der empfangenen Signale im Frequenzbereich der Dezimeterwellen berechnet. Die Koordinaten des (Schnitt-)Punkts werden direkt ausgegeben. Voraussetzung ist eine hochgenaue Zeitmessung.

Bei dem US-amerikanischen GPS werden sogenannte PRN-Codes (pseudo random noise) als pseudozufällige Signalfolgen in den Satelliten erzeugt und auf den Zentralfrequenzen $L_1 = 1575,42$ MHz, $L_2 = 1227,60$ MHz und $L_5 = 1176,45$ MHz gesendet. Mit den Signalen werden in der Navigationsnachricht u.a. die Identifikation des jeweiligen Satelliten, Sendezeitpunkt, Satellitenbahndaten (Ephemeriden) und vorausberechnete Bahndaten (Almanach) übermittelt.

Für die geometrische Entfernung des Nutzers zum Satelliten gilt unter Verwendung von Positionsvektoren bezüglich des Geozentrums (mit $i = 1, 2, 3$): [29]

$$r_i = |X_i - X_p| = \sqrt{(x_i - x_p)^2 + (y_i - y_p)^2 + (z_i - z_p)^2} \tag{4.103}$$

In dieser Gleichung sind x_i, y_i, z_i die bekannten Koordinaten des i-ten Satelliten zum Sendezeitpunkt, x_p, y_p, z_p sind die gesuchten Positionskoordinaten des Nutzers.

Da indes die Uhrzeit im Empfänger nicht mit der Uhrzeit in den Satelliten übereinstimmt, ergibt die Uhrzeitabweichung Δt_u bei der Messung eine Entfernung, welche von der geometrischen Entfernung r_i abweicht und deshalb **Pseudoentfernung** genannt wird (mit $i = 1, 2, 3, 4$): [29]

$$\rho_i = r_i + c \cdot \Delta t_u \tag{4.104}$$

Hier ist c die Ausbreitungsgeschwindigkeit des Satellitensignals. Unter Berücksichtigung sämtlicher Einflussgrößen ergibt sich durch Erweiterung von Gleichung (4.104) die Beobachtungsgleichung: [29]

$$\rho_i = r_i + c \cdot (\Delta t_u - \Delta t_s - \Delta t_a) + \varepsilon_m \tag{4.105}$$

Darin bedeuten Δt_s die Uhrzeitabweichung der Satellitenuhren gegenüber der GPS-Systemzeit, Δt_a die Laufzeitverzögerung des Signals in Ionosphäre und Troposphäre und ε_m Messrauschen.

Unter *Troposphäre* versteht man den Bereich der unteren atmospärischen Schichten, welcher vertikal durch die *Tropopause* nach ISA in 11 km Höhe begrenzt wird, für *Ionosphäre* – siehe Abschnitt 2.9. **i**

Damit ist neben den drei gesuchten Positionskoordinaten des Empfängers die Empfängeruhrabweichung die vierte Unbekannte, weshalb vier Beobachtungsgleichungen für die Positionsbestimmung mit GNSS notwendig sind. Ferner muss ein fünfter Satellit verfügbar sein für die Integritätsprüfung und ein sechster, um einen fehlerbehafteten Satelliten aus der Konstellation ausschließen zu können.

Positionskoordinaten bezüglich bodenseitiger Anlagen für die Funknavigation entstehen als Schnittmenge **zweier Geraden**, von **Geraden und Kreis** oder **zweier Kreise**. Abbildung 4.7 skizziert diese Standlinienschnitte grundrisslich. In der fliegerischen Praxis ermöglichen Geräteanzeigen im Cockpit, welche leicht zu interpretieren sind, jederzeit die Positionsbestimmung solange sich das Luftfahrzeug innerhalb der Empfangsreichweite der genutzten Navigationsanlagen befindet.

4.4.1 Schnitt zweier Geraden

Eine Gerade erhält man als Standlinie (line of position – LOP) durch Messung eines Winkels θ (Theta) bezüglich des Standorts der Antenne eines Senders, dessen Position bekannt ist und in einer Navigationskarte angegeben wird – siehe Abbildung 5.20. Solche Bodenstationen sind **ungerichtete Funkfeuer** (non directional beacon – NDB), welche im Frequenzbereich der Lang- und Mittelwelle (low frequency/medium frequency – LF/MF) im Frequenzband 190–1799,5 kHz senden sowie **Drehfunkfeuer** (VHF omni directional range – VOR), deren Signale im Frequenzbereich der Ultrakurzwelle (very high frequency – VHF) im Frequenzband 108–117,95 MHz ausgestrahlt werden.

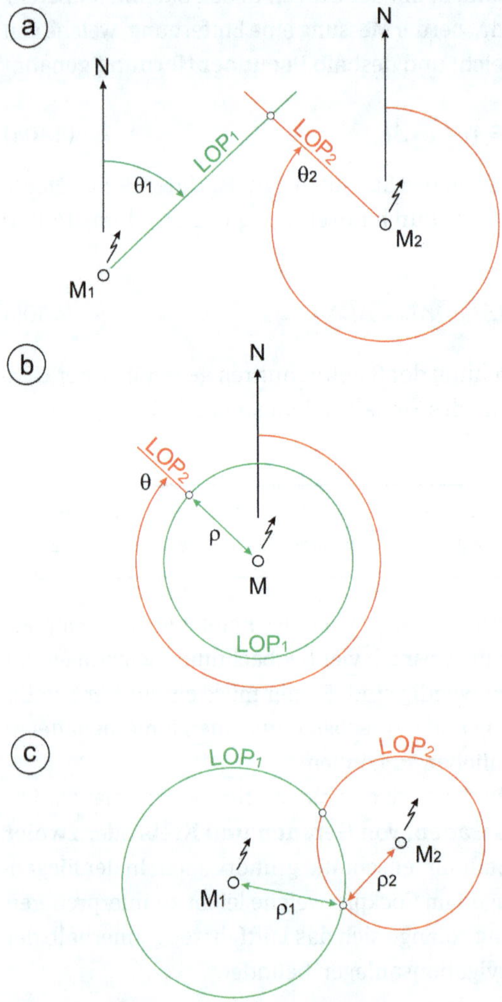

Abb. 4.7: Varianten des Standlinienschnitts

Der Schnitt zweier Geraden $LOP_1(\theta_1) \cap LOP_2(\theta_2)$ als Kreuzpeilung ergibt eine eindeutige Position, welche man direkt in eine Navigationskarte eintragen kann – siehe Abbildung 4.7 (a). Dabei sind die Peilungen als QDR zu interpretieren. Die Genauigkeit der so gewonnenen Koordinaten hängt von der Genauigkeit der Winkelmessung ab.

4.4.2 Schnitt von Geraden und Kreis

Bei diesem Verfahren wird ein gemessener Winkel θ mit der Messung einer Entfernung ρ (Rho) zu derselben Bodenstation kombiniert. Dabei erhält man **Polarkoordinaten** (ρ, θ), welche eine Position eindeutig festlegen – siehe Abbildung 4.7 (b).

Das in der Luftfahrt standardmäßig verwendete System zur **Funkentfernungsmessung** (distance measuring equipment – DME) arbeitet im Frequenzbereich der Dezimeterwelle (ultra high frequency – UHF) auf den Frequenzen 962–1213 MHz mit Zweiwege-Laufzeitmessung des Signals zwischen Luftfahrzeug und Bodenstation: [28]

$$r = \frac{1}{2} c \cdot (\Delta t - 50\mu s) \tag{4.106}$$

In dieser Gleichung ist r [m, km] die Schrägentfernung aus der Laufzeitmessung, c ist die Ausbreitungsgeschwindigkeit des Signals $(3 \cdot 10^8 m/s)$, Δt ist die Laufzeit [s] zwischen der Sendung des Abfragesignals und dem Empfang des Antwortsignals, $50\mu s$ sind eine festgelegte Zeitverzögerung.

Die **Schrägentfernung** ist von der Flughöhe unabhängig und nur am Boden gleich der horizontalen Entfernung von der Antenne der DME-Bodenstation. Je größer die Flughöhe, desto größer ist der Unterschied zwischen der horizontalen und der Schrägentfernung. Der entstehende geometrische Entfernungsfehler bei der Nutzung einer DME-Anlage wird durch Abbildung 4.8 im Aufriss veranschaulicht.

F ist der geometrische Entfernungsfehler, ρ die horizontale Entfernung des Luftfahrzeugs von der DME-Station, h ist die Flughöhe. Bei Überflug der Bodenstation gleicht die Entfernung der Flughöhe (6100 ft ≈ 1 nm). Der Entfernungsfehler ist die Differenz zwischen Schrägentfernung und deren Projektion auf die EO:

$$F = r - \rho \tag{4.107}$$

Die horizontale Entfernung in Abhängigkeit von h und r ergibt sich nach den Beziehungen im rechtwinkligen Dreieck:

$$\rho = \sqrt{r^2 - h^2} \tag{4.108}$$

In der Zivilluftfahrt kombiniert man meist Drehfunkfeuer mit einer Entfernungsmesseinheit zu einer Anlage (VOR/DME); in der militärischen Luftfahrt verwendet man für Entfernungs-/Richtungsmessungen TACAN-Stationen (tactical air navigation system).

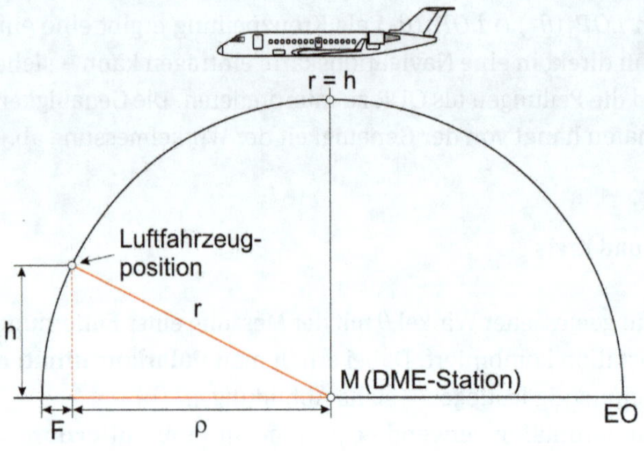

Abb. 4.8: Geometrische Beziehungen und Entfernungsfehler bei Nutzung einer DME-Anlage

4.4.3 Schnitt zweier Kreise

Positionskoordinaten können auch aus der Bestimmung zweier Entfernungen ρ_1, ρ_2 bezüglich zweier DME-Bodenstationen gewonnen werden – siehe Abbildung 4.7 (c). Der Vorteil dieses Verfahrens besteht darin, dass keine Winkel gemessen werden und dass die geometrischen Entfernungsfehler, welche bei der Nutzung von nur einer DME-Station entstehen, sich gegenseitig aufheben – siehe Abbildung 4.9. Es gilt:

$$h = \sqrt{{r_1}^2 - {\rho_1}^2} = \sqrt{{r_2}^2 - {\rho_2}^2} \tag{4.109}$$

Nach dieser Gleichung bleiben die Seitenverhältnisse für beliebige Größe von h gleich, mit steigendem Wert von h vergrößern sich die Schrägentfernungen r_1 und r_2 im selben Verhältnis. Damit sind die geometrischen Beziehungen unabhängig von den Entfernungsfehlern F_1 und F_2.

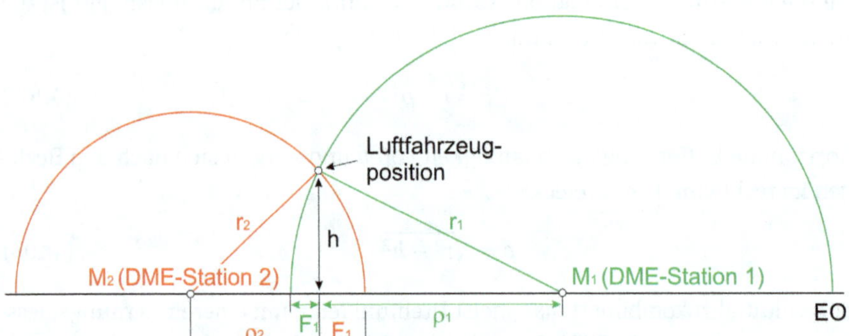

Abb. 4.9: Schnitt zweier DME-Standflächen im Aufriss

Moderne integrierte Bordsysteme, welche verschiedene Navigationssensoren kombinieren, wenden das ρ, ρ-Verfahren zur Positionsbestimmung an. Dessen Nachteil ist, dass zwei mögliche Positionen geliefert werden, von denen eine ausgeschlossen werden muss (z.B. durch Verwendung einer dritten Kreisstandlinie).

4.4.3.1 Anwendung der allgemeinen Kreisgleichung

Die Berechnung der Positionskoordinaten aus den gemeinsamen Schnittpunkten zweier Kreisstandlinien in der Ebene wird durch ein Gleichungssystem der allgemeinen Kreisgleichung realisiert. Die Schnittpunkte beider Kreise sind die Lösungsmenge $K_1 \cap K_2 \Rightarrow \{P_1, P_2\}$. Die Gleichungen I und II sind:

$$r_1{}^2 = (x_1 - x_{M_1})^2 + (y_1 - y_{M_1})^2 \tag{4.110}$$

$$r_2{}^2 = (x_2 - x_{M_2})^2 + (y_2 - y_{M_2})^2 \tag{4.111}$$

Hier bedeuten $x_{1/2}, y_{1/2}$ die Koordinaten der gesuchten Position, x_M, y_M sind die Koordinaten der Kreismittelpunkte. Die Mittelpunkte $M_1(x_1, y_1), M_2(x_2, y_2)$ und die Radien r_1, r_2 seien bekannt.

Im Folgenden werden beispielhaft die Lösungen des Gleichungssystems berechnet. Gemäß Abbildung 4.10 gilt: $M_1 = (1, 1)$, $M_2 = (-2, 3)$, $r_1 = 2$ und $r_2 = 3$. Einsetzen dieser Werte in die Gleichungen (4.110) und (4.111) ergibt:

$$4 = (x-1)^2 + (y-1)^2 \tag{4.112}$$

$$9 = (x+2)^2 + (y-3)^2 \tag{4.113}$$

Nach Ausmultiplizieren erhält man:

$$4 = x^2 - 2x + 1 + y^2 - 2y + 1 \tag{4.114}$$

$$9 = x^2 + 4x + 4 + y^2 - 6y + 9 \tag{4.115}$$

Anschließend wird II von I subtrahiert, um die quadratischen Summanden zu eliminieren. Dies ergibt:

$$-5 = -6x - 3 + 4y - 8 \tag{4.116}$$

Nach Umstellen und Zusammenfassen erhält man:

$$y = \frac{3}{2}x + \frac{3}{2} \tag{4.117}$$

Wird dieser Ausdruck in Gleichung (4.112) für y eingesetzt, folgt:

$$4 = (x-1)^2 + \left(\frac{3}{2}x + \frac{1}{2}\right)^2 \tag{4.118}$$

Ausmultiplizieren ergibt wiederum ein quadratisches Polynom:

$$4 = \frac{13}{4}x^2 - \frac{1}{2}x + \frac{5}{4} \tag{4.119}$$

Da die gesuchte Lösung die Nullstellen dieser Gleichung sind, wird so umgeformt, dass auf der linken Seite der Gleichung Null steht (Subtraktion von 4 auf beiden Seiten):

$$0 = \frac{13}{4}x^2 - \frac{1}{2}x - \frac{11}{4} \tag{4.120}$$

Nun muss noch der Faktor $\frac{13}{4}$ vor dem quadratischen Glied des Polynoms durch Multiplikation der Gleichung mit 4 und Division durch 13 beseitigt werden. Dies ergibt:

$$0 = x^2 - \frac{2}{13}x - \frac{11}{13} \tag{4.121}$$

Jetzt kann die p,q-Formel angewendet werden:

$$x^2 + px + q = 0 \Leftrightarrow x_{1/2} = -\frac{p}{2} \pm \sqrt{\frac{p^2}{4} - q} \tag{4.122}$$

Nach Einsetzen der Werte des Faktors p und des Absolutglieds q erhält man:

$$x_{1/2} = \frac{1}{13} \pm \sqrt{\frac{573}{676}} \tag{4.123}$$

Gerundet ergibt sich: $x_{1/2} = 0,077 \pm 0,92$; die Lösungsmenge ist $\{0,996 \approx 1, -0,843\}$. Beide Ergebnisse für $x_{1/2}$ können nun in Gleichung (4.117) eingesetzt werden:

$$y_1 = \frac{3}{2}x_1 + \frac{3}{2} = 3 \tag{4.124}$$

$$y_2 = \frac{3}{2}x_2 + \frac{3}{2} = 0,236 \tag{4.125}$$

Schließlich ergeben sich die gesuchten Schnittpunkte:

$$P_1(x_1, y_1) = \begin{pmatrix} 1 \\ 3 \end{pmatrix} \tag{4.126}$$

sowie

$$P_2(x_2, y_2) = \begin{pmatrix} -0,843 \\ 0,236 \end{pmatrix} \tag{4.127}$$

Bei einer Positionsbestimmung ist jedoch nur einer dieser Punkte die gesuchte Position. Kann der andere Punkt nicht plausibel ausgeschlossen werden, muss für eine eindeutige Lösung das System um eine dritte Kreisstandlinie erweitert werden.

Wird das ρ, ρ-Verfahren genutzt, ist die gemeinsame Lösung beider Systeme, bestehend aus zwei Beobachtungsgleichungen, die gesuchte Position. Bei der Nutzung des ρ, ρ, ρ-Verfahrens erhält man ein System aus drei Beobachtungsgleichungen, welches eine eindeutige Lösung liefert.

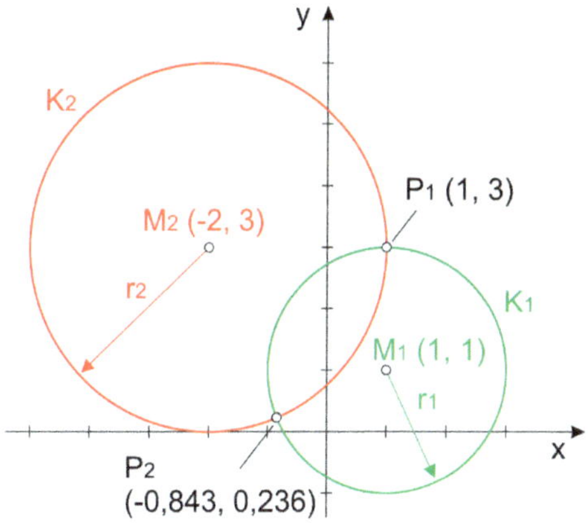

Abb. 4.10: Schnitt zweier Kreise mit Beispielkoordinaten

4.4.3.2 Überführung der Schnittmenge aus Kreisstandlinien in geographische Koordinaten

Die geographischen Koordinaten $(\varphi_{1/2}, \lambda_{1/2})$ der Antennen der DME-Bodenstationen müssen bekannt sein. Dies sind die Mittelpunkte M_1/M_2 der Kreise K_1/K_2. Die Radien ρ_1/ρ_2 sind die Horizontalkomponente (Projektion auf die EO) der gemessenen Schrägentfernungen r_1/r_2 zwischen der Antenne der jeweiligen Bodenstation und der Antenne am Luftfahrzeug. P_1/P_2 ergeben sich damit nach:

$$P_1(\varphi, \lambda) = \begin{pmatrix} \varphi_1 \\ \lambda_1 \end{pmatrix} + \begin{pmatrix} \Delta\varphi_1 \\ \Delta\lambda_1 \end{pmatrix} \tag{4.128}$$

und

$$P_2(\varphi, \lambda) = \begin{pmatrix} \varphi_2 \\ \lambda_2 \end{pmatrix} + \begin{pmatrix} \Delta\varphi_2 \\ \Delta\lambda_2 \end{pmatrix} \tag{4.129}$$

Folglich sind die Koordinatendifferenzen $\Delta\varphi_{1/2}$ und $\Delta\lambda_{1/2}$ gesucht. Zur Vereinfachung erfolgt eine Koordinatentransformation. Es werden die geographischen Koordinaten der Bodenstationen in ein lokales x-/y-Koordinatensystem überführt. Dessen Ursprung liege in M_1. Gemäß Abbildung 4.11 ergibt sich:

$$M_1(x_1, y_1) = \begin{pmatrix} 0 \\ 0 \end{pmatrix} \tag{4.130}$$

sowie

$$M_2(x_2, y_2) = \begin{pmatrix} b \\ a \end{pmatrix} \tag{4.131}$$

Zur Berechnung von $P_1(x, y)$ und $P_2(x, y)$ in lokalen Koordinaten, abhängig von ρ, lautet die allgemeine Kreisgleichung nach den geometrischen Beziehungen in Abbildung 4.11:

$$\rho_1{}^2 = (\Delta x - x_{M_1})^2 + (\Delta y - y_{M_1})^2 = \Delta x^2 + \Delta y^2 \tag{4.132}$$

und

$$\rho_2{}^2 = (\Delta x - x_{M_2})^2 + (\Delta y - y_{M_2})^2 \tag{4.133}$$

x_{M_2} entspricht der Längendifferenz b der Bodenstationen [nm]. Unter Berücksichtigung der Abweitung ergibt sich:

$$b = \Delta\lambda \cdot \cos\varphi_m \cdot 60nm/° = (\lambda_1 - \lambda_2) \cdot \cos\varphi_m \cdot 60nm/° \tag{4.134}$$

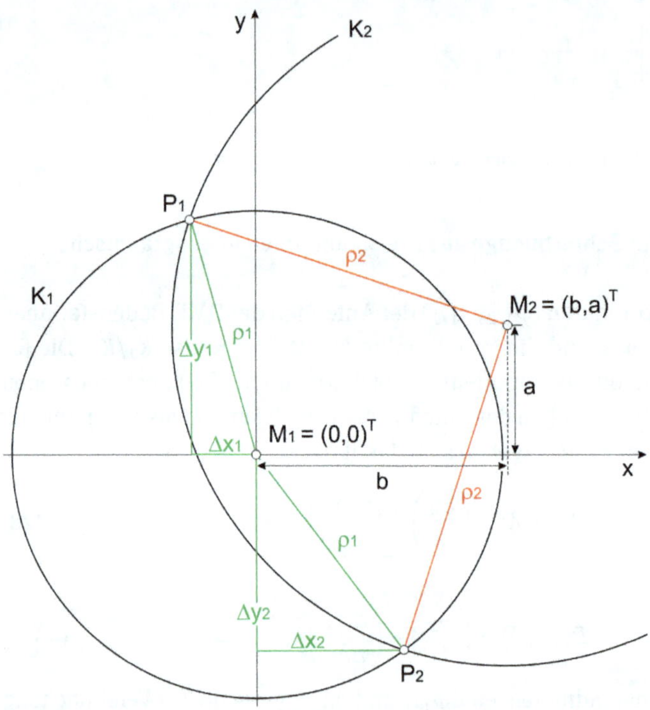

Abb. 4.11: Geometrische Beziehungen in einem lokalen KS bei dem Schnitt zweier Kreisstandlinien

Die Mittelbreite φ_m [°] der DME-Stationen wird berechnet mit:

$$\varphi_m = \frac{\varphi_1 + \varphi_2}{2} \tag{4.135}$$

y_{M_2} entspricht der Breitendifferenz a der Bodenstationen [nm]:

$$a = \Delta\varphi \cdot 60nm/° = (\varphi_1 - \varphi_2) \cdot 60nm/° \tag{4.136}$$

Mit diesen Größen kann das Gleichungssystem zur Berechnung von $P_1(x, y)$ und $P_2(x, y)$, wie im vorigen Abschnitt beschrieben, gelöst werden. Das Ergebnis ergibt die lokalen Koordinaten $\Delta x_1, \Delta y_1, \Delta x_2, \Delta y_2$ [nm].

Nun müssen diese zurücküberführt werden in geographische Koordinaten [°]: Δy_1, $\Delta x_1, \Delta y_2, \Delta x_2 \Rightarrow \Delta\varphi_1, \Delta\lambda_1, \Delta\varphi_2, \Delta\lambda_2$. Es gilt die Transformationsvorschrift:

$$\Delta\varphi_{1/2} = \arccos\left(\frac{\Delta y_{1/2}}{60nm}\right) \tag{4.137}$$

sowie

$$\Delta\lambda_{1/2} = \arccos\left(\frac{\Delta x_{1/2}}{60nm}\right) : \cos\varphi_m \tag{4.138}$$

Abschließend werden die Ergebnisse in die Gleichungen (4.128) bzw. (4.129) zur Berechnung von $P_1(\varphi_1, \lambda_1)$ und $P_2(\varphi_2, \lambda_2)$ eingesetzt. Einer der beiden Punkte muss wiederum als Position ausgeschlossen werden.

5 Luftfahrtkarten

5.1 Anforderungen und Einteilung

Navigationskarten für die Luftfahrt, als Erzeugnis der thematischen Kartographie, sind maßstäblich verkleinerte, generalisierte und erläuterte Grundrissdarstellungen mit spezifischen Signaturen. Diese bieten die raum- und sachbezogenen Informationen, welche man sowohl bei der Flugplanung als auch bei der Flugdurchführung benötigt – als analoge Papierkarte oder immer häufiger als digitale, interaktive Bildschirmkarte (electronic flight bag – EFB) bereitgestellt. Die englische Terminologie unterscheidet die Begriffe *Chart* (Navigationskarte) und *Aeronautical chart* (Luftfahrtkarte) zur Abgrenzung von *Map* (Landkarte).

Navigationskarten für Sichtflüge (visual flight rules – VFR) erfordern die Abbildung der Geländesituation. Geländehöhen, Ortschaften, Verkehrswege, Gewässer und insbesondere die Struktur des Luftraums, Flugplätze und Navigationsanlagen werden als Objekte oder durch Signaturen visualisiert. Für Flüge nach Instrumenten (instrument flight rules – IFR) sind Gradnetz, Wegpunkte mit Koordinaten, Navigationsanlagen, Kommunikationsfrequenzen und Luftstraßen relevant. Besondere Bedeutung haben Mindesthöhen, um einen sicheren Abstand zu Gelände und Hindernissen zu gewährleisten. Informationen wie Mindesthöhen, Kurse und Längen von Streckenabschnitten müssen direkt entnommen bzw. gemessen werden können.

Der Maßstab und die Größe des abgebildeten Ausschnitts der EO sowie der spezifische Inhalt der Karte richten sich nach deren Verwendungszweck (An- oder Abflug, Reiseflug, Bewegung auf den Rollflächen eines Flughafens). Anforderungen an Luftfahrtkarten, deren Arten, Inhalte, Formate und Gestaltung werden durch **Annex 4 to the Convention on International Civil Aviation – Aeronautical Charts -** der Internationalen Zivilluftfahrtorganisation (ICAO) vorgegeben. [4]

Die Signaturenkataloge der Hersteller analoger und digitaler Luftfahrtkarten entsprechen diesen Vorgaben mit dem Ziel eines global einheitlichen Standards. Für Sichtflüge sind verfügbar:

- Streckenkarten ICAO 1 : 500.000 und Sondermaßstäbe
- An- und Abflugkarten mit Darstellung der Platzrunde
- Flugplatzkarten mit Darstellung der Rollwege, Vorfelder sowie der Start- und Landebahn

Für Instrumentenflüge werden unterschieden:

- Planungs- und Übersichtskarten
- Hinderniskarten
- Flugplatzkarten (airport ground chart – AGC)
- Abflugkarten (standard instrument departure – SID)
- Anflugkarten (standard arrival route – STAR)

https://doi.org/10.1515/9783110769807-005

- Anflugkarten (instrument approach chart – IAC)
- Streckenkarten (enroute chart – ENR) unterer/oberer Luftraum
- plotting charts für entlegene geographische Bereiche

Luftfahrtkarten unterliegen besonderen Anforderungen bezogen auf die Lesbarkeit. So wird deren Farbgestaltung im Wesentlichen durch unterschiedliche Lichtverhältnisse, welche im Cockpit auftreten können, determiniert. Farbinformationen müssen sowohl in grellem Sonnenlicht mit Schlagschatten, Streulicht in Wolken, aber auch bei Dunkelheit in künstlicher Cockpitbeleuchtung erhalten bleiben. Bei Lichtmangel müssen die Farben einen hinreichenden Kontrast als Grauwerte bieten. [35]

Für den Bereich der Bundesrepublik Deutschland werden diese Karten durch das **Büro der Nachrichten für Luftfahrer** – einer Abteilung der DFS Deutsche Flugsicherung GmbH – als Bestandteil des Luftfahrthandbuchs (aeronautical information publication – AIP) veröffentlicht.

5.2 Übersicht der Kartennetzentwürfe

Ein Kartennetzentwurf ist die Abbildung der EO in eine Ebene. Dabei werden Punkte aus dem Gradnetz auf Kugel oder Ellipsoid in die Karte als Ebenenstück mit Koordinatensystem (KS) und geographisch Nord als Bezugsrichtung[7] abgebildet.

---

i Geometrische Abbildungen sind eindeutige (eventuell auch umkehrbar eindeutige) Zuordnungen zwischen geometrischen Objekten gleicher oder verschiedener Räume. Analytisch werden diese durch Gleichungen bzw. Funktionen zwischen den Koordinaten der Urbild- und der Bildelemente beschrieben. [21]

Bei der Abbildung entstehen Winkel- und Längenbeziehungen, sphärische Distanzen werden in ebene Distanzen abgebildet. Die Problembereiche eines Kartennetzentwurfs sind:
- Flächentreue (Äquivalenz)
- Winkeltreue (Konformität)
- Längentreue (Äquidistanz)

Bei **Flächentreue** sind gleich große Flächen auf der EO, dem Maßstab entsprechend, in der Karte gleichgroß. Bei **Winkeltreue** ist jeder Horizontalwinkel im Gelände und in der Karte gleichgroß. Bei **Längentreue** entsprechen gleiche Entfernungen auf der Erde nach allen Richtungen, auf den Maßstab bezogen, gleich langen Strecken in der

7 In früheren Jahrhunderten hatten Karten auch die Bezugsrichtung Süd oder Ost. Der Begriff *Orientierung* ist in diesem Zusammenhang aus „geostet" hervorgegangen.

Karte. Diese drei Eigenschaften können in einer Karte jedoch nicht in allen Bereichen zugleich realisiert werden.

Winkel- und Längentreue sind wichtige Eigenschaften von Navigationskarten. Da die Abbildung der gekrümmten EO in die Ebene nicht verzerrungsfrei geschehen kann, sind die Bereiche einer Karte, in denen der angegebene Maßstab gilt, abhängig vom Netzentwurf. Abbildungen auf der Grundlage von Projektionsstrahlen bezeichnet man auch als **Projektion**. Ist das Gradnetzbild ein Orthogonalnetz (die Längen- und Breitenkreise schneiden sich rechtwinklig), heißt der Entwurf **echt**.

Der **Maßstab** als Grad der allgemeinen Verkleinerung der EO ist das Verhältnis einer Strecke s_k in der Karte zu derselben Strecke s in der Natur:

$$M = \frac{s_k}{s} = \frac{1}{m} \tag{5.1}$$

Die Zahl m im Nenner ist die **Maßstabszahl**. Man spricht von einem großen Maßstab, wenn m klein ist und von einem kleinen Maßstab, wenn m einem großen Wert hat.

Bei Abbildungen der EO ist von einem Bezugsellipsoid auszugehen, wenn die Ergebnisse von Grundlagenvermessungen abzubilden und Karten bis etwa zum Maßstab 1 : 2 Mio. herzustellen sind. Die Annahme der Erdfigur als Kugel ist bei kleineren Maßstäben und Überschlagsrechnungen zulässig, soweit die bei dieser Vereinfachung zusätzlich auftretenden Fehler wesentlich geringer bleiben als die unvermeidbaren Abbildungsverzerrungen. [16]

5.2.1 Mathematische Beschreibung von Punkten, Kurven und Flächen

Neben der Gleichungsdarstellung können Kurven als eindimensionale Punktmenge durch vektorwertige Funktionen $P = P(t)$ eines Parameters t beschrieben werden. Flächen und Körper als zwei- bzw. dreidimensionale Punktmenge sind durch Parameterdarstellungen $P = P(s, t)$ bzw. $P = P(s, t, r)$ definiert. Die vektorwertige Funktion P ordnet dann jedem Paar (s, t) bzw. Tripel (s, t, r) eines gegebenen (nicht notwendig endlichen) Parameterbereichs den Ortsvektor $P(s, t)$ bzw. $P(s, t, r)$ eines Flächen- bzw. Körperpunkts zu. [34]

Damit ist eine Vorschrift zur Beschreibung von Punkten als Elemente einer Fläche deren **Parameterdarstellung**. Im Folgenden wird die (Erd-) Kugel Φ als die Menge der Punkte $P \in \Phi$ mit dem Radius r zum Nullpunkt aufgefasst:

$$\Phi : \underline{x}(u, v) = r \begin{pmatrix} \cos u \cos v \\ \sin u \cos v \\ \sin v \end{pmatrix} \tag{5.2}$$

Das Parameterpaar (u, v) durchläuft einen Bereich der reellen Zahlenebene: $(u, v) \in B \subset \mathbb{R}^2$. Die Größe u ist laufender Parameter in der Äquatorebene mit der Bedeutung der geographischen Länge: $u \in [0, 2\pi[$, die Größe v läuft in der Meridianebene mit der

Bedeutung der geographischen Breite: $v \in [-\frac{\pi}{2}, \frac{\pi}{2}]$. Die Pole sind **singuläre Punkte**, da alle v-Linien (Meridiane) durch diese verlaufen. [21]

Singuläre Punkte sind jene Punkte, welche durch eine Parameterdarstellung nicht regulär repräsentiert werden. Die Untersuchung einer solchen auf singuläre Punkte geschieht mit dem Normalenvektor $\underline{n}$ als Kreuzprodukt der Tangentenvektoren an die Parameterlinien (u-,v-Linien) durch $P \in \Phi$. Mit den partiellen Ableitungen $\underline{x}_u = \frac{\partial x}{\partial u}$ und $\underline{x}_v = \frac{\partial x}{\partial v}$ der Parameterdarstellung einer Fläche Φ gilt somit:

$$\underline{n} = \underline{x}_u \times \underline{x}_v \tag{5.3}$$

Jene Punkte, für welche die Bedingung $\underline{n} = 0$ erfüllt wird (Nullvektor), sind singuläre Punkte. [50]

Bei allen Rotationsflächen ist der Schnittpunkt der Rotationskurve mit der Rotationsachse ein singulärer Punkt. So können z.B. bei einer Kugel der Nord- und Südpol oder bei einem Drehkegel die Kegelspitze singuläre Punkte bezüglich der Parameterdarstellung sein. Der Azimutalpunkt einer Tangentialebene ist jedoch regulär.

Des Weiteren sind Drehzylinder und Drehkegel, als Flächen Ψ, welche als Hilfsebenen dienen und in die Ebene abgewickelt werden, die Menge der Punkte $\tilde{P} \in \Psi$. Die Bildebene Π ist die Menge der Bildpunkte $P^* \in \Pi$.

Die Beziehungen zwischen den Punkten der definierten EO und der Bildebene werden durch **Abbildungsgleichungen** als mathematische Gesetze, entsprechend den geometrischen Beziehungen bzw. den Forderungen an die Abbildung, beschrieben.

5.2.2 Verzerrungen und deren Visualisierung

Bei der Abbildung der EO durch einen Kartenentwurf entstehen Längen- und Flächenverzerrungen.

Die Längenverzerrungen sind das Verhältnis s^*/s zwischen zwei sich entsprechenden differentiell kleinen Längenelementen s* im Bild und s im Urbild. Diese Längenverzerrung (genauer: Längenverzerrungsfaktor) ist im Wert nicht nur von Punkt zu Punkt verschieden, sondern auch im selben Punkt von der Richtung abhängig. Zwei beliebige, im Urbild zueinander senkrechte, Längenelemente bilden sich nicht rechtwinklig ab. Von besonderem Interesse sind die Werte: [16]

- Längenverzerrung in Richtung des (Netz-)Meridians
- Längenverzerrung in Richtung des (Netz-)Breitenkreises
- größter Wert der Längenverzerrung
- kleinster Wert der Längenverzerrung

Nach Auguste Tissot (1881) gibt es zwei im Urbild zueinander senkrechte Richtungen, welche auch im Bild wieder einen rechten Winkel bilden. In diesen Richtungen liegen zugleich die Extremwerte a und b (Hauptverzerrungsrichtungen). Die Abbildung des

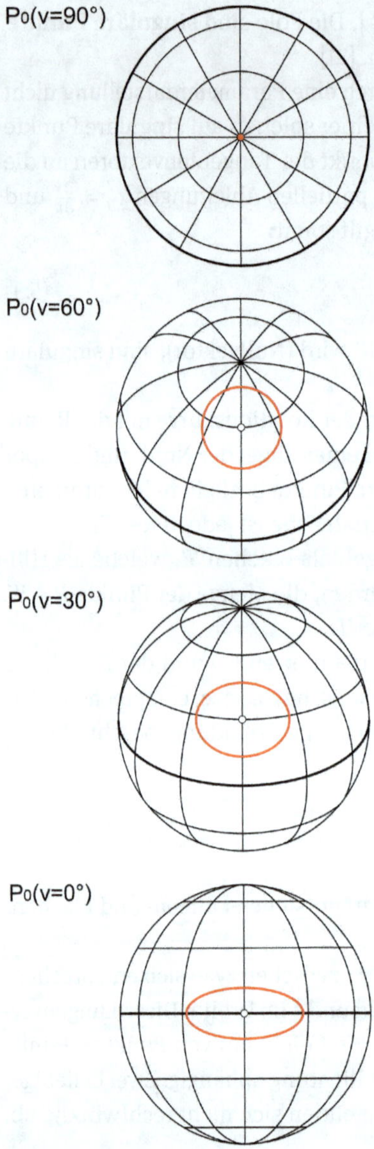

Abb. 5.1: Verzerrungsellipsen eines flächentreuen Azimutalentwurfs

Urbildkreises mit $r = 1$ ergibt die **Verzerrungsellipse** (Tissot'sche Indikatrix) mit a als große bzw. b als kleine Halbachse. [16]

Diese liegt in der Tangentialebene an den jeweils betrachteten Punkt $P_0 \in \Phi$. Deren Halbachsenlängen sind die Hauptverzerrungen. Abbildung 5.1 zeigt beispielhaft das Aussehen der Tissot'schen Indikatrizen für einen flächentreuen Azimutalentwurf. Die Hauptverzerrungsrichtungen entsprechen hier den Parameterlinien (u-,v-Linien).

Die Flächenverzerrung (genauer: Flächenverzerrungsfaktor) ist der Quotient F^*/F, wobei F^* die Fläche der Abbildungsellipse und F die Fläche des Urbildkreises ist. [16]

Mit den Methoden der Differentialgeometrie ist für allgemeine Flächen die Längen-, Winkel- und Inhaltsmessung und speziell die Untersuchung von Kartennetzentwürfen möglich. Abbildungseigenschaften und Verzerrungen kann man aus den Abbildungsgleichungen unter Verwendung der Gaußschen/metrischen Fundamentalgrößen der Fläche gemäß der **ersten Fundamentalform der Fläche** exakt bestimmen.

---

i

Dies sind die Koeffizienten g_{ij} mit $i, j = 1, 2$ für das Urbild, jeweils als Skalarprodukt der Tangentenvektoren an die u- und v-Linien: $g_{11} = \underline{x}_u \cdot \underline{x}_u$ (E), $g_{12} = g_{21} = \underline{x}_u \cdot \underline{x}_v$ (F) und $g_{22} = \underline{x}_v \cdot \underline{x}_v$ (G) bzw. analog die Koeffizienten g^*_{ij} für die Abbildung. [50]

Hierfür sei auf die Fachliteratur im Bereich der Differentialgeometrie (lokale Flächentheorie) verwiesen – siehe z.B. [50].

5.2.3 Azimutalentwürfe

Bei Azimutalentwürfen bzw. -projektionen (auch perspektivisch genannt) erfolgt die Abbildung $\Phi \rightarrow \Pi : P(u, v) \rightarrow P^*(\rho, \varphi)$ direkt auf die Bildebene, welche die Oberfläche des Kugel- oder Ellipsoid-Modells der Erde im Entwurfspunkt tangiert. Für Abbildungsgleichungen siehe Abschnitt 5.3.

Die Entwurfsvarianten werden unterschieden nach der Lage der Bildebene und damit des Entwurfspunkts – siehe Abbildung 5.2 links:
- polar
- äquatorial
- zwischenständig

Eine weitere Unterscheidung geschieht nach der Lage des Projektionszentrums und folglich nach dem Verlauf der Projektionsstrahlen – siehe Abbildung 5.2 rechts:
- normal (parallele Strahlen, Projektionszentrum im Unendlichen)
- zentral
  - gnomonisch (Projektionszentrum im Mittelpunkt der Kugel)
  - stereographisch (Projektionszentrum im gegenüberliegenden Pol)
  - Projektionszentrum in beliebiger Lage

Bei Normalprojektion, polarstereographischer- und polarer gnomonischer Projektion ist der Schnittwinkel zwischen den Längen- und Breitenkreisen 90° – damit handelt es sich um echte Entwürfe. Die Kartenkonvergenz der Meridiane gleicht deren natürlichen Konvergenz, die Längenkreise schneiden sich als radiale Geraden im Pol – siehe auch Abbildung 5.7.

In der Navigation verwendet man azimutale Entwürfe vorwiegend zur Abbildung polarer geographischer Gebiete (etwa gleiche Ausdehnung in alle Richtungen).

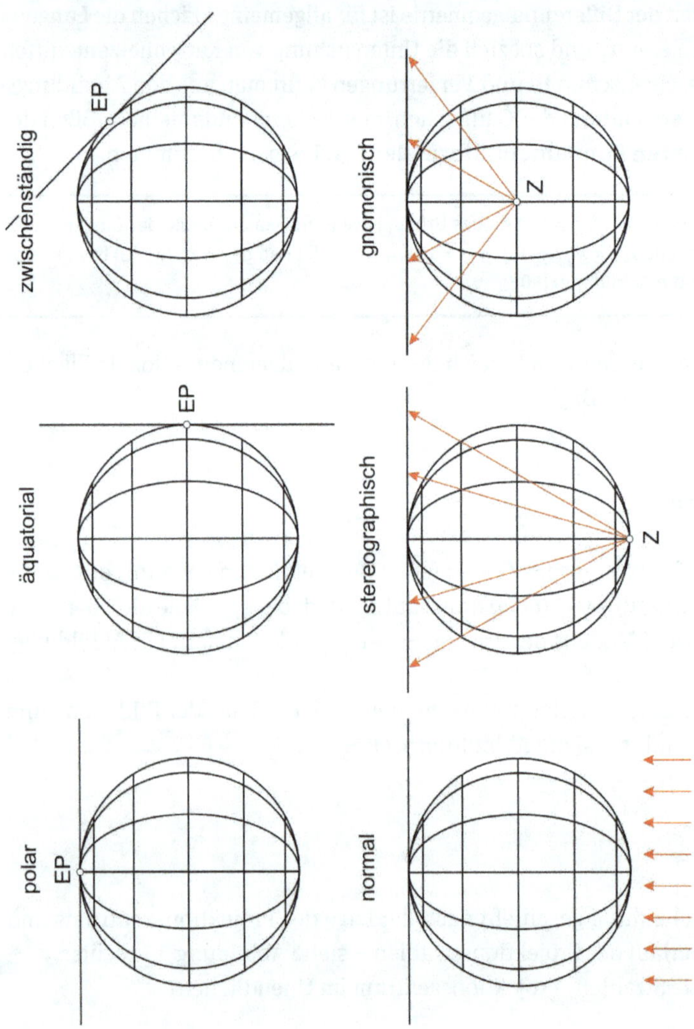

Abb. 5.2: Einteilung der Azimutalentwürfe nach der Lage von Entwurfspunkt (EP) und Projektionszentrum (Z)

5.2.4 Zylinderentwürfe

Bei Zylinderentwürfen dienen Drehzylinder, deren Fläche die Kugel- oder Ellipsoidoberfläche tangiert oder schneidet, als Hilfsebene. Die Lage der Zylinderachse kann, auf die Kugel- bzw. Ellipsoidachse bezogen, normal oder quer (transversal) sein. Bei normaler Lage tangiert der Zylinder am Äquator in einem längentreuen Bezugsbreitenkreis oder schneidet in zwei längentreuen Bezugsbreitenkreisen. Die Wahl dieser Breitenkreise richtet sich nach dem abzubildenden geographischen Bereich. Entwürfe mit transversaler Lage werden in der Landesvermessung mit geodätischen Koordinaten verwendet. Die folgenden Ausführungen beziehen sich auf die Einheitskugel.

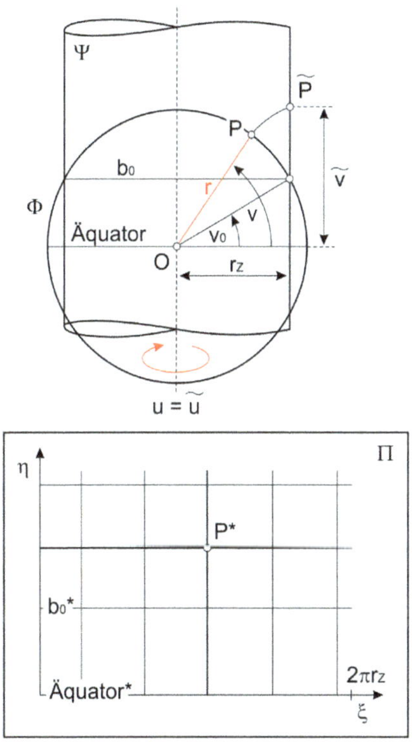

Abb. 5.3: Geometrische Beziehungen und Kartennetz bei einem normalachsigen Zylinderentwurf (Schnittzylinder mit Bezugsbreitenkreis 30° N)

Zylinderentwürfe sind die Abbildung $\Phi \to \Psi \to \Pi$. Zunächst werden dabei die Punkte der Kugel auf den Zylindermantel abgebildet. Anschließend wird der Zylinder in die Ebene abgewickelt. Bei der Abwicklung entstehen keine weiteren Verzerrungen.

Der erste Schritt ist die Abbildung $\Phi \to \Psi : P(u,v) \to \tilde{P}(\tilde{u},\tilde{v})$ von der Kugel auf den Zylinder mittels Projektionsstrahlen (zentral/lotrecht) oder durch Abrollen. Dabei sind $\tilde{u}(u) \in [0, 2\pi[$ und $\tilde{v}(v) \in \mathbb{R}$ die Parameter auf dem Zylindermantel. Der zweite Schritt ist die Abbildung $\Psi \to \Pi : \tilde{P}(\tilde{u},\tilde{v}) \to P^*(\xi,\eta)$, d.h. die Abwicklung des längs einer Mantellinie aufgeschnittenen Zylinders in die Ebene mit den rechtwinkligen Koordinaten $\xi, \eta \in \mathbb{R}$.

Veranschaulicht man sich den Entwurf als ein Abrollen entlang der Meridiane ausgehend vom Bezugsbreitenkreis $b_0(v_0)$ auf den Zylindermantel, gelten die geometrischen Beziehungen in Abbildung 5.3:

$$\tilde{u} = u \tag{5.4}$$

Das Abrollen bezüglich $b_0(v_0 = 30°N)$ ergibt:

$$\tilde{v} = \sin v_0 + v - \frac{\pi}{6} = \frac{1}{2} + v - \frac{\pi}{6} \tag{5.5}$$

Mit dem Zylinderradius $r_Z = r \cdot \cos v_0$ (r = 1) gilt die Abbildungsgleichung für $P(u,v) \to P^*(u,v)$:

$$P^*(u,v) = \begin{pmatrix} r_Z \cdot u \\ \frac{1}{2} + v - \frac{\pi}{6} \end{pmatrix} \tag{5.6}$$

Bei normalachsigen Zylinderentwürfen sind die Bilder der Meridiane und Breitenkreise geradlinig und orthogonal zueinander. Die Pole werden nicht abgebildet, die Meridiane verlaufen gleichabständig und parallel.

Um die Verzerrungen klein zu halten, werden normalachsige Zylinderentwürfe vorwiegend für äquatoriale Bereiche verwendet.

5.2.5 Kegelentwürfe

Bei Kegel- (konischen) Entwürfen nutzt man Drehkegel, welche die Kugel bzw. das Ellipsoid in einem längentreuen Bezugsbreitenkreis tangieren oder in zwei längentreuen Bezugsbreitenkreisen schneiden, als Hilfsebene. Dabei sind die Achsen von Kugel/Ellipsoid und Kegel meist identisch (normale Lage). Die folgenden Ausführungen beziehen sich auf die Einheitskugel.

Kegelentwürfe sind die Abbildung $\Phi \to \Psi \to \Pi$. Zunächst werden dabei die Punkte der Kugel auf den Kegelmantel abgebildet. Dann wird der Kegel in die Ebene abgewickelt. Durch die Abwicklung entstehen keine weiteren Verzerrungen.

Der erste Schritt ist die Abbildung $\Phi \to \Psi : P(u,v) \to \tilde{P}(\tilde{u},\tilde{v})$ von der Kugel auf den Kegel. Dabei sind $\tilde{u}(u) \in [0, 2\pi[$ und $\tilde{v}(v) \in \mathbb{R}$ Parameter auf dem Kegelmantel. Der zweite Schritt ist die Abbildung $\Psi \to \Pi : \tilde{P}(\tilde{u},\tilde{v}) \to P^*(\rho,\varphi)$, d.h. die Abwicklung des Kegels in die Ebene mit den Polarkoordinaten $\rho(\tilde{v}) \in \mathbb{R}$ und $\varphi(\tilde{u}) \in [0, 2\pi[$ oder alternativ $\tilde{P}(\tilde{u},\tilde{v}) \to P^*(\xi,\eta)$ mit den rechtwinkligen Koordinaten $\xi, \eta \in \mathbb{R}$.

Bei den Kegelentwürfen unterscheidet man:
- echte Entwürfe (konzentrische Breitenkreise bilden mit den geradlinigen Längenkreisen einen rechten Winkel)
- unechte Entwürfe
  - pseudokonische Abbildungen
  - polykonische Abbildungen
  - pseudopolykonische Abbildungen

Nach den Abbildungseigenschaften werden unterschieden:
- mittabstandstreu (equidistant conic projection)
- flächentreu (equal area conic projection)
- winkeltreu (conformal conic projection)

Der Winkel γ in Abbildung 5.4 wird als **Zentriwinkel der Abwicklung** bezeichnet. Für die Klaffung K gilt:

$$K = 360° - \gamma \tag{5.7}$$

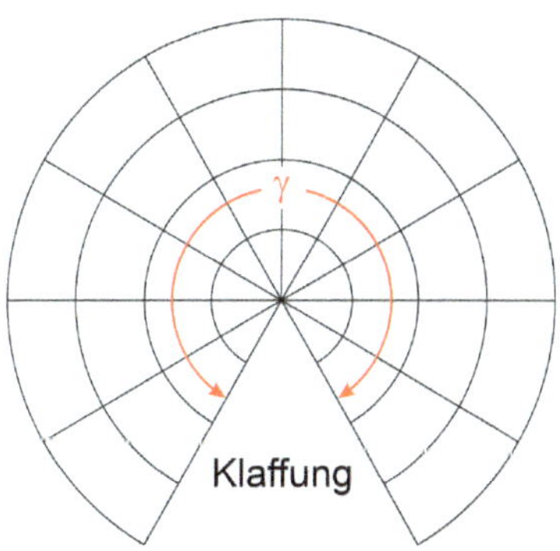

Abb. 5.4: Abwicklung eines Kegels

Die Kegelkonstante (constant of cone – CC) $\in \mathbb{R}$, $[-1; 1]$ ist dimensionslos, diese ergibt sich nach:

$$CC = \frac{\gamma}{360°} \tag{5.8}$$

Für $CC = \pm 1$ folgt für den Kegel der Grenzfall der Ebene. Das Vorzeichen + gilt für die Nordhalbkugel und – gilt für die Südhalbkugel.

Die Karten-Meridiankonvergenz K_K wird berechnet mit:

$$K_K = \Delta\lambda \cdot CC \tag{5.9}$$

Für die Kegelkonstante gilt im Fall zweier längentreuer Bezugsbreitenkreise:

$$CC = \sin\left(\frac{\varphi_1 + \varphi_2}{2}\right) \tag{5.10}$$

Veranschaulicht man sich den Entwurf als ein Abrollen der Meridiane auf den Kegelmantel, vom Bezugsbreitenkreis $b_0(v_0)$ ausgehend, gelten die geometrischen Beziehungen in Abbildung 5.5 für einen Berührkegel:

$$\tilde{u} = u \tag{5.11}$$

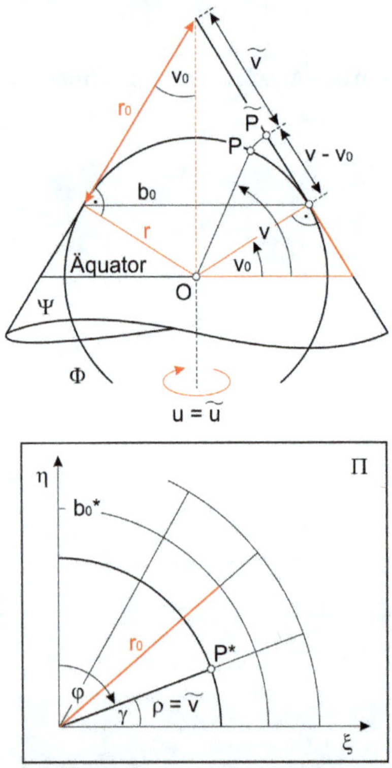

Abb. 5.5: Geometrische Beziehungen und Kartennetz bei einem normalachsigen Kegelentwurf (Berührkegel)

Die Länge des Kegelmantels folgt hier aus der Beziehung (mit $r = 1$):

$$\tan v_0 = \frac{r}{r_0} \tag{5.12}$$

Nach Umformung erhält man:

$$r_0 = \frac{1}{\tan v_0} = \cot v_0 \tag{5.13}$$

Aus dem Abrollen ergibt sich:

$$\tilde{v} = r_0 - (v - v_0) = \rho \tag{5.14}$$

Den Zusammenhang zwischen dem Zentriwinkel der Abwicklung γ und der Polarkoordinate φ stellt die folgende Verhältnisgleichung her:

$$\frac{\gamma}{\varphi} = \frac{2\pi}{u} \tag{5.15}$$

bzw. nach Umformung:

$$\varphi = \frac{\gamma \cdot u}{2\pi} \tag{5.16}$$

Damit gilt für $P(u, v) \rightarrow P^*(u, v)$ in rechtwinkligen (kartesischen) Koordinaten:

$$P^*(\xi(u), \eta(v)) = \cot v_0 - (v - v_0) \begin{bmatrix} \cos\left(\frac{\gamma \cdot u}{2\pi}\right) \\ \sin\left(\frac{\gamma \cdot u}{2\pi}\right) \end{bmatrix} \tag{5.17}$$

Bei Kegelentwürfen sind die Bilder der Meridiane radiale Geraden, die Breitenkreise verlaufen orthogonal zu den Meridianen. Kegelentwürfe eignen sich vor allem für Gebiete der mittleren Breiten mit größerer West-Ost-Ausdehnung bei Verwendung vorwiegend geographischer Koordinaten.

5.3 In der Navigation standardisierte Kartenentwürfe

Kleinmaßstäbige Navigationskarten der Luftfahrt verwenden für polare Regionen (60°N/S bis Pol) Azimutalentwürfe, für äquatoriale und mittlere Breiten (40°S bis 40°N) den Mercator-Entwurf und für mittlere bis hohe Breiten (30°N bis 70°N) den Lambert'schen Entwurf.

5.3.1 Navigationskarten für polare Regionen

Von den Varianten der azimutalen Entwürfe finden die **polständige stereographische** und die **polständige gnomonische** Projektion Anwendung für Navigationskarten – teilweise kombiniert mit einem Gitternetz.

5.3.1.1 Azimutalentwürfe in stereographischer Projektion

Bei Azimutalentwürfen in stereographischer Projektion liegt das Projektionszentrum in dem der Tangentialebene gegenüberliegenden Pol. Zur Vermeidung starker Verzerrungen wird dieser Entwurf für geographische Breiten größer ±60°N/S verwendet.

Bezüglich der Einheitskugel ergeben sich die Gleichungen für die polarstereographische Abbildung $\Phi \to \Pi : P(u, v) \to P^*(\rho, \varphi)$ bzw. $P(u, v) \to P^*(u, v)$, mit dem Projektionszentrum Z im Südpol, je nach Wahl der Koordinaten aus den geometrischen Beziehungen in Abbildung 5.6. Die Größen $u \in [0, 2\pi[$ sowie $v \in [-\frac{\pi}{2}, \frac{\pi}{2}]$ sind analog der geographischen Länge und Breite, $\rho \in \mathbb{R}$ und $\varphi \in [0, 2\pi[$ sind Polarkoordinaten. Für die Polarkoordinate $\varphi(u)$ gilt:

$$\varphi = u \tag{5.18}$$

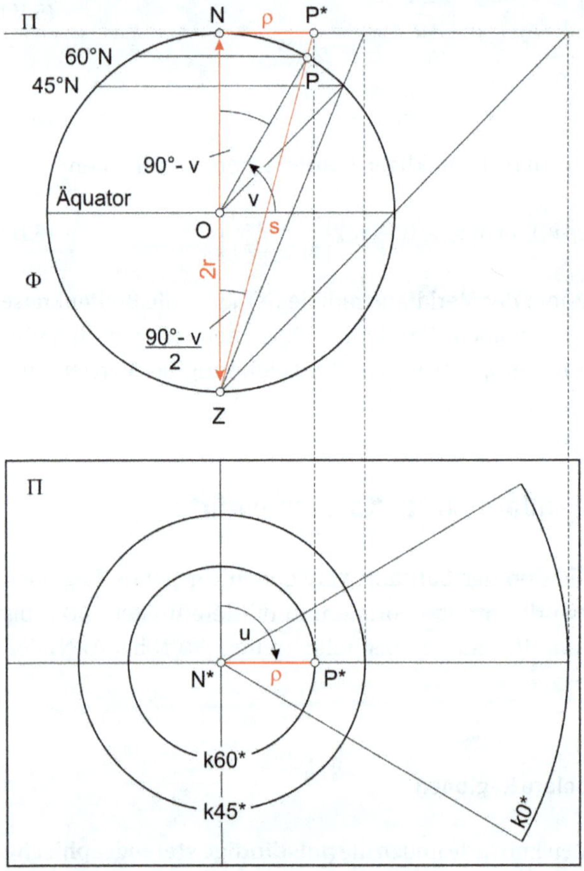

Abb. 5.6: Geometrische Beziehungen bei einem Azimutalentwurf der Nordhalbkugel in polarstereographischer Projektion

Die Seiten ρ und $2r$ ergeben mit dem Projektionsstrahl s aus dem Südpol ein rechtwinkliges Dreieck. Ferner schließen die Strecken $\overline{OP} = r$ und $2r$ den Zentriwinkel $90° - v$

ein; die von r und s eingeschlossenen Peripheriewinkel haben $\frac{90^\circ - v}{2}$ als Betrag[8]. Für $\rho(v)$ mit $90^\circ = \frac{\pi}{2}$ ergibt sich damit:

$$\frac{\rho}{2r} = \tan\left(\frac{\frac{\pi}{2} - v}{2}\right) = \tan\left(\frac{\pi}{4} - \frac{v}{2}\right) \tag{5.19}$$

bzw.

$$\rho = 2r \cdot \tan\left(\frac{\pi}{4} - \frac{v}{2}\right) \tag{5.20}$$

Für $P(u, v) \rightarrow P^*(\rho, \varphi)$ folgt:

$$P^*(\rho, \varphi) = (\rho, \varphi) \tag{5.21}$$

Zusammengefasst ergibt sich aus den Gleichungen (5.18), (5.20) und (5.21) für die Abbildung in Polarkoordinaten mit $r = 1$:

$$P^*(\rho(v), \varphi(u)) = \left(2\tan\left(\frac{\pi}{4} - \frac{v}{2}\right), u\right) \tag{5.22}$$

Die Abbildungsgleichung für $P(u, v) \rightarrow P^*(u, v)$ in rechtwinkligen Koordinaten, ebenfalls mit $r = 1$, ist:

$$P^*(\xi(u), \eta(v)) = 2\tan\left(\frac{\pi}{4} - \frac{v}{2}\right)\begin{pmatrix}\cos u \\ \sin u\end{pmatrix} \tag{5.23}$$

Im Folgenden sollen für den Entwurf beispielhaft die Zulässigkeit der Abbildung, die Gaußschen/metrischen Fundamentalgrößen der Fläche und die Winkeltreue bestimmt werden.

Die **Zulässigkeit der Abbildung** wird mit der Determinante der Jacobi-Matrix aus den partiellen Ableitungen der Komponentenfunktionen nach u und nach v überprüft. [50]

Für den polständigen stereographischen Azimutalentwurf der Nordhalbkugel gilt für die Abbildung in rechtwinkligen Koordinaten die Gleichung (5.23). Da diese eine vektorwertige Funktion ist, von welcher alle Komponenten differenzierbar sind, kann die Matrix der (partiellen) Ableitungen der Komponenten aufgestellt werden. Dies ist die **Jacobi-** oder **Funktionalmatrix** von $P^*(\xi(u), \eta(v))$, welche für die rechtwinkligen Koordinaten, hier als (2,2)-Matrix, folgendes Aussehen hat:

$$J = \begin{pmatrix}\frac{\partial \xi}{\partial u} & \frac{\partial \xi}{\partial v} \\ \frac{\partial \eta}{\partial u} & \frac{\partial \eta}{\partial v}\end{pmatrix} = \begin{pmatrix}\xi_u & \xi_v \\ \eta_u & \eta_v\end{pmatrix} = \begin{pmatrix}-2\tan\left(\frac{\pi}{4} - \frac{v}{2}\right)\sin u & -\frac{\cos u}{\cos^2\left(\frac{\pi}{4} - \frac{v}{2}\right)} \\ 2\tan\left(\frac{\pi}{4} - \frac{v}{2}\right)\cos u & -\frac{\sin u}{\cos^2\left(\frac{\pi}{4} - \frac{v}{2}\right)}\end{pmatrix} \tag{5.24}$$

Deren Determinante ist:

$$\det J = \begin{vmatrix}-2\tan\left(\frac{\pi}{4} - \frac{v}{2}\right)\sin u & -\frac{\cos u}{\cos^2\left(\frac{\pi}{4} - \frac{v}{2}\right)} \\ 2\tan\left(\frac{\pi}{4} - \frac{v}{2}\right)\cos u & -\frac{\sin u}{\cos^2\left(\frac{\pi}{4} - \frac{v}{2}\right)}\end{vmatrix} \tag{5.25}$$

8 Dies folgt aus dem Peripheriewinkelsatz.

Die Berechnung der Determinante ergibt unter Anwendung des Ausklammerns mit der Beziehung $\sin^2 u + \cos^2 u = 1$:

$$\det J = 2\tan\left(\frac{\pi}{4} - \frac{v}{2}\right) \cdot \frac{1}{\cos^2\left(\frac{\pi}{4} - \frac{v}{2}\right)} \tag{5.26}$$

Als Ergebnis erhält man $\det J(v = 0) = 4$ und $\det J(v = \frac{\pi}{2}) = 0$. Die Abbildung ist zulässig $\Leftrightarrow \det J \neq 0$. Im betrachteten Fall ist $\det J \neq 0 \; \forall \; v \setminus \{\frac{\pi}{2}\}$. Damit ist $P(u, v) \rightarrow P^*(\xi(u), \eta(v))$ zulässig für alle Bereiche des Entwurfs mit $v \neq \frac{\pi}{2}$. Das Projektionszentrum wird durch den stereographischen Entwurf nicht abgebildet.

Die **Gaußschen/metrischen Fundamentalgrößen der Fläche** sind die Koeffizienten g_{ij} für das Urbild bzw. g^*_{ij} für die Abbildung mit $i, j = 1, 2$. [50]

Partielle Ableitung der Parameterdarstellung der Einheitskugel als differenzierbare Vektorfunktion gemäß Gleichung (5.2) nach u ergibt:

$$x_u = \frac{\partial x}{\partial u} = \begin{pmatrix} -\sin u \, cosv \\ \cos u \, cosv \\ 0 \end{pmatrix} \tag{5.27}$$

Die partielle Ableitung nach v ist:

$$x_v = \frac{\partial x}{\partial v} = \begin{pmatrix} -\cos u \, sinv \\ -\sin u \, sinv \\ \cos v \end{pmatrix} \tag{5.28}$$

Dies sind die Tangentenvektoren an die u- bzw. v-Linien der Einheitskugel. Die Koeffizienten g_{ij} sind als Skalarprodukt dieser Vektoren definiert: [50]

$$g_{11} = x_u \cdot x_u \tag{5.29}$$

$$g_{12} = g_{21} = x_u \cdot x_v \tag{5.30}$$

$$g_{22} = x_v \cdot x_v \tag{5.31}$$

Wie leicht nachzurechnen ist, gelten für die Einheitskugel die Werte: $g_{11} = \cos^2 v$, $g_{12} = 0$ und $g_{22} = 1$.

Die Koeffizienten g^*_{ij} werden in gleicher Weise aus der Abbildungsgleichung gewonnen:

$$g^*_{11} = x^*_u \cdot x^*_u \tag{5.32}$$

$$g^*_{12} = x^*_u \cdot x^*_v \tag{5.33}$$

$$g^*_{22} = x^*_v \cdot x^*_v \tag{5.34}$$

Die Abbildungsgleichung (5.23), eingebettet in den $\mathbb{R}^3$, lautet:

$$\underline{x}^*(u, v) = \begin{pmatrix} 2\tan\left(\frac{\pi}{4} - \frac{v}{2}\right)\cos u \\ 2\tan\left(\frac{\pi}{4} - \frac{v}{2}\right)\sin u \\ 0 \end{pmatrix} \tag{5.35}$$

Deren partielle Ableitungen nach u und nach v sind:

$$x_u^* = \begin{pmatrix} -2\tan\left(\frac{\pi}{4} - \frac{v}{2}\right)\sin u \\ 2\tan\left(\frac{\pi}{4} - \frac{v}{2}\right)\cos u \\ 0 \end{pmatrix} \tag{5.36}$$

und

$$x_v^* = \begin{pmatrix} -\frac{\cos u}{\cos^2\left(\frac{\pi}{4}-\frac{v}{2}\right)} \\ -\frac{\sin u}{\cos^2\left(\frac{\pi}{4}-\frac{v}{2}\right)} \\ 0 \end{pmatrix} \tag{5.37}$$

Schließlich ergibt Multiplikation der Vektoren und Ausklammern unter Verwendung von $\sin^2 u + \cos^2 u = 1$:

$$g_{11}^* = 4\tan^2\left(\frac{\pi}{4} - \frac{v}{2}\right) \tag{5.38}$$

$$g_{12}^* = 0 \tag{5.39}$$

$$g_{22}^* = \frac{1}{\cos^4\left(\frac{\pi}{4} - \frac{v}{2}\right)} \tag{5.40}$$

Hier sind $g_{12} = 0$ bzw. $g_{12}^* = 0$, daher ist das Netz der Parameterlinien jeweils orthogonal. [50]

Eine Abbildung $P(u, v) \to P^*(u, v)$ ist genau dann **konform (winkeltreu)**, wenn die Koeffizienten der ersten Fundamentalform zueinander proportional sind: [50]

$$g_{ij}^* = c \cdot g_{ij} \tag{5.41}$$

Dabei gilt: $c > 0$. Die Anwendung von Gleichung (5.41) ergibt mit den oben berechneten Koeffizienten g_{11}^* bzw. g_{11}:

$$4\tan^2\left(\frac{\pi}{4} - \frac{v}{2}\right) = c \cdot \cos^2 v \tag{5.42}$$

Den Wert des Proportionalitätsfaktors c erhält man durch Division der Gleichung:

$$c = \frac{4\tan^2\left(\frac{\pi}{4} - \frac{v}{2}\right)}{\cos^2 v} \tag{5.43}$$

Dieser muss ebenso für die Koeffizienten g_{22}^* bzw. g_{22} gelten. Werden deren oben berechnete Werte unter Verwendung des Proportionalitätsfaktors in Gleichung (5.41) eingesetzt, folgt:

$$\frac{1}{\cos^4\left(\frac{\pi}{4} - \frac{v}{2}\right)} = \frac{4\tan^2\left(\frac{\pi}{4} - \frac{v}{2}\right)}{\cos^2 v} \cdot 1 \tag{5.44}$$

Gleichung (5.44) gilt $\forall\, v \setminus \{\frac{\pi}{2}\}$, wie sich durch Einsetzen beliebiger Werte für v leicht nachrechnen lässt. Damit ist der stereographische Entwurf in allen Bereichen außer im Entwurfspunkt winkeltreu.

Wegen der Winkeltreue sind die Längenverzerrungen entlang der Meridiane und Breitenkreise bei einem stereographischen Entwurf gleichgroß. Die Meridiane und Breitenkreise sind Hauptverzerrungsrichtungen. Für die Koordinatenachsen gilt nach Kürzen von jeweils cos u bzw. sin u in Zähler und Nenner:

$$\frac{x^*}{x} = \frac{y^*}{y} = \frac{2\tan\left(\frac{\pi}{4} - \frac{v}{2}\right)}{\cos v} \tag{5.45}$$

Äquivalent zu dieser Beziehung gilt für die Maßstabszahl gemäß Gleichung (5.1), abhängig von der geographischen Breite und damit der Entfernung zum Entwurfspunkt:

$$m = \frac{1}{\cos^2\left(\frac{90^\circ - \varphi}{2}\right)} \tag{5.46}$$

Der polständige stereographische Entwurf gibt die Breitenkreise als konzentrische, annähernd gleichabständige Kreise wieder, die Bilder der Meridiane sind Geraden. Die Loxodrome wird als logarithmische Spirale äquatorwärts gekrümmt, die Orthodrome leicht äquatorwärts gekrümmt abgebildet – siehe Abbildung 5.7. Letztere kann durch eine Gerade genähert werden. Die eigentliche Kartengerade bezeichnet man als **Stereodrome**.

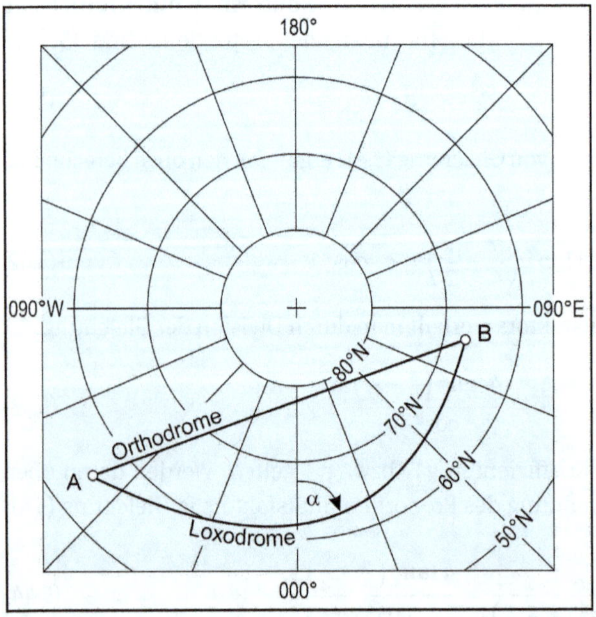

Abb. 5.7: Kartennetz eines polständigen stereographischen Azimutalentwurfs und Bilder der navigatorisch wichtigen Linien

Der Entwurf ist winkel- und damit kreistreu, d.h. jeder nicht durch Z (hier Südpol) verlaufende Kreis auf der EO wird auch in der Kartenebene wieder als Kreis abgebildet.

5.3.1.2 Azimutalentwürfe in gnomonischer Projektion

Bei einem gnomonischen Azimutalentwurf liegt das Projektionszentrum im Kugelmittelpunkt. Die Gleichungen für die gnomonische Abbildung $\Phi \to \Pi : P(u, v) \to P^*(\rho, \varphi)$ bzw. $P(u, v) \to P^*(u, v)$ folgen aus den geometrischen Beziehungen in Abbildung 5.8. Die Größen $u \in [0, 2\pi[$ sowie $v \in \left[-\frac{\pi}{2}, \frac{\pi}{2}\right]$ sind analog der geographischen Länge und Breite, $\rho \in \mathbb{R}$ und $\varphi \in [0, 2\pi[$ sind Polarkoordinaten. Für $\varphi(u)$ gilt:

$$\varphi = u \tag{5.47}$$

Mit v als Wechselwinkel gilt für $\rho(v)$ die Beziehung:

$$\frac{\rho}{r} = \cot v \tag{5.48}$$

bzw.

$$\rho = \cot v \cdot r \tag{5.49}$$

Es ergibt sich für $P(u, v) \to P^*(\rho, \varphi)$ die Abbildungsgleichung:

$$P^*(\rho, \varphi) = (\rho, \varphi) \tag{5.50}$$

Für $P(u, v) \to P^*(u, v)$ in rechtwinkligen Koordinaten folgt mit $r = 1$:

$$P^*(\xi(u), \eta(v)) = \cot v \begin{pmatrix} \cos u \\ \sin u \end{pmatrix} \tag{5.51}$$

Bei einem gnomonischen Azimutalentwurf ist die Verzerrung der Breitenkreise und der Meridiane ortsabhängig. Im Kartenmittelpunkt ist der Entwurf winkeltreu, die Breitenkreise werden unverzerrt abgebildet. Jedoch vergrößert sich der Abstand von deren Bildern zum Kartenrand hin stark. In normaler (polständiger) Lage liegt der Äquator im Unendlichen.

Die Meridiane werden an den Polen ebenfalls unverzerrt abgebildet, am Äquator ist deren Verzerrung maximal. Meridiane und Breitenkreise sind Hauptverzerrungsrichtungen. Entlang der Meridiane gilt für die Maßstabszahl, abhängig von der geographischen Breite:

$$m_M = \frac{1}{\sin^2 \varphi} \tag{5.52}$$

Für die Maßstabszahl ergibt sich entlang der Breitenkreise:

$$m_B = \left| \frac{1}{\sin \varphi} \right| \tag{5.53}$$

Der gnomonische Azimutalentwurf bildet alle Großkreise als Gerade ab. Daher wird dieser auch als Hilfskonstruktion zur Ermittlung der Orthodrome und deren Übertragung in ein anderes Kartennetz genutzt. [16]

i Daraus resultiert die frühere Bezeichnung „Großkreisnetz“ – siehe [22].

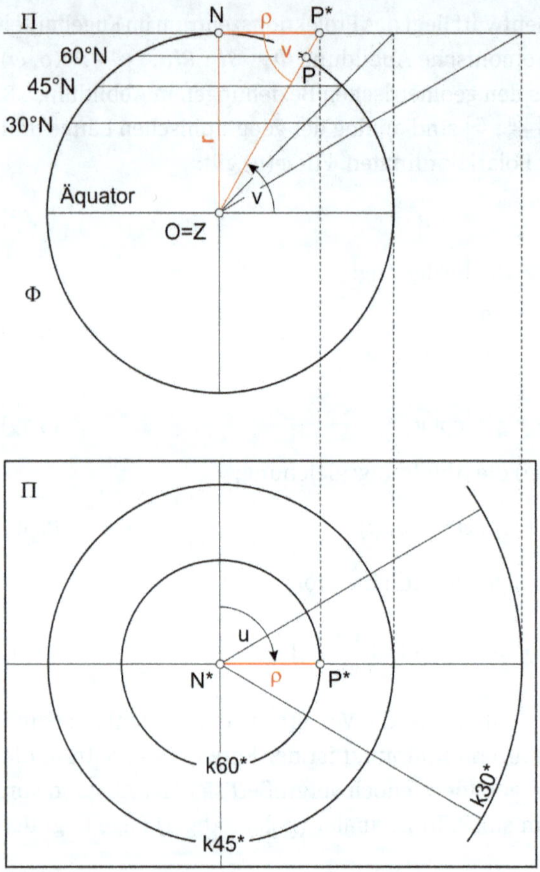

Abb. 5.8: Geometrische Beziehungen bei einem Azimutalentwurf der Nordhalbkugel in gnomonischer Projektion

5.3.1.3 Gitternetze

Werden die Bilder der Längen- und Breitenkreise in einer Navigationskarte durch eine Schar paralleler Geraden überlagert, entsteht ein Gitternetz, welches für die Navigation nutzbar ist. Ein Solches ist vorteilhaft in geographischen Bereichen mit starker Meridiankonvergenz (Polnähe), da dieses einen konstanten **Gitterkurs** ermöglicht (der Winkel α in Abbildung 5.9).

Gitternord (grid-north – GN) tritt an die Stelle von rechtweisend Nord und ist damit die Bezugsrichtung der Karte. Ursprünglich basierte die Gitternavigation auf der Verwendung eines Kurskreisels (directional gyro – DG) als richtungshaltendem System, nach welchem der Gitterkurs gesteuert wurde.

Fliegt ein Luftfahrzeug mit Hilfe eines idealen, für die Erddrehung korrigierten Kurskreisels mit konstantem Kurskreisel-Steuerkurs, so bewegt dieses sich bei konstanter durch Windeinfluss bedingter Abdrift längs eines Großkreises. [37]

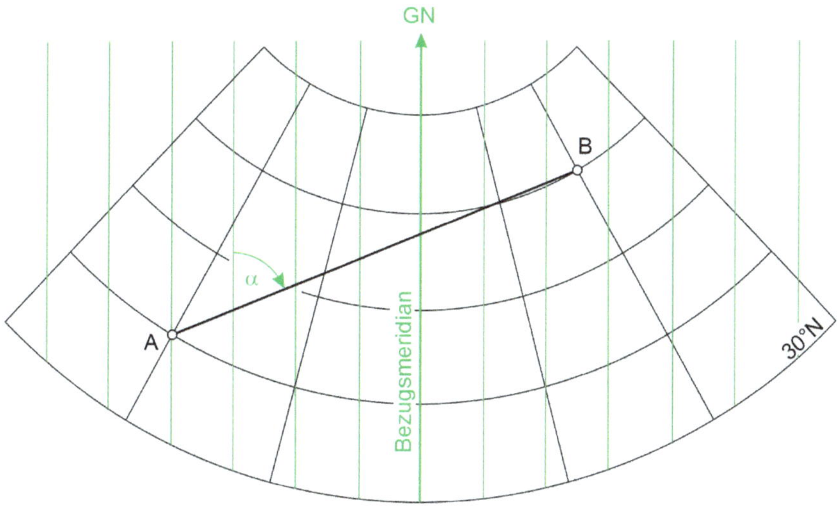

Abb. 5.9: Navigationskarte mit Gitternetz – schematisch

Da die Meridiane in den meisten Navigationskarten konvergieren, verändern sich die Winkel zwischen den Längenkreisen und den Linien des Navigationsgitters stetig. Jener Meridian der Karte, welcher in Richtung des Gitters liegt, wird als **Bezugsmeridian** (reference meridian) bezeichnet. In dessen Punkten fallen Gitternord und rechtweisend Nord zusammen. Bei dem von **Tonta** eingeführten Gittersystem bildet die Richtung von Greenwich zum Nordpol und über diesen hinaus entlang des 180°-Meridians zum Südpol Gitternord.

Bei dem Gitter von **Maclure** ist Gitternord die Richtung vom Nordpol nach Greenwich und darüber hinaus längs des Null-Meridians zum Südpol. [37]

Die Beziehung zwischen Gitter- und rechtweisend Nord wird durch den ortsabhängigen Winkel **Gitterkonvergenz** (grid-convergence – GConv) gebildet:

$$GConv = \Delta\lambda \cdot CC \tag{5.54}$$

Hier ist $\Delta\lambda$ die Längendifferenz zwischen Bezugs- und Ortsmeridian. Auf der westlichen Halbkugel hat $\Delta\lambda$ das Vorzeichen –. CC ist die Kegelkonstante nach Gleichung (5.8) einer Karte als Kegelentwurf. Für Azimutalprojektion als Grenzfall des Kegels gilt: $CC = 1 \Rightarrow GConv = \Delta\lambda$. Mit zunehmendem Abstand (als geographische Länge) vom Bezugsmeridian wächst folglich die Gitterkonvergenz.

Nach der Lage des Ortsmeridians gegenüber dem Bezugsmeridian ergeben sich **vier Varianten** für GConv – siehe Abbildung 5.10.

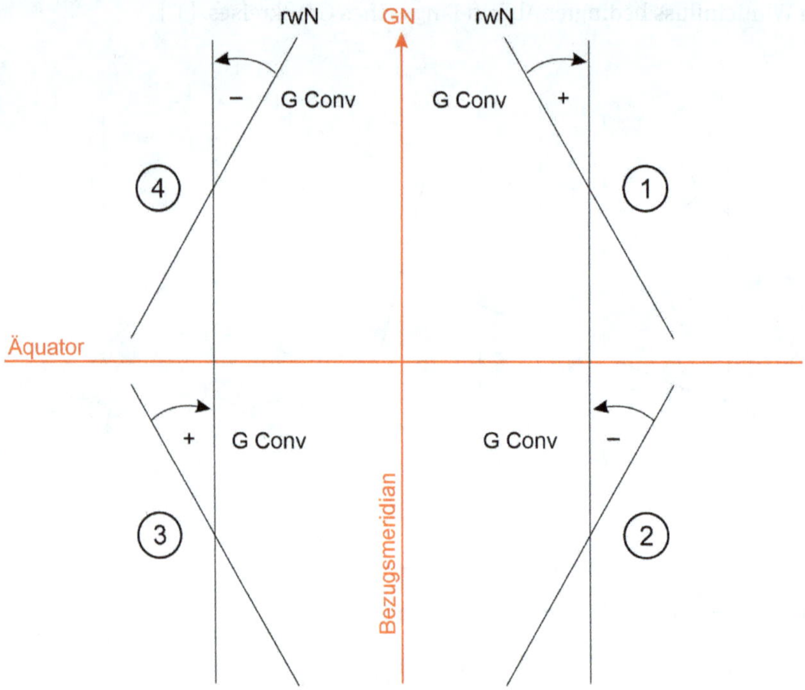

Abb. 5.10: Varianten der Vorzeichen für GConv

In Quadrant 1 liegt der Ortsmeridian auf der nördlichen Halbkugel (die Kegelkonstante hier mit Vorzeichen +). Östlich des Bezugsmeridians ist die Gitterkonvergenz östlich (Vorzeichen +):

$$(+\Delta\lambda) \cdot (+CC) = +GConv \tag{5.55}$$

In Quadrant 2 liegt der Ortsmeridian auf der Südhalbkugel (Kegelkonstante mit Vorzeichen –). Östlich des Bezugsmeridians der Karte ist die Gitterkonvergenz westlich (Vorzeichen –):

$$(+\Delta\lambda) \cdot (-CC) = -GConv \tag{5.56}$$

In Quadrant 3 (Südhalbkugel) hat die Kegelkonstante ein negatives Vorzeichen. Westlich des Bezugsmeridians hat die Gitterkonvergenz einen östlichen Wert:

$$(-\Delta\lambda) \cdot (-CC) = +GConv \tag{5.57}$$

In Quadrant 4 (Nordhalbkugel) hat die Kegelkonstante ein positives Vorzeichen. Westlich des Bezugsmeridians hat hier die Gitterkonvergenz einen westlichen Wert:

$$(-\Delta\lambda) \cdot (+CC) = -GConv \tag{5.58}$$

Damit wird der **Gitterkurs** (grid-course – GC) berechnet nach:

$$GC = TC - GConv \tag{5.59}$$

Für den **Gitter-Steuerkurs** (grid-heading – GH) gilt:

$$GH = TH - GConv \tag{5.60}$$

Den Winkel zwischen magnetisch Nord und Gitternord bezeichnet man als **Grivation** (GV) – abgeleitet von dem Begriff *Grid-variation.* Die Grivation ist, wie die Ortsmissweisung, ein Verrechnungswert zwischen dem missweisenden- und dem Gitterkurs. Jene Linien, welche in einer Karte alle Orte gleicher Grivation verbinden, sind die **Isogriven.**

5.3.2 Mercator-Entwurf

Der (historische) Mercator-Entwurf entsteht durch **Konstruktion** gerader, gleichabständiger Linien für die Längenkreise und gerader Linien für die Breitenkreise aufgrund der Forderung nach Winkeltreue – dieser ist im eigentlichen Sinn jedoch kein Zylinderentwurf. [22]

Gerhard Kremer, genannt Mercator (1512–1594), hat diesen Entwurf mit seiner für die Seefahrt bestimmten Weltkarte im Jahre 1569 veröffentlicht. Die Längenkreise verlaufen parallel und schneiden die Breitenkreise rechtwinklig.

Für ein rechtwinkliges Dreieck im Parameterliniennetz der Erde mit α als Kurswinkel gilt gemäß Abbildung 5.11 links: [22]

$$\cot\alpha = \frac{a}{b} = \frac{\Delta\varphi}{\Delta\lambda \cdot \cos\varphi} \tag{5.61}$$

Wegen der Forderung der Winkeltreue (gewählter Winkel α = konst.) gilt folglich – siehe Abbildung 5.11 rechts:

$$\cot\alpha' = \frac{a'}{b'} = \frac{\Delta\Phi}{\Delta\lambda} \tag{5.62}$$

und damit:

$$\frac{\Delta\Phi}{\Delta\lambda} = \frac{\Delta\varphi}{\Delta\lambda \cdot \cos\varphi} \Rightarrow \Delta\Phi = \frac{\Delta\varphi}{\cos\varphi} \tag{5.63}$$

Gleichung (5.63) ist die Mercatorsche Grundformel. Hier ist Φ die **vergrößerte Breite** zur wahren Breite φ. Im Mercator-Entwurf wächst mit zunehmender geographischer Breite der Abstand der Breitenkreise stetig im Verhältnis $1 : 1/cos\varphi$. Folglich wachsen die Verzerrungen und Flächenverfälschungen mit dem Abstand zum Äquator erheblich, polare Regionen liegen im Unendlichen und können nicht abgebildet werden.

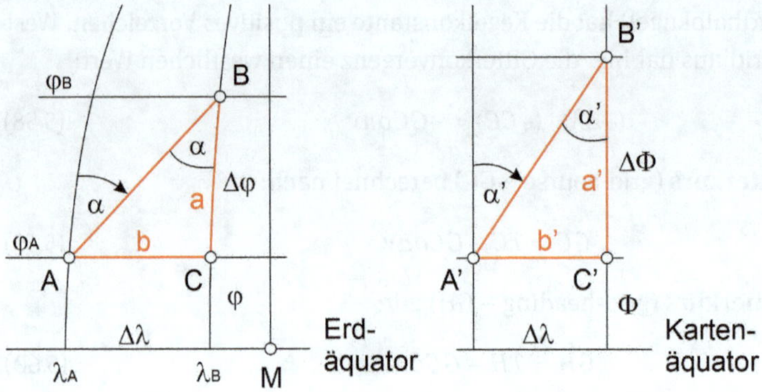

Abb. 5.11: Winkel einer Masche des Parameterliniennetzes der Erde und des Mercator-Entwurfs, nach [22]

Der Abstand einer beliebigen vergrößerten Breite in einem Mercator-Entwurf ergibt sich durch Reihen-Bildung. Φ ist die Summe einer solchen Reihe. Integration liefert die Mercator-Funktion mit dem Ergebnis für die x-Koordinate der Karte in Bogenminuten: [22]

$$\Phi = \int_0^{\varphi} \frac{1}{\cos\varphi} d\varphi = \ln\tan\left(\frac{\varphi}{2} + \frac{\pi}{4}\right) \tag{5.64}$$

Für die y-Koordinate gilt:

$$y = \arccos(\lambda) \tag{5.65}$$

Meist wird ein Mercator-Netz nicht auf den Erdäquator gegründet, sondern auf einem beliebigen Breitenparallel (Mittelparallel des abzubildenden Gebiets). Dieses bezeichnet man als die **Konstruktionsbreite** des Netzes, auf welche sich die Änderung der Abstände der Breitenparallele bezieht. Der Kartenmaßstab gilt exakt nur auf der Konstruktionsbreite. [22]

Vorteilhaft ist die Abbildung der Loxodrome als Gerade, welche mit den Meridianen einen konstanten Schnittwinkel bildet, wodurch in der Karte eine direkte Kursmessung ermöglicht wird. Die Orthodrome wird polwärts gekrümmt wiedergegeben – siehe Abbildung 5.12.

Die Länge der Strecke zwischen zwei Punkten *A* und *B* in der Mercator-Karte wird näherungsweise bestimmt, indem man die Strecke in zwei, vier oder acht gleichlange Abschnitte teilt. Jeder Abschnitt wird mit dem Zirkel abgegriffen und, bezogen auf den Mittelpunkt der Strecke, an der Minutenteilung am Kartenrand auf gleicher Höhe abgesetzt. In Abbildung 5.12 wurde die Loxodrome in vier gleiche Abschnitte geteilt. Die Summe der Bogenminuten dieser Abschnitte wird schließlich in nm oder km umgerechnet.

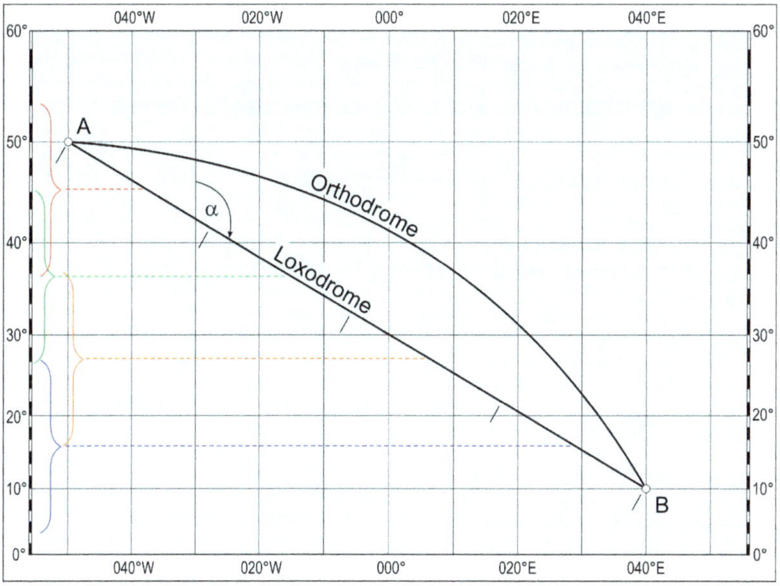

Abb. 5.12: Kartennetz eines Mercator-Entwurfs

5.3.3 Lambert'scher Schnittkegelentwurf

Dieser (historische) winkeltreue Entwurf ist ein Spezialfall der Kegelentwürfe, welcher als Schnittkegelentwurf mit zwei längentreuen Bezugsbreitenkreisen für das Kugel- und das Ellipsoid-Modell der Erde realisiert wird. Johann Heinrich Lambert (1728–1777) hat diesen im Jahre 1772 veröffentlicht. [16]

Bezüglich der Einheitskugel gelten zum Aufstellen der Abbildungsgleichungen für $\Phi(u,v) \to \Psi(\tilde{u},\tilde{v})$ bzw. $\Psi(\tilde{u},\tilde{v}) \to \Pi(\rho,\varphi)$ die geometrischen Beziehungen in Abbildung 5.13.

Zunächst muss die Länge des Kegelmantels zwischen dem Äquator und der Kegelspitze bestimmt werden. Für diese Länge r_0 gilt:

$$r_0 = c + d \tag{5.66}$$

Der (halbe) Öffnungswinkel δ des Schnittkegels wird analog zu Gleichung (5.10) bestimmt mit $v_1, v_2 \in [0, \frac{\pi}{2}]$ als geographische Breiten der Bezugsbreitenkreise:

$$\delta = \frac{v_1 + v_2}{2} \tag{5.67}$$

Dieser determiniert alle weiteren geometrischen Größen des Kegels. Die Länge der Seite a kann berechnet werden nach:

$$\sin(\delta - v_1) = \frac{a}{r} \tag{5.68}$$

Mit $r = 1$ erhält man:

$$a = \sin(\delta - v_1) \tag{5.69}$$

Mithilfe von a ist die Berechnung der Seite b möglich nach der Beziehung:

$$r^2 = a^2 + b^2 \tag{5.70}$$

Es ergibt sich:

$$b = \sqrt{r^2 - (r \cdot \sin(\delta - v_1))^2} = \sqrt{1 - \sin^2(\delta - v_1)} \tag{5.71}$$

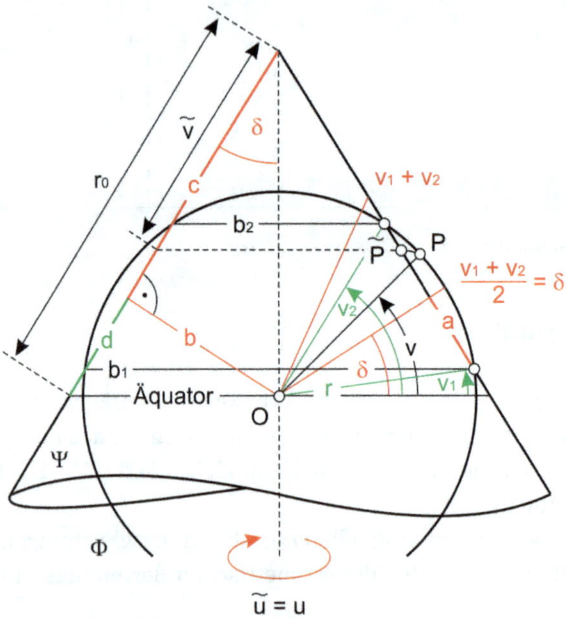

Abb. 5.13: Geometrische Beziehungen bei einem Schnittkegel mit zwei längentreuen Bezugsbreitenkreisen bezüglich des Kugel-Modells

Die Berechnung der Seite c geschieht mit:

$$\tan\delta = \frac{b}{c} \tag{5.72}$$

Nach Umformung erhält man:

$$c = \frac{\sqrt{1 - \sin^2(\delta - v_1)}}{\tan\delta} \tag{5.73}$$

Die Länge der Seite d kann berechnet werden nach:

$$\tan\delta = \frac{d}{b} \tag{5.74}$$

Umformung ergibt:

$$d = \tan\delta \cdot b = \tan\delta \cdot \sqrt{1 - \sin^2(\delta - v_1)} \tag{5.75}$$

Gemäß Gleichung (5.66) gilt damit für die Länge des Kegelmantels:

$$r_0 = \frac{\sqrt{1 - \sin^2(\delta - v_1)}}{\tan\delta} + \tan\delta \cdot \sqrt{1 - \sin^2(\delta - v_1)} \tag{5.76}$$

Auf diesem geschieht die Abbildung $\Phi \to \Psi$ durch Abrollen vom Äquator aus entlang der Meridiane. Dabei gilt:

$$\tilde{u} = u \tag{5.77}$$

Aus dem Abrollen folgt:

$$\tilde{v} = r_0 - v \tag{5.78}$$

Bei der Abbildung $\Psi \to \Pi$ geht $\tilde{v}$ in ρ über und φ erhält man aus den Gleichungen (5.15) bzw. (5.16). Aus den Gleichungen (5.8) und (5.10) folgt:

$$\gamma = CC \cdot 360^\circ \tag{5.79}$$

Es ergibt sich für $\tilde{P}(\tilde{u}, \tilde{v}) \to P^*(\rho, \varphi)$ als Abwicklung des Kegels:

$$P^*(\rho, \varphi) = (\rho, \varphi) \tag{5.80}$$

Für $P(u, v) \to P^*(u, v)$ in rechtwinkligen Koordinaten gilt schließlich die Abbildungsgleichung:

$$P^*(u, v) = \frac{\sqrt{1 - \sin^2(\delta - v_1)}}{\tan\delta} + \tan\delta \cdot \sqrt{1 - \sin^2(\delta - v_1)} - v \begin{bmatrix} \cos\left(\frac{\gamma \cdot u}{2\pi}\right) \\ \sin\left(\frac{\gamma \cdot u}{2\pi}\right) \end{bmatrix} \tag{5.81}$$

Die Meridiane konvergieren zu den außerhalb der Karte liegenden Polen hin und schneiden die konzentrischen Breitenkreise im rechten Winkel – siehe Abbildung 5.14. Die Bezugsbreiten werden in der Karte angegeben – diese können außerhalb des Kartenblatts liegen (in Abbildung 5.14 beispielhaft $\varphi_1 = 45°$N und $\varphi_2 = 65°$N). Mit wachsendem Abstand von einem Bezugsbreitenkreis (engl. standard parallel) verändert sich der Maßstab in der Karte. Dieser verringert sich zwischen den Bezugsbreiten und wächst außerhalb von diesen.

Die Loxodrome wird als logarithmische Spirale äquatorwärts gekrümmt, die Orthodrome mit geringer polwärtiger Krümmung abgebildet. Bei Entfernungen bis etwa 1500 km kann die Orthodrome durch eine Gerade angenähert werden. Die eigentliche Kartengerade ist die **Lambodrome.** Funkpeilungen kann man direkt in die Karte übertragen.

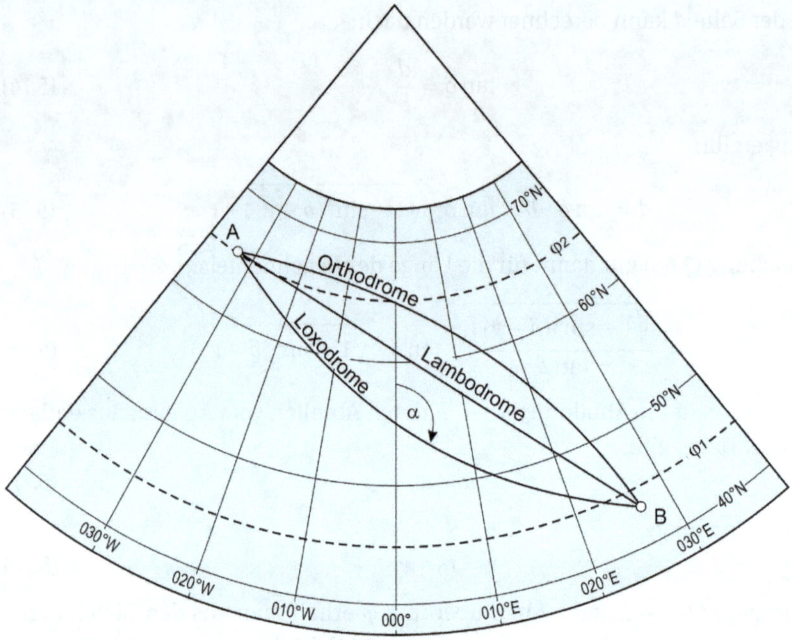

Abb. 5.14: Kartennetz eines Schnittkegelentwurfs

5.4 Grundlagen für die Karten

Grundsätzlich ist die offizielle Informationsquelle zu Navigation und Flugsicherung das **Luftfahrt-Handbuch** (aeronautical information publication – AIP), welches durch die jeweilige nationale Flugsicherung veröffentlicht wird. Dieses liefert die vielfältigen in der Luftfahrt relevanten Informationen mit Raum- und Sachbezug und wird als amtliche Publikation in der Bundesrepublik Deutschland durch die **DFS Deutsche Flugsicherung GmbH** herausgegeben.

Auf dessen Grundlage entstehen die Karten und Navigationsdatenbanken der privaten Hersteller z.B. im Airway Manual der Firma Jeppesen oder im RouteManual von Lufthansa Systems FlightNav. Abbildung 5.15 gibt eine Übersicht der prinzipiellen Struktur und Verwendung aeronautischer Daten.

5.4.1 Raumbezogene Daten und Informationen

Originär werden raumbezogene Informationen/Geometriedaten gewonnen durch: [44]
- topographische Aufnahme
- Luftbilder bzw. Orthophotos
- digitales Landschaftsmodell (DLM)

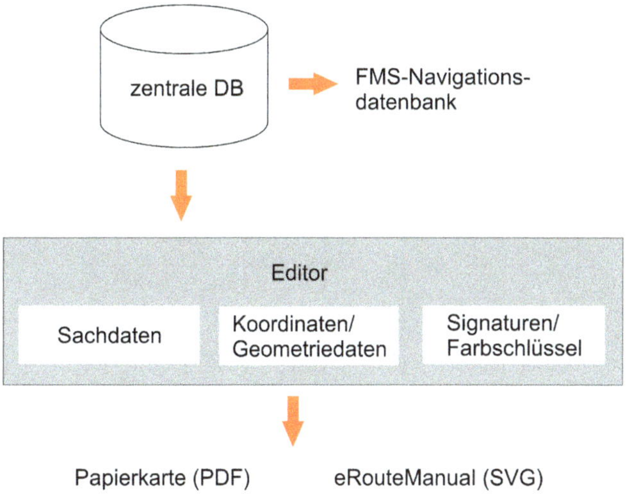

Abb. 5.15: Weg der aeronautischen Daten in die Luftfahrtkarte am Beispiel des Lido RouteManual

Die topographische Aufnahme ist eine Kartierung des Geländes nach einem fixen Objektkatalog und vorgegebenen Klassenkriterien, entweder mit terrestrischer Vermessung oder durch Auswertung von Luftaufnahmen, oft ergänzt durch Feldverifikation. Ein **Orthophoto** als grundrisstreues Bild durch Entzerrung entsteht aus einem zentralperspektivischen, annähernd senkrechten Luftbild des Geländes. Ein **DLM** ist der gesamte Inhalt der topographischen Aufnahme, als digitale Datenbank gespeichert. [44]

Diese können durch Fernerkundungsdaten von Satelliten und Laserscanning-Daten ergänzt werden – so basiert z.B. das Lido RouteManual von Lufthansa Systems FlightNav auf einem globalen, digitalen Höhenmodell, welches auf Radar-Daten der NASA (Shuttle Radar Topography Mission – SRTM) beruht.

5.4.2 Modellierung des Reliefs

Im Rahmen der Geländeaufnahme werden für punktuell vorgenommene Messungen die Koordinaten und Höhenwerte (Nivellements) zunächst in einem lokalen KS erzeugt und anschließend in ein Triangulationsnetz höherer Ordnung eingebunden. Die Koordinaten der Vermessungspunkte können in das UTM- oder geographische KS überführt werden. Für Luftfahrtkarten ist das geodätische Datum WGS84 verbindlich.

Als Ergebnis entsteht ein geschlossener Polygonzug oder ein Feld von Punkten mit Lage- und Höhenangabe – siehe Abbildung 5.16 oben. Aus einem Solchen kann die Geländeoberfläche modelliert werden. Hierfür wird im ersten Schritt zwischen allen Punkten des Felds eine **Dreiecksvermaschung** (triangular irregular network – TIN)

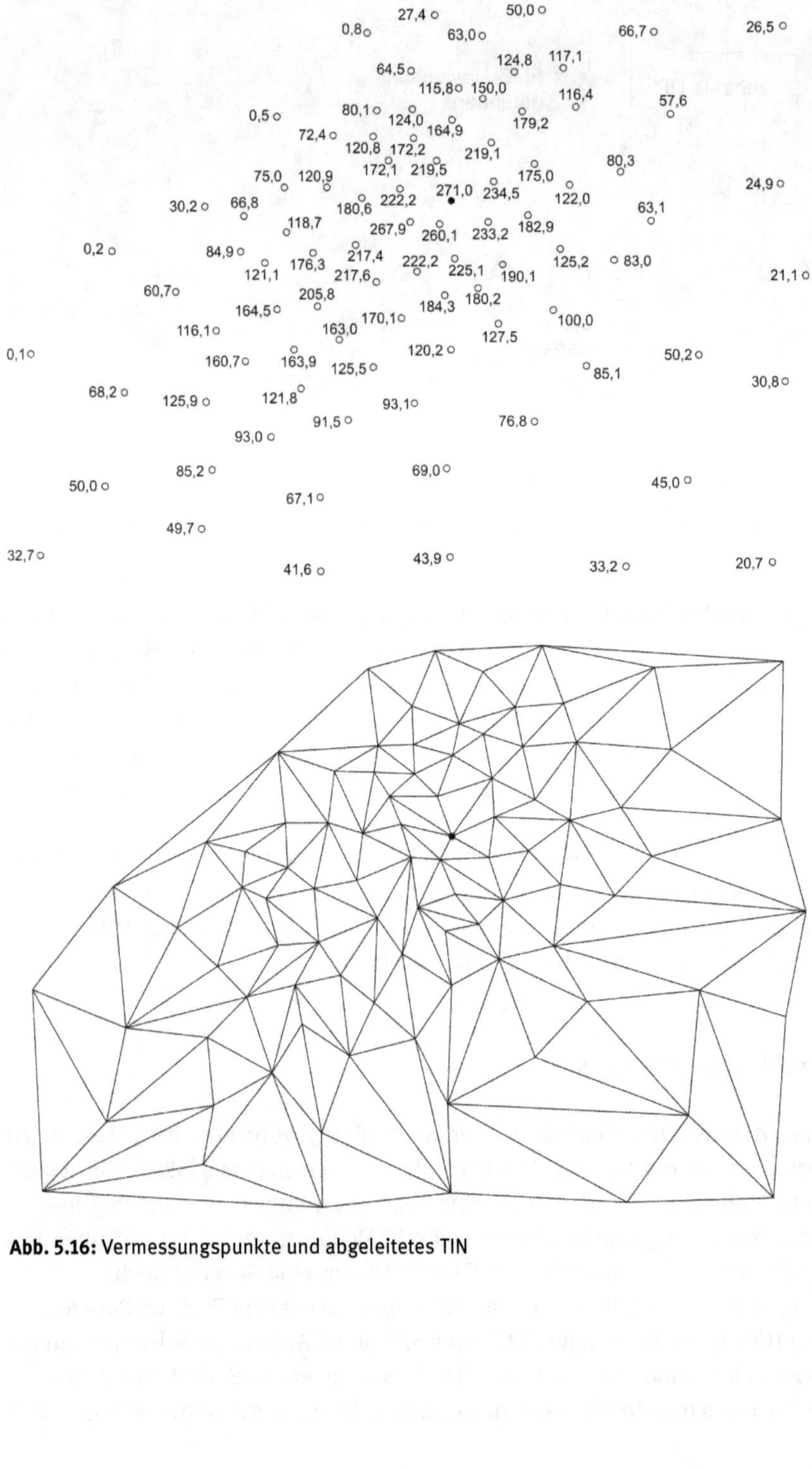

Abb. 5.16: Vermessungspunkte und abgeleitetes TIN

gebildet. Entsprechend dem größten und kleinsten Höhenwert der Punkte ergibt sich das Gesamtintervall (in Abbildung 5.16 ⇒ 271 m).

Abhängig von Neigungswinkel des Geländes, Kartenmaßstab und Liniendichte werden ganzzahlige Höhenstufen (Äquidistanz) von z.B. 10, 50 oder 100 m festgelegt. Dabei wird angenommen, dass zwischen zwei benachbarten Punkten eine konstante Geländeneigung besteht.

Nun wird für jedes mögliche Punktepaar geprüft, ob zwischen dessen beiden Höhenwerten eine Höhe liegt, deren Wert ein ganzzahliges Vielfaches der oben festgelegten Äquidistanz (z.B. 10, 50 oder 100 m) ist ⇒ Höhenlinie (Isohypse). Ist dies der Fall, werden beide Punkte durch eine Gerade verbunden.

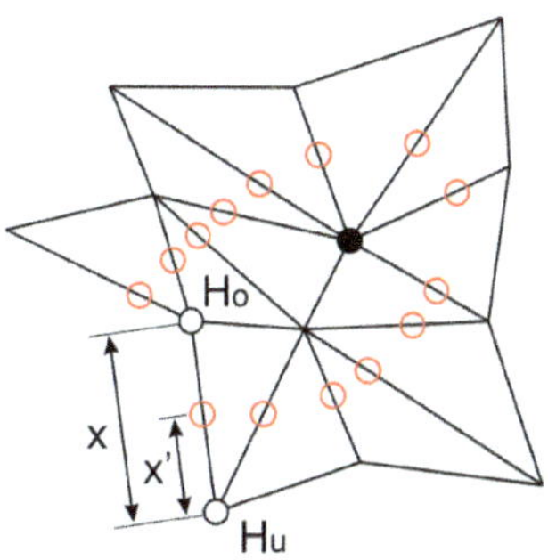

Abb. 5.17: Interpolationsstellen im Beispiel-TIN (für 250 m)

Nach Fertigstellung des TIN – siehe Abbildung 5.16 unten – erfolgt im zweiten Schritt die lineare Interpolation zur Erzeugung von Höhenlinien. Je nachdem, ob die Berechnung auf den oberen oder den unteren Höhenwert bezogen durchgeführt wird, muss der im Folgenden berechnete Wert von x' auf den oberen oder unteren Punkt bezogen werden. Entsprechend dem Strahlensatz gilt für jedes Punktpaar die Verhältnisgleichung:

$$\frac{x'}{x} = \frac{h'}{h} \tag{5.82}$$

Hier ist h die Höhendifferenz [m] zwischen dem Oberen (H_o) und dem Unteren (H_u) der jeweiligen Nachbarpunkte, h' ist die vorgegebene Höhe [m] als Vielfaches der Äquidistanz, x ist der horizontale Abstand [mm] zwischen zwei Nachbarpunkten, x' ist der gesuchte Abstand [mm] vom Punkt bis zur Höhenlinie:

$$x' = \frac{h' \cdot x}{h} \tag{5.83}$$

Wenn die Interpolation für alle Punktpaare des TIN abgeschlossen ist, ergeben sich die Stellen der jeweils gewählten Höhenlinie (in Abbildung 5.17 rot markiert). Alle Punkte gleicher Höhe, durch eine geglättete Kurve miteinander verbunden, erzeugen die Höhenlinie für ein bestimmtes Niveau. Abbildung 5.18 zeigt den gesamten Höhenzug, der

Wert für die Äquidistanz ist hier 50 m. Je stärker die Höhenliniendichte (Scharung), desto steiler ist das Gelände. Kleinformen, welche unter der Auflösung der Äquidistanz liegen, werden durch Höhenlinien nicht erfasst. Diese können durch Höhenpunkte oder separate Signaturen ergänzt werden.

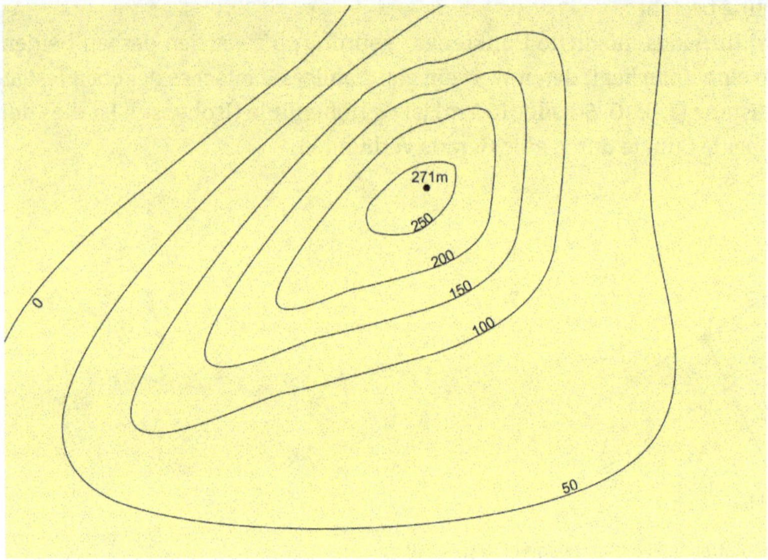

Abb. 5.18: Höhenlinien mit Höhenpunkt (Kote)

5.4.3 Aeronautische Daten

Ausgangsdaten für Luftfahrtkarten und Navigationsdatenbanken sind Koordinaten, Geometriedaten und Sachdaten der Objekte. Koordinaten werden durch geodätische Vermessung oder Ableitung aus bestehendem Material, z.B. Luftbildaufnahmen, gewonnen. Direkt vermessen werden die Schwellen von Start- und Landebahnen und neu geschaffene Funknavigationsanlagen. In Deutschland erfolgen die Vermessungen der Schwellen durch Beauftragte der Flughafengesellschaften, durch Drittfirmen im Auftrag der DFS oder durch Mitarbeiter der DFS selbst.

Die Koordinaten neuer Wegpunkte werden von der Verfahrensplanung der DFS durch Konstruktion mit der Software FPDAM (Flight Procedure Design and Airspace Management [der Firma IDS]) generiert.

Ebenfalls mit FPDAM erfolgt die Konstruktion der (3D-)Verfahrensgeometrie der IFR An- und Abflugverfahren.

Europäische Grenzverläufe werden durch das Bundesamt für Kartographie und Geodäsie (BKG) und von der European AIS-Database (EAD) zur Verfügung gestellt. Weitere Datenquellen für Karten sind amtliche topographische Karten der Landesvermessungsämter und Daten weiterer amtlicher Quellen. Ebenso ausgewertet werden Informationen des Bundesaufsichtsamtes für Flugsicherung, anderer Flugsicherungsorganisationen, der militärischen Flugsicherung sowie der Landesluftfahrtbehörden, welche für die Genehmigung von Flugplätzen zuständig sind. Das Datenformat richtet sich nach Anwendung, Datenbank und Schnittstellen und wird in Geoinformationssystemen (GIS) dargestellt, überprüft und in Kartengraphik überführt.

Die aeronautischen Daten werden in einer zentralen Datenbank gespeichert, welche die Daten in Abhängigkeit von deren zeitlichen Gültigkeit verwaltet. Im Ergebnis finden die aeronautischen Daten Eingang in das Luftfahrthandbuch (AIP) und werden den Produzenten der bordseitigen Navigationsdatenbanken (z.B. Jeppesen, Lido FlightNav) zur Verfügung gestellt. Diese Prozesse werden mit dem Begriff **Aeronautical Information Management** zusammengefasst.

Die internationale Verbreitung und der Datenaustausch geschehen mittels AIP AIRAC-Amendment (aeronautical information, regulation and control), AIP-Amendment und Hochladen in die European AIS-Database in Frankfurt-Rödelheim.

Die Bearbeitung der Rollkarten, IFR Ab-, Anflug- und Streckenkarten sowie der VFR-Karten geschieht separat. Ausgelöst wird diese durch die Verfahrensplanung gemäß dem 28-tägigen AIRAC-Revisionszyklus mit einer Übersicht der zu implementierenden IFR-Verfahrensänderungen in Amendments, AIRAC-Amendments und Supplements. Gleichzeitig werden diese von der Verfahrensplanung an die zentrale Datenbank übermittelt.

Amendments und AIRAC-Amendments unterscheiden sich in den Fristen, welche zwischen deren Redaktionsschluss, Veröffentlichung und Inkrafttreten liegen. AIP-Supplements sind temporär gültige Änderungen zum Luftfahrthandbuch. Auch NOTAM (notices to airmen) sind kurzfristig zu veröffentlichende Informationen temporärer Natur oder welche noch keinen Eingang in das AIP gefunden haben. Aeronautische Daten sollen von der Erzeugung bis zur Bereitstellung ohne Medienbrüche oder manuelle Eingriffe transportiert und veröffentlicht werden.

5.5 Modellbildung, Generalisierung und Signaturen

Die Abbildung unserer Umwelt und die Visualisierung von Daten bilden ein **Modell** der Wirklichkeit. Eine Karte modelliert die EO oder einen bestimmten Sachverhalt als vereinfachte Beschreibung. Abhängig vom Zweck ergeben sich deren Inhalt, Form und Genauigkeit. Es werden nie sämtliche Eigenschaften des Sachverhalts dargestellt, sondern immer nur eine Auswahl. [44]

Jedes Modell hat folglich eine Reduktionseigenschaft, Zweckorientierung und Abbildungseigenschaft.

Die Abfolge bei der kartographischen Modellbildung ist:
- Vermessung, Landesaufnahme ⇒ Primärmodell
- Kartierung ⇒ Sekundärmodell
- Lesen der Karte ⇒ Tertiärmodell

Karten haben die Merkmale **Maßstab, Abstraktion, Zweckorientierung** und **Raumbezug**. Während der Erfassung der Realwelt wird bereits ein erster Detaillierungsgrad als Objekt- bzw. Erfassungsgeneralisierung festgelegt. Werden raumbezogene Daten aus großmaßstäbigen topographischen Karten manuell oder automatisiert für kleinere Maßstäbe abgeleitet, ist dies eine kartographische Generalisierung. Bezogen auf den Ausgangsmaßstab werden Objektklassen mit der Generalisierung für den kleineren Folgemaßstab gebildet.

Unter **Generalisierung** versteht man Verallgemeinern, Bewerten, Klassifizieren und Typisieren durch Vereinfachen, Weglassen, Zusammenfassen, Vergrößern und Verdrängen. Dies bedeutet stets Informationsverlust. Der Generalisierungsgrad ist der Umfang der Vereinfachung und Detaillierung. Die Visualisierung geschieht mit den graphischen Gestaltungsmitteln der Punkt-, Linien- und Flächensignatur sowie Schrift.

Eine **Signatur** ist die bildhafte Darstellung für eine Klasse von Objekten in der Karte, welche sich auf einen Punkt, eine Grundrisslinie oder eine Fläche bezieht. Signaturen sollten einen hohen Grad an Autoplausibilität haben, sodass diese auch für Kartennutzer ohne Vorerfahrung verständlich sind und die Lesbarkeit der Karte fördern. Alle Arten von Signaturen, welche in einer Karte verwendet werden, sind in der Legende mit der Beschreibung von deren Bedeutung anzugeben.

Die Bildschirmpräsentation digitaler Luftfahrtkarten muss grundsätzlich den selben Anforderungen genügen wie analoge Karten aus Papier. Jedoch bestehen Unterschiede bei den Anforderungen an die Signaturen. Nach [17] ist die Mindestdarstellungsgröße für Kartensymbole auf einem Bildschirm 4 mm. Es gilt der 1,5-fache Wert der Mindestdarstellungsgröße für dieselben Objekte in einer Papierkarte.

Nach [23] ist die Mindestdarstellungsgröße für Kartensymbole auf einem Desktop-PC für einen Betrachtungsabstand von 70 cm die mit dem Faktor 1,4 multiplizierte Objektgröße in einer Papierkarte. Der Betrachtungsabstand von EFB-Displays im Cockpit ist normalerweise nicht größer als 50 cm, sodass die Mindestdarstellungsgrößen den Werten von Papierkarten nahe kommen.

Papierkarten ermöglichen aufgrund der guten Auflösung feine Strukturen und geringe Strichstärken mit kleinen Mindestgrößen. Dadurch kann eine Überlastung des Kartenbildes vermieden werden. Hingegen erreichen selbst hochauflösende Bildschirme nicht die Qualität einer gedruckten Karte und es gelten höhere Werte für die Mindestgrößen; letztere bieten jedoch Interaktionen. Zu Gunsten der Dateneffizienz und der verzögerungsfreien Realisierung dieser Interaktionen sollten die Signaturen eine einfache Geometrie mit möglichst geringem Datenumfang haben.

Heutige Luftfahrtkarten werden mit skalierbarer Vektorgraphik (scalable vector graphics – SVG) als sogenannte SVG-sheets, welche als analoge Papierkarten und als digitale Bildschirmkarten verwendet werden, hergestellt. Die Signaturen müssen daher den Mindestgrößen für die Darstellung auf Karte und Bildschirm entsprechen.

5.5.1 Punktbezogene Kartenobjekte

Punktsignaturen werden für gedachte und reale Objekte auf der EO als graphische Kleinfiguren (Symbole), deren Gestalt und teilweise auch deren Farbe das Objekt versinnbildlichen, verwendet. Positionssignaturen sind durch die annähernd lagerichtige Anordnung punktbezogener Kleinfiguren mit einfacher Geometrie anstelle eines im Kartenmaßstab nicht mehr grundrisslich darstellbaren Objekts gekennzeichnet. Diese sollten eine geringe Größe bei dennoch guter Erkennbarkeit und Unterscheidbarkeit haben (Variabilität in Form, Größe und Farbe).

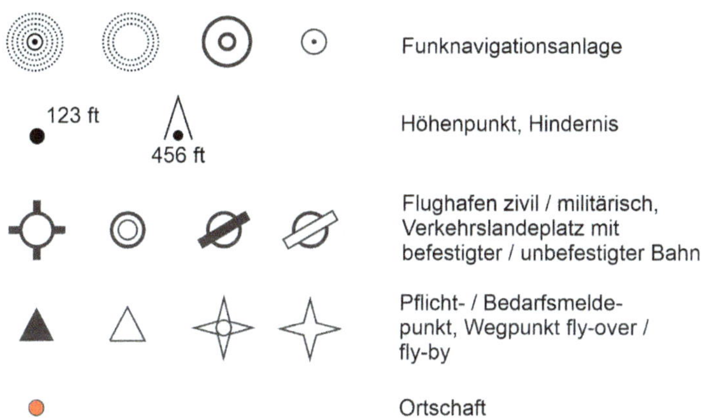

Abb. 5.19: Beispiele für Punktsignaturen

Die Komplexität der in Abbildung 5.19 oben dargestellten Signaturen für Funknavigationsanlagen nimmt von links nach rechts ab. Die beiden Signaturen links werden in Papierkarten verwendet, jene zwei auf der rechten Seite dienen der Bildschirmdarstellung. Der genaue Standort eines Objekts liegt jeweils in der Mitte von dessen Punktsignatur.

Als Funknavigationsanlagen werden gerichtete und ungerichtete Funkfeuer, welche sich in den Sendefrequenzen, der Richtcharakteristik und der Reichweite unterscheiden, genutzt. Gerichtete Funkfeuer (very high frequency omni directional range – VOR) senden auf Ultra-Kurzwelle (UKW), ungerichtete Funkfeuer (non directional beacon – NDB) senden auf Lang- und Mittelwelle (LF/MF). In der Karte wird deren Positionssignatur ein Label zugeordnet, welches die genauen Koordinaten des Standorts, die Betriebsfrequenz und die Bezeichnung der Anlage angibt.

Die in Abbildung 5.19 unten links gezeigten Signaturen bezeichnen Wegpunkte (waypoints – WPT), welche durch Kurskreuzungen definiert sind. Diese markieren in der Regel Richtungsänderungen. Die sternförmigen WPT auf der rechten Seite werden für Verfahren der Flächennavigation, d.h. unabhängig von bodenseitigen Navigationsanlagen verwendet. WPT werden in der Karte durch deren Koordinaten und einen Namen, bestehend aus einer Kombination von fünf Buchstaben/Zahlen, ergänzt.

5.5.2 Linienbezogene Kartenobjekte

Linearsignaturen stellen grundrisslich fixierte Strecken dar d.h. reale Verkehrswege, Flüsse und Grenzen sowie gedachte Verbindungslinien zwischen Wegpunkten oder Soll-Kurslinien, welche das Luftstraßensystem bilden. Der Linienverlauf folgt der Objektachse bzw. dem maßstäblichen generalisierten Grundrissverlauf.

Die Linienform bezeichnet Art und Bedeutung des Objekts. Kleine Maßstäbe führen wegen der graphischen Mindestdarstellungsgrößen oft zu **Überhaltungen in der Linienbreite** (Überbetonung im Verhältnis zum Maßstab) von Straßen oder Flüssen sowie zu einer **Generalisierung des Linienverlaufs**. Des Weiteren stellen Isolinien flächenhaft Erscheinungen und Sachverhalte dar, welche als Kontinua den Raum füllen. Voraussetzung ist ein hinreichend großes und dichtes Wertefeld, aus welchem Linien gleicher Intensität aus Messdaten durch Interpolation gewonnen werden, z.B. Isogonen und Höhenlinien.

Abbildung 5.20 zeigt einen Ausschnitt des Luftstraßensystems im oberen Luftraum der südöstlichen Ägäis über der Insel Rhodos. Die grüne Linie im oberen Teil (1) markiert die Grenze zwischen den Lufträumen Istanbul FIR (flight information region) und Hellas UIR (upper flight information region). Diese verläuft entlang der politischen Grenze und ist durch WPT definiert, welche gleichzeitig als Ein- und Ausflugpunkte der Lufträume dienen. Die WPT sind damit Pflichtmeldepunkte.

Die graue Linie (2) grenzt den Nahverkehrsbereich von Rhodos (terminal control area – TMA) ein. Darin erfolgt die regionale Kontrolle der An- und Abflüge des Flughafens von Rhodos. Ziffer (3) bezieht sich auf die weiß-grüne Linie mit der Bezeichnung AFI-3. Diese kennzeichnet den Blattschnitt zum Kartenwerk für die ICAO-Region AFI (Africa-Indian Ocean).

Ziffer (4) bezieht sich auf die Linearsignatur der Luftstraße UN129. Diese verläuft mit 163° (missweisend) von dem Drehfunkfeuer RDS ausgehend. In der Bezeichnung steht das U für obere Luftstraße (upper airway), N129 ist die individuelle Kennung. Die Länge des Streckenabschnitts zwischen RDS und dem nächsten WPT beträgt 37 nm, die Pfeilspitze zeigt an, dass die Luftstraße nur in südliche Richtung genutzt werden kann (one way).

Der Streckenabschnitt der Luftstraße UG80 zwischen RDS und LINRO (5) hat die Länge von 29 nm. Dieser ist definiert durch die Radialstandlinie 215° bezüglich RDS und ist in beiden Richtungen nutzbar (two way). Die Angabe FL 290 der Luftstraße

UG80/UN128 (6) legt die dortige Mindestflughöhe fest. In den Bezeichnungen der Luftstraßen ist die Zahl 5 der RNP-Wert. Dieser gibt die erforderliche Genauigkeit der Navigation (required navigation performance) in [nm] an. Der graphische Maßstab befindet sich in der Karte unten links.

Die magentafarbenen Zahlen 5_1, 5_8 in der Streckenkarte sind, mit 100 multipliziert, die Mindestflughöhen, welche für eine Masche des Gitternetzes gelten (minimum grid altitude). Diese sind eine Alternative zur Darstellung von Geländeprofilen mit Höhenlinien/Höhenpunkten, insbesondere bei kleinen Maßstäben, da durch diese das Kartenbild überlastet würde.

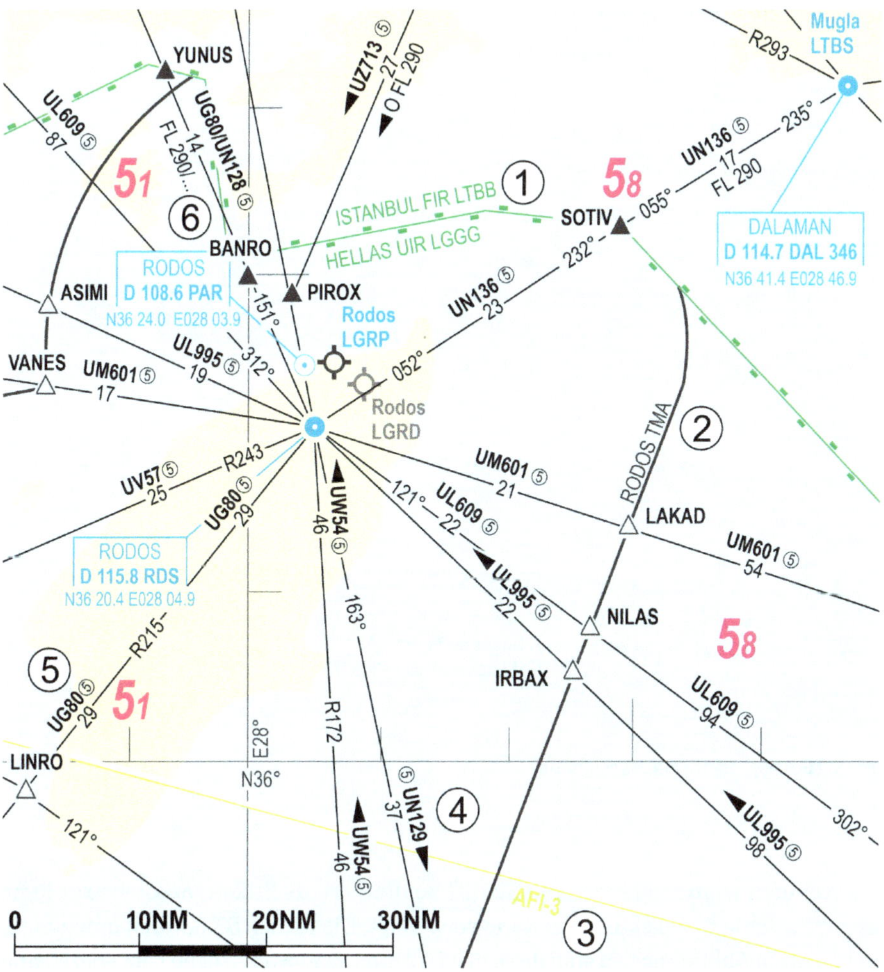

Abb. 5.20: Linearsignaturen in Streckenkarte *[nach Lufthansa Systems FlightNav, Lido eRouteManual] Nicht für navigatorische Zwecke geeignet.*

5.5.3 Flächenbezogene Kartenobjekte

Durch die Flächenmethode werden Geländesituation, Siedlungen, Flughäfen, Lufträume und diskrete Sachverhalte in ihrer grundrisslichen Ausdehnung mittels Grenzlinien, Farbflächen, Schraffuren, Flächenmustern und deren Kombination dargestellt.

Eingefärbte Höhenschichten (hypsometrische Farbskala) ergeben Höhenschichtlinien, welche mit Höhenpunkten verknüpft werden können – siehe Abbildung 5.21 oben. Die Signatur darunter links zeigt sogenannte *Contour layers*, welche die in einer Karte vorhandenen Höhenschichten separat abbilden. In einer interaktiven Karte ermöglicht das Verschieben dieser Contour layers zum Objekt hin die direkte Interpretation der Geländehöhe durch Farbvergleich.

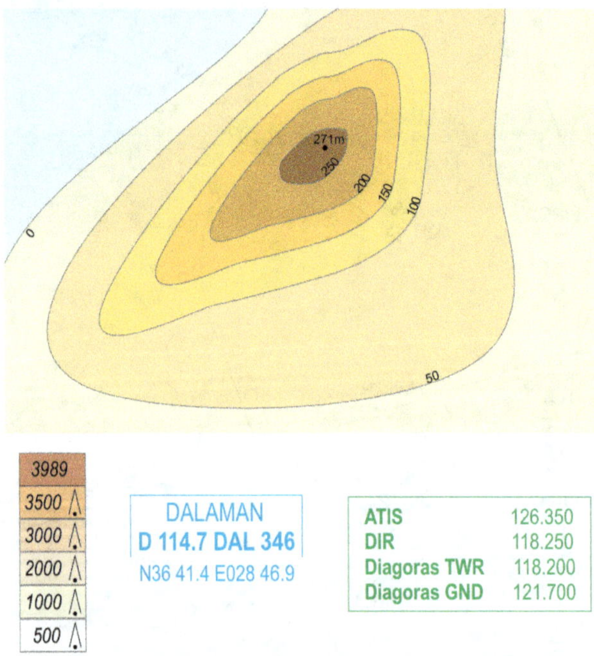

Abb. 5.21: Beispiele für Flächensignaturen

Des Weiteren werden Flächen mit Schrift kombiniert als Etiketten/Labels zur Kennzeichnung anderer Objekte in der Karte verwendet. Die beiden Signaturen unten mittig und rechts in Abbildung 5.21 sind derartige Etiketten. Das cyanfarbene Label bezeichnet eine Funknavigationsanlage, welche als Drehfunkfeuer und ungerichtetes Funkfeuer dient. Die Kennung DAL ist von der Stadt Dalaman abgeleitet. Der Buchstabe D zeigt an, dass die Anlage über Funkentfernungsmessung (distance measuring equipment – DME) verfügt. Die Betriebsfrequenzen sind 114,7 MHz sowie 346 kHz.

Im unteren Teil der Signatur sind die Koordinaten des Standorts der Sendeantenne der Funknavigationsanlage angegeben. Das grüne Label gibt die Kommunikationsfrequenzen der Flugsicherung (ATC) von Rhodos wieder.

5.6 Praktischer Gebrauch und Interpretation der Karten

5.6.1 Navigation im Sichtflug

Bei Sichtflügen erfolgen Ab- und Anflug über eine Platzrunde (traffic pattern), welche für die meisten Flugplätze in der Lage und Höhe definiert ist und in leicht zu interpretierenden Karten dargestellt wird. Diese Karten zeigen des Weiteren Kommunikationsfrequenzen und das Flugplatz-Layout. Für das Gebiet der Bundesrepublik Deutschland werden diese in der **AIP-VFR** publiziert.

Die Platzrunde ist, auf die Betriebsrichtung bezogen, links oder rechts der Start- und Landebahn festgelegt und setzt sich aus den Segmenten Querabflug, Gegen-, Quer- und Endanflug zusammen. Der Einflug in die Platzrunde sollte in der veröffentlichten Höhe in einem Winkel von 45° zum Gegenanflug geschehen, um andere Luftfahrzeuge rechtzeitig erkennen zu können.

Die standardisierte Karte **ICAO M 1:500.000** ist für den Streckenflug nach Sicht international verfügbar und wird jährlich aktualisiert. Der Verlauf der Route ist bei unkontrollierten Sichtflügen grundsätzlich beliebig wählbar. Die Gesamtstrecke sollte sich aus mehreren, nicht zu langen Abschnitten zusammensetzen (10 bis 15 Minuten Flugzeit), welche durch markante, gut erkennbare Objekte als Kontroll- bzw. Wegpunkt (WPT) definiert sind. Dies können z.B. Ortschaften, Autobahnkreuze, Gewässer oder Funknavigationsanlagen sein.

Der Steigendpunkt (top of climb – TOC) ist meist der erste, der Beginn des Sinkflugs (top of descent – TOD) der letzte WPT. In einer Papierkarte werden die WPT eingekreist und durch die Kurslinien zur Gesamtstrecke verbunden – siehe Abbildung 5.22.

Bei der Routenplanung ist zu beachten, dass Luftsperrgebiete und kontrollierte Lufträume, für deren Einflug eine Flugverkehrskontrollfreigabe der Flugsicherung erforderlich ist, ohne eine solche gemieden werden müssen. In Kontrollzonen (Luftraum der Klasse D) um Verkehrsflughäfen ist der Einflug über definierte Pflichtmeldepunkte nach Flugverkehrskontrollfreigabe obligatorisch. Im Ergebnis der Flugplanung sind die navigatorischen Mindestinformationen für jeden Streckenabschnitt:

- missweisender Kurs
- Sicherheitsmindesthöhe
- Länge des Abschnitts in [nm]
- Flugzeit auf dem Abschnitt in [Minuten]

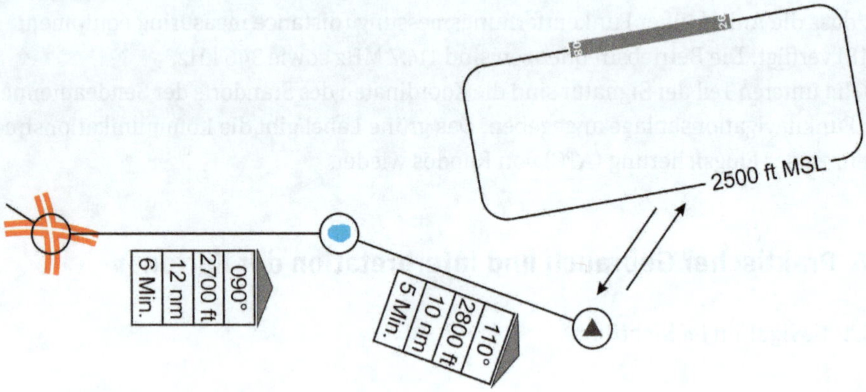

Abb. 5.22: Streckenkonzept bei Sichtflügen – schematisch

Die Abbildung 5.23 zeigt einen Ausschnitt der VFR-Streckenkarte **ICAO M 1:500.000**, Blatt München, Ausgabe 2018 als winkeltreuer Schnittkegelentwurf nach Lambert (auf 109% vergrößert). Diese ähnelt topographischen Karten mit plastischer Darstellung des Geländeprofils durch Schummerung, Höhenpunkte, Punktsignaturen, Gewässern, Verkehrswegen, Ortschaften und Flugplätzen. Der Bezugspunkt des Flughafens München liegt in 1487 ft MSL, die Länge beider Start- und Landebahnen beträgt 4000 m.

Wesentlich ist die Luftraumstruktur: Der Luftraum der Klasse D um den Flughafen München, welcher sich vom Boden bis in die Höhe 3500 ft ausdehnt, ist rosa abgebildet. Über die Pflichtmeldepunkte HOTEL1 bzw. FOXTROT1 erfolgen Ein- und Ausflug nach Erhalt der Flugverkehrskontrollfreigabe durch die Flugsicherung (MÜNCHEN TURM) auf der UKW-Frequenz 118,705 MHz. Der Luftraum der Klasse C wird in transparentem Hellblau abgebildet. Dessen Obergrenze liegt in FL 100; die Untergrenzen sind abgestuft in FL 85, FL 65, 4500 ft und 1000 ft über Grund. Die Flugverkehrskontollfreigabe für den Durchflug kann hier bei LANGEN INFORMATION auf 126,950 MHz erbeten werden. VFR-Flüge oberhalb von FL 100 benötigen grundsätzlich eine Freigabe für den Luftraum der Klasse C.

Die Wahl der Flughöhe richtet sich nach der Sicherheitsmindesthöhe auf dem Streckenabschnitt. Diese beträgt, bezogen auf das höchste Hindernis im 600 m-Umkreis, über offenem Gelände 500 ft, über besiedelten Gebieten 1000 ft und Städten 2000 ft. Ein Flug von Moosburg nach Vilsbiburg könnte im unkontrollierten Luftraum der Klasse G zwischen 500 ft und 1000 ft über Grund durchgeführt werden. Die fettgedruckte magentafarbene Zahl 2^7 gibt, mit 100 multipliziert, die Mindestflughöhe 2700 ft innerhalb der Maschen des Koordinatennetzes an.

Alle Sichtflugkarten sind in Papierform wie auch als digitale Bildschirmkarten verfügbar.

Abb. 5.23: Blatt München *[Mit freundlicher Genehmigung der DFS Deutsche Flugsicherung GmbH] Nicht für navigatorische Zwecke geeignet.*

5.6.2 Interpretation von Karten für den Instrumentenflug

Der Flugweg nach IFR ist grundsätzlich nicht beliebig wählbar. Vielmehr wird dieser nach definierten Verfahren realisiert, welche Kurse, Peilungen, Höhen und zulässige Geschwindigkeiten vorgeben. Die Konstruktion dieser 3D-Verfahrensgeometrie (Flight Procedure Design) geschieht nach einem umfangreichen, international verbindlichen Regelwerk der ICAO unter Berücksichtigung der Hindernisfreiheit, der Fliegbarkeit und der Minimierung der Auswirkungen von Fluglärm am Boden.

---

i Dies ist das Dokument Doc 8168 Procedures for Air Navigation Services (PANS-OPS) Aircraft Operations: *Volume I – Flight Procedures* und *Volume II – Construction of Visual and Instrument Flight Procedures.*

Die IFR-Navigation nutzt eine flugphasenbezogene Abfolge von standardisierten Karten[9]. Abflüge sind Routen als *Standard Instrument Departure (SID)*. Anflüge werden in der englischen Terminologie begrifflich unterschieden: Der Übergang aus dem Streckensegment in die Anflugroute wird als *Arrival* bezeichnet. Diese erfolgt als sogenannte *Standard arrival route (STAR)* über einen Wegpunkt, welcher Element des Luftstraßensystems sowie der Anfluggeometrie ist, oder über eine als *Transition* bezeichnete Streckenführung. Der finale Landeanflug ist der *Approach (APCH)*; dieser beginnt am *Initial approach fix (IAF)*.

SID, STAR, ggf. TRANSITION und APCH werden für jede Start- und Landebahn von der Verfahrensplanung als Standardstreckenführung konstruiert und in der nationalen AIP veröffentlicht.

5.6.2.1 Flugplatz-/Rollkarten

Die Orientierung auf den Vorfeldern/Rollwegen zur Startbahn bzw. von der Landebahn geschieht mit Karten, welche den Flughafen grundrisslich in großem Maßstab darstellen. Diese Karten zeigen ferner die Koordinaten des Flughafenbezugspunkts und der Parkpositionen, die Markierung und Befeuerung der Roll-Leitlinien sowie die Gebäudesituation – siehe Abbildung 5.36.

5.6.2.2 Abflugkarten

Für jede Start- und Landebahn werden, abhängig von der geographischen Richtung der Flugroute, verschiedene Streckenführungen als SID, bestehend aus Draufsicht (plan view) – siehe Abbildung 5.24 und Beschreibung (procedure text) – siehe Abbildung 5.25, veröffentlicht. Dabei richten sich die Benennung und Geometrie einer SID nach jenem Wegpunkt, über welchen in das Luftstraßensystem eingeflogen werden soll.

---

9 Die folgenden Abbildungen, als Beispiele für IFR-Karten, sind nach dem Lido eRouteManual von Lufthansa Systems FlightNav entstanden.

Die Beispiel-SID ASIMI 2A führt in Richtung Nordwesten von der Start- und Landebahn 25 des Flughafens Rhodos.

Die Benennung einer Start- und Landebahn (runway – RWY) ergibt sich aus der aufgerundeten missweisenden Ausrichtung von deren Achse – die RWY 25 hat die Richtung 245°. In Abbildung 5.24 bezieht sich die Ziffer (1) auf den WPT ASIMI als Ziel der SID. Die Mindestflughöhe beträgt 6000 ft. Im zugeordneten Schriftblock werden die Polarkoordinaten von ASIMI als Peilwert und Entfernung (DME) bezüglich der Drehfunkfeuer PAR und RDS sowie die geographischen Koordinaten angegeben.

Ziffer (2) bezieht sich auf die Signatur, welche die Benennung der SID angibt und ein spontanes Erfassen der Streckenführung bewirken soll. Die genaue Verfahrensbeschreibung erfolgt in dem der Karte zugehörigen procedure text in Abbildung 5.25. Die ersten 300 ft des Steigflugs werden nach Sicht durchgeführt, dabei wird die Richtung der Start- und Landebahn beibehalten. Anschließend führt die Route zunächst entlang der Radialstandlinie mit QDR = 260° (R260) von PAR. Im Moment des Erreichens der Radialstandlinie mit dem QDR = 289° (R289), bezogen auf RDS, ist eine Rechtskurve einzuleiten, um R289 anzuschneiden und entlang diesem den Abflug nach ASIMI fortzusetzen. Die erste freigegebene Höhe ist 6000 ft.

Der erforderliche Steiggradient bis 6000 ft beträgt 5,9%. Die dementsprechenden Steigraten, abhängig von der Geschwindigkeit (GS), sind in der Tabelle über dem procedure text angegeben.

Ziffer (3) in Abbildung 5.24 bezieht sich auf die Kommunikationsfrequenz. Nach Aufforderung durch DIAGORAS TOWER, der für den Flugplatzverkehr zuständigen Einheit der Flugsicherung (ATC), soll auf die UKW-Frequenz 127,250 MHz umgeschaltet werden, um Kontakt mit RHODOS APPROACH aufzunehmen. Dieser übernimmt die weitere Überwachung des Flugs mit Radar und gibt in seinem Luftraumsektor weitere Flugverkehrskontrollfreigaben zu Steigflug und Streckenführung bis zum Verlassen des Luftraums, wo der Flug an die nächste ATC-Einheit übergeben wird.

Ziffer (4) bezeichnet die Sektoren, welche durch die Richtungen 270° bzw. 180° bezüglich PAR gebildet werden. Für diese Sektoren sind in der Karte Mindestflughöhen (minimum safe altitude – MSA) festgelegt. Die magentafarbenen fettgedruckten Zahlen 4_0 und 5_5 ergeben, mit 100 multipliziert, 4000 ft sowie 5500 ft für den Südwest-Quadranten, welche im Radius von 25 nm um PAR gelten. Die Einhaltung der MSA garantiert eine Hindernisfreiheit von mindestens 1000 ft sowie den Empfang der Kommunikations- und Navigationsfrequenzen. Oberhalb der MSA kann von der Verfahrensgeometrie der SID abgewichen werden, wenn erforderlich.

Contour layers in der Karte erfassen die Gelände- und Hindernissituation. Die jeweilige Mindestflughöhe für den Kartenbereich ergibt sich aus der für den jeweils aktuellen Standort des Luftfahrzeugs geltenden Farbcodierung. Diese Höhe ist der der jeweiligen Farbe zugeordnete Wert plus 1000 ft. Ziffer (5) bezieht sich auf die Übergangshöhe (transition altitude – TA), bei deren Durchsteigen der Höhenmesser vom lokalen QNH-Wert auf 1013,25 hPa umzustellen ist – hier 6000 ft.

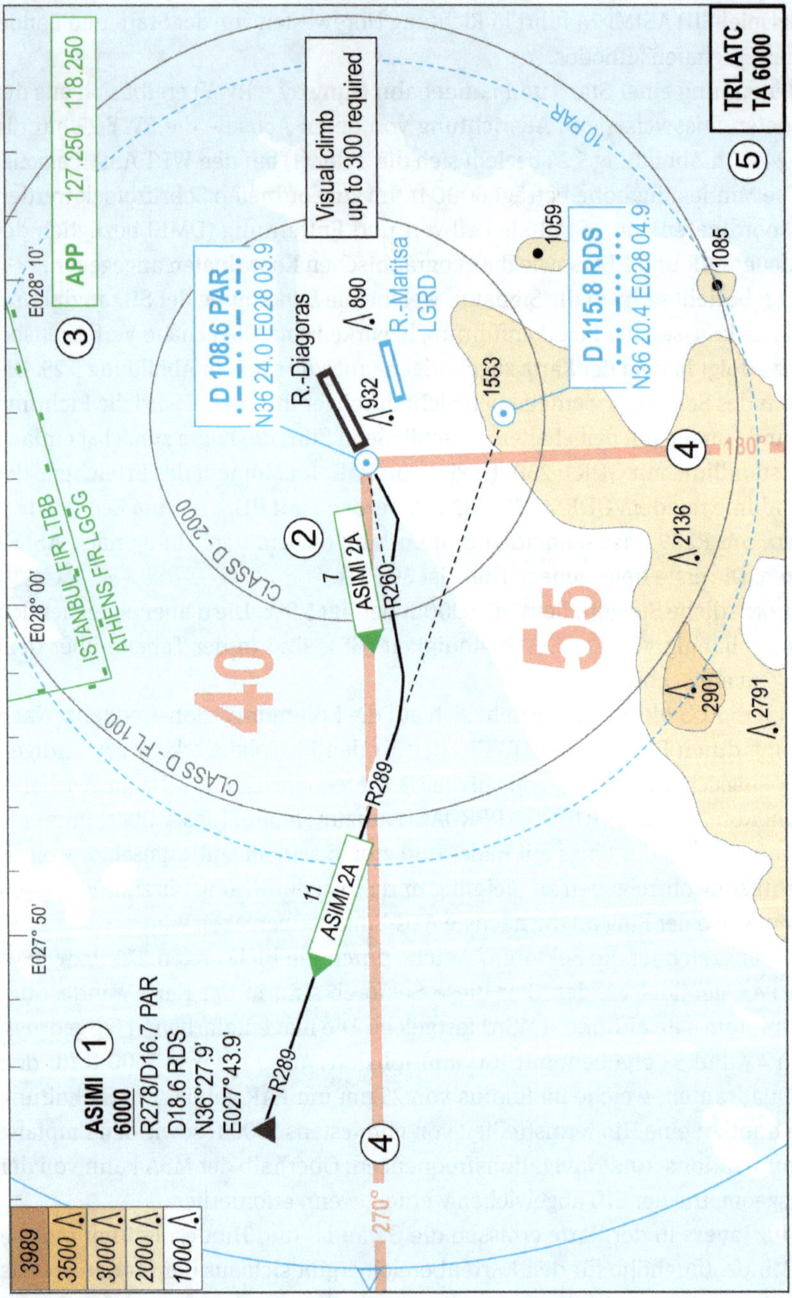

Abb. 5.24: Beispiel einer SID *[nach Lufthansa Systems FlightNav, Lido eRouteManual] Nicht für navigatorische Zwecke geeignet.*

ASIMI 2A
RWY 25 (245°)

	GS	120	150	180	210	240	270
5.9%	ft/min	800	900	1100	1300	1500	1700

DESIGNATOR	ROUTING	ALTITUDES
ASIMI 2A 5.9 % to 6000 **127.250** (1)(2)(3)	R260 **PAR** - intercept R289 **RDS** to ASIMI	ASIMI MNM **6000**

(1) When an altitude higher than transition altitude is designated, an equivalent flight level shall be specified by ATC.
(2) During daytime, visibility is 10 km and ceiling MNM 6500 ft, a visual departure may be requested by ATC. If accepting, execute RT as soon as practicable, maintain VMC and own terrain separation until ASIMI.
(3) Visual climb to 300 ft.

Abb. 5.25: SID-procedure text *[nach Lufthansa Systems FlightNav, Lido eRouteManual] Nicht für navigatorische Zwecke geeignet.*

Die geforderte Navigationsgenauigkeit ist, gemäß dem RNP-Konzept für FMS-basierte Abflüge, RNP1.

5.6.2.3 Anflugkarten – Standard Arrival Route

Navigationskarten für die STAR sind das Verbindungsglied zwischen der Streckenkarte (enroute chart) und der Anflugkarte (instrument approach chart – IAC).

Diese werden als *Plan view* für jede Start- und Landebahn, bezogen auf den Wegpunkt, über welchen das Luftstraßensystem verlassen wird, veröffentlicht.

Als Beispiel wurde BANRO 3D aus Richtung Nordwest für die Start- und Landebahn 25 gewählt – siehe Abbildung 5.26. Der Wegpunkt BANRO – Ziffer (1) ist sowohl Element der Streckenkarte als auch des Anflugs. Die geforderte Flughöhe ist hier 11000 ft oder niedriger. Ziffer (2) bezieht sich auf die Text-Box, welche den Anflug dem ILS Z RWY 25 mit RDS als IAF zuordnet – siehe Abschnitt 5.6.2.4. Die durch Ziffer (3) bezeichnete Signatur zeigt die genaue Bezeichnung der STAR und soll das spontane Erfassen von deren Richtung ermöglichen.

Für den Anflug auf die Start- und Landebahn 07 heißt die STAR BANRO 2C. Ziffer (4) bezieht sich auf RDS, wo die STAR endet und der Übergang in die IAC erfolgt. Die Ziffern (5) und (6) sind auf die Luftraumstruktur bezogen.

Der kontrollierte Luftraum der Klasse D erstreckt sich innerhalb des kleineren grauen Kreises um die Start- und Landebahn vom Boden bis in eine Höhe von 2000 ft.

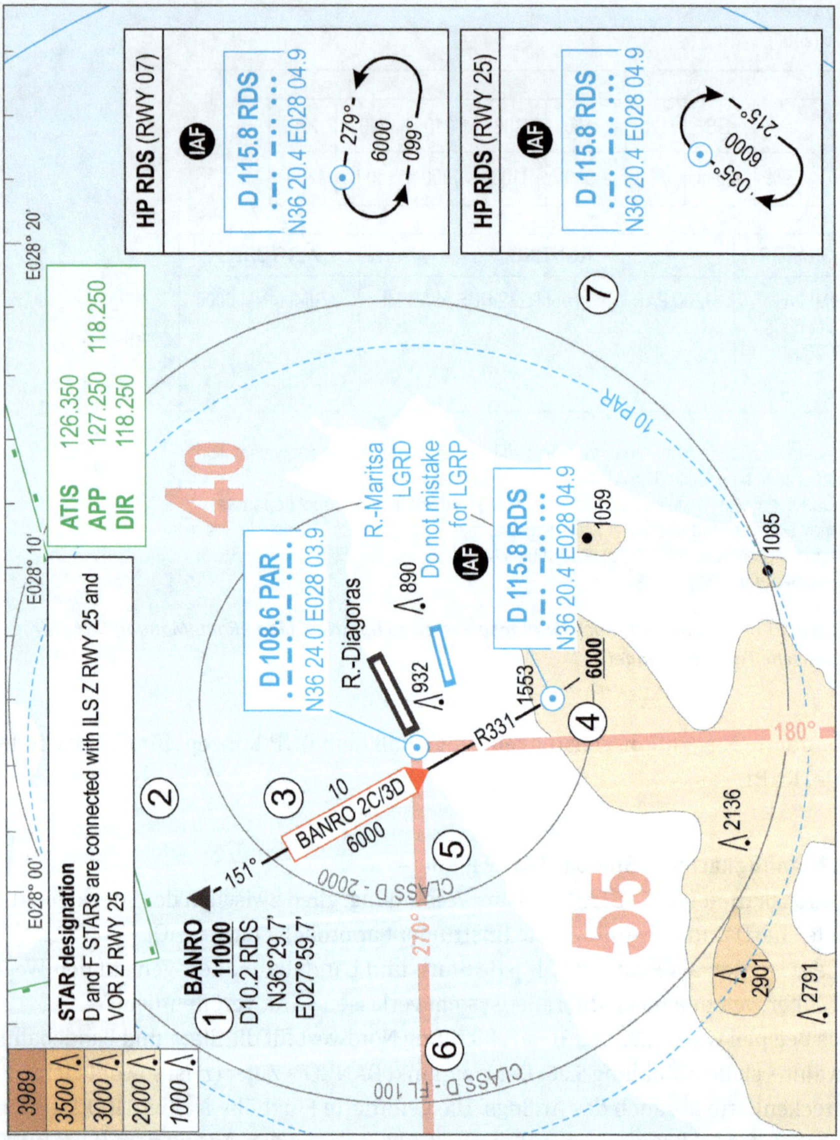

Abb. 5.26: Beispiel einer STAR *[nach Lufthansa Systems FlightNav, Lido eRouteManual] Nicht für navigatorische Zwecke geeignet.*

Innerhalb des größeren grauen Kreises liegt der Luftraum Klasse D zwischen 2000 ft und FL 100. Damit finden sämtliche An- und Abflüge in kontrolliertem Luftraum statt. Über RDS ist das Warteverfahren definiert – Ziffer (7). Dessen Orientierung hängt von der aktiven Start- und Landebahn ab.

Die magentafarbenen fettgedruckten Zahlen 4_0 und 5_5 geben wiederum den im Radius von 25 nm um PAR geltenden Wert der Sektor-Mindesthöhe (MSA) an.

Entsprechend dem RNP-Konzept gilt während des Anflugs im Nahverkehrsbereich für FMS-basierte Navigation die geforderte Genauigkeit RNP1.

5.6.2.4 Anflugkarten – Approach

Grundsätzlich besteht eine IAC aus drei Teilen: Draufsicht (plan view), Vertikalschnitt (vertical section) und Minimum-Werte.

Zunächst werden die Besonderheiten der **Plan view** einer IAC für den Anflug auf die Start- und Landebahn 25 des Flughafens von Rhodos beschrieben.

Die Abbildung 5.27 zeigt die Draufsicht der Verfahrensgeometrie. Hier kennzeichnet die Ziffer (1) den Präzisionsanflug mit Kurs- und Gleitwegführung mittels **Instrumentenlandesystem** (instrument landing system – ILS) – Anflug Z. Der Anflugpfad ergibt sich als Schnittmenge der Landekursebene und der Gleitwegebene. Eine eindeutige Kennzeichnung ist erforderlich, da für jede Landerichtung mehrere Verfahren verfügbar sein können. In der schwarz gerahmten Box sind die Betriebsfrequenz des Landekurses und dessen Kennung mit Morsecode angegeben. Ziffer (2) bezeichnet das Drehfunkfeuer RDS, welches als IAF dient. Hier geschieht der Einstieg in die Verfahrensgeometrie. RDS ist auch der Bezugspunkt des Warteverfahrens (holding) für den Fall von Verzögerungen während des Anflugs. Die Mindestwartehöhe ist 6000 ft, es gelten Rechtskurven mit Sollkurs = 035° zum Funkfeuer, der Abflugkurs 215° wird für jeweils eine Minute gehalten bei Berücksichtigung des Windeinflusses.

Mit Verlassen von RDS beginnt der Anfangsanflug (initial approach) entlang der Radialstandlinie 062° – Ziffer (3). Die verbleibende Distanz zur Landung ist 24 nm. Bis zur DME-Entfernung von 10 nm von RDS darf nicht unter 3000 ft gesunken werden, anschließend wird der Sinkflug auf die finale Höhe 2500 ft fortgesetzt. In einer Entfernung von 15 nm von RDS beginnt der Zwischenanflug (intermediate approach) mit einer Linkskurve zum Anschneiden des Endanflugkurses. Um die Verfahrensgeometrie nicht zu verlassen, sollen in der Kurve die angezeigte Geschwindigkeit (IAS) 185 kt und die Schräglage 22° nicht überschreiten. In der DME-Entfernung von 9,6 nm bezüglich des Drehfunkfeuers PAR, welches sich am Flughafen befindet, liegt der **Final approach point** (FAP). An dieser Position muss das Luftfahrzeug auf dem finalen Kurs 245° stabilisiert sein und von hier an wird dem Gleitweg gefolgt.

Der Landekurs (localizer – LOC) wird durch ein Antennensystem hinter dem gegenüberliegenden Ende der Start- und Landebahn, welches durch eine Dipol-Zeile gebildet wird, erzeugt. Die Richtcharakteristik und damit der Landekurs entstehen als senkrechte Ebene, welche durch die Gleichheit der abgestrahlten Modulationsanteile links und rechts der Anflugrundlinie gekennzeichnet ist. Nach der Auswertung im Bordempfänger werden die Führungssignale dem Piloten angezeigt.

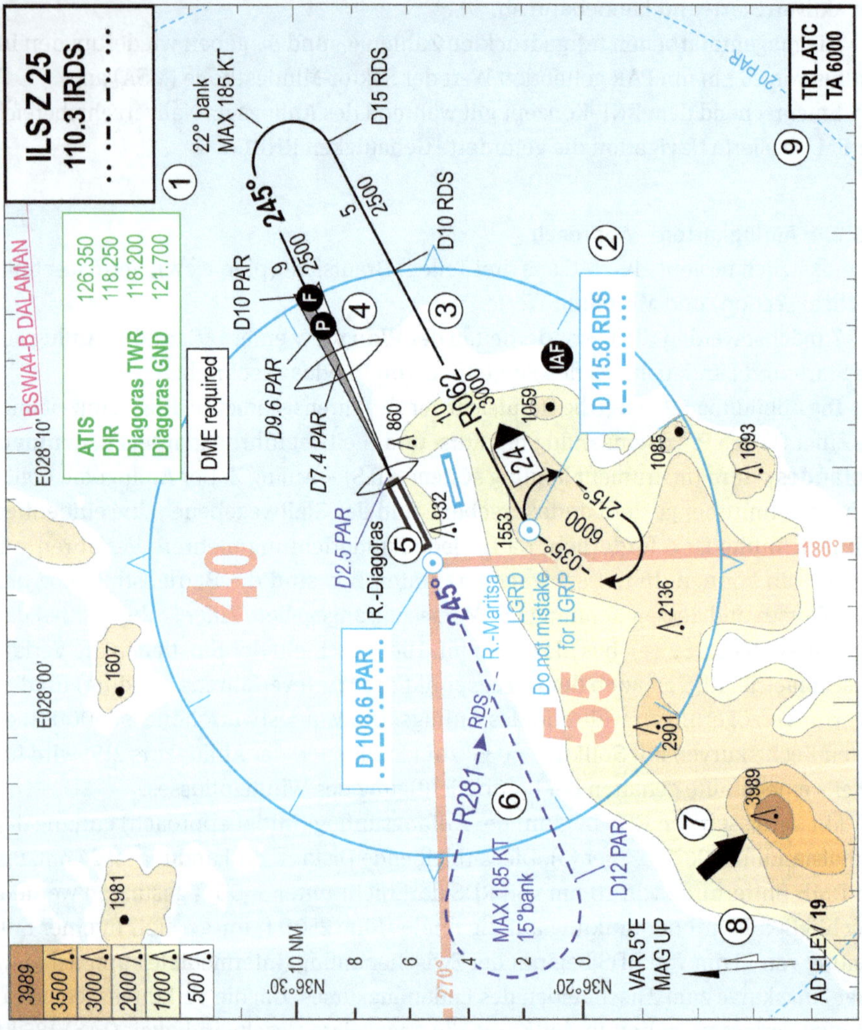

Abb. 5.27: Beispiel einer IAC *[nach Lufthansa Systems FlightNav, Lido eRouteManual] Nicht für navigatorische Zwecke geeignet.*

In der DME-Entfernung von 10 nm zu PAR liegt das **Final approach fix** (FAF). Hier wird im Fall des Nichtpräzisionsanflugs (LOC DME) der finale Sinkflug aus der Flughöhe 2500 ft eingeleitet. Damit beginnt der Endanflug (final approach) – Ziffer (4). Die Kontrolle der korrekten Flughöhe erfolgt am Voreinflugzeichen (outer marker – OM) in der Entfernung von 7,4 nm zu PAR und am Haupteinflugzeichen (middle marker – MM) in der Entfernung von 2,5 nm zu PAR. Dort liegt auch der **Fehlanflugpunkt** (missed approach point – MAP), an welchem durchgestartet wird, wenn die Landung aufgrund ungenügender Sicht am Minimum nicht möglich ist.

Ziffer (5) bezeichnet die schematische Grundrissdarstellung des Flughafens von Rhodos. Das Fehlanflugverfahren (missed approach) wird durch die blaue gerissene Linie visualisiert – Ziffer (6). Dabei wird geradeaus auf dem Sollkurs über Grund von 245° gestiegen und in der Entfernung von 12 nm zu PAR eine Rechtskurve eingeleitet, um die Radialstandlinie 281° von RDS anzuschneiden. Dies entspricht dem Sollkurs von 101° nach RDS. In der Kurve sind die Maximalwerte für die IAS 185 kt und für die Schräglage 15°. Über RDS beginnt wiederum das Anflugverfahren in der Flughöhe von 6000 ft.

Ziffer (7) bezeichnet die Visualisierung der größten Gelände- bzw. Hindernishöhe in der Karte. Die Ziffer (8) bezieht sich auf die Signatur für die Ortsmissweisung, deren Wert hier 5° Ost beträgt; die Karte ist nach missweisend Nord orientiert. Unten links wird die Höhe des Flughafenbezugspunkts über MSL angegeben – diese beträgt 19 ft. Die durch Ziffer (9) gekennzeichnete Box bezieht sich auf die Flugfläche, bei deren Durchsinken der Höhenmesser von 1013,25 hPa auf den lokalen QNH-Wert umgestellt werden muss (transition level – TL). Deren Festlegung und Veröffentlichung geschieht durch die Flugsicherung. Die Übergangshöhe (TA) beträgt wiederum 6000 ft.

Abbildung 5.28 zeigt die **Vertical section** des Endanflugs und die Minimum-Werte. Der Endanflug beginnt aus dem auf Kurs 245° stabilisierten Horizontalflug am FAF in der Höhe von 2500 ft – Ziffer (1). Am FAP wird der Sinkflug auf dem Gleitweg (glide path – GP) eingeleitet. Der Gleitweg entsteht durch ein Antennen- bzw. Dipol-System, welches neben der Aufsetzzone der Start- und Landebahn installiert ist. Die Gleitwegebene ist die Menge der Punkte, welche durch Gleichheit der ober- und unterhalb ausgestrahlten Modulationsanteile gekennzeichnet ist. Die Führungssignale des Gleitwegs werden nach Verarbeitung durch den Bordempfänger dem Piloten zur Anzeige gebracht. Der Gleitwinkel beträgt im Beispiel 3°, die Schwelle wird in 56 ft überflogen.

Die durch Ziffer (2) bezeichnete Tabelle zeigt die Paarung der Höhen- und Entfernungswerte für den Nichtpräzisionsanflug ohne Gleitwegsender (LOC DME-approach). Entfernungswerte in kursiver Schrift wurden durch den Kartenhersteller berechnet, nicht kursive Werte stammen direkt aus dem Luftfahrthandbuch (AIP). Zu beachten ist, dass eine Differenz in den Entfernungswerten zu PAR und den Werten bezüglich der Schwelle der Start- und Landebahn (distance to threshold) besteht, da sich PAR jenseits der Start-und Landebahn befindet. Am MAP beginnt der Fehlanflug – Ziffer (3). Die Beschreibung als **Procedure-text** findet man in blau auf der linken Seite; die erste freigegebene Höhe beträgt hier 6000 ft.

Ziffer (4) bezieht sich auf die Daten der Start- und Landebahn. Deren Länge beträgt 3305 m, die Breite ist 45 m. Die Höhe der Schwelle über MSL beträgt 18 ft, das Gefälle ist Null. Des Weiteren findet man codierte Angaben zur Anflugbefeuerung (approach light system – ALS), zur Randbefeuerung der Start- und Landebahn (high intensity lights) im Abstand von jeweils 60 m. Links der Aufsetzzone befinden sich die Scheinwerfer (Rot/Weiß) des **Precision approach path indicator** (PAPI). Diese signalisieren den Gleitwinkel optisch für den nach Sicht durchgeführten Teil des Anflugs. Der Winkel beträgt hier 3,1° und weicht damit geringfügig vom elektronischen Gleitweg ab.

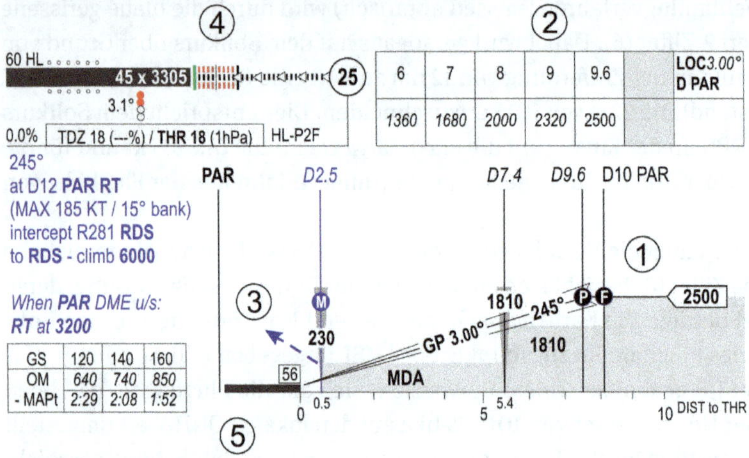

25		Cat 1 1)	LOC DME PAR				Circling 2)
C	ft - m/km ft	290 - 650 **300** 3)	1090 - 2.4 **1100**				1090 - 2.4V **1100**
D	ft - m/km ft	330 - 800 **340**	1090 - 2.4 **1100**				1090 - 3.6V **1100**

1) With EVS 550 m
2) N of RWY 07/25 only
3) FD, AP or HGS required, else RVR 750 m

Abb. 5.28: Vertikalschnitt und Minima *[nach Lufthansa Systems FlightNav, Lido eRouteManual] Nicht für navigatorische Zwecke geeignet.*

Die Tabelle unter Ziffer (5) zeigt die Mindestwerte der Wolkenuntergrenze (ceiling) in [ft] und der Landebahnsicht (runway visual range – RVR) in [m/km] für die Entscheidung, ob eine Landung möglich ist.

Damit sind für die Start- und Landebahn 25 drei Instrumentenanflüge verfügbar:
- ILS-Präzisionsanflug der Betriebsstufe 1 (CAT 1)
- LOC-Nichtpräzisionsanflug (ohne Gleitwegführungssignal) kombiniert mit DME
- ILS- oder LOC-Anflug bis zum Circling-Minimum mit anschließender Platzrunde nach Sicht zur Landung auf der Start- und Landebahn 07 (circling-approach)

Für die Auswahl der anzuwendenden Minimum-Werte ist die Kategorie des Luftfahrzeugs maßgeblich, hier C oder D, welche von dessen Mindest-Anfluggeschwindigkeit bestimmt wird.

5.6.2.5 Streckenkarten

Der bevorzugte Entwurf für Streckenkarten (enroute charts – ENR) ist der Schnittkegelentwurf nach Lambert in mittleren Maßstäben. Da sich mit wachsendem Abstand von den Bezugsbreiten deren Maßstab zunehmend ändert, wird meist für bestimmte Bereiche der Karte ein nur dort gültiger Teilmaßstab angegeben. Dies geschieht durch die Festlegung unterschiedlicher Streckenlängen in der Karte, welche einer bestimmten Entfernung entsprechen – z.B. 1" = 25 nm im Bereich A, 1" = 20 nm im Bereich B[10].

Navigationskarten aus Papier bilden größere geographische Regionen meist durch ein System verkehrsstromgerecht orientierter Blätter zur Vermeidung eines häufigen Kartenwechsels ab. Papierkarten werden jedoch zunehmend durch digitale blattschnittfreie Bildschirmkarten ersetzt. [35]

Abbildung 5.29 zeigt einen Ausschnitt der IFR-Streckenkarte Deutschland – unterer Luftraum, Ausgabe 19 JUL 2018, Bereich München (auf 108% vergrößert). Deren Bezugsbreiten sind 50°N und 54°N – die Abbildungen 5.30 und 5.31 sind die zugehörige Legende. Diese Karte ist Bestandteil der AIP-IFR und dokumentiert damit verbindlich die Luftraum- und Routenstruktur in der Bundesrepublik Deutschland.

Für das Durchfliegen des deutschen Luftraums auf dem Luftstraßensystem sowie zwischen den deutschen nach IFR zugelassenen Flughäfen sind in der AIP sogenannte Standardstrecken zwischen den Ein- und Ausflugpunkten konzipiert, welche als Grundlage der Flugplanung dienen sollen.

Die Luftstraßen (ATS-Routes) werden durch Funkfeuer und RNAV-Wegpunkte (siehe Abschnitt 2.8) festgelegt, sodass für deren Nutzung die entsprechende Bordausrüstung erforderlich ist. Richtungsangaben beziehen sich auf missweisend Nord, die definierten Richtungen zu Wegpunkten hin sind Soll-QDM, von Wegpunkten weg sind dies Soll-QDR – siehe Abschnitt 2.2. Abweichungen von den ATS-Routes durch Direktanflug eines Wegpunkts (nach Flugverkehrskontrollfreigabe durch die Flugsicherung) sind möglich.

Dies geschieht entweder durch Ermitteln und Einhalten der missweisenden Peilung Ist-QDM zu dem anzufliegenden Funkfeuer, sofern man sich in dessen Empfangsbereich befindet, oder durch Messen des Kurses, bezogen auf die Ist-Position. Meist werden Direktanflüge jedoch, entsprechend dem RNAV-Konzept, nach Berechnung durch den FMGC realisiert.

Die Genauigkeitsforderung an die Navigation im Streckenflug ist RNP5.

5.6.2.6 Plotting Charts, Planungs- und Übersichtskarten

Für bestimmte entlegene Regionen besteht die betriebliche Forderung, neben der Streckenkarte (digital auf dem EFB – siehe Abschnitt 5.7) eine *Plotting chart* als Bestandteil der Flugunterlagen mitzuführen.

10 Die Einheit " steht für die im englischsprachigen Raum verbreitete Längeneinheit Zoll (engl. inch).

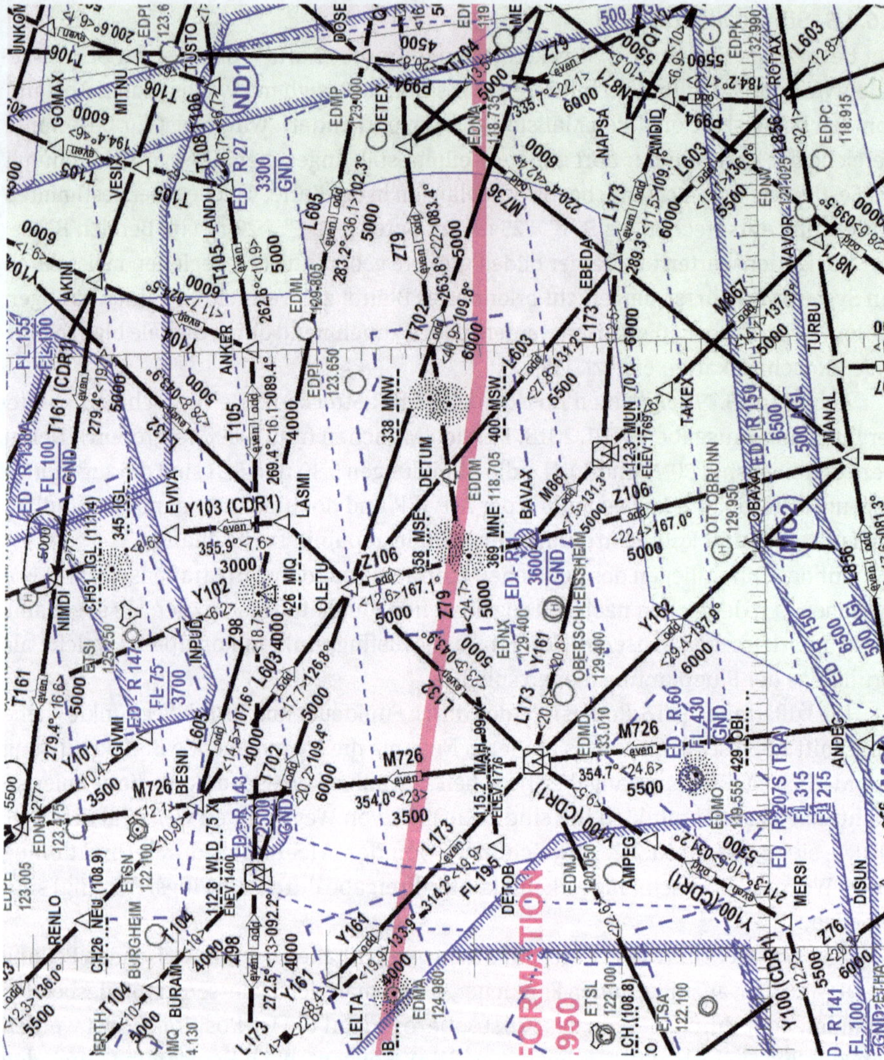

Abb. 5.29: Beispiel einer IFR-Streckenkarte *[Mit freundlicher Genehmigung der DFS Deutsche Flugsicherung GmbH] Nicht für navigatorische Zwecke geeignet.*

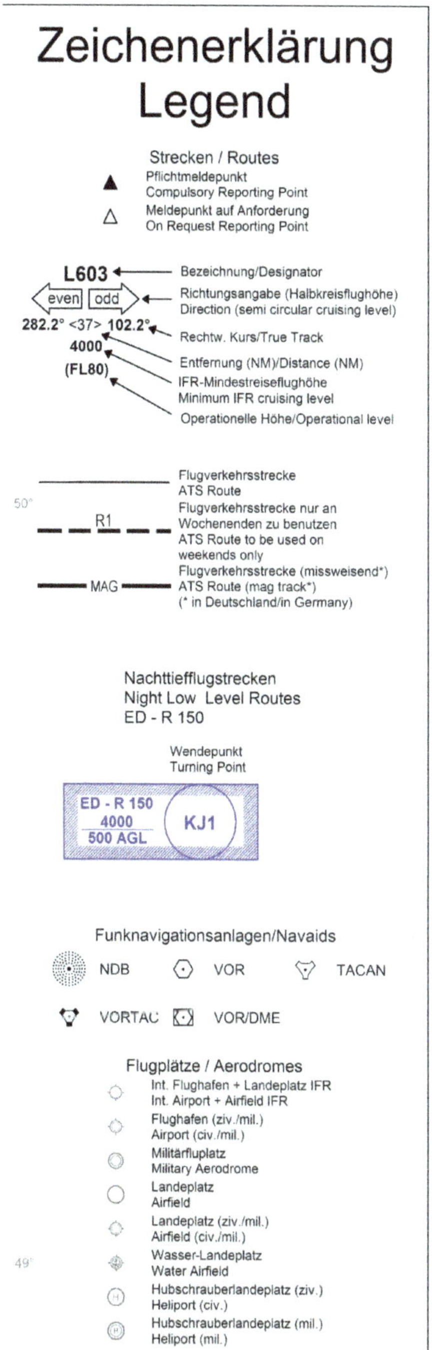

Abb. 5.30: Legende 1 *[Mit freundlicher Genehmigung der DFS Deutsche Flugsicherung GmbH] Nicht für navigatorische Zwecke geeignet.*

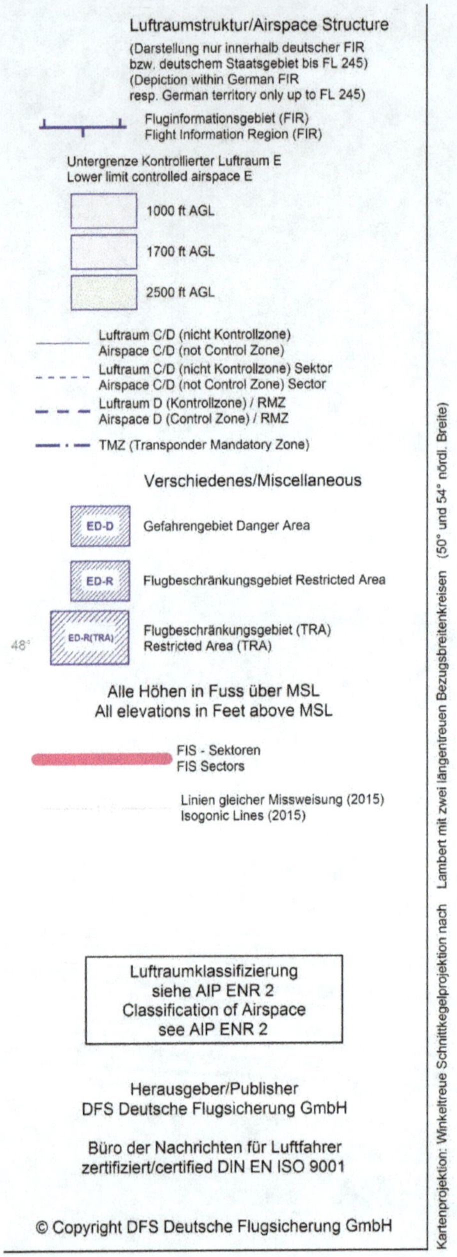

Abb. 5.31: Legende 2 *[Mit freundlicher Genehmigung der DFS Deutsche Flugsicherung GmbH] Nicht für navigatorische Zwecke geeignet.*

Eine Solche hat den Zweck, durch handschriftliche Eintragungen den Flugverlauf zu dokumentieren; diese besteht aus Papier und ist für den einmaligen Gebrauch. Abbildung[11] 5.32 zeigt einen Ausschnitt der South Atlantic Plotting Chart (SAP1), 3rd Edition, 20 OCT 2017 für den Bereich des westlichen Südatlantiks der Firma Jeppesen und basiert auf dem winkeltreuen Schnittkegelentwurf nach Lambert mit den Bezugsbreiten 02°S und 37°N (auf 31% verkleinert). In der Karte entspricht 1 inch der Strecke von 120 nm. Abbildung[12] 5.33 zeigt einen Ausschnitt derselben Karte für den Bereich des östlichen Südatlantiks, kanarische Inseln, Westafrika (auf 33% verkleinert).

Auf der oberen linken Seite von Abbildung 5.32 erkennt man den Kartentitel mit dem Feld für die Eintragung der Flugdaten. In einem zweiten, hier nicht gezeigten Feld werden die Namen der Besatzungsmitglieder, die Luftfahrzeug-Kennung und die Flugverkehrskontrollfreigabe für den atlantischen Luftraum vermerkt. Letztere legt die Flugroute fest. Regelmäßig wird die Position des Luftfahrzeugs mit der genauen Uhrzeit in der Karte festgehalten. Die Eintragungen können sich auf Wegpunkte als Elemente der Flugstrecke, auf Koordinatenpaare, welche einen NAT-track bilden (siehe Abschnitt 2.7) oder auf bestimmte, festgelegte Zeitabstände (z.B. stündlich oder halbstündlich) beziehen. Alle diese Standorte werden durch Geraden verbunden und zeigen damit die tatsächliche Route.

Die Karte gibt in kleinem Maßstab das Koordinatennetz, Wegpunkte für den Einflug in den ozeanischen Luftraum, Festland/Inseln mit Küstenlinien, Flughäfen, Isogonen sowie die Luftraumstruktur und Datalink-Kommunikationskanäle wieder. Neben der Dokumentation der Flugroute wird die situative Aufmerksamkeit und Orientierung der Flugbesatzung gefördert – auch hinsichtlich geeigneter Alternativrouten, falls erforderlich. Auf Langstreckenflügen in ausgedehnten ozeanischen Regionen bieten die Eintragungen in die plotting chart eine gute strategische Planungshilfe.

Auch Planungskarten (planning charts) ergänzen die Streckenkarte in kleinem Maßstab – im Wesentlichen werden flugplanungsrelevante Informationen wie z.B. die Art und Verfügbarkeit von ATS-Routes wiedergeben. Zunehmend werden Planungskarten jedoch durch digitale interaktive Streckenkarten ersetzt, deren Pan- und Zoom-Funktionalitäten die Veränderung des Maßstabes mit dem zugeordneten sogenannten *Level of detail* und damit die automatische Auswahl der dargestellten Objektklassen gestatten – siehe Abschnitt 5.7.

Übersichtskarten werden von einigen Herstellern für den Flughafennahbereich als **Airport facility chart** (AFC) sowie für den Streckenbereich als **Route facility chart** (RFC) erstellt.

Während die AFC flughafenbezogen Navigationseinrichtungen sowie die Luftraumstruktur mit sämtlichen Wegpunkten, auf denen die An- und Abflugverfahren (STAR,

11 Reproduced with permission of Jeppesen Sanderson, Inc. NOT FOR NAVIGATIONAL USE ©Jeppesen Sanderson, Inc. 2018. Reduced for illustrative purposes only.

12 Reproduced with permission of Jeppesen Sanderson, Inc. NOT FOR NAVIGATIONAL USE ©Jeppesen Sanderson, Inc. 2018. Reduced for illustrative purposes only.

Abb. 5.32: Beispiel einer plotting chart – 1 *[JEPPESEN]*

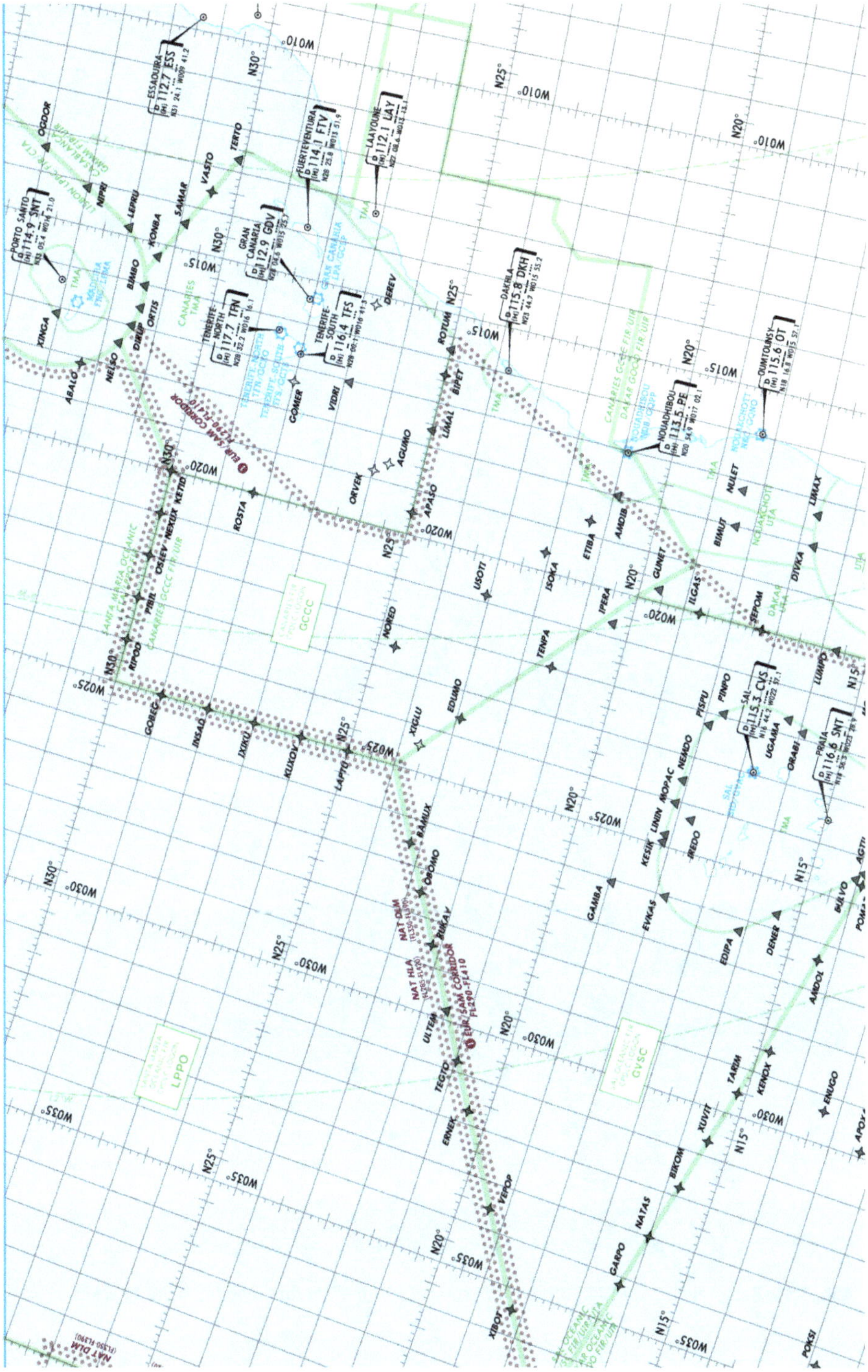

Abb. 5.33: Beispiel einer plotting chart – 2 *[JEPPESEN]*

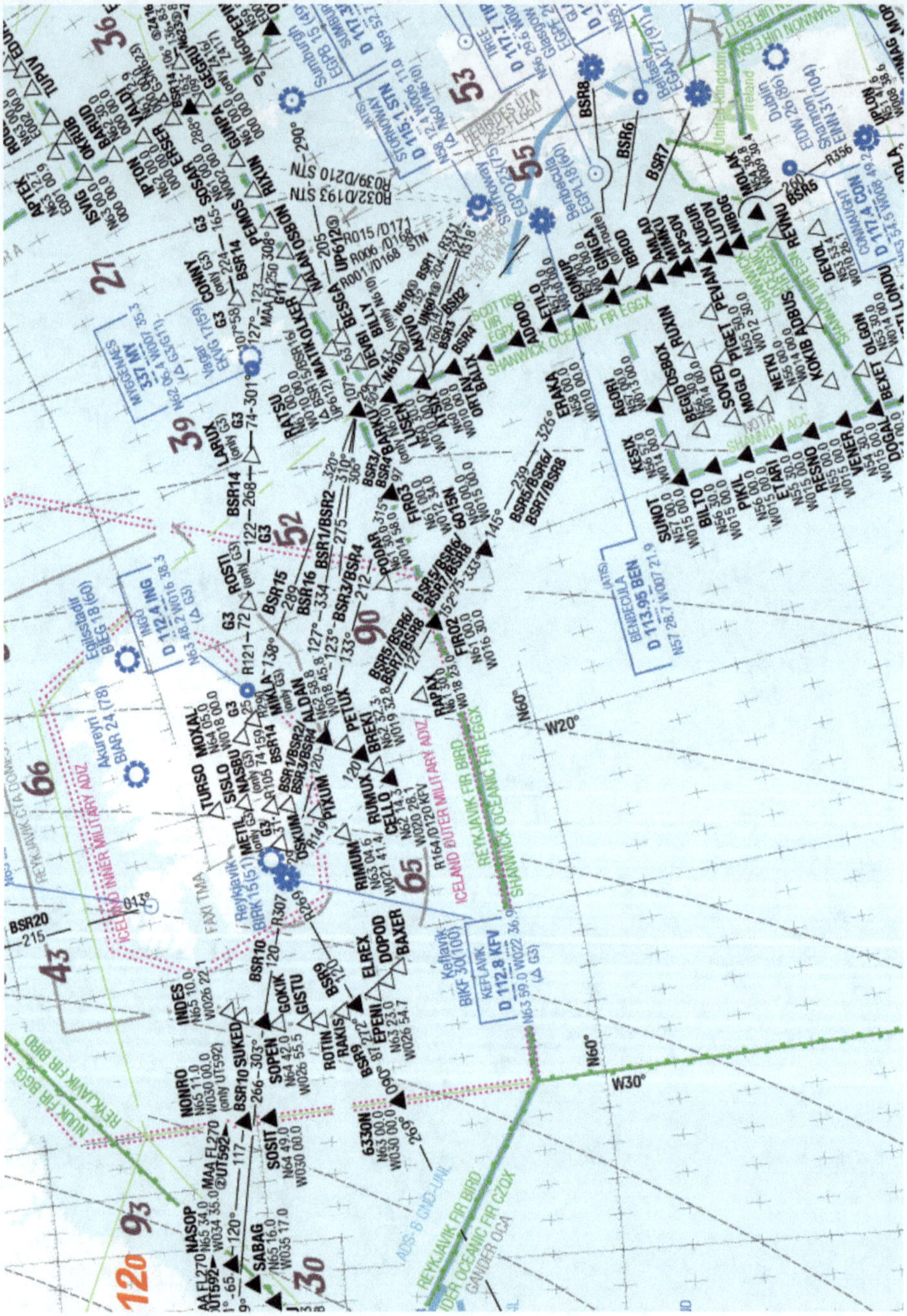

Abb. 5.34: Beispiel einer RFC *[©Lufthansa Systems (2018)] Nicht für navigatorische Zwecke!*

SID) basieren (jedoch nicht die Verfahren selbst), abbildet, wird die RFC als Papierkarte mit verkehrsstromgerechtem, sich überlappendem Blattschnitt veröffentlicht. Die meist durch mehrere Kartenblätter wiedergegebenen Areale entsprechen etwa den ICAO-Regionen. Um die Karte zu entlasten, werden vorwiegend flugplanungsrelevante Informationen hier weggelassen. Bezogen auf Inhalt und Signaturen entspricht die RFC der Streckenkarte. Jedoch hat die Streckenkarte mit demselben level of detail einen größeren Maßstab.

Abbildung 5.34 zeigt einen Ausschnitt der Übersichtskarte RFC AT1H von Lufthansa Systems FlightNav für den oberen Luftraum des Nordatlantiks mit dem Maßstab 1 inch = 150 nm (auf 62% verkleinert). Der Kartenentwurf ist der winkeltreue Schnittkegelentwurf nach Lambert mit den Bezugsbreiten 60°N und 40°N, die Werte der Ortsmissweisung beziehen sich auf das Jahr 2015.

5.7 Electronic Flight Bag

Als papierloses, zentrales, interaktives Darstellungsmedium für Navigationskarten und andere Unterlagen wird das sogenannte electronic flight bag (EFB) seit den 1980er Jahren stetig entwickelt. Dieses besteht aus einem separaten, hochauflösenden Bildschirm für jedes Besatzungsmitglied im Cockpit mit entsprechender Hardware, Schnittstellen und Energieversorgung – siehe Abbildung 5.35.

Abhängig von dessen Installation und Fähigkeit zum Datenaustausch mit dem Luftfahrzeug werden folgende EFB-Klassen unterschieden:

- Klasse 1: transportabel, ohne Verbindung zu den Systemen des Luftfahrzeugs, darf nicht unterhalb von FL 100, zum Rollen sowie für Start und Landung genutzt werden
- Klasse 2: transportabel (kann ohne Werkzeug deinstalliert werden), mit Verbindung zum Luftfahrzeug, kann Daten von den Luftfahrzeug-Systemen empfangen und verarbeiten jedoch nicht senden, ist während aller Flugphasen nutzbar, für die Zulassung ist Nachweis der Lufttüchtigkeit erforderlich
- Klasse 3: nicht transportabel, fest im Luftfahrzeug eingebaut, für die Zulassung ist sowohl der Nachweis der Lufttüchtigkeit der Hardware als auch der Qualifikation der Nutzer erforderlich

EFB der Klassen 1/2 dienen der Nachrüstung älterer Luftfahrzeuge; diese werden zunehmend durch Tablet-PC ersetzt. Neben digitalen Navigationskarten bietet das EFB weitere Anwendungen:

- Briefing-Paket
  - Durchführungsplan (operational flight plan – OFP) für den Flug
  - Wetterkarten für die Strecke und Wettermeldungen der Flugplätze
  - Informationen im Rahmen des Änderungsdienstes (notices to airmen – NOTAM)

- Bibliothek betrieblicher Handbücher und Listen
  - flugbetriebliche Handbücher (operational manuals – OM)
  - technische Handbücher
  - Mindestausrüstungsliste (minimum equipment list – MEL)
  - Checklisten
- Berechnungen zu Beladung/Schwerpunkt (loadsheet) sowie Flugleistungsrechnung für Start und Landung (take-off-/landing-performance)

Abb. 5.35: Digitale Luftfahrtkarte auf EFB – Klasse 2

Für die Funktionalitäten digitaler Navigationskarten sei auf die Systembeschreibungen der Hersteller verwiesen. Grundsätzlich sind Funktionalitäten und Interaktionen über die Struktur Menü/Untermenü ansprechbar; die Menüstruktur ist intuitiv und leicht erlernbar. Nutzereingaben erfolgen über Druckknöpfe/Tastatur (graphical user interfaces – GUI) auf dem Touch-Screen des Displays.

Wird das Briefing-Paket für einen bestimmten Flug geladen, werden die IFR-Karten für Start-, Ziel- und Ausweichflughafen automatisch vorgewählt, sodass auf diese schnell zugegriffen werden kann. Diese Auswahl kann man um weitere Flughäfen ergänzen. Alle Karten können im Tag- oder Nachtmodus (invertiert) dargestellt werden. Für die Rollkarten sowie die An- und Abflugkarten gibt es eine Pan- und eine Zoom-Funktion. Die blattschnittfreie Streckenkarte bietet folgende Möglichkeiten:

- Zoom-Funktion mit automatischem, der Zoom-Stufe entsprechendem **Level of detail** oder manueller Auswahl der dargestellten Objekt-Klassen
- automatische Anpassung des Kartennetzentwurfs entsprechend dem ausgewählten geographischen Bereich
- Berechnung des Großkreisbogens zwischen zwei Orten
- Markierung des geplanten Flugwegs auf Grundlage des geladenen Briefing-Pakets oder nach manueller Eingabe
- Anzeige der aktuellen Position, falls eine Verbindung zum Luftfahrzeug besteht und Daten aus dem FMGC übertragen werden
- Suchfunktion für Streckenabschnitte, WPT und Flughäfen
- Markierung von Lufträumen (special use areas – SUA) und besonderer Gebiete in der Karte (z.B. Schlechtwetter oder Vulkanaschewolken)
- Informationsfunktion zu dem jeweils ausgewählten Kartenobjekt

Das Lido eRouteManual von Lufthansa Systems FlightNav bietet insbesondere die Möglichkeit, auf EFB berechnete Höhen- und Gleitwegkorrekturen im Falle niedriger Temperaturen ($T < 0°C$) in die Anflugkarten (IAC) mit der LIDO OVERLAY-Funktionalität einzublenden (siehe auch Abschnitt 2.5.1). All diese Interaktionen werden mit **skalierbarer Vektorgraphik** (SVG) durch Skripte realisiert. So sind z.B. Javascript-Blöcke in den SVG-Code eingebunden. Kartenobjekten wird ein sogenannter **Event-listener** (eine für eine graphische Nutzerschnittstelle definierte Aktion) als Attribut zugeordnet, welcher, wenn dieser durch Anklicken angesprochen wird, Funktionen aufruft, deren Methoden die Karte oder Elemente aus dieser verändern können. [35]

SVG ist ein XML-basierter Standard (XML – extensible markup language) zur Beschreibung von Vektorgraphiken mit eingebundenen Listen (z.B. Koordinaten) und Einbettung von Rastergraphik sowie Text. [5], [46]

Die Abbildung 5.36 zeigt schematisch die Bildschirmdarstellung der Rollkarte (airport ground chart – AGC) mit Menüstruktur für den Flughafen Rhodos nach dem Lido eRouteManual von Lufthansa Systems FlightNav. Über ROUTE/ROUTE ENTRY werden hier die Flugroute in die Streckenkarte sowie der Abflug-, Ziel- und Ausweichflughafen aus dem Briefing-Paket geladen – auch die manuelle Flughafenauswahl ist möglich.

ROUTE/VIEW MAP öffnet die Streckenkarte. Für Hamburg (EDDH), Rhodos (LGRP) und Heraklion (LGIR) wird durch Anklicken von deren ICAO-Kennung eine Kartengrundauswahl geöffnet. Über das ADD CHARTS-Untermenü kann man für den jeweiligen Flughafen die benötigten Ab- und Anflugkarten (SID, STAR, IAC) auswählen und zur Anzeige bringen. Das Untermenü AOI (airport operational information) bietet allgemeine betriebliche Informationen zum gewählten Flughafen in Textform – insbesondere zu Betriebszeiten, Anlassfreigaben, Nutzbarkeit der Start- und Landebahnen bzw. der Rollwege und Vorfelder, Nutzung der Ab- und Anflugverfahren, Verfahren zum Schutz gegen Fluglärm, Funkausfall sowie Allwetterflugbetrieb.

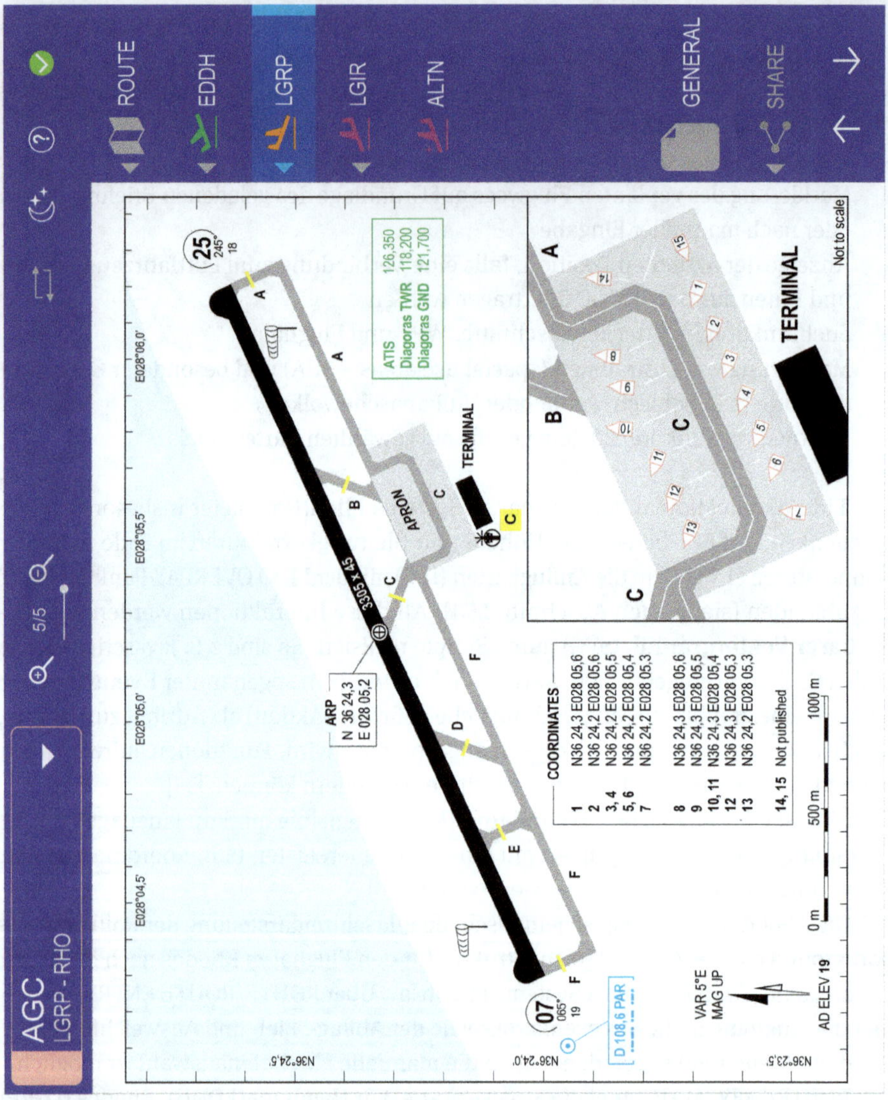

Abb. 5.36: Digitale Luftfahrtkarte mit Menüstruktur *[nach Lufthansa Systems FlightNav, Lido eRouteManual] Nicht für navigatorische Zwecke geeignet.*

6 Integrierte Navigationssysteme in der Luftfahrt

6.1 Überblick der Architektur

Die leistungsbasierte Navigation (performance based navigation – PBN) der IFR-Flüge in den Nahverkehrsbereichen, im Reiseflug und bei den Landeanflügen wird durch die integrierten Navigationssysteme der modernen Luftfahrzeuge realisiert.

Neben dem klassischen Konzept der parallelen Redundanz in der Luftfahrt durch die Verwendung mehrerer baugleicher Navigationssysteme besteht das Konzept der integrierten Navigationssysteme in der Kombination verschiedener Verfahren und Sensoren mit unterschiedlichen Messprinzipien um den jeweiligen Nachteil des einen Systems durch einen Vorteil des anderen Systems zu kompensieren. Dabei ist die Anzahl der genutzten Sensoren, und damit der verfügbaren Informationen, größer als notwendig. Optimal ist die Kombination von Navigationssystemen, deren Fehlerverhalten zueinander komplementär ist (komplementäre Redundanz). Dies ist der Fall, wenn man Navigationsdaten von guter Kurzzeitgenauigkeit und mit hoher Datenrate (Trägheitsnavigation) mit Daten guter Langzeitstabilität (Satelliten- und Funknavigation) kombiniert. Inertiale Ausgangsdaten unterliegen einer zeitlichen Drift, die Signale bei Satelliten- oder Funknavigation haben indes ein starkes Rauschen, jedoch keine Drift.

Die im Folgenden beschriebenen Bordsystemkomponenten beziehen sich beispielhaft auf die Airbus A320-Flugzeugfamilie. In der Abbildung 6.1 werden schematisch die grundsätzliche Architektur des integrierten Navigationssystems mit den Hauptkomponenten und funktionellen Beziehungen gezeigt. Meist wird die Gesamtheit der Sub- und peripheren Systeme sowie der Nutzerschnittstellen als *Flight management system (FMS)* bezeichnet. Der *Flight management and guidance computer (FMGC)* ist die Kernkomponente des integrierten Navigationssystems. FMGC realisiert die folgenden Aufgaben: [1]

- Flight management
  - Navigation unter Verwendung von Koordinaten und Wegpunkten aus der Navigationsdatenbank, Berechnung der navigatorischen Größen, Filterung der von den Sensoren gelieferten Positionskoordinaten und Auswahl der verwendeten Funknavigationsanlagen (tuning)
  - Flugplan-Management
  - Verarbeitung der Flugleistungsdaten
  - Berechnung der flugtaktischen Führungssignale (managed guidance computation)
  - Bereitstellung der zu visualisierenden Informationen
- Flight guidance mit Vorgaben an
  - Flugkommandoanlage (flight director – FD)
  - Flugregler (autopilot – AP)
  - automatische Schubsteuerung (autothrust – A/THR)

https://doi.org/10.1515/9783110769807-006

Hauptschnittstellen zu diesem und Anzeigen sind die *Multipurpose control and display unit (MCDU)* sowie die Bildschirme *Primary flight display (PFD)* und *Navigation display (ND)*, welche in Abbildung 6.1 mit den Ziffern (1), (6) und (7) gekennzeichnet sind. Die Bildschirmeinstellungen von PFD und ND können mit dem EFIS-control-panel (electronic flight instrument system) verändert werden. Unter Schnittstellen versteht man die Komponenten für die Datenein- und ausgabe, mit denen indirekt[13] die Steuerungsgrößen kontrolliert werden.

Über die MCDU (siehe auch Abbildung 6.2) werden Daten eingegeben und dem FMGC mitgeteilt. Ferner ermöglicht die MCDU die Kommunikation über Datalink. Funktionstasten (page keys) gestatten den Zugriff auf bestimmte Seiten und Menüs. Die Eingaben erfolgen über ein sogenanntes Scratchpad und die Zuordnung der eingegebenen Werte, dem ausgewählten Menü entsprechend, über *Line select keys (LSK)*, von denen jeweils sechs auf der linken und rechten Seite des Displays angeordnet sind. Des Weiteren werden alphanumerische Tasten (data entry keys) genutzt.

Eine weitere Schnittstelle ist die *Flight control unit (FCU)* – Ziffer (8) in Abbildung 6.1. Über diese geschieht, neben der Einstellung des Höhenmesserbezugsdrucks, die Auswahl der Betriebsarten (modes) für die Flugkommandoanlage, den Flugregler und die automatische Schubsteuerung. Diese werden dem FMGC als Kommandos zur Änderung der Steuerungsgrößen mitgeteilt. Abbildung 6.3 ist eine vergrößerte Darstellung der FCU. Die hier mit den Ziffern (1) bis (4) bezeichneten Drehschalter können ferner gedrückt bzw. gezogen werden. Durch Drücken werden sogenannte *Managed flight-modes*, durch Ziehen sogenannte *Selected flight-modes* aktiviert – siehe Abschnitt 8.3.2.

Mit Drehschalter (1) der FCU werden gewünschte Werte der angezeigten Geschwindigkeit bzw. der Machzahl gewählt. Das Einstellen des Werts geschieht durch Drehen und die Aktivierung durch Ziehen. Drehschalter (2) ermöglicht die Wahl des Steuerkurses oder des Kurses über Grund (HDG oder TRK) und deren Aktivierung durch Ziehen des Schalters. Drückt man diesen nach vorn, wird die Betriebsart NAV aktiviert.[14]

Mit Schalter (3) wird durch Drehen die Zielflughöhe gewählt. Zieht man diesen, wird je nachdem, ob die Zielhöhe oberhalb oder unterhalb der aktuellen Flughöhe des Luftfahrzeugs liegt, die Betriebsart OPEN CLIMB oder OPEN DESCENT aktiviert. Bei Einbindung der automatischen Schubsteuerung erfolgt dabei der Steigflug mit Nennleistung der Triebwerke entsprechend der vorgegebenen Geschwindigkeit mit offener Steigrate. Der Sinkflug geschieht im Leerlauf der Triebwerke gemäß der vorgegeben Geschwindigkeit mit offener Sinkrate. Drücken des Schalters löst die Betriebsarten CLIMB oder DESCENT aus. Hierbei erfolgen Steig- und Sinkflug unter Berücksichtigung der im aktiven Flugplan enthaltenen Geschwindigkeits- und Höhenvorgaben als durch den FMGC berechnetes Flugprofil.

---

13 Die direkte Kontrolle ist jederzeit manuell über die Steuerorgane möglich.

14 Ferner wird die Betriebsart NAV nach dem Start beim Passieren der Flughöhe von 100 ft über Grund automatisch aktiviert. Die Auswahl eines direkt anzufliegenden Wegpunkts über den DIR-page key der MCDU reaktiviert die Betriebsart NAV, sofern diese vorher nicht aktiv war.

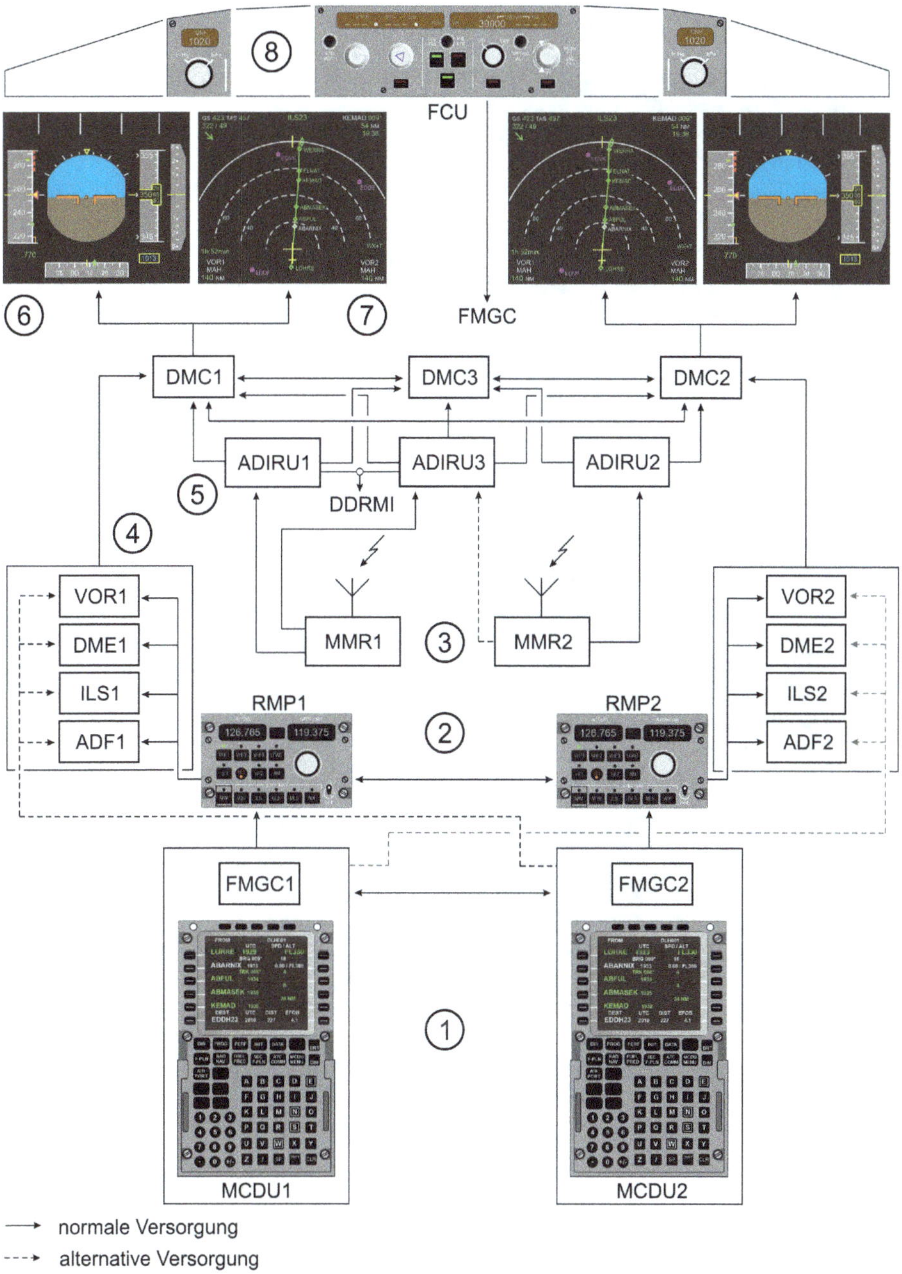

Abb. 6.1: Architektur eines integrierten Navigationssystems am Beispiel der Airbus A320-Flugzeugfamilie

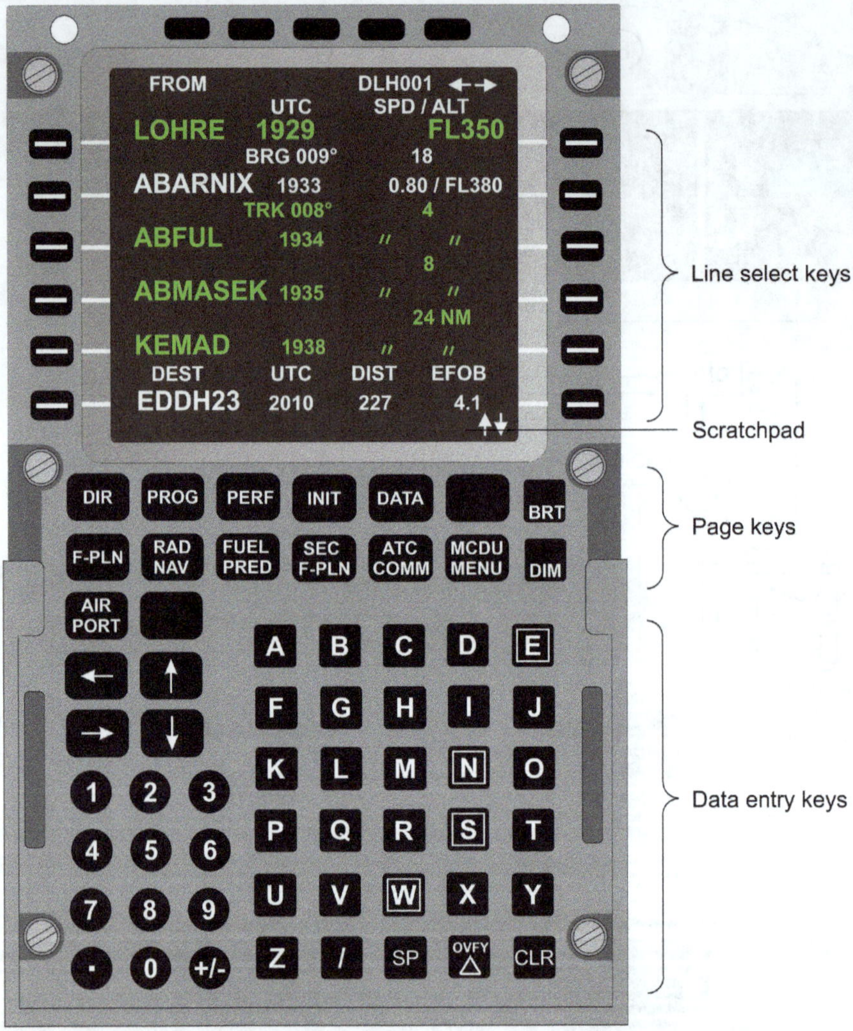

Abb. 6.2: Multipurpose control and display unit (MCDU) als Ein- und Ausgabeschnittstelle mit navigatorischer Situation auf der LEGS-page, Airbus A320-Flugzeugfamilie

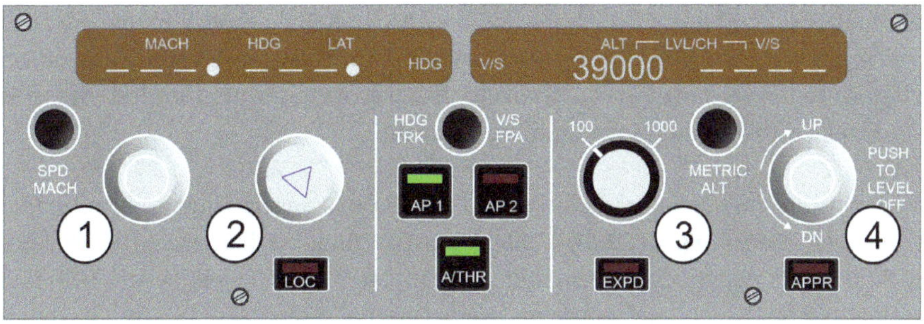

Abb. 6.3: Flight control unit (FCU), Airbus A320-Flugzeugfamilie

Abb. 6.4: Navigation display (ND) mit Darstellung der navigatorischen Situation, Airbus A320-Flugzeugfamilie

Drehschalter (4) gestattet die Eingabe der gewünschten Steig- bzw. Sinkrate oder des Sinkflugs als Winkel (V/S in [ft/min] oder FPA in [°]). Durch Herausziehen des Schalters werden diese Betriebsarten jeweils aktiviert. Drücken des Schalters bewirkt, dass das Luftfahrzeug direkt in den Horizontalflug übergeht.

Das *Air data and inertial reference system (ADIRS)* besteht aus drei identischen *Air data and inertial reference units (ADIRU)* – Ziffer (5) in Abbildung 6.1. Eine solche ADIRU fasst zwei Funktionen zusammen: Verarbeitung der Luftdaten (air data reference – ADR) und Verarbeitung der Beschleunigungsmesswerte (inertial reference – IR), welche durch das Trägheitsnavigationssystem zur Verfügung gestellt werden. Bei Ausfall eines dieser beiden Subsysteme ist das Verbleibende weiterhin uneingeschränkt funktionsfähig.

Die Bereitstellung der Daten, welche mit Satellitennavigationssystemen (Global Navigation Satellite System – GNSS bzw. Global Positioning System – GPS) gewonnen werden, erfolgt durch zwei unabhängige GNSS-Empfänger. Jeder dieser Empfänger ist in einer modularen Avionik-Einheit, dem *Multi Mode Receiver (MMR)* integriert – Ziffer (3) in Abbildung 6.1. Nach der Auswertung der empfangenen GNSS-Signale übermittelt der MMR die Daten an die zugeordnete ADIRU.

Die Systeme der Funknavigation werden über die Eingabeschnittstelle *Radio management panel (RMP)* – Ziffer (2) in Abbildung 6.1 (siehe auch Abbildung 7.2) und die Empfängereinheit – Ziffer (4) eingebunden. Verfügbar sind Drehfunkfeuer (VOR), ungerichtete Funkfeuer (NDB), Entfernungsmesseinheiten (DME), welche meist mit einem VOR gekoppelt sind, und das Instrumentenlandesystem (ILS).

Die Auswahl der genutzten VOR und DME geschieht automatisch (automatic tuning) nach den Kriterien der optimalen Entfernung und Standliniengeometrie. ILS-Frequenzen werden durch die Auswahl des Anflugverfahrens über die MCDU selektiert. Jedoch bietet die RADNAV-page der MCDU die Möglichkeit der manuellen Auswahl (manual tuning) von Funknavigationsanlagen. UKW-Sprechfunkfrequenzen werden manuell über das RMP eingegeben.[15]

MCDU und ND in den Abbildungen 6.2 und 6.4 zeigen die identische navigatorische Situation, basierend auf einem Flugplan – die Abfolge der Wegpunkte (waypoints – WPT) ist auf beiden Displays auch außerhalb des sichtbaren Bereichs dieselbe. Die Darstellung der LEGS-page auf der MCDU erreicht man durch Drücken des F-PLN-page key.

Bezeichnungen von WPT sind grundsätzlich fünfstellig, bestehend aus Buchstaben oder alphanumerischen Zeichen. In der Beispielsituation ist der direkt angeflogene WPT KEMAD (auf der MCDU in der fünften linken Zeile und auf dem ND in der oberen rechten Ecke). Den diesem im Flugplan vorausgehenden WPT ARNIX, FUL, MASEK sind die Buchstaben AB (abeam) vorangestellt. Diese Funktionalität ermöglicht bei der Auswahl

15 Die genannten Systeme der Funk-, Trägheits- und Satellitennavigation werden im Kapitel 7 eingeführt.

des mit der DIR-Funktionstaste direkt angeflogenen WPT, dass die Querabpositionen der übersprungenen WPT erhalten bleiben und für sogenannte Time/Fuel-checks genutzt werden können. Dem WPT LOHRE im Beispiel ist kein AB vorangestellt, dies bedeutet, dass die Flugverkehrskontrollfreigabe für den Direktanflug von KEMAD nach dem Passieren des WPT LOHRE erfolgte.

6.2 Methodik zur Bestimmung der verwendeten Positionsdaten

Multisensorsysteme in der Flugnavigation vereinen bei dezentraler Kopplung der Navigationssysteme überlicherweise Trägheits- und Satellitennavigation bei ergänzender Nutzung der Funknavigation. Grundsätzlich ergibt sich in diesem Zusammenhang die Aufgabenstellung, aus den verfügbaren Positionsdaten der unterschiedlichen Quellen jene zu bestimmen, auf deren Grundlage die navigatorischen Berechnungen erfolgen sollen. Die hierfür durch den FMGC verwendeten Positionsdaten werden als FM (flight management)-Position bezeichnet. Diese ist das Ergebnis eines Auswahlprozesses nach der geschätzten Genauigkeit und Integrität der von den Subsystemen gelieferten Positionskoordinaten.

Genauigkeit (accurracy) ist der Grad der Übereinstimmung zwischen einem gemessenen oder geschätzten Parameter (z.B. Position oder Geschwindigkeit) eines Objekts zu einem bestimmten Zeitpunkt und dem wahren Wert dieses Parameters. Die Genauigkeit eines Navigationssystems wird meist mit dem statistischen Maß der Wahrscheinlichkeit von 95%, einen definierten Fehler nicht zu überschreiten, angegeben. Dieser Wert ist mit der zweifachen Standardabweichung des Navigationssystems verknüpft. [18]

Integrität (integrity) ist die Fähigkeit eines Navigationssystems, den Nutzer rechtzeitig vor dessen Gebrauch zu warnen, wenn die Alarmgrenze (maximal tolerierbarer Fehler) erreicht wird. Verbunden damit sind Alarmzeiten und Alarmhäufigkeit. [18]

Die zur Verwendung als FM-Position verfügbaren Daten sind: MIX IRS-Position, GPS-Position und RADIO-Position.

6.2.1 MIX IRS-Position

Die von den drei Trägheitsnavigationssystemen (IRS) gelieferten Positionskoordinaten (φ_i, λ_i) mit $i = 1, 2, 3$ sind normalerweise nicht identisch und unterliegen jeweils einer Drift. Verbindet man diese IRS-Positionen durch Geraden, ergibt sich in der gemeinsamen Ebene ein Dreieck. Das arithmetische Mittel der Koordinatenpaare ergibt sich nach der Beziehung:

$$\varphi_{MIX} = \frac{1}{3}(\varphi_1 + \varphi_2 + \varphi_3), \tag{6.1}$$

$$\lambda_{MIX} = \frac{1}{3}(\lambda_1 + \lambda_2 + \lambda_3)$$

Dieses ist die MIX IRS-Position, welche im Flächenschwerpunkt des Dreiecks liegt. Bei zu starker Abweichung einer IRS-Position gegenüber den beiden anderen wird deren Gewicht algorithmusbasiert für die Gesamtlösung verringert. Falls ein IRS ausfällt, verwendet der FMGC das IRS derselben Seite (1 oder 2), andernfalls IRS3.

6.2.2 GPS-Position

Bevorzugte Betriebsart ist GPS/INERTIAL auf Grundlage der kombinierten Nutzung der Satelliten-/Trägheitsnavigation, sofern valide GPS-Daten verfügbar sind. Dafür wird von jeder ADIRU eine GP-IRS Hybridposition berechnet, welche dem FMGC zur Verfügung gestellt wird. Jede ADIRU kann dabei die Daten von GPS1 oder GPS2 verwenden.

Im Ergebnis werden jedem der zwei FMGC drei GP-IRS-Positionen angeboten. Die Auswahl zur FM-Position durch den jeweiligen FMGC geschieht auf Basis einer metrischen Genauigkeitskennzahl (figure of merit) und einer Hierarchie. Bei letzterer gilt die Rangfolge: GP-IRS-Position derselben Seite (1 oder 2), GP-IRS3-Position, GP-IRS-Position der anderen Seite.

Bei Verwendung dieser Betriebsart wird auf der PROG-page der MCDU die Meldung GPS PRIMARY, NAV ACCURACY HIGH angezeigt. Für das Verfahren der Integritätssicherung bei GPS – siehe Abschnitt 7.3.5.

---

i Die Algorithmen sind in der Regel geistiges Eigentum der Hersteller und vertraulich. Generell ist die für integrierte Navigationssysteme am häufigsten verwendete algorithmenbasierte, mathematisch-stochastische Methode zur Bewertung der Sensordaten das **Kalman-Filter**. Dieses geht auf Rudolf E. Kalman zurück, der seine Methode zur rekursiven Lösung des linearen Filterproblems diskreter Daten im Jahre 1960 veröffentlicht hat. Das Kalman-Filter, als auf dem Prinzip der Wiederholung beruhender Algorithmus, welcher mit einem geschätzten Statuswert startet, ist ein Spezialfall der sequenziellen Anwendung der *Methode der kleinsten Quadrate*. Bis heute ist dieses Gegenstand intensiver Forschung. Eine detaillierte Beschreibung der möglichen Integrationsstrategien bieten [19] und [49].

6.2.3 RADIO-Position

Jeder FMGC nutzt die auf derselben Seite aktivierten Funknavigationsanlagen zur Berechnung der RADIO-Position. Diese dient hauptsächlich dem Zweck, Positionsupdates zu liefern. Bei Verlust der GPS-Position bildet die Kombination aus MIX IRS-Position und RADIO-Position die FM-Position.

Für die Berechnung der RADIO-Position werden verwendet: [1]
- DME/DME
- VOR/DME
- LOC
- DME/DME-LOC
- VOR/DME-LOC

Die von den jeweiligen Subsystemen gelieferten Positionskoordinaten können auf der POSTION MONITOR-page (im DATA-Menü) überprüft und verglichen werden – siehe Abbildung 6.5.

6.2.4 Bias

Beide FMGC berechnen jeweils einen Vektor zwischen der MIX IRS-Position und der GP-IRS Hybridposition bzw. der RADIO-Position, je nachdem, aus welchen Daten die FM-Position gebildet wird. Dieser Vektor wird *Bias* genannt. Solange GP-IRS Hybridposition bzw. RADIO-Position verfügbar sind, wird der Bias kontinuierlich aktualisiert. Bei Verlust von RADIO- **und** GP-IRS-Position berechnet jeder FMGC die FM-Position als Summe aus der MIX IRS-Position und dem gespeicherten Bias. Letzterer bleibt solange konstant, bis erneut eine GP-IRS- oder RADIO-Position generiert wurde. Für die FM-Position gibt es ferner die Möglichkeit eines manuellen Updates über die PROG-page der MCDU ⇒ UPDATE AT. Damit wird auch der Bias aktualisiert. [1]

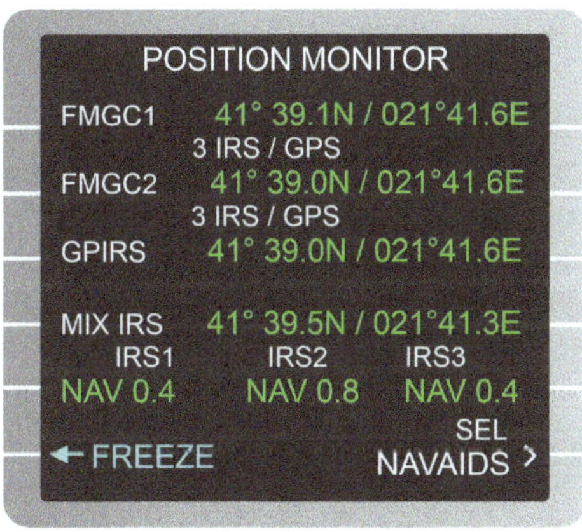

Abb. 6.5: POSITION MONITOR-page der MCDU, Airbus A320-Flugzeugfamilie

7 Verfügbare Flugnavigationssysteme

Dieses Kapitel widmet sich den bis in die jüngere Vergangenheit als alleinige Navigationsmittel genutzten Systemen in der Luftfahrt, welche nunmehr überwiegend als Komponenten integrierter Systeme fungieren. Dies sind die Funknavigation, die Trägheitsnavigation und die Satellitennavigation.

7.1 Systeme der Funknavigation

Der Begriff Funknavigation umfasst eine Vielzahl von kooperativen Navigationssystemen, bestehend aus Boden- und Bordanlage sowie die entsprechenden Verfahren zur Auswertung der Signale zur Leitung und Lenkung von (Luft-)Fahrzeugen. Diesen ist gemeinsam, dass die Standortbestimmung bezüglich des bekannten, festen Aufstellungsorts der Bodenanlage geschieht und die Nutzung im Wesentlichen auf die Bereiche über Land beschränkt ist. Funknavigation war die primäre Methode des Instrumentenflugs (instrument flight rules – IFR) bevor Trägheits- und Satellitennavigation verfügbar wurden, im Sichtflug (visual flight rules – VFR) wird die Funknavigation ergänzend genutzt.

Praktische Bedeutung in der Luftfahrt haben derzeit ungerichtete und gerichtete Funkfeuer sowie die Funkentfernungsmessung für den Abflug, Anflug und den Streckenflug. Sofern an einem Flughafen zur Verfügung stehend, ist das Instrumentenlandesystem der Standard für die Landeanflugnavigation. Die Europäische Kommission hat einen Zeitplan für die schrittweise Außerdienststellung ungerichteter und gerichteter Funkfeuer vorgegeben und sieht eine Verlagerung der Anflugnavigation hin zu satellitenbasierten Systemen im Rahmen der PBN vor. Oben Genannte sollen im Folgenden dennoch kurz beschrieben werden, da auf diesen zum Teil noch immer die Verfahrensplanung basiert und diese in integrierte Navigationssysteme (als Back-up) eingebunden sind.

Funkortungssysteme, mit denen der Winkel in der Horizontalebene (Azimut) gemessen wird und welche als Standlinie auf der Erdoberfläche (EO) die Gerade liefern, beruhen entweder auf dem gerichteten Empfang oder der gerichteten Sendung hochfrequenter elektromagnetischer Wellen. Man bezeichnet diese daher als Richtempfangs- bzw. als Richtsendesysteme. In beiden Fällen wird die definierte Richtwirkung der Antenne ausgenutzt. Bei den Richtempfangssystemen befindet sich die Antenne mit Richtwirkung beim Empfänger, bei den Richtsendesystemen beim Sender. Auf der jeweils anderen Seite muss eine Antenne ohne ausgesprochene Richtwirkung (möglichst mit Rundstrahlcharakteristik) vorhanden sein. [28]

https://doi.org/10.1515/9783110769807-007

7.1.1 Ungerichtetes Funkfeuer und automatischer Funkpeiler

7.1.1.1 Bodenanlage – ungerichtetes Funkfeuer

Ein ungerichtetes Funkfeuer (non-directional beacon – NDB) bildet die Bodenanlage des Richtempfangssystems zur Azimutmessung im Bereich der Lang- und Mittelwelle auf den Frequenzen 190–1799,5 kHz mit einem Kanalabstand von 0,5 kHz.

Die Bodenanlage umfasst: Antenne (meist stabförmiger Antennenmast), Sender in doppelter Ausführung, Monitor, Modulationsgenerator und Energieversorgung. Der Monitor überwacht Netzspannung, Sendeleistung, Kennung und Modulation. Bei Ausfall des Primärsenders wird der Ersatzsender durch eine Umschalteinrichtung verzögerungsfrei aktiviert, um einen stetigen Betrieb zu gewährleisten. Die Antennenposition ist als Punktsignatur gemeinsam mit Koordinaten, Frequenz und Kennung der Anlage in den Navigationskarten angegeben.

Die Antenne strahlt einen hochfrequenten Träger mit vertikaler Polarisation ohne Richtwirkung in der Horizontalebene ab. Dieser ist im Allgemeinen unmoduliert (Amplitudenmodulation Null – A0). Periodisch wird jedoch die Kennung des Funkfeuers in Form von Morsebuchstaben aufmoduliert und gesendet. Dazu wird entweder der unmodulierte hochfrequente Träger im Rhythmus der Morsezeichen getastet (A1) oder es wird der dem hochfrequenten Träger aufmodulierte niederfrequente Hilfsträger der Frequenz 1020 Hz getastet (A2). [28]

7.1.1.2 Bordanlage – automatischer Funkpeiler

Der automatische Funkpeiler[16] (automatic direction finder – ADF) als Bordanlage des Richtempfangssystems liefert kontinuierlich Peilwerte bezüglich des ausgewählten Funkfeuers. Die Komponenten der Bordanlage sind: Goniometersuchspule auf der Rumpfoberseite mit stabförmiger Hilfsantenne[17], Empfänger, Bedien- und Anzeigegerät sowie Energieversorgung aus dem Bordstromnetz.

Zur Richtungsbestimmung der einfallenden Funkwelle wird die Goniometersuchspule solange gedreht, bis die induzierte Spannung minimal ist. Dies bedeutet dann, dass die Ausrichtung der Antenne senkrecht zur Richtung des Funkfeuers ist. Dabei ist die Amplitude des Signals proportional dem Winkel, mit welchem die Welle einfällt. Ein solches Peilergebnis ist jedoch zweideutig. Eindeutigkeit erreicht man durch Addition der Hilfsantennenspannung mit konstanter Amplitude. Die Umhüllende der resultierenden Spannung enthält die gesamte Peilinformation. [28]

Die Auswahl eines NDB erfolgt im Normalbetrieb durch Eingabe der Buchstaben-Kennung in die RADIO NAVIGATION-page (RADNAV) über das scratchpad der MCDU und den entsprechenden Line select key (LSK 5L) – siehe Abbildung 7.1. Hier wurde

16 noch häufig als *Radio- oder Funkkompass* bezeichnet

17 Ältere Ausführungen bestanden aus einer drehbare Rahmenantenne mit einer über dem Rumpf gespannten Hilfsantenne.

das Anflugfunkfeuer MSW (München) mit der Frequenz 400,0 kHz gewählt. Bei Ausfall der MCDU kann die NDB-Frequenz über das Radio management panel (RMP) mit der Schaltung NAV/ADF im oberen rechten Fenster eingegeben und durch Transfer nach links aktiviert werden – siehe Abbildung 7.2.

Der vom Empfänger erzeugte Peilwert und die Kursinformation von ADIRU werden an das jeweilige ND (in der Schaltung ADF auf dem EFIS Control-Panel) und an das Backup Anzeigegerät (digital distance and radio magnetic indicator – DDRMI) übermittelt. Über die nachgeführte Kursrose ist jederzeit der Steuerkurs ablesbar, unter der Spitze und dem Ende einer Anzeigenadel können die Peilwerte abgelesen werden. Bei dem in Abbildung 7.3 dargestellten DDRMI handelt es sich um ein kombiniertes Gerät, daher müssen für eine ADF-Anzeige die Schalter links und rechts unten in die Stellung ADF gedreht werden. Bei Wegfall der Kurs- oder der Peilinformation wegen eines Defekts der Anlage oder außerhalb der Senderreichweite wird die entsprechende orange Warnflagge in die Anzeige geschwenkt.

Abb. 7.1: RADIO NAVIGATION-page der MCDU, Airbus A320-Flugzeugfamilie

7.1.1.3 Auswertung der navigatorischen Informationen

Die navigatorischen Informationen sind absolute und relative Peilungen, wie in Abschnitt 2.2.3 eingeführt. Absolute Peilungen beziehen den Steuerkurs ein, dies sind: die missweisende Peilung vom Luftfahrzeug zum Funkfeuer (QDM) und die missweisende Peilung vom Funkfeuer zum Luftfahrzeug als Standlinie (QDR). Durch Berücksichtigung der Ortsmissweisung erhält man rechtweisende Peilungen, welche in die Navigationskarte eingetragen werden können. Relative Peilungen beziehen sich auf die Längsachse des Luftfahrzeugs.

NDB sind nutzbar für Positionsbestimmungen durch Kreuzpeilung zu zwei Bodenstationen und für den Radialflug (tracking) hin zu einem Funkfeuer oder weg von

Abb. 7.2: Radio management panel (RMP), Airbus A320-Flugzeugfamilie

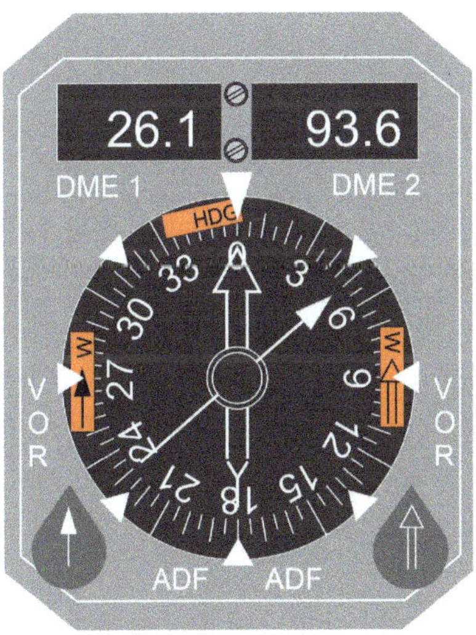

Abb. 7.3: Digital distance and radio magnetic indicator (DDRMI), Airbus A320-Flugzeugfamilie

einem Solchen mit einem festen Peilwert. Dabei muss der Windeinfluss durch einen Vorhaltewinkel (wind correction angle – WCA) berücksichtigt werden. Des Weiteren sind NDB Bezugspunkt für Warteverfahren (holding) und Instrumentenlandeanflüge (NDB-approach). Abbildung 8.13 ist Beispiel für eine Instrumenten-Anflugkarte (instrument approach chart – IAC).

Weicht man von dem gewünschten QDM bzw. QDR ab, muss der Kurs geändert werden, um das Soll wieder zu erreichen. Dieses Verfahren nennt man *Anschneiden* (to intercept). Die Größe des Anschneidewinkels richtet sich nach der Entfernung bzw. Flugzeit zum Funkfeuer. Für kleine Entfernungen (Endanflug) sind 5 bis 10° geeignet, für größere Entfernungen sollte der Winkel 30 bis 45°, in seltenen Fällen 90° betragen. Nach dem Erreichen des Soll muss der Steuerkurs den WCA beinhalten, um auf dem QDM bzw. QDR zu verbleiben.

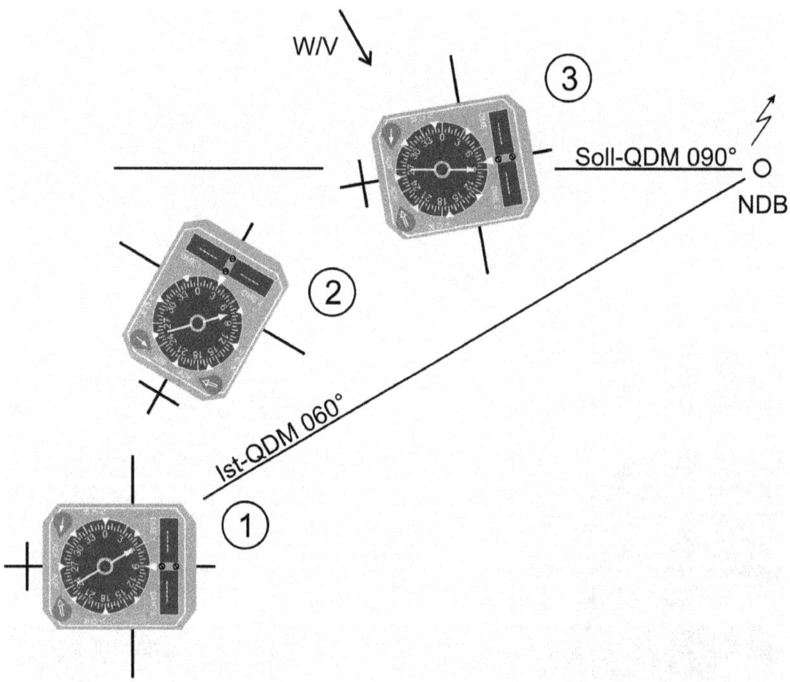

Abb. 7.4: Anschneiden und Halten vorgegebener QDM mit einem NDB

An der durch Ziffer (1) in Abbildung 7.4 gekennzeichneten Position beträgt das Ist-QDM 060°, das Soll-QDM beträgt 090°. Damit ist die Differenz 30°. Der Anschneidewinkel soll ebenfalls 30° sein. Da das Ist-QDM kleiner ist als das Soll ⇒ kleiner steuern, d.h. Anschneidewinkel vom Soll-QDM abziehen. Folglich ergibt sich als Anschneidekurs: 090° – (30° + 30°) = 030°. Bei Ziffer (2) ist dieser Steuerkurs erreicht, das QDM ist 075°, größer werdend. Ab etwa 5° vor dem Soll (QDM=085°) kann man mit dem Eindrehen auf das Soll beginnen, um nicht zu überschießen. Nach Erreichen des Soll ist der Steuerkurs die Summe aus dem Wert des Soll-QDM und dem WCA – bei Ziffer (3) beträgt der WCA –10° wegen Wind von links. Umgekehrt gilt beim Anschneiden von QDR für das Anbringen der Anschneidewinkel: Wenn Ist-QDR kleiner als das Soll ⇒ größer steuern, wenn Ist-QDR größer als das Soll ⇒ kleiner steuern.

7.1.1.4 Reichweite, Fehlercharakteristik und Genauigkeit

Abhängig von der Sendeleistung, der Frequenz, der Beschaffenheit des Bodens und des Geländeprofils, dem Ausprägungsgrad der Ionosphäre und der Flughöhe variiert die Reichweite, innerhalb derer die NDB-Signale nutzbar sind.

Bei einer Sendeleistung von 10 W beträgt die Reichweite etwa 20 km, bei 250 W mehr als 300 km. [28]

Tendenziell vergrößert sich die Reichweite mit geringerer Frequenz, weil die Funkwelle der Krümmung der EO besser zu folgen vermag. Glatte bzw. nasse Oberflächen wirken günstiger auf die Reichweite der Bodenwelle als raue Oberflächen, gebirgiges Geländeprofil bewirkt Abschattungen. In den Nachtstunden mit geringerer Ausprägung der Ionosphäre liegen die reflektierenden Schichten höher, wodurch nun die Raumwelle überwiegt und sich für Signale im Mittelwellenbereich größere Reichweiten durch Mehrfachreflexionen ergeben. Größere Flughöhen verringern die Effekte durch Oberfläche, Geländeprofil und Abschattungen. Der Vorteil von NDB ist die im Wesentlichen von der Sendeleistung abhängige Reichweite.

Die Fehlercharakteristik ergibt sich sowohl durch die Bodenanlage und die Ausbreitung der Funkwellen als auch aus dem Empfang durch die Bordanlage und dem flugtechnischen Fehler. Bezüglich der Ausbreitung gilt: Insbesondere an Küstenlinien erfolgt eine zunehmende Brechung des Signals, je steiler die Welle gegenüber der Küste einfällt. Rückstrahlobjekte im Ausbreitungsweg können Mehrwegeausbreitungen und Wegablenkungen verursachen, welche die Strahlungsrichtung verfälschen, sodass das NDB mit einer falschen Richtung gepeilt wird. Gebirgige Formationen führen zur Beugung des Signals. Atmosphärische Einflüsse wie nahe Gewitter können die Peilwerte vorübergend stark verfälschen. Bezüglich des Empfangs gilt: Systematische Fehler in der Bordanlage können meist kalibriert werden. Schräg gegenüber der Längsachse des Luftfahrzeugs einfallende Wellen verursachen die viertelkreisige Funkfehlweisung (quadrantal error). Schräglage z.B. im Kurvenflug erzeugt zusätzliche Fehlerkomponenten (slip error). Aus Letzterem entstehen oft Unzulänglichkeiten bei der Ablesung der Peilwerte und der Kursführung.

Aus Peilungen einer Vielzahl von NDB wurde international eine Standardabweichung von $\sigma = 8,5^\circ$ ermittelt. [28]

NDB haben mittlerweile nur noch eine untergeordnete Bedeutung, deren Außerdienststellung ist gemäß dem Zeitplan der Europäischen Kommission ab dem Jahr 2019 vorgesehen. [12]

7.1.2 Gerichtetes Funkfeuer

7.1.2.1 Bodenanlage

Dieses Richtsendesystem zur Azimutmessung arbeitet im Bereich der Ultra-Kurzwelle (UKW) auf den Frequenzen 108–117,95 MHz mit einem Kanalabstand von 50 kHz. Aus der horizontal polarisierten, mit einem Rund- und einem Richtstrahlanteil erzeugten Abstrahlung folgt die Bezeichnung **Drehfunkfeuer** (very high frequency omnidirectional radio range – VOR).

Die VOR-Bodenanlage wird gebildet aus: Rundstrahl- und Richtstrahlantenne, Sender in doppelter Ausführung, Felddetektor, Monitor, Modulationsgenerator und Energieversorgung. Der Monitor überwacht Netzspannung, Sendeleistung, Kennung und Modulation. Bei Ausfall des Primärsenders wird der Ersatzsender durch eine Umschalteinrichtung verzögerungsfrei aktiviert, um einen kontinuierlichen Betrieb zu gewährleisten. Die Antennenposition wird wiederum als Punktsignatur gemeinsam mit Koordinaten, Frequenz, Bezeichnung der Anlage und Buchstabenkennung in den Navigationskarten angegeben. Abbildung 7.5 zeigt eine Doppler VOR.

Das Antennensystem erzeugt sowohl ein richtungsunabhängiges Bezugssignal als auch ein umlaufendes Signal, welches entweder durch einen rotierenden Dipol mit 30 Umdrehungen pro Sekunde (konventionelle VOR) oder bei modernen Anlagen elektronisch durch das sequentielle Schalten von kreisförmig angeordneten Einzelstrahlern erzeugt wird. Letzteres Wirkungsprinzip wird von Doppler VOR (DVOR) angewendet, welche aufgrund einer größeren Antennenbasis präzisere Azimutinformationen abstrahlen.

Abb. 7.5: DVOR/DME-Bodenstation Ottersberg (OTT) ©*DFS Deutsche Flugsicherung GmbH*

Die Justierung der VOR bzw. DVOR ist so, dass eine Phasendifferenz von Null genau in jener Richtung von der Anlage aus erreicht wird, welche der lokalen missweisenden Nordrichtung entspricht. Abhängig von der Position des Empfängers gegenüber dem Antennensystem ergibt sich jeweils eine messbare Phasenverschiebung zwischen

Bezugs- und umlaufendem Signal, welche der missweisenden Richtung von der Bodenstation zum Bordempfänger entspricht.

Bei einem DVOR setzt sich das gesendete Gesamtspektrum zusammen aus: der Trägerfrequenz f_0, den Seitenbändern des Bezugssignals $f_0 \pm 30Hz$, den Seitenbändern der Kennung $f_0 \pm 1020Hz$ und den Seitenbändern des frequenzmodulierten Hilfsträgers des umlaufenden Signals $f_0 \pm 9960Hz$. Der Hilfsträger ermöglicht die Unterscheidung der Strahlungsanteile durch den VOR-Empfänger. [28]

Da für den Bordempfänger das Zustandekommen der Richtwirkung unerheblich ist, werden im Folgenden konventionelle VOR und DVOR einheitlich unter dem Begriff *VOR* zusammengefasst.

7.1.2.2 Bordanlage

Die VOR-Bordanlage besteht aus: zwei UKW-Empfangsantennen auf der Rumpfoberseite bzw. am Seitenleitwerk, zwei UKW-Empfänger, Auswerteeinheit, Bedien- und Anzeigegerät sowie Energieversorgung aus dem Bordstromnetz.

Durch den Empfänger ist, entsprechend dessen Position gegenüber dem gewählten VOR, eine der 360 diskreten Radialstandlinien bestimmbar, welche dem QDR entspricht. Dabei erfolgt die Auswertung des empfangenen Signals durch Phasendifferenzmessung zwischen Bezugsphase und Umlaufphase – der Wert der Differenz entspricht dem Azimut.

Die Auswahl eines VOR geschieht im Normalbetrieb durch Eingabe der Kennung in die RADNAV-page über die MCDU – siehe Abbildung 7.1. Ferner kann im CRS-Fenster die gewünschte Radialstandlinie eingegeben werden. Hier wurde das DVOR/DME OTT mit der Frequenz 112,30 MHz gewählt (LSK 1R). Dies wird als *manual tuning* bezeichnet. Findet ein solches nicht statt, erfolgt ein *automatic tuning* der empfangbaren VOR durch den FMGC. Bei Ausfall der MCDU kann die VOR-Frequenz über das RMP nach der Schaltung NAV/VOR anschließend im oberen rechten Fenster eingegeben und durch Transfer nach links aktiviert werden – siehe Abbildung 7.2.

Der vom Empfänger erzeugte Peilwert wird an ND (in der Schaltung VOR auf dem EFIS Control-Panel) und DDRMI übermittelt und dort angezeigt. An der Spitze und am Ende der Anzeigenadel können die Peilwerte abgelesen werden – siehe Abbildung 7.3. Für eine VOR-Anzeige müssen sich die Schalter links und rechts unten jeweils in der Stellung VOR befinden. Eine alternative Darstellung der navigatorischen Information ist die Kursablageanzeige[18] (course deviation indication), welche für das ND durch die Schaltung VOR realisiert wird.

18 Diese entspricht dem klassischen Gerät älterer Bauart *HSI* (horizontal situation indicator).

7.1.2.3 Auswertung der navigatorischen Informationen

Die navigatorischen Informationen sind Radialstandlinien, auch kurz als *Radial* bezeichnet. Auf der Anzeige des DDRMI werden diese als QDR interpretiert. Abbildung 7.6 zeigt die Visualisierung einer Radialstandlinie auf einem ND als Kursablageanzeige.

Auf der linken Seite der Abbildung wurde das Radial 000° gewählt, was am Zahlenwert der Kursrose unter der Zeigerspitze abgelesen werden kann – Ziffer (1). Die Eingabe des gewählten Radials geschieht über die RADNAV-page[19]. Der Ablagebalken ist leicht nach links ausgewandert – Ziffer (2). Der Steuerkurs unter der Kursmarke oben beträgt 350° – Ziffer (3). Die darstellbare Kursablage beträgt 5° nach jeder Seite, d.h. jeder der zwei kleinen Kreise links und rechts symbolisiert eine Ablage von 2,5° – Ziffer (4). Das durch Ziffer (5) gekennzeichnete Dreieck ist die FROM-Anzeige.

Diesen Fall kann man wegen der FROM-Anzeige als QDR interpretieren. Das Luftfahrzeug befindet sich nördlich der Bodenstation etwa 1,5° rechts des gewählten Radials. Daher ist eine Korrektur des Steuerkurses nach links erforderlich, um das Radial zu erreichen und auf diesem zu verbleiben. Somit ist der Kursablagebalken in diesem Fall eine Kommandoanzeige.

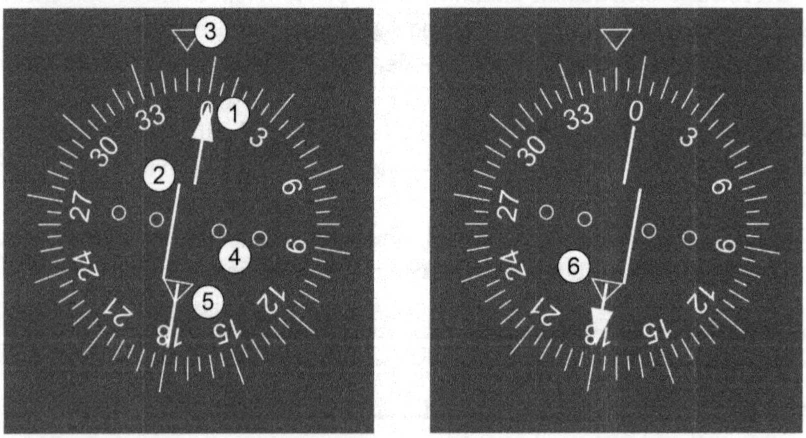

Abb. 7.6: VOR-Kursablageanzeige auf einem ND

Die rechte Seite von Abbildung 7.6 gilt für dieselbe Position des Luftfahrzeugs. Hier ist die navigatorische Information spiegelbildlich und als QDM zu interpretieren aufgrund der TO-Anzeige – Ziffer (6). Mit dem anliegenden Steuerkurs kann die Bodenstation jedoch nie erreicht werden. Wegen dieser Zweideutigkeit sollte der Hinflug zu einem

19 Bei den früheren analogen Geräten konnte man das Radial direkt durch Verdrehen des Zeigers oder der Kursrose mit einem *omni bearing selector* (OBS) auswählen.

VOR immer mit einer TO-Anzeige und der Wegflug immer mit einer FROM-Anzeige durchgeführt werden. Immer dann, wenn der Steuerkurs im Halbkreis $Radial \pm 90°$ liegt, ist der Ablagebalken eine Kommandoanzeige für Kurskorrekturen. Ein Entfernungswert zur Bodenstation wird ohne Weiteres nicht gegeben, jedoch erkennt man den Überflug der Station am Wechsel von TO auf FROM bzw. umgekehrt.

VOR ermöglichen die Positionsbestimmung durch Kreuzpeilung zu zwei Bodenstationen und den Radialflug hin zu einer Bodenstation oder weg von einer Solchen. Ferner sind VOR Bezugspunkt für Warteverfahren und Instrumentenlandeanflüge (VOR-approach).

7.1.2.4 Reichweite, Fehlercharakteristik und Genauigkeit

Die Nutzungsreichweite eines VOR wird vor allem durch die quasioptische Ausbreitung der abgestrahlten elektromagnetischen Wellen im UKW-Frequenzbereich bestimmt. Bei Wegfall der Raumwelle reichen die Signale durch eine geringe Beugung nur kurz hinter den Horizont. Damit ist die Reichweite im Wesentlichen abhängig von der Flughöhe. Eine überschlägige Berechnung ist möglich mit der Beziehung:

$$R = 1,23 \cdot \sqrt{h} \tag{7.1}$$

R ist hier die Reichweite in [nm] und h die Flughöhe über Grund in [ft].

Aber auch das Umgebungsgelände der Bodenstation und reflektierende Objekte im Ausbreitungsweg wirken sich auf die Reichweite und die Qualität der Azimutinformation aus. Durch die Aufstellung der DVOR-Antennen auf einem quadratischen Gitterrost (Gegengewicht) in mehreren Metern Höhe über dem Boden werden nachteilige Effekte durch die Bodenbeschaffenheit verringert und die vertikale Abstrahlung verbessert.

VOR haben gegenüber gegenüber NDB den Vorteil, dass die UKW-Frequenzen weniger empfindlich gegenüber atmosphärischen Störungen sind und dass die Richtwirkung größer ist mit dem Ergebnis genauerer Azimutmessungen. Nachteilig ist die geringe Reichweite, wodurch ein dichtes Netz von VOR erforderlich ist und die Nutzbarkeit über offener See entfällt. Direkt über einem VOR gibt es keinen Empfang (Schweigekegel), sodass eine präzise Navigation hier nicht möglich ist und der Überflug nicht genau festgestellt werden kann.

Der VOR-Systemfehler (total system error – TSE) resultiert aus dem Fehler auf der Sendeseite (ground equipment error – GEE), dem Fehler auf der Empfangsseite (airborne equipment error – AEE) und dem flugtechnischen Fehler (flight technical error – FTE) nach der Beziehung: [28]

$$TSE = \sqrt{GEE^2 + AEE^2 + FTE^2} = \sqrt{(1,7°)^2 + (2,7°)^2 + (2,5°)^2} = 4,05° \tag{7.2}$$

Für die Planung von VOR-basierten Flugverfahren gilt damit ein Wert für die Genauigkeit der Kurshaltung von kleiner 5°, welcher in 95% der Nutzungszeit nicht überschritten werden soll.

Gemäß dem Zeitplan der Europäischen Kommission ist ab dem Jahr 2019 ein minimales operationelles Netzwerk von VOR vorgesehen. [12]

7.1.3 Funk-Entfernungsmessanlage

Funk-Entfernungsmessanlagen (distance measuring equipment – DME) arbeiten mit aktiver Rückstrahlortung (Zweiwegelaufzeitmessung). Dabei sind die Messgrößen: Laufzeit des Abfragesignals, eine feste Zeitverzögerung und Laufzeit des Antwortsignals. Die Betriebsfrequenzen 962–1213 MHz mit einem Kanalabstand von 1 MHz liegen im Bereich der Dezimeterwelle (ultra high frequency – UHF). Durch Verwendung von X- und Y-Kanälen werden die verfügbaren DME-Kanäle verdoppelt.

Der ICAO-Anhang 10 – *Aeronautical Telecommunications* unterscheidet DME/N und DME/P. Dabei findet DME/N (narrow spectrum characteristics) während des Streckenflugs und in den Nahverkehrsbereichen Anwendung. Für DME/P (precise distance measurement) sind die Anwendungen IA (initial approach) und FA (final approach) in Verbindung mit Präzisionsanflügen vorgesehen. [3]

7.1.3.1 Bodenanlage

Die Bodenanlage von DME setzt sich zusammen aus: Abfrageempfänger, Antwortsender (transponder), Verzögerungsglied, Modulations- und Verschlüsselungseinrichtungen, Antenne mit Sende-/Empfangsschalter, Monitor, Energieversorgung sowie Codier- und Decodiereinrichtungen.

Meist ist ein DME mit einem VOR zu VOR/DME gekoppelt bei koaxialer Aufstellung der Antennen, separate DME-Anlagen werden jedoch auch an Start- und Landebahnen errichtet. Deren Position wird als Punktsignatur gemeinsam mit Koordinaten, Frequenz, Bezeichnung und Buchstabenkennung in den Navigationskarten angegeben. DME ist ferner integraler Bestandteil des militärischen TACAN (tactical air navigation system). Abbildung 7.25 ist Beispiel für eine konventionelle VOR/DME-Bodenstation. Diese dient hier ferner als Basis der VDB-Antenne für GBAS – siehe Abschnitt 7.3.6.2.

Nach dem Eintreffen der ungerichteten Abfagen sendet die Bodenanlage nach einer Verzögerungszeit $t_V = 50 \mu s$ (X-Kanäle) bzw. $56 \mu s$ (Y-Kanäle) ungerichtete Antwortsignale, welche nach dem Eintreffen durch die Bordanlage ausgewertet und in eine Entfernung umgerechnet werden.

7.1.3.2 Bordanlage

Für DME sind die Komponenten der Bordanlage: Abfragesender (interrogator), Antwortempfänger/Auswertegerät, zwei UHF-Antennen an der Rumpfunterseite mit Sende- und Empfangsschalter, Bedien- und Anzeigegerät, Codier- und Decodiereinrichtungen sowie Energieversorgung aus dem Bordstromnetz.

Ein DME kann manuell entweder unter Verwendung der Kennung eines VOR/DME oder über die RADNAV-page der MCDU eingegeben werden – siehe Abbildung 7.1. Hierfür werden die Eingabefelder für das VOR genutzt – im Beispiel wurde das DME DMS mit der Frequenz 115,00 (LSK 1L) gewählt. Alternativ geschieht die Auswahl automatisch durch den FMGC entsprechend den empfangbaren DME-Stationen. Angezeigt werden die Entfernungswerte auf dem ND und in den beiden oberen Fenstern des DDRMI – siehe Abbildung 7.3.

Für die Frequenzwahl werden nicht die DME-Kanäle direkt verwendet, sondern UKW-Frequenzen, welche sich aus einer festgelegten Kanal/Frequenz-Zuordnung ergeben.

Die Bordanlage arbeitet in zwei Betriebsarten: Nach dem Rasten einer neuen Frequenz oder bei Signalverlust erfolgt **Suchbetrieb** (search). Während diesem werden 120–150 Abfrageimpulspaare pro Sekunde gesendet. Etwa 5% der Nutzungszeit ist Suchbetrieb. Der normale Modus ist **Nachlaufbetrieb** (tracking), in welchem die Abfragerate auf 25–30 Impulspaare pro Sekunde reduziert wird. Dieser umfasst 95% der Betriebszeit. Bei Wegbleiben der Antwortimpulse bis zu 10 Sekunden, z.B. wegen Abschattung der Signale durch Schräglage im Kurvenflug, läuft das Zählwerk mit gleicher Geschwindigkeit weiter (velocity memory), danach wird auf Suchbetrieb umgeschaltet.

7.1.3.3 Impulsformat

Vom Luftfahrzeug werden ungerichtete Abfragesignale als Doppelimpulse und Doppelimpulsfolge mit einer bestimmten Wiederholfrequenz gesendet. Durch Doppelimpulse wird eine Verwechslung mit zufällig eintreffenden Radar-Einzelimpulsen vermieden. Das Format dieser Impulse wird durch Abbildung 7.7 veranschaulicht.

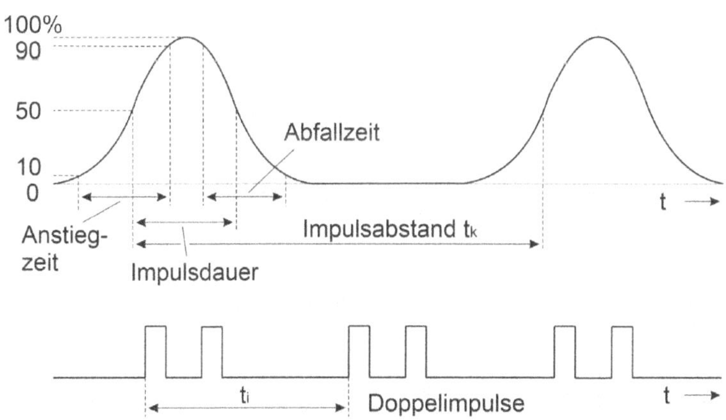

Abb. 7.7: Impulsformat der DME-Signale, nach [28]

Hier ist das 50%-Niveau der Amplitude an der Impulsvorderflanke der Bezug für die Impulsdauer und den Abstand t_k zweier aufeinanderfolgender Impulse. Durch Festlegung von $t_k = 12\mu s$ werden 63 X-Kanäle geschaffen und mit $t_k = 30\mu s$ entstehen 63 Y-Kanäle. Bordempfängerseitig wird ein entsprechendes 12- bzw. $30\mu s$-Fenster gebildet. Bei den gesendeten Abfragesignalen gilt entsprechend für die X-Kanäle $t_k = 12\mu s$, jedoch für die Y-Kanäle $t_k = 36\mu s$. Der zeitliche Abstand t_i der Doppelimpulse ist für jedes Abfrage-/Antwortpaar individuell, sodass jedes Luftfahrzeug ein individuelles Antwortsignal in der „Sprache" der Abfrage erhält.

7.1.3.4 Auswertung der navigatorischen Informationen

Angezeigt wird eine Schrägentfernung (slant range) in [nm]. Da die IFR-Flugverfahren unter Verwendung der Schrägentfernung konstruiert werden, ist die Umrechnung in eine horizontale Entfernung meist nicht erforderlich. Mit der gekoppelten Version VOR/DME ist die eindeutige Positionsbestimmung möglich (θ/ρ – Azimut/Funkentfernung). Des Weiteren werden DME an Start- und Landebahnen aufgestellt, um im Ab- und Anflug eine direkte Entfernungsreferenz zu bieten.

Die aus den gemessenen Schrägentfernungen resultierenden Kreisstandlinien werden vom FMGC zur Berechnung der Position aus Standlinienschnitt verwendet. DME bildet damit eine wesentliche Komponente integrierter Navigationssysteme.

Ein besonderes Verfahren ist der Kreisbogenanflug (DME-arc), bei welchem ein kreisförmiger Flugweg unter Einhaltung eines definierten DME-Werts erfolgt. Dieses realisiert häufig den Übergang aus dem Streckenflugsegment in den Endanflug (STAR), wie in Abbildung 7.8 dargestellt, oder dient als Abflugverfahren (SID).

Dabei folgt man einem Kreisbogen mit vorgegebenem Radius zu einem VOR/DME unter gleichzeitiger Verwendung von QDM-Werten. Bei Ziffer (1) der gezeigten Situation bewegt sich das Luftfahrzeug auf dem definierten Radial 010° zum VOR/DME hin (Radial inbound). Das QDM beträgt 190° (Radial bzw. QDR ±180°). In der Entfernung vom 18 DME wird bei einer Geschwindigkeit von maximal 250 kt eine Linkskurve auf den Steuerkurs 110° eingeleitet. Dies ist eine Kursänderung von 80° (190° – 80° = 110°). Bei Ziffer (2) ist diese Kurve beendet, die Entfernung von 16 DME ist erreicht und die Seitenpeilung beträgt nun 085°. Der Steuerkurs von 110° wird solange beibehalten, bis die Seitenpeilung 095° beträgt. Nun muss der Steuerkurs um 10° vergrößert werden, bis der Wert der Seitenpeilung wieder 085° ist. Durch diese schrittweise Veränderung des Steuerkurses jeweils um 10° erreicht man die Annäherung des Kreisbogens durch kleine gerade Sekantenstücke. Würde die Seitenpeilung bei 090° gehalten, wäre der Flugweg tangential als kontinuierliche Kurve (unendlich viele Kursänderungen). Bei den Ziffern (3) bzw. (4) wurde der Steuerkurs auf 140° bzw. 170° vergrößert, bei Ziffer (5) schneidet das Luftfahrzeug den Endanflugkurs von 280° unter einem Winkel von 30° an. Der Endanflug und damit der weitere Sinkflug beginnt hier bei 7 DME (final approach fix – FAF). Somit beträgt die Länge des Endanflugs 8 nm, da das VOR/DME 1 nm vor der Start- und Landebahn aufgestellt ist.

Soll einem DME-arc entgegengesetzt dem Uhrzeigersinn gefolgt werden, wird die anfängliche Kursänderung von 80° aus Ziffer (1) selbstverständlich addiert und die anschließenden 10°-Kursänderungen werden subtrahiert.

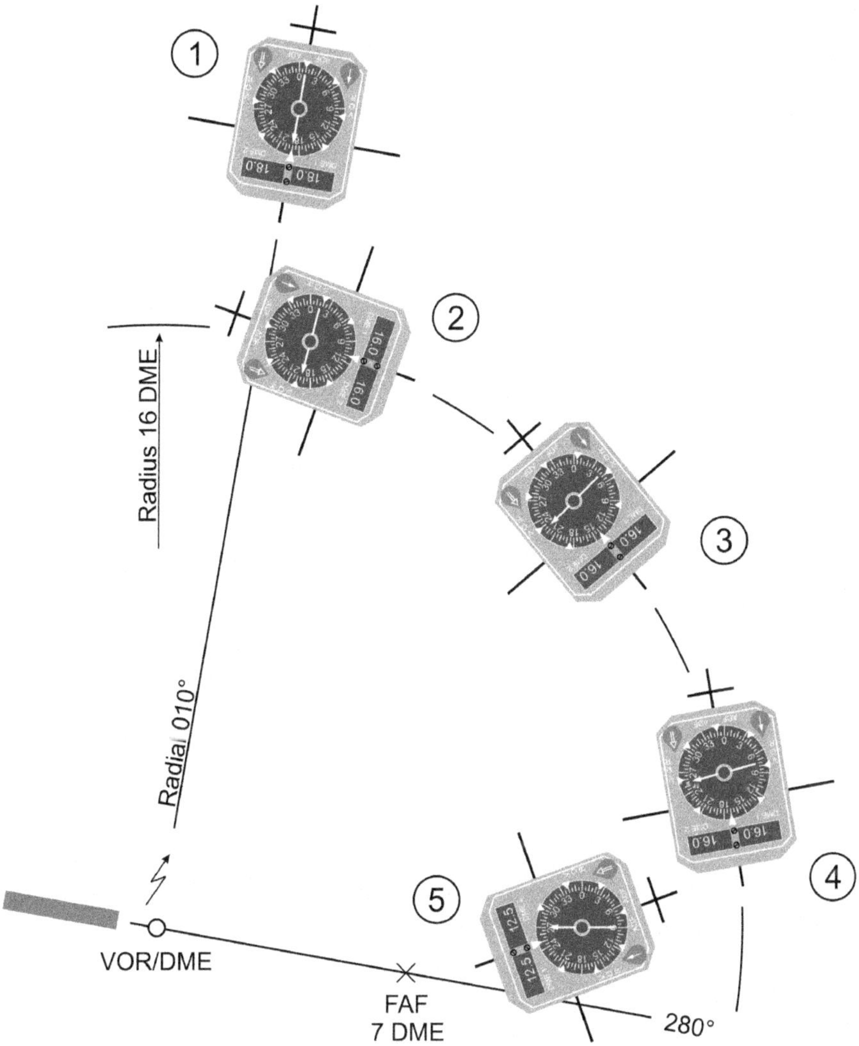

Abb. 7.8: Beispielsituation für einen DME-arc

7.1.3.5 Reichweite, Fehlercharakteristik und Genauigkeit

Die Reichweite (auf maximal 200 nm festgelegt) der sich quasioptisch ausbreitenden UHF-Signale ist abhängig von der Flughöhe und indirekt abhängig von der Anzahl der Luftfahrzeuge, welche die Sendeleistung der Bodenanlage bestimmt.

Für eine DME-Anlage ist die Anzahl der möglichen Nutzer durch maximal 100 gleichzeitige Abfrage-/Antwortpaare beschränkt. Bei Überschreiten dieses Maximums wird die Empfangsempfindlichkeit der Bodenanlage verringert. Damit ist die DME-Nutzungsreichweite primär energetisch bestimmt. Diese Zahl ergibt sich aus der Beziehung:

$$n = \frac{3000}{0,05 \cdot 120 + 0,95 \cdot 25} = 100 \tag{7.3}$$

In dieser Gleichung ist n der maximale ganzzahlige Wert der durch eine Bodenstation bedienbaren Luftfahrzeuge. Der Zähler ist die maximale Zahl der Doppelimpulse pro Sekunde, die Zahlen im Nenner ergeben sich aus der prozentualen Nutzung im Suchlauf und im Nachlauf.

Bei den meisten Abfragegeräten wird der zweite Impuls des Antwort-Doppelimpulses zur Zeitmessung benutzt. Durch Mehrwegeausbreitung können zusätzliche Impulse auftreten, welche wegen des längeren Wegs verzögert sind und daher leicht mit dem zweiten Impuls zusammenfallen können. Dadurch ändert sich dessen Form, insbesondere die Vorderflanke, wodurch Messfehler entstehen. Eine weitere Fehlerquelle ist die Zeitverzögerung t_V in der Bodenstation. Eine Ungenauigkeit bei t_V von $\pm 0{,}2 \mu s$ ergibt bereits einen Entfernungsfehler von ±30 m. [28]

Für DME/N soll der durch die Bodenanlage verursachte Entfernungsfehler in 95% der Betriebszeit höchstens ±340 m (±0,183 nm) oder 1,25% der gemessenen Entfernung betragen. Der Anteil der Bordanlage am Entfernungsfehler soll ±315 m (±0,17 nm) oder 0,25% der angezeigten Entfernung nicht übersteigen, dabei gilt der größere Wert. [3]

7.1.4 Instrumentenlandesystem

Das Instrumentenlandesystem (instrument landing system – ILS) ist die international standardisierte Anlagentechnik, welche Präzisionsanflüge ermöglicht. Das alternative Mikrowellenlandesystem (microwave landing system – MLS) konnte sich nicht durchsetzen. Grundsätzlich bietet ein Präzisionsanflugsystem sowohl Kurs- als auch Gleitwegführung.

7.1.4.1 Bodenanlage

Die Signale eines Landekurs- und eines Gleitwegsenders dienen der horizontalen und vertikalen Führung, der ideale Anflugweg entsteht im Schnitt der beiden Leitebenen. Auch nach der Landung wird die Führung entlang der Mittellinie der Start- und Landebahn gewährleistet. Senkrecht strahlende Einflugzeichensender dienen der Abstandsbestimmung zur Aufsetzzone – siehe Abbildung 7.9.

Landekurs (localizer – LOC bzw. LLZ), Gleitweg (glidepath bzw. glideslope – GP bzw. GS) und Markierungsfunkfeuer als Vor- und Haupteinflugzeichen (outer marker, middle marker, inner marker – OM, MM, IM[20]) sind unabhängig voneinander arbeitende Systeme. Diese werden jeweils gebildet aus: Sender/Reservesender, Modulator, Sendeantennensystem, Strom-/Notstromversorgung sowie Überwachungseinheit mit Felddetektoren (Fern- und Nahkontrolle für LOC, Nahkontrolle für GP), ferngesteuert und fernüberwacht vom Kontrollturm. Alternativ zu den Markierungsfunkfeuern können definierte DME-Werte für die Entfernungs-/Höhenkontrolle verwendet werden. In allen Fällen können die Sollhöhen der IAC entnommen werden.

Der LOC arbeitet im UKW-Bereich auf den Frequenzen 108,10–111,95 MHz, die fest zugeordneten GP-Frequenzen im UHF-Bereich sind 328,6–335,4 MHz. OM und MM senden auf der Frequenz 75 MHz. Die akustische Stationskennung ist mit 1020 Hz moduliert. Eine optische Referenz wird durch die Anflugbefeuerung geboten.

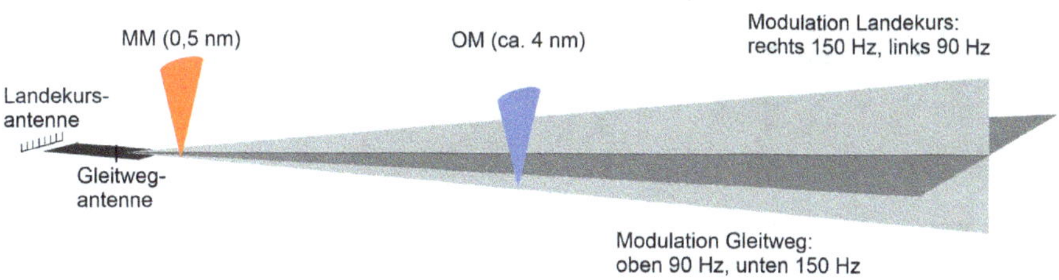

Abb. 7.9: Konzeption des ILS mit den Komponenten der Bodenanlage

Landekurs- und Gleitwegsendeanlagen arbeiten nach der Einfrequenz- oder Zweifrequenzmethode. Zweifrequenzanlagen erzeugen je zwei RF-Träger, deren Frequenzen um ±4,75 kHz (LOC) sowie ±9 kHz (GP) gegenüber der Bezugsfrequenz f_0 versetzt sind. So wird die Abstrahlung sowohl einer schmalen (course) als auch einer breiten Richtcharakteristik (clearance) ermöglicht. Für das Course-Signal des LOC gilt: $f = f_0 - 4,75$ kHz; für das Clearance-Signal gilt: $f = f_0 + 4,75$ kHz. Analog werden die Frequenzen des GP gebildet. Dies stellt eine präzise Führung während des Endanflugs, aber auch die Groborientierung für das Anschneiden von LOC und GP sicher.

Das Antennensystem, welches die schmale Richtcharakteristik (Landekurs ±5°) erzeugt, besteht aus einer Reihe von 12 bis 20 Einzelantennen (Dipolzeilen) in einer Höhe von ca. 2 m über dem Boden, die breite Charakteristik (Landekurs ±35°) entsteht durch drei bis fünf Antennen in einer Höhe von 3–4 m. Ein aus Metallstäben gebildeter Reflektor unterdrückt rückseitige Abstrahlung. Die Richtcharakteristik erhält man durch Phasenwinkeldifferenzen der eingespeisten Sröme in die Einzelantennen, welche

20 Das *IM* ist bei modernen Anlagen meist nicht mehr vorhanden.

durch den Leistungsverteiler gesteuert werden. Der Bereich rechts der Anfluggrundlinie ist durch eine Modulation von 150 Hz, der Bereich links ist durch eine Modulation von 90 Hz ausgewiesen.

Abb. 7.10: Landekurs-Sendeantenne (Typ Thales 420, Flughafen München, ILS 08R) ©*DFS Deutsche Flugsicherung GmbH, H.-J. Koch*

Abbildung 7.10 zeigt eine Landekursantenne bestehend aus 12 Dipolzeilen für die schmale Richtcharakteristik und drei Dipolzeilen für die breite Charakteristik. Man beachte, dass diese Sendeantenne den Landekurs für die entgegengesetzte Richtung zur gezeigten Landung erzeugt. Gut erkennbar ist ein Teil der Anflugbefeuerung.

Die Gleitwegantennen mit zwei Dipolzeilen für Einfrequenzanlagen oder drei Dipolzeilen für Zweifrequenzanlagen sind an einem Mast neben der Start- und Landebahn, querab der Aufsetzzone übereinander montiert. Mit dem Standardgleitwinkel von −3° (5,2%) ist die Bezugshöhe über der Schwelle der Start- und Landebahn 15 m. Grundsätzlich ist sowohl eine symmetrische als auch eine asymmetrische Abstrahlung der GP-Signale möglich. Moderne Anlagen nutzen die letztere Variante mit einem geringeren Strahlungsanteil unterhalb des Gleitwegs, um störende Bodenechos zu vermeiden. Die Modulation der Signale ist oberhalb des Gleitwegs 90 Hz und unterhalb 150 Hz.

Abbildung 7.11 zeigt den Antennenmast eines Gleitwegsenders mit drei Dipolzeilen und damit einem Clearance-Signal. Der Streifen rechts unten ist die Reflektorfläche, im Shelter links sind Sender, Stromversorgung, Klimaanlage und Steuereinheit untergebracht.

Für den Bordempfänger sind Landekurs- und Gleitwegebene jeweils durch Gleichheit der Modulationsgrade des mit 90 Hz (m_{90}) und des mit 150 Hz (m_{150}) modulierten

RF-Trägers gekennzeichnet. Die Messung der Modulationsgraddifferenz (difference in depth of modulation – DDM) ergibt jeweils die relative Position zur Sollebene:

$$DDM = m_{90} - m_{150} \tag{7.4}$$

Bei $DDM \neq 0$ überwiegt ein Modulationsgrad, was Abweichung vom Soll bedeutet; bei $DDM = 0$ befindet sich das Luftfahrzeug exakt auf dem Landekurs bzw. Gleitweg.

Abb. 7.11: Gleitweg-Sendeantenne (Typ Thales 420, Flughafen München, ILS 26L) ©*DFS Deutsche Flugsicherung GmbH, H.-J. Koch*

7.1.4.2 Bordanlage

Die ILS-Bordanlage umfasst: zwei UKW-Empfangsantennen für den LOC und zwei UHF-Empfangsantennen für den GP jeweils unter der Radome im Bug, eine Empfangsantenne für die MKR an der Rumpfunterseite, zwei Empfänger,[21] Auswerte-, Bedien- und Anzeigegerät sowie Energieversorgung aus dem Bordstromnetz. ILS-bezogene Informationen werden auf dem PFD und dem ND präsentiert.

Im Normalbetrieb wird ein ILS über die LEGS-page der MCDU/LSK 6L DEST durch Auswahl des Anflugs im APPR-Menü selektiert. Alternativ kann die LOC-Kennung auf der RADNAV-page bei LS (landing system) direkt eingegeben werden – siehe Abbildung 7.1. Bei LSK 3L ist hier das ILS IMSW (München – südliche Start- und Landebahn, Richtung Westen) mit der LOC-Frequenz 108,30 MHz aktiviert (Landekurs 261°, Gleitweg −3°).

21 Die ILS-Empfänger sind bei Airbus in MMR1 und MMR2 integriert, das MKR-System ist in den VOR-Empfänger 1 integriert.

7.1.4.3 Auswertung der navigatorischen Informationen

Die Abbildungen 7.12 und 7.13 zeigen, wie LOC und GP auf dem ND (in der Schaltung LS des hier nicht dargestellten EFIS-control-panel) präsentiert werden. Die Führungssignale sind als Kommandos zu interpretieren und entsprechend umzusetzen.

In Abbildung 7.12 bezieht sich Ziffer (1) auf den magentafarbenen Kursablageanzeiger für das ILS-DME OEN[22] mit der Frequenz 108,10 MHz. Dieser ist auf den Landekurs 340° eingestellt. Die Kursablage ist Null, d.h. das Luftfahrzeug befindet sich exakt auf der Anfluggrundlinie. Die zwei kleinen weißen Kreise (dots) jeweils rechts und links sind das Maß für die Kursablage. Jeder dot entspricht einer Abweichung vom LOC von 0,5°. Unter Ziffer (2) zeigt die grüne Raute den Kurs über Grund (track – TRK) an – dieser entspricht hier genau dem Soll. Nach den Wind- und Geschwindigkeitsdaten bei Ziffer (3) ergibt sich bei einer geringen Seitenwindkomponente von links, mit dem erforderlichen WCA ein Steuerkurs (heading – HDG) von 336°.

Grundsätzlich sollte das Anschneiden des GP von unterhalb aus dem Horizontalflug geschehen, um zu vermeiden, dass im Sinkflug einer Nebenkeule gefolgt wird.

Der Sinkflug auf dem 3°-Gleitweg beginnt aus 3000 ft bei DME 7,4 OEN und führt zum Minimum von 794 ft (Luftfahrzeugkategorie C) bzw. 804 ft (Luftfahrzeugkategorie D). Die Gleitwegablage bei Ziffer (4) ist Null, d.h. dem Gleitweg wird exakt gefolgt. Die jeweils zwei dots ober- und unterhalb sind ein Maß für die Gleitwegablage, von denen jeder einer Abweichung von 0,1° entspricht. Die korrekte Sinkrate (rate of descent – ROD), um auf dem GP zu verbleiben, ist von der Geschwindigkeit über Grund (groundspeed – GS) abhängig. Deren numerischer Wert kann nach der Faustformel $ROD = \frac{GS}{2}$ berechnet werden. Bei der aktuellen GS von 148 kt ist der adäquate ROD-Wert 750 ft/min, welcher auf dem Variometer[23] angezeigt wird.

Die weiße Nadel bei Ziffer (5) zeigt als ergänzende Information laufend das QDM zu dem manuell (M) gewählten VOR/DME FMD, welches sich östlich des Flughafens befindet. Der DME-Wert ist in der unteren rechten Ecke des ND sichtbar – siehe Ziffer (6). FMD ist insofern relevant, da ein möglicher Fehlanflug dorthin führt. Den DME-Wert, bezogen auf OEN kann man bei Ziffer (7) ablesen.

In der durch Abbildung 7.13 gezeigten Situation, weicht das Luftfahrzeug vom LOC und GP ab, sodass Änderungen von Steuerkurs und Sinkrate erforderlich sind, um auf den Soll-Anflugweg zurückzukehren. Mit Annäherung an die Start- und Landebahn hat sich die Flughöhe verringert und der Wind ist zurückgedreht sowie schwächer geworden – jedoch hat sich die Seitenwindkomponente verstärkt. Mit unverändertem HDG beträgt die Abweichung nun etwa 0,4° nach rechts. Die HDG-Korrektur nach links sollte etwa 10° sein.

Da sich die GS auf 140 kt verringert hat, ist die entsprechende ROD ebenfalls geringer (700 ft/min). Mit unverändertem Wert ist das Luftfahrzeug folglich unter den

22 ILS der Start- und Landebahn 34 in Wien

23 Variometer und auch Höhenanzeige befinden sich auf dem PFD.

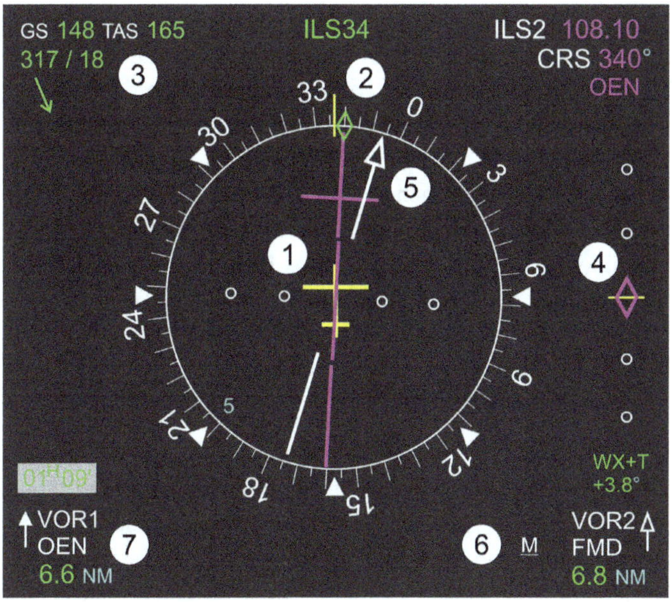

Abb. 7.12: ND-Anzeige für einen ILS-Anflug mit Situation auf LOC und auf GP, Airbus A320-Flugzeugfamilie

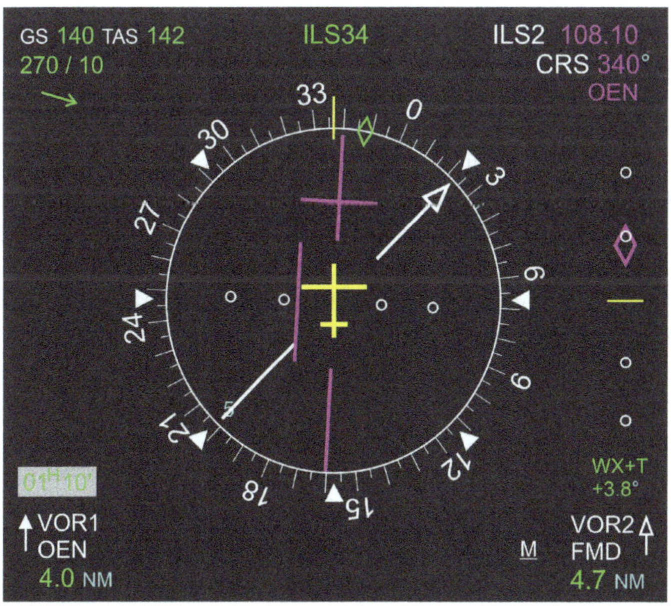

Abb. 7.13: ND-Anzeige für einen ILS-Anflug mit Situation rechts vom LOC und unterhalb des GP, Airbus A320-Flugzeugfamilie

GP geraten, was eine zusätzliche Verringerung der ROD und damit eine Korrektur nach oben erfordert. Zu beachten ist, dass mit Annäherung an die Start- und Landebahn die Korrekturen für LOC und GP zunehmend sensibler bzw. filigraner durchgeführt werden müssen.

Die Position 4 DME OEN entspricht traditionell dem Standort des OM. Hier muss sich das Luftfahrzeug in der laut IAC vorgegebenen Flughöhe (1877 ft) befinden. Grundsätzlich wird der Überflug eines OM durch eine akustische Strich-Kennung (400 Hz) signalisiert, bei Passieren eines MM wird eine Strich-Punkt-Kennung (1300 Hz) hörbar. Mit dem anschließenden Erreichen der Entscheidungshöhe (Minimum) endet der Anflug nach Instrumenten. Hier entscheidet der Pilot, ob der Anflug bei hinreichendem Sichtkontakt zur Landung fortgesetzt werden kann oder durchgestartet werden muss.

7.1.4.4 Reichweite, Fehlercharakteristik und Betriebsstufen

Die Sollüberdeckung des LOC beträgt 10° beiderseits der verlängerten Anfluggrundlinie innerhalb von 25 nm, bezogen auf die Antenne. Der Bereich von 35° beiderseits der Grundlinie soll bis zu einem Abstand von 17 nm überdeckt werden. Die Abstrahlung des Gegenkurses soll im Bereich von 5° beiderseits der Mittellinienverlängerung erfolgen. GP-Signale müssen innerhalb von 10 nm bezüglich der Antenne den Winkel von 8° beiderseits der Anfluggrundlinie zuverlässig überdecken. [3]

Landekurs und Gleitweg sind genauigkeitsmäßig im Wesentlichen durch die Ausbreitungsbedingungen der Funksignale determiniert. Problematisch können Gelände, reflektierende Objekte und Fahrzeuge in der Umgebung der Sendeanlagen sein. Durch Reflexion verursachte Mehrwegeeffekte können zu Signalüberlagerungen im Bordempfänger führen, welche Schwankungen der Kursanzeige zur Folge haben. In geringer Entfernung von der Landekursantenne ergeben sich kurzperiodische Zacken (scallopings), bei größerem Abstand sind Schwankungen bzw. einseitige Ablagen und Kurskrümmungen (bends) möglich. Die Abstrahlung des Gleitwegs erfolgt über eine Reflektorfläche am Boden, welche frei von Kontamination sein sollte. Die Sensibilität der Signale macht die Festlegung und Absteckung sogenannter sensibler/kritischer Bereiche für die LOC- und die GP-Antenne erforderlich, welche während des Betriebs von Fahrzeugen und Personen freizuhalten sind.

Das Maß für die Zuverlässigkeit einer ILS-Anlage ist die MTBO (mean time between outages) als mittlerer Zeitraum, in welchem eine Anlage fehlerfrei arbeitet.

---

i Dabei betrachtet man die MTBO-Werte für LOC und GP getrennt. Für den LOC werden mindestens 4000, für den GP mindestens 2000 fehlerfreie Betriebsstunden gefordert.

Die Ausfallwahrscheinlichkeit ist der Quotient aus Ausfallzeit und einer definierten fehlerfreien Betriebsstundenzahl. Für jede individuelle ILS-Anlage werden durch regelmäßige Flugvermessung (flight calibration) die folgenden Leistungsparameter jeweils für den Haupt- und den Reservesender überprüft: Kurslage, Phasenlage, Modulation der schmalen und der breiten Richtcharakteristik, Kursbreite, Überdeckung, Alarme und Kennungsabstrahlung.

Auf welche Flughöhe ein Luftfahrzeug ohne Erdsicht im Anflug sinken kann und auf welchen Abstand sich dieses damit der EO annähert, ist abhängig von der Hindernissituation in der Umgebung der Start- und Landebahn, der Präzision der Führung durch die Anflughilfen und von der Fähigkeit, bei einem Fehlanflug Höhe zu gewinnen. Dabei bestehen für die Bemessung der Entscheidungshöhe durch die Verfahrensplanung konstruktive Vorgaben sowie Mindestwerte für die Hindernisfreihöhen und Puffer. Das Kriterium für die Durchführbarkeit der Landung bei einem Instrumentenanflug ist grundsätzlich ein Mindestwert der Sicht am Boden.

Bezogen auf die meteorologische Sicht (visibility – VIS) bzw. die Landebahnsicht (runway visual range – RVR) werden drei Betriebsstufen (categories – CAT) definiert. Für diese gelten festgelegte Mindestwerte bezüglich RVR, Entscheidungshöhe und maximale seitliche Abweichung von der Mittellinie der Start- und Landebahn über deren Schwelle, welche der Tabelle 7.1 zu entnehmen sind. Die RVR wird für die Aufsetzzone, den Mittel- und den Endteil der Landebahn kontinuierlich durch Transmissiometer gemessen und übermittelt. Insbesondere schließt die RVR sämtliche Elemente der Befeuerung ein – dies sind die Lichter der Schwelle, der Mittellinie, der Aufsetzzone, des Endes und der Ränder der Start- und Landebahn. Eine definierte Hauptwolkenuntergrenze (ceiling) ist nicht mehr gefordert, da eine auf hohe Intensität eingestellte Anflugbefeuerung an der räumlichen Position des Minimums die Wolken meist zu durchstrahlen vermag.

Tab. 7.1: Definition der Betriebsstufen bei Präzisionsanflügen [3]

CAT	RVR [m]	Entscheidungshöhe [ft]	zulässige seitliche Abweichung [m]
I	550	200	±10,5
II	300	100	±7,5
IIIa	200	50	±3
IIIb	50	0	
IIIc	0	0	

Bei CAT I ist anstelle der RVR eine VIS von ≥800 m hinreichend. Anflüge der Betriebsstufen CAT II/III gelten als Allwetterflugbetrieb – hier müssen durch den jeweiligen Flughafen und die Flugsicherung bestimmte Maßnahmen (low visibility procedures – LVP), z.B. Freihalten der ILS-Schutzzonen, oft mit der Folge reduzierter Verkehrsraten, umgesetzt werden. Bordseitig geschieht die Bestimmung der Entscheidungshöhe bei CAT I barometrisch (decision altitude – DA) und bei CAT II/III als Funkhöhe (decision height – DH). Die Minima werden in den IAC für jede Start- und Landebahn individuell angegeben.

Präzisionsanflüge CAT II/III werden meist mit Flugregler (autopilot – AP) durchgeführt, welcher die Führungskommandos der Flugkommandoanlage (flight director – FD) nach vorheriger Aktivierung des Anflugs umsetzt. Ist eine automatische Schubsteuerung (autothrust – A/THR) verfügbar, kann unter bestimmten Voraussetzungen vom Piloten veranlasst werden, dass der AP die Landung und das Ausrollen durchführt.

Alternativ können diese Anflüge auf einigen Flugzeugmustern manuell mit einem *Headup guidance system (HGS)* durchgeführt werden – siehe Abbildung 7.14. Das durchsichtige Display (combiner) im oberen Teil der Abbildung wird direkt in das Sichtfeld des Piloten geklappt. Sämtliche für den Anflug notwendigen Daten sowie Führungssignale (guidance- und flightpath-cue) werden in das Display projiziert – somit muss der Pilot die Blickrichtung nicht ändern. Die dynamischen Größen werden vom Trägheitsnavigationssystem gewonnen und im HGS skaliert, um die erforderliche Sensibilität zu erreichen. Sobald Anflugbefeuerung und Aufsetzzone sichtbar werden, ist dies im Display erkennbar, sodass Landung und Ausrollen nach Sicht geschehen. Der untere Teil der Abbildung zeigt die Eingabeschnittstelle für die Anflugdaten. Eingegeben und aktiviert werden hier die Betriebsart des Anflugs (A III active, Rollout in standby), die Höhe der Schwelle (elevation – ELV = 1467 ft) und der Gleitwinkel (G/S = −3, 00°).

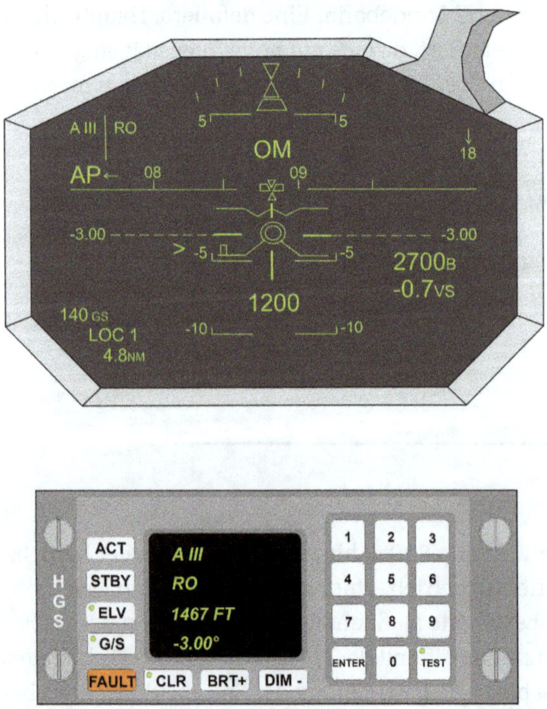

Abb. 7.14: Headup guidance system (Bombardier Canadair Regional Jet – CRJ)

In diesem Zusammenhang versteht man unter einem *Enhanced vision system (EVS)* den Einbezug der Daten weiterer Sensoren (z.B. von Infrarotkameras) zum Zweck der synthetischen Sichtdarstellung durch das HGS, wodurch eine Reduktion der erforderlichen Mindest-Sichtwerte ermöglicht wird.

Für die praktische Realisierung der ILS-Anflüge mit der dem Endanflug vorausgehenden leistungsbasierten Navigation – siehe Abschnitt 8.3.1.

7.2 Luftdaten und Trägheitsnavigation

7.2.1 Luftdaten

Die der Luftströmung ausgesetzten Sensoren am Rumpf des Luftfahrzeugs liefern Statischdruck, Gesamtdruck und Gesamtlufttemperatur. Der Staudruck wird berechnet als Differenz zwischen Statisch- und Gesamtdruck, die Außenlufttemperatur (outside air temperature – OAT) ergibt sich aus der Subtraktion der Stauwärme (ram rise) von der Gesamtlufttemperatur (total air temperature – TAT). Aus diesen Größen gewinnt ADR die Flughöhe, welche als Stützsignal für die z-Achse dem IR zugeführt wird. Weitere Bordsysteme, welche Luftdaten benötigen, sind z.B. die Triebwerke und die Kabinendruckanlage.

7.2.2 Trägheitsnavigation

Die folgenden Ausführungen verzichten zum Zweck der Anschaulichkeit und Verständlichkeit auf viele Details. Aus dem einfachen Grundprinzip entsteht bei der Realisierung wegen der hohen Anforderungen an Messtechnik und Sensoren, den erforderlichen Transformationen zwischen den Koordinatensystemen (KS) und der notwendigen Zuführung von Stabilisierungs- und Korrekturwerten ein komplexes System. Da die Fachliteratur englischsprachig dominiert ist, werden hier an vielen Stellen englischsprachige Begriffe und Indizes verwendet.

7.2.2.1 Wirkungsprinzip, Koordinatensysteme und Transformationen

Dem Typ nach ist die (bordautonome) Trägheitsnavigation eine Koppelnavigation, d.h. es wird von einem bekannten Ausgangsort kontinuierlich der zurückgelegte Weg über Grund berechnet und als Position angezeigt.

Aufgrund der Tatsache, dass zur Ermittlung der aktuellen Position, Geschwindigkeit und räumlichen Orientierung die zugehörigen Startwerte bekannt sein müssen (jeweils als Integrationskonstanten), wird die Trägheitsnavigation den relativen Positionierungsverfahren zugerechnet. Im Sinne einer Rekursion muss für die Bestimmung der aktuellen Bewegungsparameter die Lösung des jeweils vorangegangenen Zeitpunkts bekannt sein. Aufgrund dieser rekursiven Berechnung akkumulieren sich systematische Fehler der Messung, wodurch die Navigationsqualität mit zunehmender Betriebszeit abnimmt. [24]

Nutzt man das Beharrungsvermögen (Trägheit, lat. inertia) von Körpern mit bekannter Masse m gegen eine Änderung des Bewegungszustands durch angreifende Kräfte F, können leicht die wirkenden Beschleunigungen gemäß $a = \frac{F}{m}$ in der Einheit $[m/s^2]$ berechnet werden – diese bezeichnet man auch als **spezifische Kraft** (Kraft pro Masseneinheit). Durch fein justierte Beschleunigungsmesser und Drehratensensoren sind die Beschleunigungen entlang der und um die Achsen des flugzeugfesten KS (body-frame – Index b) bestimmbar. Dabei ist die jeweilige Kraft $f^b = (f_x, f_y, f_z)^T$ der Vektor aus den Komponenten bezüglich der drei Messachsen.

Ein Ort im dreidimensionalen Navigations-KS, z.B auf dem Rotationsellipsoid, kann durch den Vektor x beschrieben werden. Eine Ortsveränderung dx ist der zurückgelegte Weg s. Diese geschieht mit einer Geschwindigkeit v, welche als Ortsveränderung nach der Zeit $\frac{dx}{dt}$ definiert ist. Daher gilt:

$$s = \int \frac{dx}{dt} dt = \int v dt = v \cdot t + s_0 \tag{7.5}$$

Hier ist s_0 der zu Beginn bereits zurückgelegte Weg. Die Wegstrecke ist also abhängig von der pro Zeit wirkenden Geschwindigkeit. Die Geschwindigkeit wiederum ergibt sich aus der wirkenden Beschleunigung a, welche als zeitliche Änderung der Geschwindigkeit $\frac{dv}{dt}$ definiert ist. Somit gilt:

$$v = \int \frac{dv}{dt} dt = \int a dt = a \cdot t + v_0 \tag{7.6}$$

In dieser Gleichung ist v_0 die Anfangsgeschwindigkeit. Folglich erhält man die Geschwindigkeit aus einmaliger und den Weg aus zweimaliger Integration der Beschleunigung nach der Zeit. So gilt insbesondere:

$$s = \int \int a dt dt = \frac{a}{2} \cdot t^2 + s_0 \tag{7.7}$$

Jeweilige im flugzeugfesten KS gemessene Drehraten werden durch den Vektor $\omega^b = (\omega_x, \omega_y, \omega_z)^T$ zusammengefasst. Diese Drehraten um die Koordinatenachsen sind die zeitlichen Änderungen von Roll-, Nick- und Gierwinkel in der Einheit $[rad/s$ oder $°/s]$:

$$\omega_x = \frac{d\phi}{dt} \qquad \omega_y = \frac{d\theta}{dt} \qquad \omega_z = \frac{d\psi}{dt} \tag{7.8}$$

Das Wirkungsprinzip der Trägheitsnavigation setzt eine hohe Wiederholrate der Messungen voraus, um insbesondere bei starker Dynamik mit großen Änderungen der momentanen Beschleunigungswerte den Positionsfehler bzw. die Positionsdrift klein zu halten. Ein Strapdown-Algorithmus überführt die Messwerte in Geschwindigkeiten und Positionen, entsprechend den vom Startort ausgehend zurückgelegten Streckenabschnitten innerhalb des Navigations-KS.

Unter einem **Strapdown-Algorithmus** versteht man eine Rechenvorschrift, welche angibt, wie anhand von gemessenen Beschleunigungen und Drehraten aus der Navigationslösung zum vorherigen Zeitschritt die Navigationslösung zum aktuellen Zeitschritt berechnet wird. Die Strapdown-Rechnung lässt sich grob in drei Schritte einteilen: Propagation der Lage durch Integration der Drehraten, Propagation der Geschwindigkeit durch Integration der Beschleunigungen und Propagation der Position durch Integation der Geschwindigkeit. [49]

Die Messwerte werden im flugzeugfesten KS gewonnen, daher muss eine **Transformation** in das Navigations-KS (navigation-frame – Index n) erfolgen (und umgekehrt). Das flugzeugfeste- und das Navigations-KS haben einen gemeinsamen Ursprung und deren gegenseitige Orientierung ist beliebig. Legt man die Achsen beider KS durch orthogonale Einheitsvektoren $e_{j,k}$ fest, gilt für einen Vektor x im jeweiligen KS die Darstellung:

$$x^b = x_1^b e_1^b + x_2^b e_2^b + x_3^b e_3^b \tag{7.9}$$

bzw.

$$x^n = x_1^n e_1^n + x_2^n e_2^n + x_3^n e_3^n \tag{7.10}$$

Ferner gilt (mit $j,\ k = 1, 2, 3$): [19]

$$c_{j,k} = e_j^b \cdot e_k^n \tag{7.11}$$

Die Koeffizienten $c_{j,k}$ in dieser Linearkombination legen die Beziehungen zwischen den Einheitsvektoren beider KS fest: [19]

$$e_b^n = c_{1,k} e_1^b + c_{2,k} e_2^b + c_{3,k} e_3^b \tag{7.12}$$

Für beliebige Vektoren wird die Transformation $x^n = C_b^n \cdot x^b$ möglich. Hier geben hochgestellte Indizes an, in Koordinaten welchen KS die Größe gegeben ist bzw. bei der Matrix C das Ziel-KS. Tiefgestellte Indizes benennen das Ausgangs-KS der jeweiligen Größe.

Die 3×3-Matrix C_b^n, bestehend aus den Koeffizienten $c_{j,k}$, ist die **Richtungskosinusmatrix** mit dem Aussehen: [19]

$$C_b^n = \begin{pmatrix} c_{1,1} & c_{1,2} & c_{1,3} \\ c_{2,1} & c_{2,2} & c_{2,3} \\ c_{3,1} & c_{3,2} & c_{3,3} \end{pmatrix} \tag{7.13}$$

Aufgrund der Orthogonalität sind die neun Elemente der Matrix von drei Veränderlichen abhängig.

C_b^n ist als Funktion der Eulerschen Winkel ϕ, θ, ψ (Roll-, Nick- und Gierwinkel) gegeben durch: [49]

$$C_b^n = \begin{pmatrix} \cos\theta\cos\psi & -\cos\phi\sin\psi + \sin\phi\sin\theta\cos\psi & \sin\phi\sin\psi + \cos\phi\sin\theta\cos\psi \\ \cos\theta\sin\psi & \cos\phi\cos\psi + \sin\phi\sin\theta\sin\psi & -\sin\phi\cos\psi + \cos\phi\sin\theta\sin\psi \\ -\sin\theta & \sin\phi\cos\theta & \cos\phi\cos\theta \end{pmatrix} \tag{7.14}$$

Es gilt: $C_n^b = (C_b^n)^{-1} = (C_b^n)^T$. Alternativ kann die Transformation zwischen den KS über Rotationsmatrizen durch die Abfolge von Drehungen um die Eulerschen Winkel ψ, θ, ϕ bezüglich der flugzeugfesten Koordinatenachsen z, y, x geschehen.[24]

Die Richtungskosinusmatrix hat jedoch gegenüber den anschaulichen Eulerschen Winkeln, gemäß Abschnitt 2.4, den Vorteil, dass bei Nickwinkeln von ±90° keine Singularitäten in den Eulerwinkel-Differentialgleichungen auftreten.[25] Umgekehrt können die Eulerschen Winkel als Funktion der Koeffizienten der Richtungskosinusmatrix dargestellt werden: [49]

$$\phi = \arctan 2(c_{3,2}, c_{3,3}) \qquad \theta = \arcsin(-c_{3,1}) \tag{7.15}$$
$$\psi = \arctan 2(c_{2,1}, c_{1,1})$$

Selbstverständlich liefern beide obigen Methoden dieselben Ergebnisse; die Transformation einer im flugzeugfesten KS gemessenen spezifischen Kraft in das lokale Navigations-KS ist somit:

$$f^n = R_3(\phi)R_2(\theta)R_1(\psi) \cdot f^b = C_b^n \cdot f^b \tag{7.16}$$

Das lokale Navigations-KS (oft als NED-System bezeichnet) wird gebildet aus den Achsen **north** und **east**, welche rechtwinklig zueinander in der Tangentialebene an den Standort auf dem Ellipsoid liegen, und der Achse **down**, senkrecht zur Tangentialebene – siehe auch Abschnitt 2.4. Werte in positiver Achsrichtung sind positiv. Man kann sich dieses Rechts-System als mathematisch realisierte Plattform veranschaulichen.

Neben dem flugzeugfesten KS und dem NED-System werden hier zwei weitere KS benötigt: das **erdfeste** und das **inertiale** KS.

Die im flugzeugfesten KS gemessenen Beschleunigungen und Drehraten sind bezüglich des inertialen KS, dessen Achsen fest in Bezug zu den Fixsternen liegen. Das erdfeste ist das eigentliche Navigations-KS[26] (earth-frame – Index e). Dieses verbindet das inertiale KS (inertial-frame – Index i) und das NED-System.

Erdfestes und inertiales KS haben einen gemeinsamen Koordinatenursprung und identische z-Achsen. Das erdfeste KS rotiert entgegen dem Uhrzeigersinn um die z-Achse gegenüber dem inertialen KS mit der Winkelgeschwindigkeit $\Omega_E = 15,04°/h$. Für den jeweils überstrichenen Winkel gilt $\Delta\lambda = \Omega_E \cdot \Delta t$. Die Länge des Tangentenvektors an den Äquator nach Gleichung (A.19) entspricht der tangentialen Bahngeschwindigkeit eines Punkts am Äquator aufgrund der Erddrehung – diese beträgt etwa 1669 km/h. Tangentiale Bahngeschwindigkeit v_T und Breitenkreisradius r_B reduzieren sich gleichermaßen hin zu den Polen mit dem Faktor $\cos\varphi$ auf den Wert Null.

---

24 Eine weitere alternative Methode ist die Verwendung von *Orientierungsvektor und Quaternion* – diese soll hier jedoch nicht beschrieben werden.

25 Dasselbe Problem tritt bei INS mit kreiselstabilisierter Plattform auf, und wird dort als Rahmensperre (gimbal-lock) bezeichnet.

26 Eine andere Bezeichnung ist *ECEF-System* (earth-centered, earth-fixed).

Folgende Gleichung stellt den Zusammenhang zwischen der Tangentialgeschwindigkeit in Bogenmaß pro Zeiteinheit und Winkelgeschwindigkeit in Winkel pro Zeiteinheit her:

$$\frac{v_T}{r_B} \cdot \frac{180^\circ}{\pi} = \Omega_E = konst. \tag{7.17}$$

Das NED-System ist an das erdfeste KS gekoppelt und muss auch für ein nicht bewegtes Luftfahrzeug die Erddrehung mitvollziehen. Dies erreicht man durch entsprechende Drehraten der Matrix. Für den Übergang $C_b^n \rightarrow C_{ib}^n$ gilt die Beziehung:

$$C_{ib}^n = C_b^n \cdot \omega_{ie}^n \tag{7.18}$$

Tiefgestellte doppelte Indizes geben hier an, dass die Winkelgeschwindigkeit des flugzeugfesten KS (b-frame) relativ zum inertialen KS (i-frame) gemessen wird – die Messung der physikalischen Größen ist grundsätzlich bezogen auf das Inertialsystem.

Der Vektor der Winkelgeschwindigkeit der Erde ω_{ie}^n aufgrund der Drehrate Ω_E hat eine Komponente in Meridianrichtung und die andere in der Vertikalen (negative down-Achse) bezüglich der Koordinatenachsen des NED-Systems:

$$\omega_{ie}^n = \begin{pmatrix} \Omega_E \cdot \cos\varphi \\ 0 \\ -\Omega_E \cdot \sin\varphi \end{pmatrix} \tag{7.19}$$

Für eine Bewegung im erdfesten KS müssen indes weitere Größen berücksichtigt werden.

7.2.2.2 Nachführraten und Beschleunigungskorrekturen

Bei einer Bewegung über die gekrümmte, rotierende Erdoberfläche (EO) entstehen Winkelgeschwindigkeiten und Beschleunigungen. In diesem Zusammenhang versteht man unter der **Transportrate** die zu kompensierenden Winkeländerungen aufgrund der Eigenbewegung des Luftfahrzeugs mit dem Zweck, die tangentiale Lage des NED-Systems an die EO mit der down-Achse in Richtung der lokalen Vertikalen beizubehalten. Die Winkeländerungen werden entsprechend den Bewegungskomponenten in meridionaler (Nord-Süd) und in breitenparalleler (Ost-West) Richtung der Matrix als geschwindigkeitsabhängige Drehraten zugeführt.

Bei der Bewegung entlang eines Meridians mit der Eigengeschwindigkeit v_M in nördlicher oder südlicher Richtung wird ein Meridianbogenstück bzw. ein Winkel $\Delta\varphi$ überstrichen.[27] Dies entspricht der Winkelgeschwindigkeit $\omega_M = \frac{v_M}{r}$ in Bogenmaß pro Zeiteinheit um die east-Achse des NED-Systems. Der wirksame Radius r ist die Summe aus dem Meridiankrümmungsradius r_M gemäß Gleichung (A.11) und der Flughöhe h;

27 Die exakte Länge eines Meridianbogens auf dem Rotationsellipsoid erhält man nach Gleichung (A.16).

für $r_M \in [a, b]$ gilt:

$$r_M = \frac{a(1 - e^2)}{(1 - e^2 \sin^2 B)^{\frac{3}{2}}} \tag{7.20}$$

Im Fall der Bewegung entlang eines Breitenkreises mit der Eigengeschwindigkeit v_B in östlicher oder westlicher Richtung wird ein Bogenstück des Breitenkreises bzw. ein Winkel $\Delta\lambda$ überstrichen. Damit ergibt sich eine zeitliche Änderung der Winkelgeschwindigkeit $\frac{d\omega_E}{dt} = \frac{v_B}{r}$ um die Rotationsachse der Erde, welche um die north- und die down-Achse wirkt. Der effektive Radius r ist hier die Summe aus dem Querkrümmungsradius r_B nach den Gleichungen (A.10) sowie (A.18) und der Flughöhe h; für r_B gilt:

$$r_B = \frac{a}{W} = \frac{a}{(1 - e^2 \sin^2 B)^{\frac{1}{2}}} \tag{7.21}$$

Somit ist die Transportrate des NED-Systems in meridionaler und breitenparalleler Richtung gegeben durch den Vektor:

$$\omega_{en}^n = \begin{pmatrix} \frac{v_B}{(r_B+h)\cos\varphi}\cos\varphi \\ -\frac{v_M}{r_M+h} \\ -\frac{v_B}{(r_B+h)\cos\varphi}\sin\varphi \end{pmatrix} = \begin{pmatrix} \frac{v_B}{(r_B+h)} \\ -\frac{v_M}{r_M+h} \\ -\frac{v_B}{(r_B+h)}\tan\varphi \end{pmatrix} \tag{7.22}$$

Bei beliebiger Bewegungsrichtung werden die Winkelkorrekturen entsprechend den Komponenten in meridionaler und breitenparalleler Richtung bemessen. Der Übergang in das erdfeste Navigations-KS $C_{ib}^n \rightarrow C_{ib}^e$ geschieht nach der Beziehung:

$$C_{ib}^e = C_{ib}^n \cdot \omega_{en}^n \tag{7.23}$$

Alle Körper im rotierenden Bezugssystem der Erde erfahren Beschleunigungen aufgrund der Zentrifugal- bzw. Fliehkraft und der Coriolis-Kraft, welche Trägheitskräfte sind, ferner wirkt die Schwerebeschleunigung. Diese Größen erfordern Korrekturen der Messwerte für jede der Messachsen.

Auf einen ruhenden Körper wirkt die Radialbeschleunigung $a_r = -\omega^2 \cdot r \cdot \cos\varphi$. Das negative Vorzeichen zeigt deren Wirkungsrichtung hin zur Drehachse. Der Vektor ω ist die Erddrehrate, r ist der Erdradius und φ die geozentrische Breite. Senkrecht von der Drehachse weg gerichtet wirkt die **Zentrifugalbeschleunigung** $a_z = \omega^2 \cdot r \cdot \cos\varphi$. Diese kann wiederum in Komponenten in Richtung der Schwerebeschleunigung (radial) und senkrecht dazu (tangential zur EO) zerlegt werden.

Bewegt sich der Körper innerhalb des rotierenden Bezugssystems mit der Geschwindigkeit v, wirkt zusätzlich die **Coriolis-Kraft** aufgrund der tangentialen Beschleunigung $a_t = 2\omega \cdot v$. Diese verursacht eine Ablenkung senkrecht zum Geschwindigkeitsvektor (auf der Nordhalbkugel Ablenkung nach rechts), abhängig von der örtlichen, breitenabhängigen Drehgeschwindigkeit der Erde und der Eigengeschwindigkeit.

Bei den Komponenten der vertikalen Achse des flugzeugfesten- und des Navigations-KS muss die entlang der örtlichen Lotrichtung wirkende **Schwerebeschleunigung** berücksichtigt werden, um diese von den Beschleunigungen trennen zu können, welche sich aus der Bewegung des Luftfahrzeugs ergeben. Folglich ist die auf einen Beschleunigungsmesser wirkende spezifische Kraft allgemein gegeben durch $f = a - g$, wobei a bezüglich des Inertialsystems ist.

Die Schwerebeschleunigung g ist die Resultierende aus der Gravitationsbeschleunigung a_g und der radialen Komponente der Zentrifugalbeschleunigung $a_{z,r}$:

$$g = a_g + a_{z,r} \tag{7.24}$$

Nach Newton gilt für die Gravitation (Anziehungskraft):

$$F_g = G \cdot \frac{m_1 \cdot m_2}{r^2} \Rightarrow a_g = G \cdot \frac{m_E}{(r+h)^2} = 9,82 m/s^2 \tag{7.25}$$

F_g ist der Betrag der Gravitationskraft zwischen den Punktmassen m_1, m_2 mit der Einheit $[kg \cdot m/s^2]$, $G = 6,67259 \cdot 10^{-11} m^3/(kg \cdot s^2)$ ist die Gravitationskonstante, r ist der Abstand beider Massen. Der Übergang von der linken Seite dieser Gleichung auf die rechte Seite ergibt die Gravitationsbeschleunigung a_g durch Einführung der Erdmasse $m_E = 5,975 \cdot 10^{24} kg$ und deren Division durch die Einheitsmasse $m = 1kg$. Die Größe $(r + h)$ ist der Abstand zwischen dem Massezentrum der Erde und der Prüfmasse eines Beschleunigungsmessers, wobei r der mittlere Erdradius und h die Höhe über der EO sind – letztere hat hier den Wert Null. Die Richtung zum Massezentrum der Erde hat ein positives Vorzeichen. Gleichung (7.25) zeigt, dass die Gravitation bzw. Gravitationsbeschleunigung mit zunehmendem Abstand zum Massezentrum der Erde abnimmt.

Die radiale Komponente der Zentrifugalbeschleunigung, welche der Gravitation entgegenwirkt, ist gegeben durch:

$$a_{z,r} = \omega^2 \cdot r \cdot \cos^2 \varphi \tag{7.26}$$

Zentrifugalbeschleunigung und Abweichung der tatsächlichen Erdgestalt von der Kugelform (Abplattung an den Polen) bedingen eine breitenabhängige Änderung der Schwerebeschleunigung, zudem sind lokale Schwerefeldanomalien zu berücksichtigen. Der Betrag von g variiert zwischen $9,78 m/s^2$ am Äquator und $9,83 m/s^2$ an den Polen. Mithin wird die z-Achse durch einen lokalen Schwerevektor g^n aus einem Modell des Erdschwerefelds als Funktion der ellipsoidischen Breite φ und der Höhe des Startpunkts h sowie durch die barometrische Höhe des Luftfahrzeugs gestützt.

7.2.2.3 Gleichungen der Strapdown-Berechnung

Der Strapdown-Algorithmus erzeugt Daten für die räumliche Lage, einen Geschwindigkeitsvektor und einen Positionsvektor durch Lösung der entsprechenden Differentialgleichungen aus Ableitungen nach der Zeit. Eine übersichtliche Darstellung der Navigationsgleichungen bietet [24].[28] Ausführliche Herleitungen der Gleichungen für

28 Hier wird die *Attitude-Matrix R* anstelle der Richtungskosinusmatrix verwendet.

die aus den Beschleunigungsmesswerten hervorgehenden Größen in den verschiedenen KS bieten [18] und [19]. Abbildung 7.15 zeigt schematisch den Datenfluss des Strapdown-Algorithmus.

Die Messungen der Drehratensensoren werden mit dem Vektor ω_{ib}^{b} bezeichnet. Hier zeigt der hochgestellte Index wiederum an, dass dieser Vektor in Koordinaten des flugzeugfesten KS gegeben ist, die tiefgestellten Indizes geben an, dass die im flugzeugfesten KS gemessenen Werte bezüglich des inertialen KS sind.

Aus den gemessenen Drehraten kann bei bekannter Startorientierung $(\phi_0, \theta_0, \psi_0)$ des Luftfahrzeugs dessen aktuelle **räumliche Lage** durch einmalige numerische Integration bestimmt werden. Diese Transformation aus dem flugzeugfesten- in das lokale Navigations-KS (lokaler Horizont) erfolgt durch die Richtungskosinusmatrix C_b^n. Deren zeitliche Ableitung $\dot{C}_b^n$ erhält man durch Multiplikation mit der Matrix der Winkelgeschwindigkeit.

Die Richtungskosinusmatrix genügt der gewöhnlichen Differentialgleichung (DGL) erster Ordnung:[29] [24]

$$\dot{C}_b^n = C_b^n \cdot \Omega_{ib}^b - \Omega_{in}^n \cdot C_b^n \tag{7.27}$$

Ω_{ib}^b ist die schiefsymmetrische Matrix der Winkelgeschwindigkeit, bestehend aus den durch die Messungen ermittelten Komponenten des Vektors der Winkelgeschwindigkeit ω_{ib}^b nach der allgemeinen Bildungsvorschift: [24]

$$\Omega = \begin{pmatrix} 0 & -\omega_3 & \omega_2 \\ \omega_3 & 0 & -\omega_1 \\ -\omega_2 & \omega_1 & 0 \end{pmatrix} = [\omega\times] \tag{7.28}$$

Die Abkürzung $[\omega\times]$ bedeutet, dass die Multiplikation eines Vektors mit Ω dem Kreuzprodukt desselben Vektors mit ω entspricht. Die Matrix Ω_{in}^n erhält man nach der gleichen Bildungsvorschrift aus den Komponenten des Vektors ω_{in}^n, welcher gegeben ist durch: [24]

$$\omega_{in}^n = \begin{pmatrix} (\omega_E + \dot{\lambda})\cos\varphi \\ -\dot{\varphi} \\ -(\omega_E + \dot{\lambda})\sin\varphi \end{pmatrix} \tag{7.29}$$

Bei einem unbewegten Luftfahrzeug sind die zeitlichen Änderungen von φ und λ Null ($\dot{\varphi} = \dot{\lambda} = 0$). In diesem Fall entspricht Gleichung (7.29) dem Vektor der Winkelgeschwindigkeit der Erde ω_{ie}^n gemäß Gleichung (7.19).

Um den aktuellen **Geschwindigkeitsvektor** zu berechnen, müssen zunächst die Messwerte der Beschleunigungsmesser in das lokale Navigations-KS transformiert werden. Dies geschieht mit der zuvor bestimmten Richtungskosinusmatrix: [24]

$$f^n = C_b^n \cdot f^b \tag{7.30}$$

29 Die Funktionen sind abhängig von nur einer Bedingung bzw. Variablen (Zeit t), die höchste auftretende Ableitung der Funktionen nach t ist die Erste.

Anschließend werden der Schwerevektor sowie die durch das Zusammenwirken von Erdrotation und Eigenbewegung hervorgerufene Coriolis-Beschleunigung abgespalten. Das Ergebnis ist der Geschwindigkeitsvektor als gewöhnliche DGL erster Ordnung: [24]

$$\dot{v}_e^n = f^n + g^n - (\Omega_{in}^n + \Omega_{ie}^n) \cdot v_e^n \tag{7.31}$$

Hier ist $\dot{v}_e^n$ die zeitliche Ableitung des Geschwindigkeitsvektors v_e^n. Den lokalen Schwerevektor g^n erhält man aus einem Modell des Erdschwerefelds. Die Matrix $\Omega_{in}^n = \omega_{in}^n\times$ folgt wiederum aus Gleichung (7.29), $\Omega_{ie}^n = \omega_{ie}^n\times$ folgt aus (7.19).

Für den aktuellen **Positionsvektor** muss der Geschwindigkeitsvektor in das erdfeste KS transformiert und integriert werden. Die zugehörige gewöhnliche DGL erster Ordnung lautet: [24]

$$\dot{x}^e = C_n^e \cdot v_e^n \tag{7.32}$$

In dieser Gleichung ist $\dot{x}^e$ der Geschwindigkeitsvektor im erdfsten KS. Die Matrix C_n^e ist nur von der ellipsoidischen Breite und Länge (φ, λ) der (vorangegangenen) Position abhängig. [24]

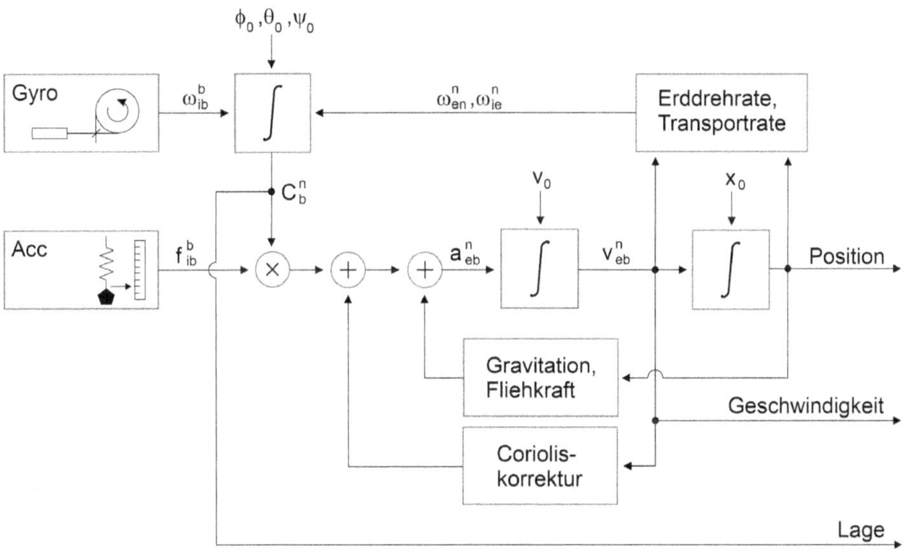

Abb. 7.15: Verarbeitung der inertialen Daten nach dem Strapdown-Algorithmus, nach [49]

7.2.2.4 Sensoren

Als **Drehratensensoren** finden neben kostengünstigeren Systemen optische Faserkreisel (fibre-optic gyro – FOG) und die hochwertigeren Ringlaserkreisel[30] (ring laser gyro – RLG) Anwendung. Bei Nutzung des Sagnac-Effekts verwenden beide Sensortypen gegenläufige Laserstrahlen, welche eine ringförmig aufgewickelte Glasfaser bzw. eine planare Anordnung von Spiegeln sowie halbdurchlässigem Spiegel, Prisma und Detektor durchlaufen. Bei einer Drehrate des Sensors um die sensible Achse kommt es durch die Bewegung des Ein-/Auskopplungspunkts zur Verkürzung des einen und zur Verlängerung des anderen vom Strahlenbündel zurückgelegten Wegs bezüglich des Inertialsystems. Wegen der identischen Ausbreitungsgeschwindigkeit in beide Richtungen ergibt sich eine Phasenverschiebung der Laserfrequenz. Messgröße sind die resultierenden Interferenzstreifen bzw. -muster unter Verwendung von Photodioden.

Beschleunigungsmesser werden vorwiegend als kraftkompensierte Pendelbeschleunigungsmesser realisiert, bei denen die Probemasse in der Ruhelage gehalten wird. Die erforderliche Kraft, um eine beschleunigungsbedingte Auslenkung der Probemasse zu verhindern, dient hier als Messgröße.

7.2.2.5 Bordsystem

Abbildung 7.16 zeigt die Komponenten einer ADIRS-Anlage und deren funktionelle Beziehungen. Der Zugriff auf die IRS-Positionsdaten geschieht über die MCDU über das Menü DATA/IRS MONITOR/IRS1 oder IRS2 oder IRS3. Die Inbetriebnahme der Anlage erfolgt mit der Schalterstellung NAV am ADIRS-panel, wodurch Initialization und Alignment ausgelöst werden. Währenddessen darf sich das Luftfahrzeug nicht bewegen. Bei Verlust der Position innerhalb des Navigations-KS sind mit der Schalterstellung ATT (attitude) weiterhin die Daten über die räumliche Lage des Luftfahrzeugs verfügbar. Die Energieversorgung erfolgt für die Subsysteme ADR und IR gemeinsam aus dem Bordnetz mit Wechselstrom (115 V/400 Hz) und Gleichstrom (28 V).

Unter **Initialization** einer INS/IRS-Anlage (am Boden) versteht man den Prozess der Bestimmung der Anfangswerte für Systemposition, Geschwindigkeit und Ausrichtung innerhalb des Navigations-KS. Die Koordinaten der Luftfahrzeugposition können z.B. von GPS geliefert werden oder diese werden manuell bei Beginn der Inbetriebnahme als geographische (WGS84-)Koordinaten der Vorfeldposition (INS-Bezugspunkt) über die MCDU eingegeben. Im erdfesten Navigations-KS ist der Wert der Anfangsgeschwindigkeit in der Regel Null.

Unter **Alignment** versteht man die Bestimmung der Anfangswerte für die Transformations- bzw. Richtungskosinusmatrix.[31] Neben diesem 10-minütigen Alignment gibt

---

30 Der anschauliche Begriff *Kreisel* (engl. gyro) ist nach wie vor im Sprachgebrauch – dieser wurde von den früheren mechanischen Plattformsystemen übernommen.

31 Bei INS-Anlagen mit kreiselstabilisierter Plattform ist *alignment* der Prozess des Ausrichtens der Achsen der Plattform, welche die Messsensoren trägt, parallel zu den Achsen des Navigations-KS.

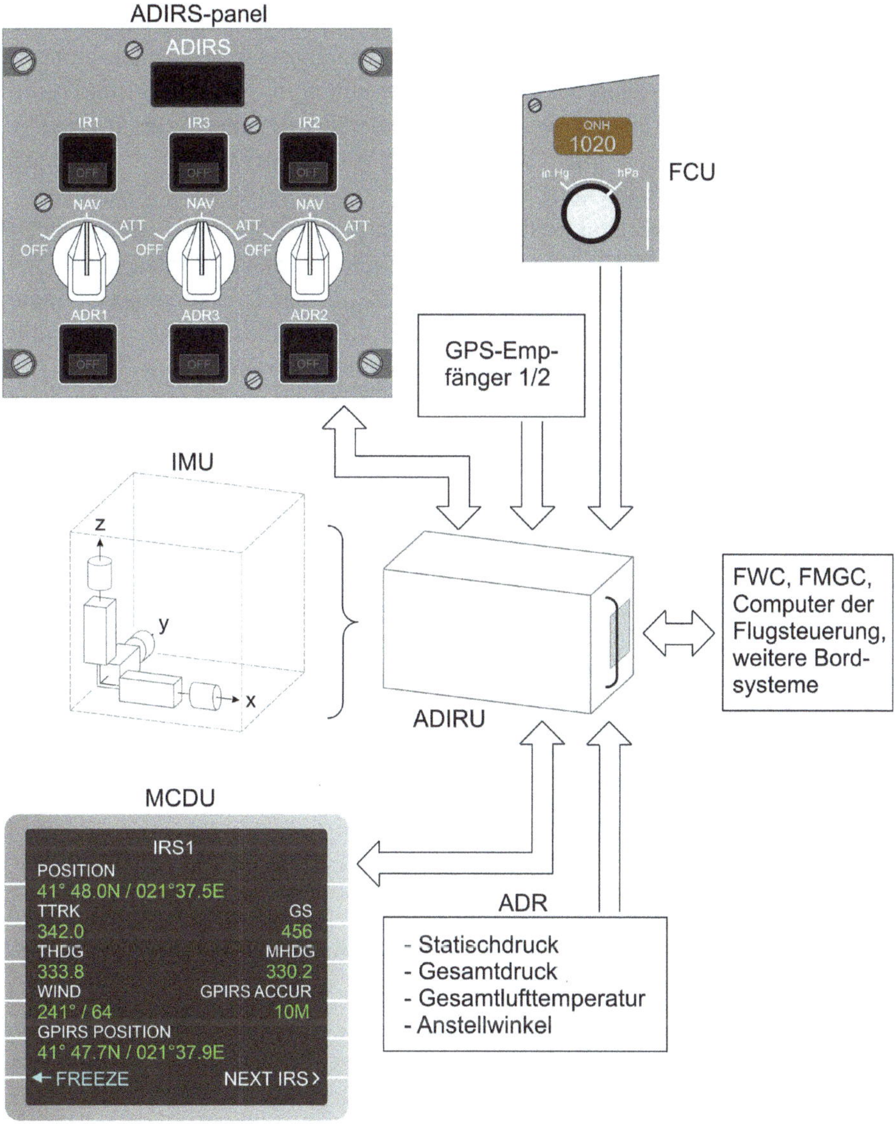

Abb. 7.16: Funktionelle Beziehungen eines ADIRS, Airbus A320-Flugzeugfamilie

es unter der Voraussetzung, dass valide Positionsdaten verfügbar sind, die Betriebsart **rapid-realignment** mit einer Dauer von 30 Sekunden. Dieses wird ebenfalls durch die Drehschalter am ADIRS-panel ausgelöst: Schalterstellung von NAV auf OFF und zurück auf NAV innerhalb von 5 Sekunden. Dabei werden alle berechneten Geschwindigkeiten auf Null zurückgesetzt und es erfolgt die Kalibrierung der Matrix mit der lokalen Vertikalen[32] und den letzten Kursdaten.

Die inertialen Sensoren bilden die *Inertial Measurement Unit (IMU)*, welche integraler Bestandteil der ADIRU ist. Letztere ist mittels einer speziellen Montage im Avionik-Compartment, geschützt vor Erschütterungen fest mit dem Luftfahrzeug verbunden. Die Beschleunigungsmesswerte werden über einen Hochgeschwindigkeits-Datenbus in die ADIRU eingespeist, welche auch die Steuerungshardware und die Software zur numerischen Integration umfasst. Unter Verwendung des an der FCU eingestellten Höhenmesser-Bezugsdrucks (QNH oder Standarddruck), des gemessenen Anstellwinkels und der Luftdaten (Flughöhe und wahre Eigengeschwindigkeit) des ADR erfolgt in der ADIRU die Strapdown-Berechnung – d.h. die Lösung der Navigationsgleichungen durch numerische Verfahren.

Die Iterationsfrequenz[33] für den Strapdown-Algorithmus liegt im Bereich von 50 Hz–2 kHz, wobei letzterer Wert vor allem für militärische Kampfjets mit hoher Dynamik der Bewegungen gilt. [24], [20]

Im Ergebnis erhält man nach jeder Berechnung durch die Navigationssoftware:
- inertiale Position als Koordinatentripel (φ, λ, h) bezüglich des WGS84-Ellipsoids
- räumliche Orientierung als Roll-, Nick- und Gierwinkel
- rechtweisenden und missweisenden Kurs
- Geschwindigkeit über Grund
- inertiale Steig-/Sinkrate
- Abdrift
- Wind nach Richtung und Geschwindigkeit
- Flugwegdaten

Die von den GPS-Empfängern gelieferten Positionsdaten werden als Anfangsposition und zur Berechnung der GP-IRS Hybridposition verwendet. Eventuelle Fehlermeldungen werden dem Flight Warning Computer (FWC), dem ADIRS-panel und der MCDU übermittelt.

7.2.2.6 Fehlercharakteristik und Genauigkeit

Messungen von Drehraten und Beschleunigungen sind immer fehlerbehaftet – dabei sind die meisten der Fehlerquellen, welche die Navigationslösung beeinflussen,

32 Die lokale Vertikale ist bestimmt, sobald ausschließlich für die negative down-Achse des lokalen Navigations-KS Beschleunigungswerte ungleich Null vorliegen.

33 Diese ist die Wiederholrate der Messungen und Berechnungen pro Sekunde.

Sensorfehler oder Zufallsverteilungen. Das Fehlermodell für einen Sensor wird durch dessen Beschaffenheit determiniert. Jedoch unterliegen Drehratensensoren und Beschleunigungsmesser grundsätzlich den folgenden Fehlerkategorien: [42]

- Nullpunktfehler (bias errors) als kontinuierlich erzeugter Messwert, unabhängig von den Eingangsgrößen des Sensors, modelliert als konstante Zufallsgröße, welche mit jedem Einsatz einen neuen Wert annehmen kann, angegeben als Drehrate $[°/h]$ oder als Vielfaches von g $[mg]$
- Skalenfaktorfehler (scale factor errors) als linearer Fehler, welcher proportional zur gemessenen Größe ist, angegeben in der Einheit $[ppm]$ (parts per million)
- Ausrichtungsfehler (misalignment) als Abweichung vom idealen orthogonalen bzw. achsparallelen Einbau, angegeben für jeden Drehratensensor und Beschleunigungsmesser einer Triade mit je sechs Werten bezüglich der jeweiligen anderen beiden Messachsen in der Einheit $[\mu rad]$

Diese Fehler sind Idealisierungen – so sind Nullpunktfehler nur für kurze Zeit konstant und Skalenfaktorfehler sind bis zu einem gewissen Grad nicht-linear. Bestimmte Fehler entstehen durch Spannungen im Sensormaterial aufgrund mechanischer Verformung, andere entstehen temperaturabhängig – deren Einflüsse auf die interne Elektronik können indes nur zum Teil kompensiert werden. Temperaturabhängige Nullpunkt- und Skalenfaktorfehler erschweren die Kalibrierung der Sensoren. [42]

Nullpunktfehler von Drehratensensoren wirken sich näherungsweise mit der dritten Potenz und Nullpunktfehler von Beschleunigungsmessern mit der zweiten Potenz der Zeit als systematische Verfälschung der Position aus. [24]

Eine weitere Fehlerquelle besteht in der begrenzten Quantifizierbarkeit der gemessenen Größen, da wegen der endlichen Genauigkeit bzw. Häufigkeit der Messungen bestimmte Anteile nicht erfasst werden können. Diese Fehlerkategorien werden durch stochastische Prozesse modelliert. [42]

Da die EO gekrümmt ist, stimmt bei einem horizontalen Positionsfehler die angenommene Richtung der Schwerebeschleunigung nicht mit deren tatsächlicher Richtung überein. Dadurch wird im Strapdown-Algorithmus die Schwerebeschleunigung nicht vollständig kompensiert, ein Anteil dieser wird als Beschleunigung des Luftfahrzeugs interpretiert. Dabei ist die Beschleunigungskomponente Δa gerade so gerichtet, dass diese dem vorliegenden Positionsfehler Δx entgegenwirkt. Mit r als mittlerem Erdradius und der lokalen Schwerebeschleunigung g erhält man näherungsweise: [49]

$$\frac{\Delta x}{r} = -\frac{\Delta a}{g} \tag{7.33}$$

Daraus lässt sich die folgende Differentialgleichung (DGL) formulieren: [49]

$$\Delta \ddot{x} + \frac{g}{r}\Delta x = 0 \tag{7.34}$$

Diese ist eine Form der DGL der harmonischen Schwingung mit $a_x = -\omega_0^2 x$:

$$\ddot{x} + \omega_0^2 x = 0 \tag{7.35}$$

Gleichung (7.34) beschreibt einen harmonischen Oszillator mit der Resonanzfrequenz $\omega_0 = \omega_S = \sqrt{g/r}$ und der Periodendauer $T_S = \frac{2\pi}{\omega_S}$, welche etwa 84,4 Minuten beträgt. Die Oszillation der Geschwindigkeitsfehler und der horizontalen Positionsfehler wird als **Schuler-Schwingung**[34] bezeichnet. Diese Schwingung beschränkt den horizontalen Positionsfehler während der jeweiligen Betriebszeit.

Der Positionsfehler, oft als Drift bezeichnet, wird in der Einheit [nm/h] angegeben. Bezüglich der Genauigkeit werden Systeme mit niedriger, mittlerer und hoher Leistung unterschieden. Systeme niedriger Leistung sind durch einen Wert der Positionsdrift von mehr als 10 nm/h gekennzeichnet, Systeme mittlerer Leistung haben eine Drift von etwa 1 nm/h und Systeme hoher Leistung erreichen einen Wert der Drift von besser als 0,1 nm/h. Letztere sind vor allem militärischen Anwendungen vorbehalten, die in der Zivilluftfahrt verwendeten INS-/IRS-Anlagen liegen im mittleren Leistungsbereich.

7.3 Satellitennavigation

In den ersten beiden Jahrzehnten des 21. Jh. wurden Anwendungen der Ortung, Navigation und präzisen Zeitbestimmung (positioning, navigation, timing – PNT) einem breiten Nutzerkreis zugänglich. Mit dem Fortschritt der Trägerraketen- und Satellitentechnik, der Bahnmechanik, der Nachrichtentechnik und insbesondere der digitalen Signalverarbeitung wurden seit den 1960er Jahren PNT-Anwendungen auf der Basis von Raumfahrtsystemen vorangebracht, jedoch nur von einem kleinen Spezialistenkreis genutzt.

Die 1973 vom US-Verteidigungsministerium beauftragte Entwicklung eines satellitengestützten Systems, welches die Bestimmung von Position und Geschwindigkeit beliebiger ruhender oder sich bewegender Objekte ermöglicht, um damit die weltweite, wetterunabhängige Ortung, Navigation und Zeitbestimmung zu gewährleisten, brachte NAVSTAR-GPS hervor. Dieses, heutzutage als *GPS (Global Positioning System)* bekannte System, erreichte die volle Betriebsfähigkeit im Jahre 1995. Seitdem hat PNT kontinuierlich fast alle Lebensbereiche erfasst, davon ist die Flugnavigation nur ein kleiner Teil.

Globale Satellitennavigationssysteme werden unter dem Oberbegriff *Global Navigation Satellite System (GNSS)* zusammengefasst. Diese sind durch mittelhohe, gegenüber der Erdäquatorebene geneigte (inklinierte) Satellitenumlaufbahnen (Orbits) gekennzeichnet. Ein GNSS wird gebildet aus dem Weltraumsegment, dem Boden- bzw. Kontrollsegment und dem Nutzersegment. Das **Weltraumsegment** besteht aus den

34 M. Schuler hat diesen Zusammenhang 1923 formuliert.

Navigationssatelliten. Das **Kontrollsegment** hat die Struktur: Hauptkontrollstation, global verteilte Monitor- und Bodensendestationen mit den Einrichtungen zur Satellitenbahnbestimmung. Unter dem **Nutzersegment** versteht man die Gesamtheit der Empfänger im Land-, See- und Luftverkehr aber auch im Bereich der Vermessung und der Logistik. Die Empfängerposition entsteht in Echtzeit aus simultanen Einweglaufzeitmessungen der von mindestens vier Satelliten empfangenen Signale.

Für die Luftfahrt gewinnen neben den GNSS nunmehr auch regionale Systeme für die Weitbereichsunterstützung als *Satellite Based Augmentation System (SBAS)* auf der Basis geostationärer Satelliten und lokale Systeme für die Nahbereichsunterstützung als *Ground Based Augmentation System (GBAS)* an Bedeutung. Weit- und Nahbereichsunterstützung ergänzen GNSS durch Differentialkorrekturen zur Verbesserung von Genauigkeit und Integrität.

7.3.1 Globale Satellitennavigationssysteme im Überblick

Im Jahr 2021 sind vier GNSS verfügbar – dies sind GPS, GLONASS, Galileo und BeiDou (BDS).

7.3.1.1 GPS

Als Vorgänger des vom US-Verteidigungsministerium betriebenen GPS kann das seit 1964 von den USA zur globalen Ortung in der Seefahrt genutzte *Navy Navigation Satellite System NNSS/TRANSIT* angesehen werden. Dessen Raumsegment bestand aus sechs Satelliten auf kreisförmigen, polaren Orbits in etwa 1100 km Höhe. Das Wirkungsprinzip basierte auf der Messung der Doppler-Frequenzverschiebung der Signale auf den Frequenzen 150 und 400 MHz bei jeweils bekannter Satellitenposition. Je nach Empfängertyp lag die Ortungsgenauigkeit im Bereich von 80 bis 400 m. [29], [40]

GPS ist das (insbesondere in der Luftfahrt) zur Zeit dominierende GNSS mit der größten Verbreitung und den meisten Anwendern. Für zivile Nutzer ist der *Standard Positioning Service (SPS)* frei verfügbar, hingegen steht der *Precise Positioning Service (PPS)* nur autorisierten Nutzern (Militär und NATO-Bündnispartner der USA) zur Verfügung. Die Beschreibungen in den folgenden Abschnitten beziehen sich, wenn es um spezifische Merkmale geht, bespielhaft auf GPS.

7.3.1.2 GLONASS

Das vom Verteidigungsministerium der Russischen Föderation und von der staatlichen russischen Raumfahrtagentur *Roskosmos* betriebene *Globalnaya Navigatsionnaya Sputnikovaya Sistema (GLONASS)* wurde durch die vormalige Sowjetunion seit 1973 entwickelt. Basierend auf den Erfahrungen mit dem militärischen Vorgängersystem *Cikada* wurden die ersten Testsatelliten im Oktober 1982 gestartet, 1993 wurde die formale Betriebsfähigkeit erklärt und 1995 erreichte GLONASS die volle Konstellation mit 24 Satelliten der ersten Generation.

Das Satelliten-Subsystem ist ausgelegt mit 24 aktiven Navigationssatelliten, welche sich jeweils gleichmäßig auf acht Slots in drei annähernd kreisförmigen Orbitebenen verteilen. Letztere sind in der Äquatorebene um 120° versetzt, die Satelliten sind im Argument der Breite um 15° zueinander versetzt. Die Inklination der Orbits beträgt nominal 64,8°, die Länge der großen Halbachse ist 25.508,2 km (Orbithöhe 19.100 km über der EO). Damit dauert ein Satellitenumlauf 11 h 15 min 44 s (±5 s). Die erste GLONASS-Satellitengeneration (gestartet im Zeitraum 1982–2005) ist bereits außer Dienst gestellt. Am 22. März 2021 wird die Gesamtkonstellation gebildet aus der zweiten Generation GLONASS-M (2003–2016) und der dritten Generation GLONASS-K (2011–2018), die vierte Generation GLONASS-K2 ist seit 2017 in der Entwicklung. Dies ergibt zum Stichtag 27 Satelliten, davon 23 operativ, einer in Wartung, einer in Reserve und zwei in der Testphase. Während die erste Satellitengeneration eine Lebensdauer von nur 3,5 Jahren hatte, beträgt die Auslegung für die zweite Generation sieben Jahre und für die Generationen drei und vier mindestens 10 Jahre.[35]

Das Subsystem für die Steuerung und Überwachung der Satelliten (GLONASS Command and Control Subsystem) besteht aus den folgenden (englischsprachig bezeichneten) Komponenten: System Control Center (SCC), Ground Command Facility (GCF), Central Synchronizer (CS), Signal in Space Monitoring Facilities (SMF), Timescale Monitoring Facilities (TMF), Telemetry, Tracking and Control Facilities (TTC) und Laser Ranging Facilities (LRF). GCF, TMF, SCC, SMF und CS sind in der Nähe von Moskau konzentriert, die TTC- und LRF-Einheiten sind mit Ausnahme einer LRF in Usbekistan über das Territorium Russlands verteilt. Die Systemzeit (Moskauer Zonenzeit) wird durch Atomuhren (hochpräzise Wasserstoff-Maser)[36] erzeugt. [13]

GLONASS bietet einen offenen und einen autorisierten Dienst. Im offenen Dienst sind zwei Signale verfügbar: L1 ≈ 1,6 GHz sowie L2 ≈ 1,25 GHz. Im Unterschied zu GPS senden die GLONASS-Satelliten auf individuellen Frequenzen einen einheitlichen Code. Die aus dem Takt der Satellitenuhren (GLONASS-M: Cäsium-Frequenznormale, GLONASS-K: zwei Cäsium- und zwei Rubidium-Frequenznormale) abgeleiteten und modulierten Signale sind Navigationsmitteilungen und binäre Codes für die Entfernungsmessung. Für den offenen Dienst wird eine Positionsgenauigkeit von ≤5 m (horizontal) und ≤9 m (vertikal) mit einer Wahrscheinlichkeit von 95% angegeben. [13]

Durch die Einführung von zusätzlichen, für alle Satelliten einheitlichen Zentralfrequenzen und die Vergrößerung der nutzbaren Gesamt-Satellitenkonstellation mit kombinierten GPS/GLONASS-Empfängern (Interoperabilität) erweitert sich sowohl der Nutzerkreis als auch die Verfügbarkeit von GNSS.

35 Quelle: Information and Analysis Center for Positioning, Navigation and Timing – www.glonass-iac.ru, Aufruf am 22.03.2021

36 microwave amplification by stimulated emission of radiation

7.3.1.3 Galileo

Das europäische Galileo ist bislang das einzige unter ziviler Kontrolle stehende GNSS, welches der internationalen Zusammenarbeit offensteht und kommerziell betrieben wird. Betreiber sind die Europäische Raumfahrtagentur (European Space Agency – ESA) und die Europäische GNSS-Agentur (European GNSS Agency – GSA) mit Sitz in Holesovice (bei Prag). Galileo verspricht zivilen Nutzern Echtzeitortung mit einer Genauigkeit im Meterbereich und garantierte Verfügbarkeit.

Die redundanten Kontrollzentren befinden sich in Oberpfaffenhofen (bei München) und in Fucino (nahe Rom). Der erste Testsatellit GIOVE A (Galileo in orbit validation element) wurde am 28. Dezember 2005 gestartet. GIOVE B sollte 2006 folgen – der Start erfolgte indes aufgrund technischer Probleme erst am 7. Mai 2008.

Die folgende Beschreibung des Galileo-Weltraumsegments, der Satelliten, der Struktur und Aufgaben des Kontrollzentrums und der Galileo-Dienste basiert auf der offiziellen ESA-Internetseite.[37]

Das Weltraumsegment ist konzipiert mit 27 operativen Satelliten und drei Reservesatelliten, ausgelegt für eine Lebensdauer von mindestens 12 Jahren, in drei Bahnebenen (pro Bahnebene 9 + 1 Satelliten) mit einer Inklination von 56° und einem Versatz von 120° in der Äquatorebene. Die Länge der großen Halbachse der annähernd kreisförmigen Orbits beträgt 29.601 km (Orbithöhe etwa 23.260 km), daraus folgt eine Umlaufzeit von 14 h und 04 min. Jeder Satellit ist mit Atomuhren (zwei Wasserstoff-Maser sowie zwei Rubidum-Frequenznomale als Back-up) für die hochpräzise Zeitmessung ausgestattet. Die Trägerfrequenzen sind: E1 = 1575,420 MHz, E6 = 1278,750 MHz. und E5 = 1191,795 MHz.

Abbildung 7.17 zeigt einen Galileo-Satelliten des Herstellers *Galileo Industries* (Sitz in Ottobrunn bei München). Die Abmessungen sind 2,70 m x 1,20 m x 1,10 m, die Spannweite der Solarpanels ist 13 m, die Startmasse beträgt 680 kg, als elektrische Leistung wird 1500 W (nach 12 Jahren) angegeben. Die Satelliten verfügen über Laser-Reflektoren, welche die Bahnverfolgung vom Boden aus mit Zentimetergenauigkeit ermöglichen.

Der vollständige Ausbau von Galileo mit bis zu 30 Satelliten war bis 2020 geplant. Mit einer Konstellation von 26 Satelliten ab Juli 2018 waren die Galileo-Dienste aber schon vorher uneingeschränkt nutzbar.[38]

Das Kontrollzentrum (Ground Control Center – GCC) ist in zwei Hauptbereiche gegliedert: das *Ground Control Segment (GCS)* und das *Ground Mission Segment (GMS)*. Das GCS ist für die grundsätzliche Funktionstüchtigkeit der Galileo-Satelliten und deren korrekte Umlaufbahnen verantwortlich. Hierfür stehen fünf global verteilte Kontrollstationen zur Verfügung, welche über 13 m-Antennen im S-Band (2,60–3,95

37 Quelle: https://www.esa.int, Aufruf am 25.03.2021

38 Quelle: https://www.bmvi.de, Aufruf am 27.03.2021

GHz) wechselseitig Daten über den Zustand der Satelliten empfangen und Kommandos senden.

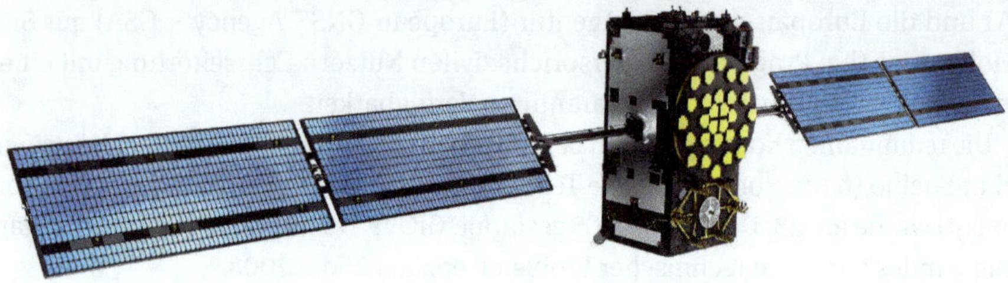

Abb. 7.17: Galileo-Satellit ©European GNSS Agency (GSA)

Das GMS ist für die Lieferung korrekter Navigationssignale und die Überwachung der Integrität verantwortlich. Dabei wird der Zustand jedes Satelliten daraufhin überprüft, ob sich das gesendete Signal innerhalb vorgegebener Toleranzen befindet. Weicht es ab, erhalten die Nutzer spätestens nach sechs Sekunden eine Information über fehlerhafte oder fehlende Signale. Die gesendeten Navigationssignale umfassen die Zeit der Atomuhr an Bord, präzise Orbitdaten und Integritätsinformationen. Zur Ermittlung dieser Daten werden die Satellitensignale ständig über ein globales Netzwerk aus 40 Galileo Sensor-Stationen im L-Band (1,0–2,6 GHz) von Referenzempfängern erfasst. Anschließend führt GMS die Daten mit weiteren Informationen (z.B. Zeitsignal der Bodenstationsuhren, Ionosphärendaten) zusammen und ermittelt die neuen Orbitdaten für jeden Satelliten. Es erfolgt ein Abgleich aller Borduhren mit der Uhr der Kontrollstation, eine Vorhersage der Bahnverläufe für die nächsten Stunden und die Bewertung der Integrität aller Satellitensignale. Die Berechnung wird alle 10 Minuten durchgeführt und deren Ergebnisse werden über neun Uplink-Stationen mittels 3 m-Antennen im C-Band (3,95–5,80 GHz) an die Satelliten übertragen, sodass diese wieder über die korrekten Navigationsinformationen verfügen.

Die Galileo-Systemzeit (Galileo System Time – GST) wird vom Galileo-Bodensegment erzeugt. Diese ist mit der internationalen Atomzeit (TAI) mit einer nominalen Differenz von 50 ns synchronisiert. Während der Anfangsepoche am 22. August 1999, 00.00 UT lag die TAI und damit auch die GST 13 Schaltsekunden vor UTC. Da seit 1999 drei weitere Schaltsekunden eingefügt wurden, betrug 2017 die Differenz zwischen GST und UTC 16 s. Mittels Galileo steht UTC mit einer Genauigkeit von 26 ns und besser zur Verfügung. Der Unterschied zwischen der GPS-Systemzeit und GST ist Bestandteil der Navigationsnachricht beider Systeme. [6]

Ein Alleinstellungsmerkmal von Galileo ist das Angebot spezieller Dienste:

- offener Dienst (open service – OS) mit offenen Signalen, welche vom Nutzer gebührenfrei genutzt werden können und – was die Genauigkeit der Standort- und Zeitbestimmung angeht – bisherige Angebote qualitativ übertreffen, Dienste von allgemeinem Interesse zu Ortungs-, Navigations- und Zeitsynchronisationszwecken
- kommerzieller Dienst (commercial service – CS) für professionelle Endanwender mit Zusatzinformationen zur Aufwertung von Produkten und Leistungen verschiedenster Anbieter, gebührenpflichtig mit Zugangskontrolle, in den Bereichen Vermessungswesen, Netzsynchronisation oder Flottenmanagement mit einer begrenzten Übertragungskapazität für Nachrichten von Servicezentren an Nutzer (in der Größenordnung von 500 Bits/s), Haftungsverpflichtungen gegenüber dem Nutzer
- sicherheitskritischer Dienst (safety of live service – SoL), weltweit verfügbar, jedoch verschlüsselt, steht Nutzergruppen offen, bei denen die garantierte Genauigkeit ein wesentliches Merkmal darstellt – vor allem Bereiche des Verkehrswesens (Luft- und Schifffahrt, Schienenverkehr), für die Kontinuität dieses Dienstes wird eine Garantie gegeben
- öffentlich regulierter Dienst (public regulated service – PRS), zugriffsgeschützt, verschlüsselt und störresistent, von staatlichen Stellen genutzt (z.B. Polizei, Zoll und Sicherheitsorgane), dient hoheitlichen Aufgaben der EU-Staaten, muss ständig und unter allen Umständen in Betrieb sein, insbesondere in Krisensituationen, wesentlicher Faktor ist die Signalstabilität, welche den Dienst gegen Störsender und elektronische Täuschungen schützt
- Such- und Rettungsdienst (search and rescue – SAR), ermöglicht den Empfang von Notrufen von beliebigen Standorten auf der ganzen Erde praktisch in Echtzeit, exakte Positionsbestimmung der Warnmeldungen auf wenige Meter anstelle der derzeitigen Genauigkeit von 5 km, ermöglicht Rückmeldungen an den Geschädigten, unterstützt bereits vorhandene SAR-Systeme wie z.B. COSPAS-SARSAT

7.3.1.4 BeiDou

Der chinesische Begriff *BeiDou* (mit der Bedeutung Sternbild Großer Wagen) ist die Bezeichnung des GNSS der Volksrepublik China (abgekürzt BDS). Betreiber ist die *Nationale Raumfahrtbehörde Chinas*. Die folgenden Details zu Entwicklung, Weltraum- und Bodensegment sowie Signalen und Diensten basieren auf der offiziellen Internetseite des *Information and Analysis Center for Positioning, Navigation and Timing.*[39]

Das Konzept für ein regionales chinesisches Satellitennavigationssystem geht auf das Jahr 1983 zurück. Unter dem Codenamen *Twinsat* waren 1989 schließlich zwei geostationäre Kommunikationssatelliten erfolgreich erprobt. Für BeiDou-1 wurde der erste Satellit am 30. Oktober 2000 gestartet, gefolgt von dem Zweiten am 20. Dezember 2000,

39 Quelle: www.glonass-iac.ru/en/guide/beidou, Aufruf am 29.03.2021

der Dritte folgte als Back-up am 25. Mai 2003. Auf der Basis geostationärer Satelliten wurde die erste Generation von BeiDou am 15. Dezember 2003 in Betrieb genommen. Im Jahr 2006 kündigte China offiziell die Entwicklung der zweiten Generation durch Erweiterung auf eine Satellitenkonstellation mit mittelhohen Orbits an: BeiDou-2 (alternative Bezeichnung *Compass*). Der Vollausbau der dritten Generation BeiDou-3 als globales System wurde 2020 erreicht mit der offiziellen Inbetriebnahme am 31. Juli. Am 29. März 2021 umfasste die Gesamtkonstellation 49 Satelliten, 44 davon operativ.

Das Weltraumsegment ist mit 35 Satelliten konzipiert. Die Besonderheit der Konstellation besteht darin, dass BDS fünf Satelliten im geostationären Orbit (GEO) mit einer Höhe von 35.786 km und 27 Satelliten im mittelhohen Orbit (MEO) in einer Höhe von 21.528 km verwendet. Letztere sind auf drei Bahnebenen verteilt mit einer Inklination von 55° und einer Umlaufzeit von 12 h 53 min und 24 s. Zudem gibt es drei weitere Satelliten auf inklinierten geosynchronen Orbits (IGSO) mit einer Inklination von 55° und einer Höhe von 35.786 km. Die GEO- und IGSO-Satelliten haben eine Masse von 828 kg und sind für eine Lebensdauer von 15 Jahren ausgelegt. Die MEO-Satelliten haben eine Masse von 1615 kg und eine geplante Lebensdauer von 12 Jahren. Die Atomuhren an Bord sind jeweils zwei Rubidium-Frequenznormale. Sämtliche BDS-Satelliten verfügen über Laser-Reflektoren und über Einrichtungen zur Messung kosmischer Strahlung. Durch die GEOs und IGSOs will man insbesondere eine bessere Versorgung mit Signalen in engen, zerklüfteten Städten und bewaldeten Regionen Zentralasiens gewährleisten.

Gesendet werden drei Signale im L-Band auf den Zentralfrequenzen: B1 = 1575,42 MHz (offener und autorisierter Zugang), B2 = 1191,79 MHz (offener Zugang) und B3 = 1268,52 MHz (autorisierter Zugang).

Das Bodensegment innerhalb Chinas sowie in mitgenutzten global verteilten Einrichtungen besteht aus dem Kontrollzentrum in Xi'an, Monitorstationen zur Bahnverfolgung und Überwachung der Integrität, Stationen für die Synchronisation des Systems sowie Sendestationen für die Navigationsnachrichten. Die vom Kontrollzentrum erzeugte BDS-Systemzeit (BeiDou System Time – BDT) ist eine kontinuierliche Zeitskala ohne Schaltsekunden, welche mit UTC auf eine Genauigkeit von 100 ns synchronisiert ist. BDT beginnt am 1. Januar 2006, 00.00 Uhr. Die Abweichungen BDT/GPS und BDT/GLONASS werden mit der Navigationsnachricht übermittelt.

BDS liefert zwei Typen globaler und zwei Typen regionaler Dienste. Der globale Dienst ist durch einen offenen, kostenfreien Zugang für zivile Nutzer mit einer Positionsgenauigkeit von 10 m und durch einen autorisierten Zugang gekennzeichnet. Der regionale Dienst umfasst einen Kurznachrichtendienst sowie Differentialkorrekturen für den Weitbereich.

7.3.2 Weltraumsegment

7.3.2.1 Konzeption von Navigationssatelliten

Trotz der herstellerspezifischen konstruktiven Unterschiede werden die komplexen Navigationssatelliten in Untersysteme gegliedert, welche grundsätzlich zwei Klassen angehören – dies sind die Nutzlast und der Satellitenbus.

Die **Nutzlast** als Gesamtheit der nachichtentechnischen Einrichtungen ist der eigentliche Funktionsträger. Diese besteht aus den Untersystemen:

- Signalverstärker und Antennen
- Mikroprozessoren zur Steuerung der Satellitenfunktionen
- Atomuhren (Cäsium-, Rubidium-Frequenznormale oder Wasserstoff-Maser)
- Code-Generatoren

Der **Satellitenbus** umfasst alle weiteren Einrichtungen, welche notwendig sind, die Nutzlast im Weltraum in Funktion zu setzen und zu erhalten. Dieser lässt sich unterteilen in:

- Struktur und Verkabelung
- Energieerzeugung, -aufbereitung und -verteilung mittels Solarpanel und Batterie
- Fernsteuer- und Fernmesseinrichtungen
- Thermalhaushalt für eine optimale Temperatur der Satellitenuhren
- Bahn- und Lageregelungssystem sowie Antriebssystem

Die räumliche Orientierung der Satelliten wird kontinuierlich angepasst, sodass die Antennen zur Erde weisen und die Solarpanels zur Sonne hin ausgerichtet bleiben. Während der Phasen des Durchgangs durch den Erdschatten geschieht die Energieversorgung über Batterien.

GPS-Satelliten werden sogenannten Blöcken zugeordnet, die Gesamtkonstellation wird stetig aufgefüllt und modernisiert. Während der Fortentwicklung hat sich die Masse der Satelliten von etwa 1000 auf 2000 kg erhöht. Die Tabelle 7.2 zeigt wesentliche Leistungsparameter der GPS-Satellitengenerationen, gibt jedoch die Weiterentwicklungen und Ergänzungen nicht vollständig wieder.[40]

Die Bezeichnung der GPS-Satelliten erfolgt durch verschiedene Kategorien der Kennung. Für einen GPS-Empfänger ist die PRN-Nummer zur Identifikation der Satelliten relevant. Diese gibt die dem Siebentage-Ausschnitt des fortlaufenden P-Codes entsprechende Woche an. Für die Codes – siehe Abschnitt 7.3.4.

40 Quelle: GPS and GNSS for Geospatial Professionals (https://www.e-education.psu.edu/geog862), Aufruf am 28.02.2021

Tab. 7.2: Übersicht der GPS-Satellitengenerationen

Block	Startzeiträume	Funktionalitäten und einige der Verbesserungen	gepl. Lebensdauer in Jahren
I	1978–1985	Demonstrationsphase, Träger L_1 (C/A-Code) und Träger L_2 (P-Code)	4,5
II	1989–1990	14 Tage autonomer Betrieb ohne Navigationsnachricht möglich durch Erhöhung der Datenspeicherkapazität	7,3
IIA (advanced)	1990–1997	6 Monate Betrieb ohne Navigationsnachricht möglich (mit Verschlechterung)	7,5
IIR (replenishment)	1997–2004	6 Monate Betrieb ohne Navigationsnachricht möglich (ohne Verschlechterung der Zeitgenauigkeit), 3 Rubidium-Frequenznormale, autonome Berechnung der Navigationsnachricht durch gegenseitige Entfernungsmessungen der Satelliten (X-link) möglich	7,8
IIR-M (modernization)	2005–2009	zweites ziviles Signal auf L_2 (L2C), Erprobung des neuen Trägers L_5, flexible Leistungsanpassung für milit. Signale	7,8
IIF (follow-on)	2010–2016	dritter, zivil nutzbarer Träger L_5, verbesserte Rubidium-Frequenznormale, direktes Einsetzen in den Orbit	12
III	2018–...	IIIa: viertes ziviles Signal (L1C), Laser-Retroreflektoren, IIIb: Ergänzung von 2 bis 4 X-link-Antennen, verbesserte Intersatellitenkommunikation zum Uhrzeitabgleich, IIIc: Verbesserung der Navigationsintegrität	15

7.3.2.2 Satellitenorbits

Satelliten folgen beim Umlauf um die Erde den Keplerschen Gesetzen, dabei wird ein Satellitenorbit durch sechs Form- bzw. Lageparameter festgelegt. Die Form der Bahnellipse ist durch die Länge der großen Halbachse a und die numerische Exzentrität e definiert. Die räumliche Lage wird im astronomisch-kartesischen KS mit dem Koordinatenursprung im Geozentrum festgelegt – siehe Abbildung 7.18. Dessen z-Achse fällt mit der Rotationsachse der Erde zusammen, die x-Achse liegt in der Ebene des Erdäquators und zeigt in Richtung des (raumfesten) Frühlingspunkts, die y-Achse ergibt sich durch Drehung um 90° entgegen dem Uhrzeigersinn in der Äquatorebene. Das Geozentrum ist einer der beiden Brennpunkte der Satelliten-Bahnellipse.

Die Rektaszension Ω des aufsteigenden Knotens ist der Winkel in der Äquatorebene zwischen der x-Achse und der Verbindungslinie Geozentrum/aufsteigender Knoten. Der aufsteigende Knoten ist der Punkt auf der Bahnellipse, in welchem der Satellit die Äquatorebene in der aufsteigenden Bahn von Süden nach Norden durchstößt.

Das Argument ω des Perigäums ist der Winkel in der Bahnebene zwischen der Verbindungslinie Geozentrum/aufsteigender Knoten und der Linie Geozentrum/Perigäum. Dabei ist das Perigäum der erdnaheste Punkt der Bahnellipse, der erdfernste Punkt ist das Apogäum.

Die Inklination i ist die Neigung der Bahnebene des Satelliten gegenüber der Ebene des Erdäquators. Der Wert von i entspricht der maximalen überstrichenen geographischen Breite (Scheitelpunkt der Satellitenspur) auf der Erde.

Die wahre Anomalie v ist der Winkel zwischen der Verbindungslinie vom Geozentrum zum Perigäum und dem Radiusvektor r. Letzterer gibt die momentane Richtung vom Geozentrum zum Satelliten an.

Folgende Einflussgrößen verursachen Abweichungen von der idealen Kepler-Ellipse: [6]

- Abweichung der Erde von der Kugelgestalt
  ungleichmäßige Dichte des Erdkörpers
- Schwerkraft von Sonne und Mond
- Strahlungsdruck der Sonne
- Garavitationsanomalien
- Reibung in der Erdatmosphäre

Diese Bahnstörungen werden bei der rechnerischen Modellierung der Orbits algorithmenbasiert berücksichtigt – insgesamt ergeben sich 16 Kepler- und Störparameter, welche regelmäßigen Aktualisierungen unterliegen.

Bei GPS sind die sechs Ebenen der annähernd kreisförmigen Orbits (A bis F) in der Erdäquatorebene um jeweils 60° versetzt. Die Länge der großen Halbachsen der Orbits beträgt 26560 km, die Inklination ist 55°, die Mindestsatellitenzahl pro Orbitebene beträgt **vier**. Per Systemdesign wird so mit 24 Satelliten (21 Betriebs- + 3 aktive Reservesatelliten) an jedem Ort auf der EO die Sichtbarkeit einer ausreichenden Anzahl von

Navigationssatelliten gewährleistet. Da GPS-Satelliten häufig die geplante Lebensdauer übertreffen, umfasste die Gesamtkonstellation am 1. Februar 2021 31 Satelliten.[41] Deren mittlere Bahngeschwindigkeit beträgt 3,87 km/s – damit dauert ein Umlauf um die Erde 11,97 h. Die Satellitenspur verschiebt sich pro Tag um etwa 1° nach Osten.

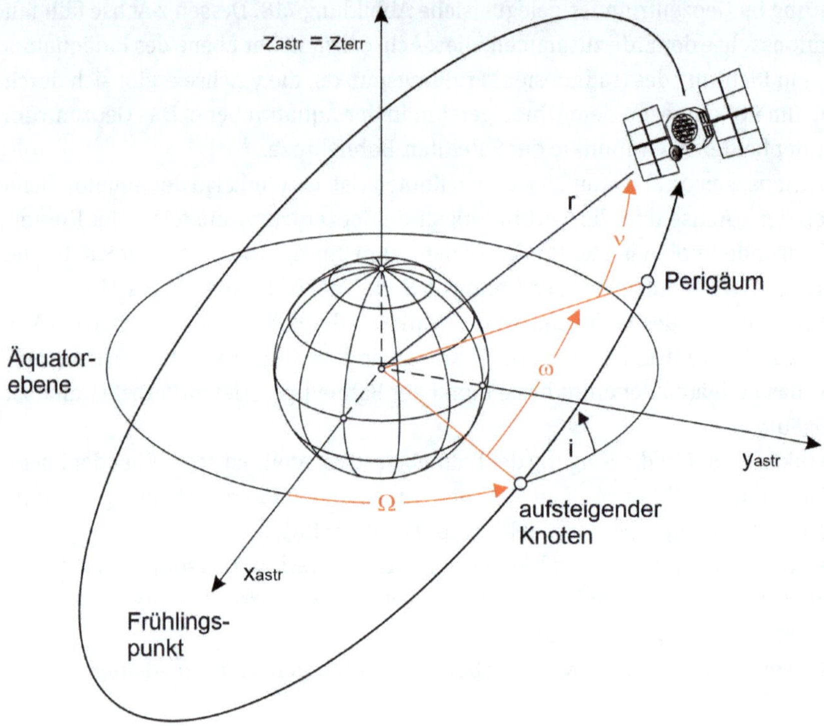

Abb. 7.18: Räumliche Festlegung eines Satellitenorbits, nach [6]

7.3.3 Kontrollsegment

Das militärische GPS-Kontrollsegment wird zur Zeit aus 20 Bodenstationen gebildet. Dies sind die Hauptkontrollstation und ein Netz global verteilter Monitor- und Bodensendestationen – zum Teil in Funktionseinheit. Deren Haupaufgabe ist die Steuerung der Satelliten, die Beobachtung und Extrapolation der Orbits, die Beobachtung der Satellitenuhren und Vorhersage deren Verhaltens sowie die Übertragung der Navigationsnachrichten.

41 Quelle: https://www.navcen.uscg.gov, Aufruf am 01.02.2021

Die Hauptkontrollstation (Master Control Station) befindet sich auf der *Schriever Airforce Base* in Colorado Springs (Colorado), die Alternate Master Control Station ist auf der *Vandenberg Airforce Base* (Kalifornien). Das GPS-Kontrollsegment hat die folgende Struktur und Aufgabenverteilung:

- Hauptkontrollstation (Bestimmung der Navigationsnachrichten, Vorausberechnung der Ephemeriden- und Almanachdaten, Kontrolle der Systemzeit, direkte Steuerung der Satelliten)
  - Satellitenkontrollraum
  - Workstations
- Monitorstationen (Satellitenbahnverfolgung)
  - TTC-Einrichtungen (tracking, telecommand, control)
  - Workstation
  - Empfangseinrichtungen
  - Atomuhr
  - meteorologische Sonden
- Bodensendestationen (Übermittlung der Navigationsnachricht an die Satelliten im S-Band)
  - Leistungsverstärker
  - Erdfunkstelle

Darüberhinaus besteht seit 1994 der *International GNSS Service (IGS)* als internationaler, nichtstaatlicher Zusammenschluss wissenschaftlicher Institutionen, Universitäten und Forschungseinrichtungen im Bereich der Geophysik, Ortung und Geodäsie. Das Zentralbüro ist in Pasadena (Kalifornien). Basierend auf einem globalen Netz aus über 500 Referenzstationen macht IGS als Datendienst neben präzisen Satelliten-Bahndaten auch aktuelle Modelle von Tropo-/Ionosphäre für wissenschaftliche und kommerzielle Anwender verfügbar. Zu Organisation und Produkten von IGS – siehe *www.igs.org*.

7.3.4 Struktur und Auswertung der GPS-Satellitensignale

7.3.4.1 Frequenzen, Codes und Daten

Eine der Anforderungen an die Satellitensignale ist große Bandbreite (mehrere MHz). Dies ist nur in Frequenzbereichen oberhalb von 1000 MHz möglich. Des Weiteren ist geringe Störempfindlichkeit gegen atmosphärische Einflüsse erforderlich. Da die durch Brechung der elektromagnetischen Wellen in der Ionosphäre entstehenden Laufzeitverzögerungen umgekehrt proportional sind zum Quadrat der Frequenz, sind hohe Frequenzen günstiger. Ein weiterer Aspekt besteht in den sehr kleinen Leistungen. Für ein Signal mit der Sendeleistung $P_0 = 50$ W ergibt sich eine Empfangsleistung $P_E = 10^{-16}$ W auf der EO. Mit zunehmender Frequenz verstärken sich Ausbreitungsdämpfungen. Daher stellt das L-Band (1–2 GHz) insgesamt ein Optimum dar. [29]

Die *Internationale Fernmeldeunion* sieht das Frequenzband 1150–1650 MHz für die GNSS vor. Bei GPS entstehen die einheitlichen Trägerfrequenzen aus der Grundfrequenz $f_0 = 10,23$ MHz, welche aus dem Takt der hochpräzisen Atomuhren (Cäsium- und Rubidium-Atomfrequenznormalen) an Bord der Satelliten abgeleitet wird. Multiplikation von f_0 ergibt die RF-Träger [MHz]:

$$\begin{aligned} L_1 : f_1 &= 154 \cdot f_0 = 1574,42 \\ L_2 : f_2 &= 120 \cdot f_0 = 1227,60 \end{aligned} \tag{7.36}$$

Mit dem modernisierten GPS wurde ein dritter RF-Träger L_5 eingeführt: $f_5 = 115 \cdot f_0 = 1176,45$ MHz.

Grundsätzlich kann man vier verschiedene Beobachtungsgrößen bestimmen: Pseudoentfernung aus Codemessung, Pseudoentfernungsdifferenz aus integriertem Doppler-Count, Entfernung aus Trägerphase oder Trägerphasendifferenz und Signallaufzeitdifferenz aus interferometrischer Messung. Pseudoentfernungen aus Code-Messung werden vor allem für die Ortung und Navigation genutzt. Die drei Letzteren kommen wegen der größeren erzielbaren Genauigkeit bevorzugt in der Vermessung und bei wissenschaftlichen Anwendungen zum Einsatz. Auch kommen zunehmend kombinierte Lösungen von Code-Messung und Trägerphasenmessung zur Anwendung. [29]

Zugunsten der Störsicherheit der Satellitensignale ist deren Form eine codierte, binäre Impulsfolge. Neben den Datensignalen (Navigationsnachricht und Zeitinformationen) werden bei GPS von jedem Satelliten individuelle Folgen aus Impulsen übertragen, welche periodisch sind und nach einer pseudozufälligen (pseudo random noise) Bildungsvorschrift durch Verknüpfung der Ausgänge rückgekoppelter Schieberegister entstehen und keine spezifischen Informationen enthalten. Diese, als **PRN-Code** bezeichneten Signale, werden bei der Entfernungsmessung Satellit/Empfänger ausgewertet.

Mit Trennung der zivilen und militärischen Nutzung bei GPS werden zivile sowie autorisierte und militärische Anwender unterschieden. Die allen zivilen Nutzern frei zugängliche Codevariante ist der **C/A-Code** (cleared aquisition), dessen Auswertung Pseudoentfernungen für die Positionsbestimmung, Geschwindigkeits- und Zeitinformationen liefert. Der genauere **P(Y)-Code** (precise bzw. prohibited) ist den autorisierten und militärischen Nutzern vorbehalten. C/A- und P(Y)-Code sind zeitlich miteinander verknüpft. Des Weiteren wurden mit der Modernisierung von GPS eingeführt: der militärische M-Code, die zivilen Codes L1C und L2C sowie das zivile, für sicherheitskritische Anwendungen vorgesehene L5-Signal.

Die von den Satelliten ausgestrahlten elektromagnetischen Wellen werden moduliert, um die Übertragung von Träger- und Datensignalen zu ermöglichen. Dabei sind sowohl Datensignalgenerator als auch Trägersignalgenerator durch einen Takt gesteuert, welcher aus den Resonanzfrequenzen der Satellitenuhren abgeleitet wird.[42]

Herkömmlich überträgt der Kanal L_1 den C/A- sowie den P(Y)-Code und mit der Modernisierung den M- und den L1C-Code. L_2 überträgt den P(Y)-Code sowie den L2C- und den M-Code. L_5 überträgt die L5-Signale. Damit sind auch für zivile Nutzer Zweifrequenzmessungen möglich, wodurch die Effekte der Laufzeitverzögerung in der Ionosphäre eliminiert werden können.

Bei den GNSS und insbesondere bei den für GPS angeführten PRN-Codes werden unterschiedliche Typen von Signalfolgen verwendet. So ist z.B. die Dauer des C/A-Codes 1 ms mit 1023 positiven bzw. negativen Impulsen (chips) und der Taktfrequenz 1,023 MHz. Damit wird der C/A-Code 1000 mal pro Sekunde als identische Impulsfolge mit einer geometrischen Länge von ungefähr 300 km gesendet. Die geometrische Länge eines Chips beträgt etwa 300 m. Die Dauer des P(Y)-Codes beträgt 267 Tage, von denen jeder der GPS-Satelliten nur einen Siebentage-Ausschnitt verwendet. Ein identischer Wellenzug ergibt sich für den P(Y)-Code erst nach sieben Tagen, daher ist dessen Auswertung eindeutig. Wegen der höheren Taktfrequenz von 10,23 MHz ist eine genauere Zeitmessung und damit genauere Entfernungsbestimmung möglich. Die geometrische Länge eines Chips beträgt hier rund 30 m.

Voraussetzung für die Positionsbestimmungen in Echtzeit ist die ständige Verfügbarkeit der Bahndaten der Satelliten sowie von Zusatzinformationen. Daher muss das Satellitensignal diese Daten enthalten. Die **Navigationsnachricht**, welche von den Bodensendestellen des Kontrollsegments an jeden Satelliten übermittelt wird, beinhaltet: Uhrkorrekturen der Satellitenuhr, Ephemeriden (Position als Funktion der Zeit) des jeweiligen Satelliten, Almanach (Orbitparameter), Refraktionsmodell und GPS-Systemzeit.

Die für die Positionsbestimmung in Echtzeit benötigte Nachricht besteht aus 1500 Bit. Diese bilden einen Rahmen (frame), welcher in fünf Subframes über jeweils 10 Wörter mit je 30 Bit aufgeteilt ist. Die höchste Struktureinheit ist der Masterframe, bestehend aus 25 Frames. Jeder Subframe beginnt mit zwei Spezialwörtern – dem Telemetry Word (TLM) und dem Handover Word (HOW). Das TLM enthält eine festgelegte 8 Bit-Struktur zur Synchronisation und eine 14 Bit-Nachricht, welche Auskunft darüber gibt, ob gerade Ephemeriden an den Satelliten übermittelt werden oder ob andere Satellitenoperationen stattfinden. Das HOW enthält den Zeitpunkt des Beginns der nachfolgenden Sequenz nach Satellitenzeit, wodurch der Zugang zum P-Code ermöglicht wird. [6]

Bei einer Übertragungstate von 50 Bit/s und 1500 Bit als Gesamtlänge eines Frames dauert dessen Übermittlung 30 s. Daten- und C/A-Code sind synchronisiert, damit entspricht der Anfang eines Datenbits dem Beginn einer C/A-Codesequenz. Für die

42 Für das komplexe Thema der Modulationsverfahren sei auf [6] und [29] verwiesen – dieses wird dort detailliert behandelt.

Übermittlung der Gesamtnachricht an den Empfänger werden $25 \cdot 30$ s = 12,5 min benötigt, weil für die Inhalte der Subframes 4 und 5 eine Nachricht und damit ein Frame von 30 s nicht ausreicht. Folglich umfasst ein Masterframe 25 Frames mit, außer Subframe 4 und 5, unverändertem Inhalt. [6]

Seit 2010 senden die Block IIR-M Satelliten auf L2C eine neue Navigationsnachricht: die *Civil Navigation Message (CNAV)*. Dieses neue Format ist an die Stelle der Rahmenstruktur der herkömmlichen Navigationsnachricht getreten, welches aus unterschiedlichen Datenpaketen von je 300 Bit besteht. Die Übertragung eines Datenpakets dauert 12 s. Jedes von diesen enthält individuelle Nachrichtentypen in individuellen Strukturen. Vorgesehen sind bis zu 63 verschiedene individuelle Nachrichtentypen. Neben weiteren Elementen stellt CNAV die Satellitenorbits genauer dar. Tabelle 7.3 gibt die Übersicht der entsprechenden Kepler- und Korrekturparameter. [6]

Tab. 7.3: Parameter der Satellitenbahn CNAV

	Kepler- und Korrekturparameter
M_0	mittlere Anomalie
Δn	Korrekturglied zur mittleren Winkelgeschwindigkeit
$\Delta \dot{n}$	zeitliche Änderung der mittleren Winkelgeschwindigkeit
e	Exzentrität der Bahnellipse
ΔA	Differenz der großen Halbachse der Bahnellipse zu A_{Ref}
$\dot{A}$	Änderung der großen Halbachse
Ω_0	Parameter für die Rektaszension des aufsteigenden Knotens
$\Delta \dot{\Omega}$	Änderung der Rektaszension des aufsteigenden Knotens
i_0	Bahnneigung zur Referenzeit t(r)
ω	Argument des Perigäums
$\dot{\Omega}$	zeitliche Änderung der Rektaszension des aufsteigenden Knotens
$\dot{i}$	zeitliche Änderung der Bahnneigung
c_{uc}, c_{us}	Korrekturglieder zum Argument der Breite
c_{rc}, c_{rs}	Korrekturglieder zum Radiusvektor
c_{ic}, c_{is}	Korrekturglieder zur Bahneigung
$t(r)$	Referenzzeit für die Ephemeriden

Die **GPS-Systemzeit**, als kontinuierliche Zeitskala, ist eine rechnerische Größe, welche aus den Beobachtungen der von den Satelliten und von den Monitorstationen empfangenen Zeitmaßen abgeleitet ist. Diese wird in der Hauptkontrollstation berechnet und den Satelliten mitgeteilt, welche diese dann im Abstand von 6 s mit den Navigationsnachrichten aussenden. Der Unterschied zwischen der GPS-Systemzeit und der Zeit eines jeden Satelliten wird in der Hauptkontrollstation definiert und über die Bodensendestationen dem jeweiligen Satelliten übermittelt. GPS-Systemzeit und UTC stimmten am 5. Januar 1988 um 00.00 Uhr überein. Wegen der Schaltsekunden bei UTC und der Drift bei der GPS-Zeit unterscheiden sich GPS-Systemzeit und UTC.

Die Differenz betrug Anfang des Jahres 2003 etwa 13 s. Eine Driftkorrektur ist wegen relativistischer Effekte notwendig. [29]

7.3.4.2 Empfängerseitige Auswertung der Signale

Neben der Empfangsantenne (auf der Rumpfoberseite) sind die Hauptkomponenten und Funktionen eines GPS-Empfängers: Hochfrequenzteil, Signalerfassung und -verarbeitung, Messgrößenverarbeitung, Schnittstelle zum Nutzer und Stromversorgung. Nach der Aquisition und dem Einrasten des Signals ab einer bestimmten Pegelstärke sowie Erzeugung der Codekopie im Empfänger erfolgt ein zeitlicher Korrelationsprozess zwischen empfangenem Referenzcode und der identischen Codekopie bei Anwendung einer *Autokorrelationsfunktion*. Abbildung 7.20 zeigt das Ablaufschema bei der Lösung aller Teilaufgaben durch den GPS-Empfänger.

Die kontinuierlich empfangenen Impulse der PRN-Codes sind pseudozufällig verteilt und periodisch. Zum Zeitpunkt des Eintreffens des Satellitensignals im Empfänger sind Code und Codekopie um das Zeitintervall Δt gegeneinander versetzt. Letzteres ist die Summe aus Uhrenfehler und Signallaufzeit. Die Codekopie wird nun solange verschoben, bis das Maximum der Autokorrelationsfunktion[43] erreicht ist. Dabei können Code und Codekopie in Abschnitte zerlegt werden. Diese werden miteinander multipliziert, deren Produkte addiert und genormt. Dieser Vorgang beginnt mit dem ersten Chip des empfangenen Signals und endet nach N Chips, wobei N die Anzahl der Elemente der Chipfolge ist. Anschließend wird dasselbe mit der um einen Chip versetzten Codekopie wiederholt. Die entsprechenden Werte der Autokorrelationsfunktion erreichen das Maximum genau dann, wenn beide Codefolgen synchronisiert sind. Dies ist spätestens nach N Schritten der Fall. Die Verschiebung kann auf etwa 1% eines Chips genau durchgeführt werden. Damit wird bei Verwendung des C/A-Codes theoretisch eine Genauigkeit der Entfernungsmessung von 3 m erreicht. Abbildung 7.19 veranschaulicht diesen Vorgang.

Sobald die Fehlergrößen (Uhrzeitfehler, atmosphärische Signallaufzeitverzögerungen, Messrauschen) bekannt sind, kann die geometrische Entfernung r zu jeweils drei Satelliten aus der Konstellation berechnet werden. Deren Positionsvektoren zum Messzeitpunkt sind in der Navigationsnachricht enthalten. Damit erhält man den gesuchten Positionsvektor des Empfängers mit den Koordinaten x_p, y_p, z_p aus dem nichtlinearen Gleichungssystem (mit $i = 1, 2, 3$):

$$r_i = \sqrt{(x_i - x_p)^2 + (y_i - y_p)^2 + (z_i - z_p)^2} \tag{7.37}$$

Die drei Unbekannten können entweder durch eine geschlossene Lösungsform, ein iteratives Verfahren, auf der Linearisierung nach Taylor beruhend oder durch Kalman-Filterung berechnet werden. Die geschlossene Lösungsform wird in der Praxis wegen

43 Für tiefergehende Informationen zur Autokorrelationsfunktion – siehe [6].

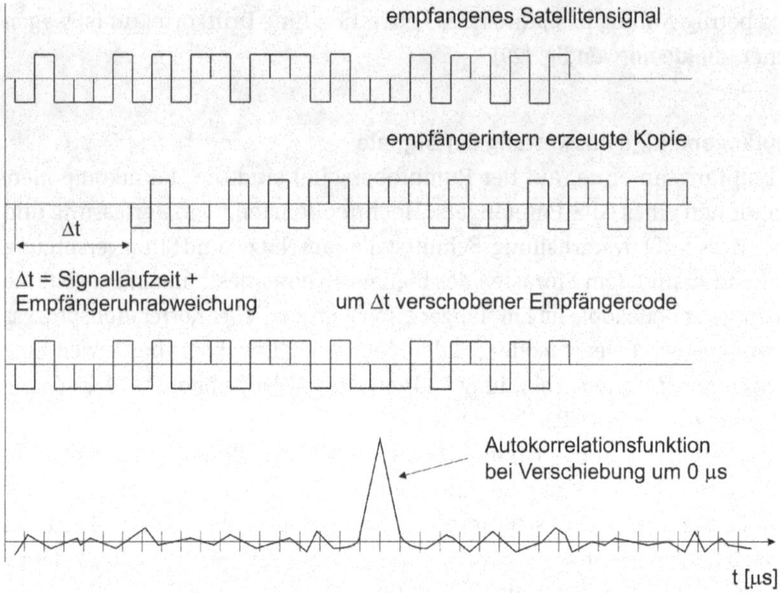

Abb. 7.19: Empfängerseitiger Messvorgang bei der Codeauswertung

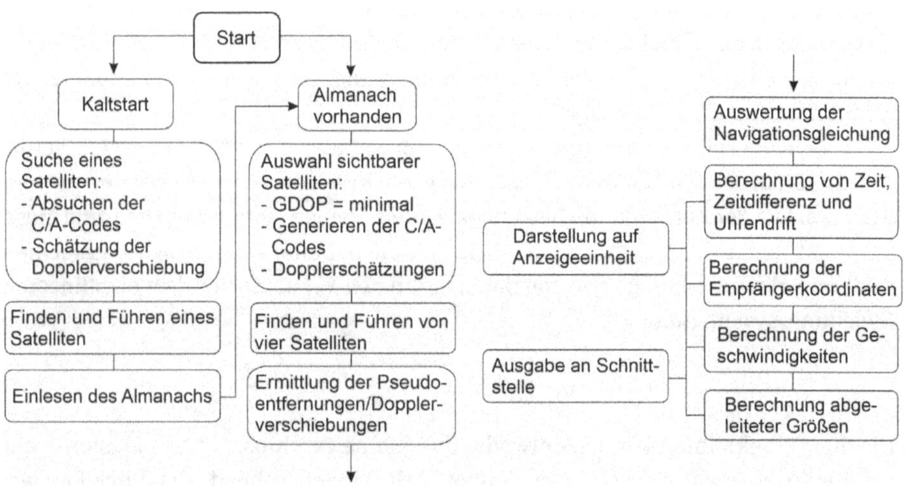

Abb. 7.20: Ablaufschema der Navigationsberechnung

des unbefriedigenden Ergebnisses kaum noch angewendet. Während anfangs das iterative, auf der Linearisierung beruhende Verfahren überwiegend zur Anwendung kam, wird zunehmend die Kalman-Filterung eingesetzt, da diese bei der Integration von GPS mit anderen Sensoren eine sehr günstige Lösung darstellt. [29]

7.3.4.3 Systemsicherungmaßnahmen

Etwa ein Jahr vor Erreichen der vollständigen Betriebsbereitschaft von GPS wurde nach vorheriger Ankündigung der Zugang zu GPS am 1. Januar 1994 eingeschränkt. Dabei wurden zwei Techniken verwendet: **Anti-Spoofing** und **Selective Availability**. [6]

Anti-spoofing (A-S)[44] soll eine Täuschung durch falsche Signale von feindlichen Sendern verhindern. Dabei wird der militärische P-Code verschlüsselt – es entsteht der P(Y)-Code.

Selective Availability (SA) bedeutet *auswählbare Verfügbarkeit*, d.h. dass das volle Genauigkeitspotential von GPS nicht allen Nutzern zur Verfügung gestellt wird. SA wurde durch die Verfälschung des C/A-Codes mit einem kurzperiodischen δ-Prozess (Verschiebung der Satellitenzeit) und einem langperiodischen ε-Prozess (veränderte Ephemeriden) realisiert. Damit schränkte SA die Positionsgenauigkeit für zivile Nutzer auf etwa 50–150 m ein. Am 2. Mai 2000 wurde SA jedoch (vorläufig) abgeschaltet.

Ferner kann die Richtcharakteristik der Satellitenantennen verändert werden, sodass bestimmte geographische Bereiche nicht mit Signalen versorgt werden.

7.3.5 Fehlercharakteristik, Genauigkeit und Integritätssicherung bei GPS

7.3.5.1 Einflussgrößen der Genauigkeit

Bei den Größen, welche die Genauigkeit der Positionsbestimmung mit GNSS beeinflussen, unterscheidet man zum Einen Faktoren in direktem Zusammenhang mit der Entfernungsmessung einschließlich äußerer Einflüsse auf die Signalausbreitung (user equivalent range error – UERE) und zum Anderen den Einfluss der relativen Geometrie Satellit/Empfänger mit einer Verschlechterung der Präzision (dilution of precision – DOP). Zur ersten Kategorie (UERE) zählen:

- Genauigkeit der Vorausbestimmung der Orbits und damit der Koordinaten des jeweiligen Satelliten – Fehler gehen direkt in den Entfernungsmesswert ein
- Fehlergrößen in der Zeitinformation
  - Satellitenuhrenfehler
  - Laufzeitverzögerungen der Signale aufgrund ionoshärischer und troposphärischer Refraktion
  - Mehrwegeausbreitung
  - Laufzeit im Empfänger

44 engl. to spoof: beschwindeln, veralbern

- Interferenzen durch Störsignale in benachbarten Frequenzbändern, z.B. TV-Sender, feindliche Störsender (jamming)
- Messrauschen

Tabelle 7.4 fasst die Einflussgrößen auf UERE für den Standarddienst SPS und den Präzisionsdienst PPS zusammen. [29]

Tab. 7.4: Fehlerbilanz für die Messung der Pseudoentfernungen (als Standardabweichung für eine Wahrscheinlichkeit von 68,3%)

Segment	Fehlerquelle	SPS mit C/A-Code, Fehler in [m]	PPS mit P(Y)-Code, Fehler in [m]
Weltraum-segment	Satelliten-Instabilität	3,0	3,0
	Satellitenbahn-Störungen	1,0	1,0
	sonstige Ursachen	0,5	0,5
	Sonnenstrahlungsdruck		
	Sonnenwind		
Kontroll-segment	Fehler in Ephemeriden	4,2	4,2
	Messfehler der Monitore	0,9	0,9
Nutzer-segment	Laufzeitverzögerungen		
	Ionosphäre	8,0	1,2
	Troposphäre	2,5	1,5
	Empfängerrauschen, Messauflösung	1,5	1,5
	Mehrwegeausbreitung	2,5	1,2
	Interferenzen	0,5	0,5
Gesamt-system	quadratischer Mittelwert	10,3	6,0

Hier wird ein deutlicher Unterschied zwischen C/A- und P(Y)-Code bei den ionosphärischen Laufzeitverzögerungen sichtbar. Die Ausprägung der Ionosphäre und damit deren Leitfähigkeit für elektromagnetische Wellen verändert sich im Wesentlichen mit der Sonneneinstrahlung und ist abhängig vom Elektronengehalt. Für Einfrequenzmessungen mit C/A-Code erfolgen Korrekturen mit einem Standardmodell.[45] Da der Wert der Brechungskoeffizienten auf dem Signalweg frequenzabhängig ist, können durch Zweifrequenzmessungen mit geeigneten Empfängern die Laufzeitverzögerungen genauer berechnet werden.

Der Einfluss der Troposphäre, also jenem Teil der Atmosphäre mit Wettergeschehen, ist wegen des relativ kurzen Signalwegs geringer. Hier sind die meteorologischen Parameter Luftdruck, Lufttemperatur und Luftfeuchte relevant, deren Werte zeitlich

45 *Klobuchar-Modell*, welches mit der Navigationsnachricht übermittelt wird

und räumlich möglichst lückenlos erfasst werden sollten. Die Nutzung von Satelliten mit einem großen Erhebungswinkel minimiert den Signalweg durch die Troposphäre.

Grundsätzlich sind genauere Messungen um Sub-Zentimeterbereich durch Auswertung der Trägerphasenwinkel innerhalb jeweils eines Wellenzugs bei Lösung der Mehrdeutigkeit möglich. Dieses Verfahren wird vorwiegend bei präzisen Anwendungen in der Vermessung genutzt, ist jedoch für die Luftfahrt unpraktikabel. Die obigen, aus reiner Codemessung gewonnenen Ergebnisse sind für die präzise Landeanflugnavigation unzureichend, weshalb hierfür die Erweiterung durch Differential-GPS erforderlich ist – siehe Abschnitt 7.3.6.

Die zweite Fehlerkategorie (DOP) ergibt sich als Vergrößerungsfaktor des Fehlers aus den Entfernungsmessungen und dem Positionsfehler aufgrund der relativen Geometrie Satellit/Empfänger. Abbildung 7.21 veranschaulicht eine zweidimensionale Standortbestimmung durch Entfernungsmessung zu zwei Satelliten. Der Satellitenabstandswinkel γ beträgt hier etwa 90°, der wahre Standort des Empfängers ist der Schnittpunkt der zwei roten Bogenstücke der Kreisstandlinien mit den Radien ρ_1 und ρ_2. Entsprechend den in Tabelle 7.4 angegebenen Größenordnungen der Entfernungsmessfehler sind die Abweichungen $\pm\Delta\rho_1$ und $\pm\Delta\rho_2$ die Differenzen zwischen der wahren und der gemessenen Entfernung. Bei einer statistischen (Gaußschen) Verteilung der Fehlerbeträge für eine Wahrscheinlichkeit von 68,3% gehen letztere in die Standardabweichung σ_1 und σ_2 über. Die äußeren schwarzen Kreisbögen spannen die Fehlerpositionsfläche auf, innerhalb welcher der gemessene Standort liegt.

Je kleiner der Satellitenabstandswinkel ist, desto gestreckter wird die Fehlerpositionsfläche mit wachsendem Flächeninhalt. Für $\gamma = 90°$ ist der Flächeninhalt minimal mit einem DOP-Faktor = 1, für $0° < \gamma < 90°$ wächst der DOP-Faktor als Verhältnis der Inhalte der Fehlerpositionsflächen. Im dreidimensionalen Fall erfolgen die Messungen zu vier Satelliten mit sechs Satellitenabstandswinkeln. Geometrisch kann man sich dies durch eine unregelmäßige Pyramide veranschaulichen, deren Kanten durch die Verbindungslinien Satellit-Empfänger gebildet werden und deren Spitze in der Empfängerposition liegt. Das Volumen dieses Körpers wird maximal, wenn ein Satellit im Zenit über dem Empfänger steht und die übrigen Drei mit niedrigen Erhebungswinkeln um 120° zueinander versetzt sind. Folglich geschieht im Empfänger die Auswahl der günstigsten Satellitenkonstellation, mit möglichst großen Abstandswinkeln, nach dem Kriterium des maximalen Volumens bzw. des minmalen DOP-Werts. Aufgrund der Bewegung der Satelliten ändern sich die Abstandswinkel sowie die genutzte Konstellation kontinuierlich, daher ist der DOP-Faktor und damit der Positionsfehler veränderlich.

Auf die Standardabweichungen bezogen, gilt für den DOP-Faktor: [29]

$$DOP = \frac{\sigma_p}{\sigma_r} \tag{7.38}$$

Hier ist σ_p die Standardabweichung des Positionsfehlers (dreidimensionale Positionsbestimmung) und σ_r die Standardabweichung des Fehlers aus Entfernungsmessung. Diese Gleichung gilt ebenfalls für die zweidimensionale Positionsbestimmung in der

Horizontalebene oder auch in der Vertikalebene sowie für die Zeitinformation, wenn im Zähler die jeweilige Standardabweichung σ_h, σ_v bzw. σ_T eingesetzt wird.

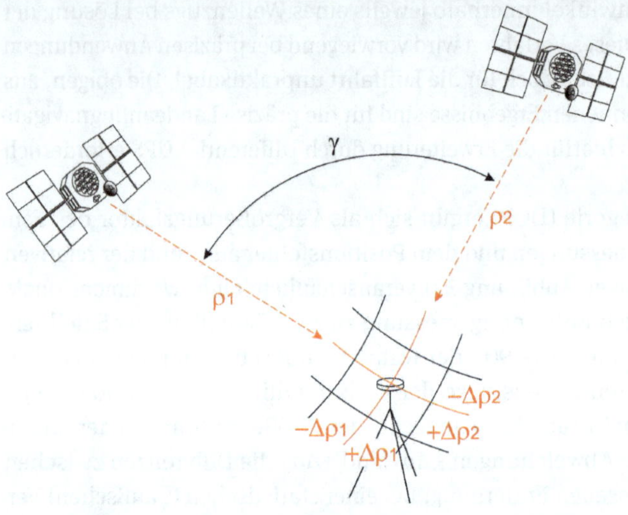

Abb. 7.21: Positionsfehler und Fehlerfläche bei der Standortbestimmung durch zwei Entfernungen, nach [29]

Für die Fehlerangabe des gesamten Systems wurde der Faktor *GDOP* (geometric dilution of precision) definiert – dieser enthält die DOP-Faktoren für den Positionsfehler und für die Uhrzeitabweichung: [29]

$$GDOP = \sqrt{(PDOP)^2 + (TDOP)^2} \tag{7.39}$$

Ist dem Nutzer der für seinen Standort geltende DOP-Faktor und der Entfernungsfehler UERE bekannt, kann er den dafür zu erwartenden Positionsfehler ϵ berechnen: [29]

$$\epsilon = DOP \cdot UERE \tag{7.40}$$

Wenn dem Nutzer die Standardabweichung σ_{UERE} des Entfernungsmessfehlers bekannt ist, kann er auch die Standardabweichung des Positionsfehlers berechnen: [29]

$$\sigma_p = DOP \cdot \sigma_{UERE} \tag{7.41}$$

7.3.5.2 Integritätssicherung

An erster Stelle ist das Kontrollsegment für die Qualität der Signale durch Überwachung der Satelliten und deren Atomuhren, Bestimmung und Extrapolation der Orbitdaten sowie Erstellung und Übermittlung der Navigationsnachrichten verantwortlich. In die kontinuierlich veröffentlichte Statusmeldung (health-report) gehen auftretende Probleme an einzelnen Satelliten jedoch meist mit Zeitverzögerung ein. So kann die Bereitstellung einer Echtzeit-Warnmeldung durch das Kontrollzentrum nicht geleistet werden.

Die Generierung einer Integritätsinformation auf der Grundlage von Messungen durch Bodenmonitore innerhalb eines bestimmten geographischen Bereichs und deren direkte Versendung an die Nutzer wird als *Ground Integrity Channel (GIC)* bezeichnet. Bei dieser Architektur geschieht die Gewinnung einer Fehlermeldung sowie deren Übermittlung und Bereitstellung an den Nutzer innerhalb einer vorgegebenen Alarmzeit (time to alert – TTA). GIC wird bei den GNSS-Erweiterungen für den Nah- und den Weitbereich realisiert. Für die Integritätssicherung in Echtzeit haben sich zwei Verfahren etabliert: die empfängerautonome und die bordautonome Integritätsprüfung.

Empfängerautonome Integritätsprüfung (receiver autonomous integrity monitoring – RAIM) ist ein unabhängiges Verfahren, bei welchem ein GPS-Empfänger die Navigationslösung ausschließlich mit GPS-Signalen berechnet. Dies geschieht durch eine Konsistenzprüfung redundanter Pseudoentfernungsmessungen. Zusätzlich können zugeführte barometrische Höheninformationen mit ausgewertet werden.

Für RAIM muss dem Empfänger neben den vier erforderlichen Satelliten für die Bestimmung von räumlicher Position und Empfängeruhrenfehler mindestens ein Weiterer (Fünfter) zur Verfügung stehen. Dem Verfahren liegt die Annahme zugrunde, dass im Ereignisfall maximal ein Satellit der Konstellation fehlerhaft ist. Zur Anwendung kommt das *Verfahren der maximalen Entfernungsänderung*. Dabei wird iterativ die Empfängerposition mit jeweils vier aus fünf Satelliten berechnet. Bei n sichtbaren Satelliten können n Kombinationen von je vier Satelliten gebildet werden. Sobald eine der Lösungen einen vorgegebenen Maximalwert der Entfernungsänderung übersteigt, kann Rückschluss auf den fehlerhaften Satelliten gezogen werden, dessen Signal das Ergebnis der Gesamtlösung verschlechtert hat, da sich das Messergebnis mit diesem Satelliten wesentlich von dem Ergebnis ohne diesen unterscheidet.

Ein sechster Satellit wird benötigt, um einen defekten Satelliten bzw. eine fehlerbehaftete Entfernungsmessung zu isolieren und von der Navigationslösung auszuschließen (fault detection and exclusion – FDE). Bei GPS-Empfängern, welche mit barometrischer Höhenstützung (altitude-aiding) oder clock-aiding als Erweiterung der RAIM-Funktion arbeiten, kann die Zahl der für RAIM erfoderlichen Satelliten bei geeigneter Geometrie der Konstellation um einen reduziert werden.

Im Ereignisfall generiert der Empfänger eine Warnmeldung, dass aufgrund der momentan genutzten Satellitenkonstellation die definierte Alarmgrenze überschritten wird und die Navigationslösung fehlerbehaftet ist. Die RAIM-Alarmgrenze für den Streckenbetrieb beträgt 30 s, für Nichtpräzisionsanflüge (2D, ohne Gleitwegführung) 10 s. Der Empfänger muss innerhalb dieser Zeit einen Integritätsfehler entdecken.

Zeiträume der Nichtverfügbarkeit einer ausreichenden GPS-Konstellation und damit unzureichender RAIM-Verfügbarkeit lassen sich durch den Bordempfänger auf Grundlage der Satellitenorbits aus den Almanach-Daten der Navigationsnachricht vorausberechnen (predictive RAIM). Diese RAIM-Prädiktion bezieht sich auf eine Konstellation, deren Satelliten einen Maskierungswinkel von mindestens 7,5° erreichen. Zudem können durch den Piloten während der Flugvorbereitung Informationen des GPS-Informationsdienstes des *Aeronautical Information Service (AIS)* genutzt werden. Dieser bildet die aktuelle GPS-Konstellation in einem zentralen Rechner nach und prüft im Voraus, ob im betrachteten Zeitraum auf der geplanten Flugstrecke und an den Ziel- und Ausweichflughäfen die Anforderungen an die Konstellation erfüllt werden. Veröffentlicht wird dies mit dem Briefing-Paket als GPS-NOTAM (notice to airmen). Wenn nötig, können die dort mit deren PRN-Nummern gekennzeichneten, fehlerhaften Satelliten über die MCDU im Bordempfänger abgewählt bzw. deaktiviert werden.

Bordautonome Integritätsprüfung (aircraft autonomous integrity monitoring – AAIM) ist ein Verfahren, bei welchem die Prüfung der mit GPS gewonnenen Positions- und Geschwindigkeitsdaten durch ein integriertes Navigationssystem mit redundanten Sensoren, entsprechend Abschnitt 6.2, erfolgt. Auf der Airbus A320-Flugzeugfamilie wird meist *Autonomous integrity monitoring extrapolation (AIME)* angewendet mit Validierung der GPS-Daten durch inertiale Daten.

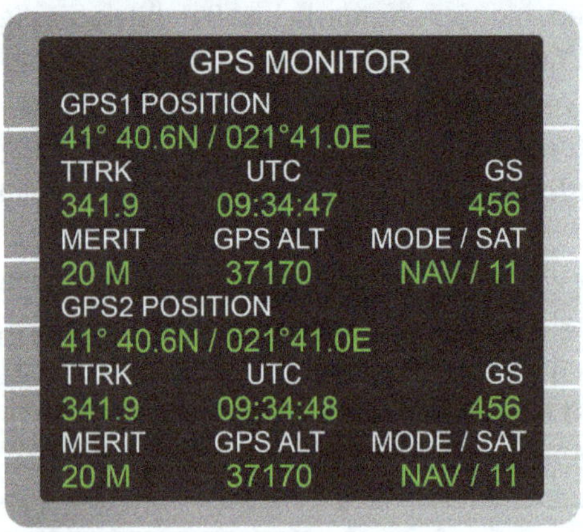

Abb. 7.22: GPS MONITOR-page der MCDU, Airbus A320-Flugzeugfamilie

Der Zugriff auf die GPS-Leistungsparameter geschieht über die GPS MONITOR-page der MCDU (im DATA-Menü) – siehe Abbildung 7.22. Neben LSK 3L und 6L wird unter MERIT der aktuelle Genauigkeitswert angezeigt – dieser beträgt hier 20 m. Neben LSK 3R und 6R werden unter MODE/SAT die Betriebsart und die Anzahl der zur Zeit verwendeten Satelliten angezeigt – dies sind hier NAV und 11. Die Betriebsart NAV (navigation) erfolgt im Normalbetrieb, wenn eine ausreichende Anzahl von Satelliten verfügbar ist. Alternative Betriebsarten sind: INIT (initialization), ACQ (aquisition), TEST, FAULT und ALTAID (altitude aiding). Auf ALTAID wird umgeschaltet, wenn sich die Anzahl der verfügbaren Satelliten auf *drei* reduziert. In diesem Fall wird die Höheninformation des Trägheitsnavigationssystems, welche durch die barometrische Höhe gestützt wird, verwendet.

7.3.6 Differentielles GNSS

Um die hohen Anforderungen an die GNSS-Leistungsparameter für die sicherheitskritischen Echtzeitanwendungen der Luftfahrt in den Nahverkehrsbereichen der Flughäfen und bei der Anflugnavigation zu erfüllen, wurden Unterstützungs- bzw. Ergänzungssysteme nach dem Wirkungsprinzip des *Differential-GNSS (DGNSS)* entwickelt.

Das Konzept von DGNSS basiert grundsätzlich auf jeweils mindestens zwei GNSS-Empfängern: Ein Empfänger ist die Referenzstation an einer, durch Vermessung präzise bestimmten Position auf der EO mit bekannten Koordinaten, der zweite Empfänger bewegt sich mit dem Luftfahrzeug. Ziel dieser Konzeption ist die verbesserte Positionsbestimmung des Luftfahrzeug-Empfängers innerhalb von spezifizierten Genauigkeitsgrenzen durch Zuführung von Korrekturdaten der Referenzstation. Dabei werden die Messungen selbst oder die berechnete Position des Luftfahrzeugs korrigiert. Nach der Größe des Einsatzgebiets werden *Weitbereichs-* sowie *Nahbereichsergänzungen* unterschieden. Während letztere vorzugsweise bodengestützt sind (Ground Based Augmentation System – GBAS), wird der Weitbereich durch regionale Satellitennavigationssysteme (Space Based Augmentation System – SBAS) abgedeckt.

7.3.6.1 Weitbereichsunterstützung

Im April 2021 sind folgende regionale Ergänzungssysteme (SBAS) realisiert und voll funktionsfähig:

- Wide Area Augmentation System (WAAS) – USA
- European Geostationary Navigation Overlay Service (EGNOS) – Europa
- Multi-Transport Satellite-Based Augmentation System (MSAS) – Japan
- GPS Aided Geo Augmented Navigation (GAGAN) – Indien

Diesen Systemen ist gemeinsam, dass deren Weltraumsegment aus Satelliten (GEO) mit einem geostationären Orbit in einer Höhe von rund 36.000 km über dem Erdäquator, synchron zur Erddrehung, gebildet wird. Der jeweilige Subsatellitenpunkt, als Projektion auf die EO, liegt daher annähernd fest. Dies hat den Vorteil, dass die großen Parabolantennen der Erdfunkstellen mit schmaler Richtcharakteristik (Halbwertswinkel $< 1°$) für die Aufwärtsfunkstrecke (uplink) nur wenig nachgeführt werden müssen. Dafür sind die Anforderungen an die Bahn- und Lageregelung der GEOs recht hoch. Wegen der hohen Umlaufbahn kann von einem Satelliten ein großer Teil der EO ausgeleuchtet werden.

Die Korrekturdaten werden mittels Messungen von bodenseitigen Referenzstationen erzeugt, welche über einen großen geographischen Bereich verteilt sind und die PRN-Codes sowie die Navigationsnachrichten der GNSS-Satelliten (GPS, GLONASS, Galileo) und der GEOs empfangen und verarbeiten. Durch den Vergleich der mit der Pseudoentfernungsmessung gewonnenen 3D-Position mit der vermessenen Position berechnet die Referenzstation die Differenz zwischen der verbesserten Entfernung Satellit/Empfänger und der Pseudoentfernung. Anschließend verschiebt die Referenzstation die Satellitenposition der Ephemeriden-Nachricht rechnerisch um die radiale Komponente des Fehlervektors auf der Verbindungslinie Satellit/Referenzstation (genauer: zwischen den Phasenzentren der Antennen). Der Betrag dieser Verschiebung ist die Differential- bzw. Pseudoentfernungskorrektur (pseudorange-correction – PRC).

Aufgrund der meist großen räumlichen Entfernung von Referenzstation und Luftfahrzeug werten beide in der Regel eine unterschiedliche GNSS-Konstellation aus, daher werden die Korrekturen an die Messungen angebracht. Die Berechnung der PRC durch die Referenzstation und die Übermittlung über die GEOs an das Luftfahrzeug benötigen jedoch eine gewisse Zeit, daher sind die Korrekturdaten beim Nutzer erst mit Verzögerung verfügbar. Nach mehreren aufeinanderfolgenden Pseudoentfernungsmessungen kann jedoch eine Änderungsrate der Pseudoentfernungskorrektur (range rate correction – RRC) berechnet werden. Diese ermöglicht eine geglättete Pseudoentfernungskorrektur durch Extrapolation (smoothed PRC), welche durch eine Erdfunkstelle per Uplink an die GEOs gesendet wird, und von dort ausgestrahlt, von allen mit SBAS-fähigen GNSS-Empfängern ausgerüsteten Luftfahrzeugen im Weitbereich ausgewertet werden kann.

Inhalte der SBAS-Navigationsnachricht sind: [18]

- Weitbereichsdifferentialkorrektur (WADGNSS)
- Integritätsdaten für die GNSS-Satelliten und GEOs
- Bahndaten (Ephemeriden) der GEOs
- SBAS-Zeitabweichung, Bahn- und Uhrkorrekturen der GNSS-Satelliten
- Refraktionsmodell der Ionosphäre für die Bestimmung des Laufzeitfehlers der Signale der GNSS-Satelliten

SBAS-fähige Empfänger sind interoperabel für WAAS, EGNOS, MSAS sowie GAGAN und sollen für weitere, noch im Aufbau befindliche, SBAS nutzbar sein. So wird eine globale Verfügbarkeit gewährleistet. Fehlfunktionen der GNSS-Satelliten werden durch eine Integritätsmeldung, welche alle 6 s generiert und übermittelt wird, dem Luftfahrzeug mitgeteilt, sodass dieses eine laufende Kenntnis des Systemstatus erhält.

Im Folgenden soll EGNOS, beispielhaft für ein SBAS, skizziert werden. Die Angaben zur Organisation, zu den Diensten, Nachichtentypen und Segmenten basieren auf der

GSA-Internetseite.[46] Das für den Bereich Europas und Nordafrikas entwickelte EGNOS ist ein Gemeinschaftsprojekt, welches von der Europäischen GNSS-Agentur (GSA) und der Europäischen Weltraumagentur (ESA) für die Europäische Kommission (EC) unter Beteiligung mehrerer europäischer Flugsicherungen betrieben wird. Die operativen Aufgaben wurden an den *Europäischen Satellitendienstleister (ESSP)* übertragen. Die Test- und Erprobungsphase begann im Herbst 2000, die Betriebsfähigkeit war im Juli 2005 erreicht und die offizielle Übergabe an die Europäische Kommission erfolgte 2009.

Die EGNOS-Dienste umfassen einen kostenlosen offenen Dienst (open service – OS), einen sicherheitskritischen Dienst (safety of life service – SoL) sowie den EGNOS Data Access Service (EDAS) mit Datenübermittlung über terrestrische Netze in Echtzeit an Nutzer, für welche die GEOs nicht sichtbar sind.

Das EGNOS-Weltraumsegment besteht aus drei GEOs: Ein INMARSAT3-Satellit (Atlantic Ocean Region East – AOR(E), PRN 120) auf 15,5°W, ASTRA SES-5 (PRN 136) auf 5,0°E und ASTRA 5B (PRN 123) auf 31,5°E. Die von den GEOs auf dem L_1-Kanal gesendeten Signale können durch einen GPS-Empfänger nicht von echten GPS-Signalen unterschieden werden (GPS-like). Das Datenformat für die sekündlich gesendete 250 Bit-Navigationsnachricht sieht 64 Nachrichtentypen (message types – MT) vor, von denen momentan 20 inhaltlich definiert sind. Eine Nachricht (augmentation-message) besteht aus vier Abschnitten mit jeweils spezifischem Inhalt – siehe Tabelle 7.5.

Tab. 7.5: Struktur der EGNOS-Navigationsnachricht

Bit position	Section name	Aim
0–7	Preamble	Assure frame synchronization
8–13	Message type identifier	Define the type of message
14–225	Data field	Provide corresponding data, e.g. satellite information messages, ionosphere related messages, ...
226–249	Parity information	Redundancy and error check

Neben den zwei redundanten Satellitenkontrollzentren in der Nähe von Rom sowie Madrid und den Kommunikationsschnittstellen umfasst das EGNOS-Bodensegment 40 GNSS-Referenzempfänger bzw. Monitorstationen und sechs Erdfunkstellen (zwei pro GEO), welche über Europa und Nordafrika verteilt sind – siehe Abbildung 7.23.

Das von ESSP betriebene *Support-Segment* besteht aus: Performance Assessment and Check-out Facility (PACF) und Application Specific Qualification Facility (ASQF). PACF unterstützt das EGNOS-Management mit Leistungsanalysen, Problemlösungen, operationellen Verfahren sowie technischer Unterstützung. ASQF betreut den Sektor

46 Quelle: https://egnos-user-support.essp-sas.eu, Aufruf am 25.04.2021

der Zivilluftfahrt und die Zulassungsbehörden in den Bereichen Qualifikation, Erprobung und Zulassung der EGNOS-Anwendungen.

Der Endanflug wird als *Final approach segment (FAS)* konstruktiv festgelegt. Für die Leistungsparameter Genauigkeit und Integrität wurden horizontale sowie vertikale Alarmgrenzen (horizontal/vertical alert limit – HAL/VAL) und Alarmzeiten (time to alert – TTA) definiert. Deren Größe wird jeweils, auf die Flugphase bzw. den Typ des Landeanflugs bezogen, definiert – siehe Tabelle 8.2 in Abschnitt 8.3.3. Die Anflüge auf der Basis von SBAS werden in ebendiesem Abschnitt beschrieben.

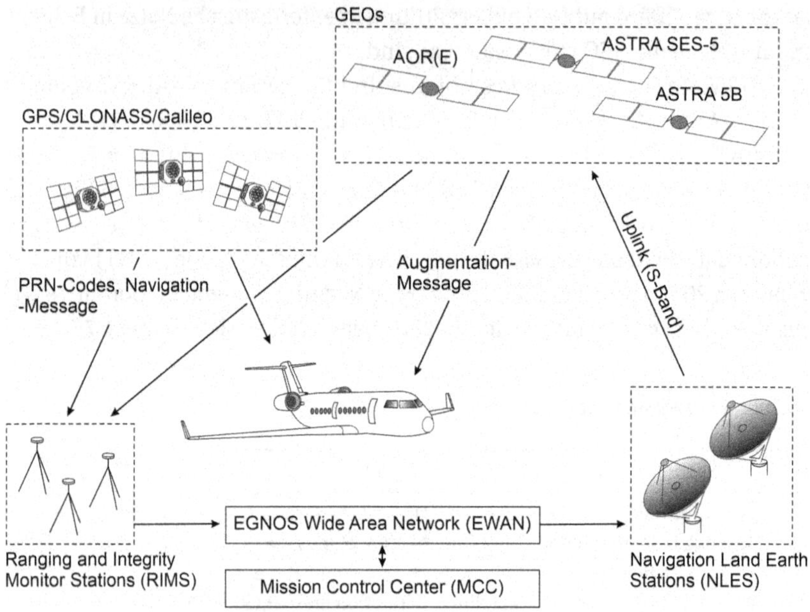

Abb. 7.23: EGNOS-Systemarchitektur

Mit den differentiellen Korrekturdaten berechnet der Empfänger im Luftfahrzeug einen potentiellen Positionsfehler (horizontal/vertical protection limit – HPL/VPL), welcher unter den aktuellen Bedingungen mit einer Wahrscheinlichkeit von 99,99999% gilt. Ist HPL/VPL < HAL/VAL, kann ein Intrumentenanflug auf der Basis von SBAS durchgeführt werden. Im umgekehrten Fall von HPL/VPL > HAL/VAL muss der Anflug abgebrochen werden. Da VPL fast immer größer ist als HPL, kann VPL allein als guter Indikator für die Navigationsleistung genutzt werden. [39]

Die Positionsgenauigkeit erreicht horizontal 1–3 m und vertikal 2–4 m.[47]

47 Quelle: http://www.esa.int/egnos, Aufruf am 25.04.2021

7.3.6.2 Nahbereichsunterstützung

Das für den Nahberereich konzipierte *Ground Based Augmentation System (GBAS)* vereint satelliten- und bodengenerierte Navigationsdaten. Dabei erfolgen Korrekturen entsprechend den Empfangsbedingungen für die GNSS-Satellitensignale im Bereich der Start- und Landebahn. Dem Wirkungsprinzip von GBAS liegt die Annahme zugrunde, dass Positionsfehler, welche sich mit der gewählten Satellitenkonstellation sowie durch ionosphärische und troposphärische Refraktion der Signale ergeben, in einem begrenzten Gebiet gleichgroß sind oder sich durch einfache Gesetzmäßigkeiten (mathematisches Modell) bestimmen lassen. Eine GBAS-Bodenstation mit exakt vermessenen Referenzempfängern, deren Koordinaten damit bekannt sind, empfängt die GNSS-Signale in der gleichen Weise wie die Luftfahrzeuge in der Nähe.

Der Vergleich der aus den Pseudoentfernungsmessungen gewonnenen 3D-Position mit der vermessenen Position der Referenzempfänger ermöglicht so eine Pseudoentfernungskorrektur (pseudorange-correction – PRC), welche gemeinsam mit Integritätsinformationen und Anflugwegdaten von der GBAS-Bodenstation an die anfliegenden Luftfahrzeuge mit GBAS-fähigem Empfänger im Nahbereich übertragen wird. Abbildung 7.24 zeigt schematisch die Systemarchitektur.

Das **Ground-Subsystem** besteht aus folgenden Hauptkomponenten:

- Referenzstation (GNSS-Antennen und -Empfänger) – vierfach
- Korrekturdatensender mit Antenne (VHF-data broadcast – VDB) – zweifach
- Schränke mit Netzteil, Batteriepufferung, Prozessorkarten, Rechner, Monitor und Prozessor für die Differentialkorrektur

Die Funktionalitäten des Ground-Subsystem sind: [11]

GNSS reference receiver function: Diese empfängt, verfolgt und wertet die PRN-Codes sowie die Navigationsnachricht der GNSS-Satelliten aus, und berechnet die Pseudoentfernung sowie die Änderung dieser für alle sichtbaren GNSS-Satelliten.

Reference processing function: Deren Aufgabe ist die Berechnung der Pseudoentfernungskorrektur und die Integritätsprüfung für jeden sichtbaren GNSS-Satelliten bezüglich der Position der Referenzantennen.

VHF-data broadcast TX function: Die Ausstrahlung der Korrekturdaten über VDB geschieht auf UKW-Frequenzen im Bereich 108,000–117,975 MHz mit einer Kanalstaffelung von 25 kHz.

Integrity monitoring function: Diese validiert alle Daten, welche über VDB gesendet werden sollen, und verfügt über eine Alarmfunktion, falls die Daten und Sendesignale nicht die erforderlichen Qualitätsparameter erfüllen (mit den Unterfunktionen *Data monitoring function* und *RF monitoring function*).

GNSS ranging source monitoring function: Deren Aufgabe ist die Überwachung der Signale der GNSS-Satelliten, um nicht-valide Signale von der weiteren Verarbeitung auszuschließen.

Local and remote control status function: Diese vereint die grundsätzlichen Steuerungsaufgaben bei der Nah- und Fernüberwachung der Anlage, z.B. die Generierung von Fehlermeldungen bei Funktionsstörungen.

Operation and maintenance function: Durch diese werden alle Unterfunktionen zusammengefasst, welche für den Betrieb, die Wartung und Reparaturen notwendig sind, z.B. Zugangskontrolle und Protokolle der Leistungsdaten.

Power supply function: Mir dieser wird die Energieversorgung aller Funktionseinheiten der GBAS-Bodenstation gewährleistet.

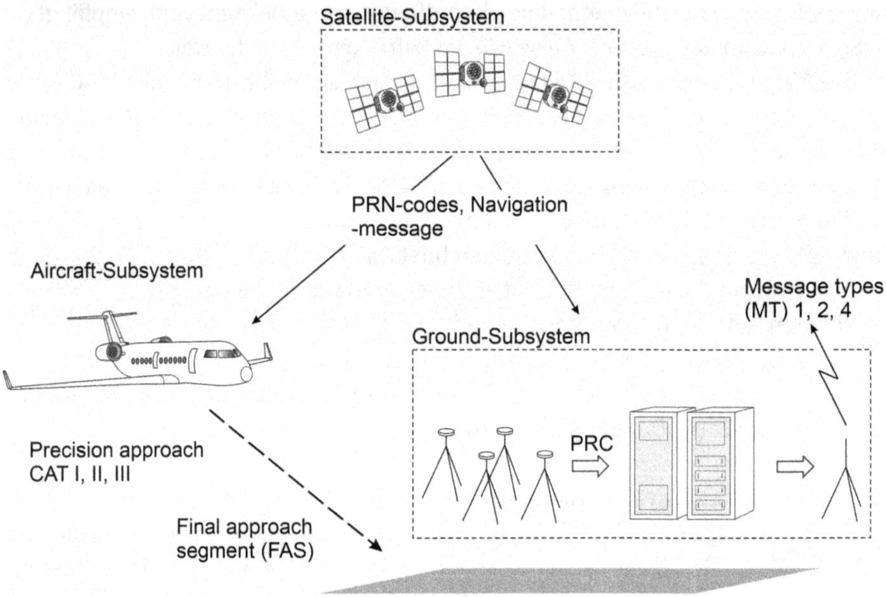

Abb. 7.24: GBAS-Systemarchitektur

Während bei einem im Fluge befindlichen Luftfahrzeug für den Empfang der Signale Bedingungen der Freiraumausbreitung bestehen, ist am Aufstellungsort der Referenzempfänger ein festes Fundament, frei von Geländeeffekten (Reflexion, Mehrwege sowie Abschattung) und Interferenzen erforderlich. Falls nicht für mindestens zwei der Referenzantennen ein gültiges Korrektursignal vorliegt, wird ein sogenannter *Service Alert* generiert. Abbildung 7.25 zeigt eine VDB-Antenne, welche auf eine bestehende VOR/DME-Anlage aufgesetzt ist – deren Mindestabstand von den Bewegungsflächen der Flughäfen beträgt 200 m.[48]

48 Die Anforderungen an das Ground-Subsystem werden durch das *EUROCAE-Document ED-114* [11] spezifiziert.

Die Sendereichweite soll 20 nm, bezogen auf die Schwelle der Start- und Landebahn (LTP), betragen. Für ein System aus mehreren Start- und Landebahnen sind 23 nm hinreichend.

Von den insgesamt 256 (0–255) für GBAS vorgesehenen Nachrichtentypen (message types – MT) werden zur Zeit gesendet: [11]

- Differentialkorrekturen und Integritätsdaten für die GNSS-Satelliten (MT1)
- Bodenstationsdaten und Ionosphären-/Troposphärenmodellparameter (MT2)
- geometriebezogene Daten des Endanflugs, laterale und vertikale Alarmgrenze sowie Anflugstatus (MT4)

Abb. 7.25: VDB-Senderkomponente einer GBAS-Bodenstation (Typ GBAS SLS-4000, Flughafen Bremen) ©*DFS Deutsche Flugsicherung GmbH*

Das grundsätzliche Format eines GBAS-Datenblocks ist: *Message block header* (48 Bit), *Message* (bis zu 1696 Bit) und *Integrity check (CRC)* (32 Bit). [11]

Geometriebezogene Daten des Endanflugs werden durch die Verfahrensplanung konstruktiv mit Koordinaten erzeugt. Die DFS nutzt hierfür das Programm *Flight Procedure Design and Airspace Management (FPDAM)*. Der Endanflug auf eine Start- und Landebahn wird als *Final approach segment (FAS)* räumlich festgelegt – dies geschieht mit den *FAS-path data*:

- Schwelle der Start- und Landebahn (landing threshold point – LTP bzw. fictitious threshold point – FTP)
- Höhe von LTP/FTP
- Höhe des Überflugs der Schwelle (threshold crossing height – TCH)

- Bezugspunkt für die Anfluggrundlinie hinter der Start- und Landebahn (flight path alignment point – FPAP)
- Gleitweg (glide path angle – GPA)

Damit ergibt sich FAS als Verlängerung der Verbindungslinie zwischen dem Aufsetzpunkt, in welchem der Gleitweg die Start- und Landebahn durchdringt, und dem Bezugspunkt in etwa 50 ft über der Schwelle. Der Gleitweg hat den Winkel 3 bis maximal 3,5°, der Fehlanfluggradient beträgt 2,5%. FAS ist das Bezugsanflugprofil für Endanflug, Landung und Ausrollen. Nach der Installation der Bodenanlage muss die Genauigkeit der FAS-Punkte durch Vergleich mit dem durch Flugvermessung ermittelten FAS verifiziert werden.

Da die GBAS-Bodenstation den FAS-Datenblock mit dem VDB-Signal direkt ausstrahlt, werden besondere Anforderungen an die Gewährleistung der Datenintegrität gestellt. Auf dem Weg vom Datenlieferanten zum Nutzer müssen die Exklusivität und Unabhängigkeit der Daten sichergestellt werden. Abbildung 7.26 veranschaulicht die beiden Übermittlungswege der FAS-Daten von der Verfahrensplanung über das Ground-Subsystem an das Aircraft-Subsystem.

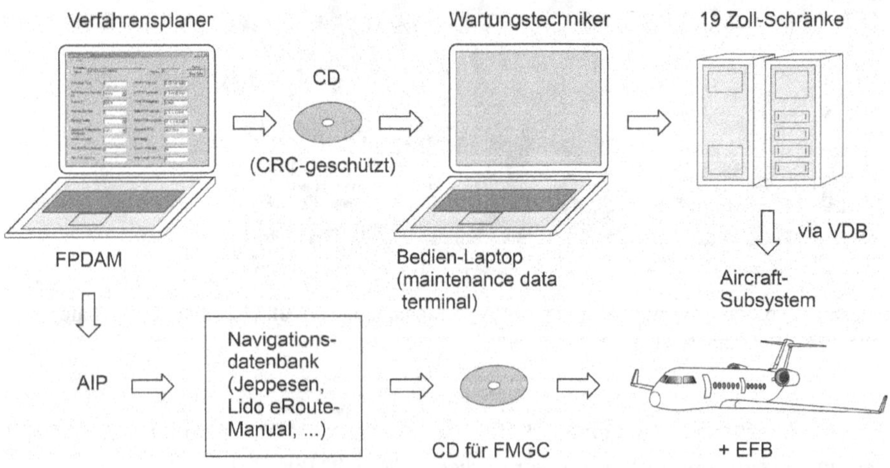

Abb. 7.26: Übermittlung der FAS-Daten mit Sicherstellung der Datenintegrität

Zu diesem Zweck sind die Daten durch *Cyclic redundancy codes (CRC)* als Checksumme geschützt, welche auf der Empfangsseite zur Prüfung der fehlerfreien Übertragung dienen. Diese Überprüfung geschieht sowohl beim Einlesen der FAS-Daten in die Bodenstation als auch durch den Bordempfänger.

Die Sendeimpulse werden nach dem TDMA-Multiplexverfahren (time division multiple access) erzeugt und basieren auf Rahmen (frames) und Zeitschlitzen (slots).

Die Rahmen von jeweils 500 ms Dauer sind an die GPS-Zeitskala gekoppelt. Jeder erste Rahmen beginnt mit der vollen GPS-Sekunde, jeder zweite Rahmen 500 ms später. Ein solcher 500 ms-Rahmen umfasst acht Slots (A bis H). Der Inhalt eines jeden dieser Slots wird jeweils durch einen zugeordneten Sendepuls (burst) mit einer Dauer von bis zu 62,5 ms übertragen. [11]

Für die Ausstrahlung sämtlicher Nachrichten einer GBAS-Bodenstation reichen nominell zwei dieser acht verfügbaren Slots pro UKW-Kanal/-Frequenz (VDB-channel) aus. Die Slots werden bei der Frequenzvergabe an die Bodenstation fest zugewiesen. Damit können die verbleibenden Slots derselben Frequenz für andere Flughäfen genutzt werden. Bei einer Beschränkung auf 16 Korrekturdatenblöcke und wenige FAS-Datenblöcke (einer pro Start- und Landebahn) kann eine GBAS CAT I-Bodenstation auch mit einem einzigen Slot betrieben werden. Dies ermöglicht den Betrieb von bis zu acht GBAS CAT I-Bodenstationen auf einer einzigen VDB-Frequenz. Darüberhinaus ist es möglich, mehrere VDB-Antennen zur Verbesserung der VDB-Signalüberdeckung an einer Bodenstation zu betreiben, was jedoch mehr Slots erfordert. [36]

Das **Aircraft-Subsystem** hat die Primärfunktionen: Empfang und Auswertung der GNSS- und der GBAS-Signale, Bestimmung der Luftfahrzeugposition, Berechnung der Abweichungen vom Sollflugweg (FAS) und der Entfernung zum Aufsetzpunkt, Generierung von Führungssignalen sowie Auswertung von Integritätsinformationen.

Die Bordanlage setzt sich zusammen aus:

- Empfangsantennen für GNSS und den GBAS-Datenlink VDB
- Empfänger für GNSS und die VDB-Signale
- Anzeige- und Bedieneinheit im Cockpit

Für den Empfang der VDB-Signale wird meist die vorhandene UKW-Antenne für den ILS-Landekurs (LOC bzw. LLZ) genutzt. Die Signalverarbeitung und -auswertung geschieht durch den vorhandenen, um die GBAS-Funktionalität erweiterten Empfänger (multi mode receiver – MMR). Nach Aktivierung des für den jeweiligen Anflug veröffentlichten *Channels* nutzt der MMR innerhalb der Empfangsreichweite der GBAS-Bodenstation ausschließlich deren Augmentierung, d.h. nur die durch GBAS korrigierten GPS-Lösungen – eine empfängerinterne Integritätsprüfung (RAIM) ist damit nicht mehr notwendig. Anzeige und Bedienschnittstellen sind die Bildschirme PFD, ND und die um die GBAS-Funktionalitäten erweiterte MCDU.

Die erreichbare horizontale und vertikale Positionsgenauigkeit mit GBAS ist in der Regel <1 m, die horizontale Alarmgrenze beträgt 40 m und die vertikale Alarmgrenze ist 10 m. Anflüge auf der Basis von GBAS werden in Abschnitt 8.3.4 beschrieben.

Ein wesentlicher Vorteil gegenüber dem ILS ist die Möglichkeit, mit einer Bodenstation auf einer Betriebsfrequenz mehrere Start- und Landebahnen zu bedienen. Eine GBAS-Bodenstation kann bis zu 49 verschiedene FAS-Datenblöcke und damit Anflugprofile ausstrahlen.

Dadurch entfällt der notwendige Lagebezug von Landekurs- und Gleitwegantenne, die Standortwahl der Referenzantennen sowie der VDB-Antenne ist flexibler möglich. Das GBAS-Signal ist stabiler als funktechnisch erzeugte Leitebenen für Landekurs und Gleitweg mit möglichen Krümmungen aufgrund des Geländes, Reflexion der Signale an Gebäuden, Fahrzeugen oder vorausfliegenden Luftfahrzeugen und Mehrwegeeffekten. Schutzzonen, wie bei dem ILS erforderlich, können damit wegfallen, wodurch geringere Mindestabstände der Luftfahrzeuge zu den Start- und Landebahnen und grundsätzlich mehr Flugbewegungen ermöglicht werden. Flughäfen, welche wegen des umgebenden Geländes bisher lediglich Nichtpräzisionsanflüge anwenden, könnten zukünftig für Präzisionsanflüge mit niedrigeren Minimum-Werten zugelassen werden.

Kosten und Aufwand für Kalibrierung/Vermessung sind geringer als für das ILS. Des Weiteren begründen geringe Installations- und Betriebskosten und die Tatsache, dass mit einer GBAS-Anlage die Bedienung mehrerer Start- und Landebahnen sowie mehrere Anflugkurse und Vertikalprofile pro Bahn möglich sind, den Kostenvorteil gegenüber dem ILS.

Da das FAS mit Koordinaten festgelegt ist, muss das Minimum nicht barometrisch definiert werden. Damit entfällt die Notwendigkeit einer Höhen- und Winkelkorrektur für den Anflugweg bei Temperaturen $\leq 0°C$.

Die Rollführung bei geringen Sichten ist ein weiteres Potential von GBAS. Dessen Genauigkeit kann in Verbindung mit einer Bildschirmdarstellung im Cockpit die Orientierung und das Situationsbewusstsein des Piloten auf den Vorfeldern und Rollwegen verbessern, wodurch z.B. ein unbeabsichtigtes Aufrollen auf eine Start- und Landebahn (runway incursion) unwahrscheinlicher wird. Für die Startrollphase können, ähnlich wie durch einen LOC, Führungssignale für die Mittellinie der Start- und Landebahn erzeugt werden.

Der Nachteil von GNSS im Allgemeinen sowie für GBAS besteht in der sehr schwachen Empfängereingangsleistung der Satellitensignale und der damit einhergehenden Sensibilität für Interferenzquellen.

Auf der Basis von GBAS sollen die Präzisionsanflüge der Zukunft für die Betriebsstufen I, II und III realisiert werden. Seit Abschluss der Entwicklungs- und Erprobungsphase koexistiert GBAS an einer wachsenden Zahl von Flughäfen mit dem ILS. Dies kann mittelfristig betriebswirtschaftlich sinnvoll sein, da bei einer genügenden Anzahl ausgerüsteter Nutzer die Kosten für Anschaffung und Instandhaltung durch vermiedene oder verminderte Erlösausfälle bei Ausfall des ILS kompensierbar sind.

Auch kommt die Anwendung von GBAS für gekrümmte und segmentierte Instrumentenanflüge (curved/segmented approaches) in Betracht. So sind Anflüge bis zum Eintritt in den Endanflug bei 5 nm Restabstand zur Schwelle möglich. Ab hier kann ein stabilisierter Landeanflug nach GBAS erfolgen. [36]

8 Leistungsbasierte Navigation in den Nahverkehrsbereichen

8.1 Konzept der leistungsbasierten Navigation

Die Motivation für die Einführung und Nutzung der leistungsbasierten Navigation wird durch die *EU-Verordnung 2018/1048*, wie folgt, angegeben: [10]

Mit dem anhaltenden Wachstum des Luftverkehrs steigen auch die Anforderungen an die Nutzung des verfügbaren Luftraums, sodass es immer dringlicher wird, diese so wirksam und effizient wie möglich zu gestalten. Stützt sich die Bereitstellung der Dienste des Flugverkehrsmanagements (air traffic management – ATM) und der Flugsicherung auf die leistungsbasierte Navigation, können Flugverkehrsstrecken und Instrumentenanflugverfahren optimiert und so Vorteile im Hinblick auf Sicherheit, Kapazität und Effizienz erzielt werden. Damit sich diese Vorteile auch realisieren lassen und um die Leistung des europäischen ATM-Netzes verbessern zu können, sollten harmonisierte Anforderungen an die Luftraumnutzung und Betriebsverfahren festgelegt werden.

Die leistungsbasierte Navigation (performance based navigation – PBN) beruht, im Unterschied zur konventionellen Flugnavigation, auf der Idee, dass Luftfahrzeuge, welche RNAV- bzw. RNP-Flugverfahren anwenden, unabhängig von den verwendeten Navigationssystemen bzw. -sensoren, definierte Leistungsparameter (Spezifikationen) erfüllen müssen, um bestimmte Lufträume nutzen zu können.

Diese Spezifikationen (required navigation performance – RNP), mit der sinngemäßen Bedeutung *erforderliche Navigationsleistung*, sind sowohl ein von der Verfahrensplanung gefordertes Genauigkeitsmaß als auch ein Set von Anforderungen in Verbindung mit bestimmten Lufträumen oder auch geographischen Bereichen. Voraussetzung ist die Anwendung der Flächennavigation (area-/random navigation – RNAV) – siehe Abschnitt 2.8.

Neben den in Abschnitt 6.2 bereits eingeführten Leistungsparametern Genauigkeit (accuracy) und Integrität (integrity) sind darüberhinaus die Parameter Kontinuität (continuity), Funktionalität (functionality) sowie Verfügbarkeit (availability) bedeutsam.

Kontinuität ist die Fähigkeit eines Systems, dessen Funktion ohne Unterbrechung während der beabsichtigten Nutzung zu erfüllen, ausgedrückt als Wahrscheinlichkeit, dass die geforderte Leistung über eine bestimmte Betriebszeit aufrecht erhalten wird. Diese kann auch als das Verhältnis der Ausfallzeit zur störungsfreien Betriebszeit formuliert werden.

Funktionalität bezieht sich auf das Systemdesign, d.h. insbesondere auf die bordseitigen Anzeige- und Eingabeschnittstellen sowie auf die Navigationsdatenbank und

https://doi.org/10.1515/9783110769807-008

das Flugführungssystem. Mit diesen müssen bestimmte konkrete, von der Zulassungsbehörde definierte Teilaufgaben erfüllt werden können (z.B. Fliegen von Kreisbögen mit vorgegebenem Radius oder paralleles Abfliegen von Streckenabschnitten). Genaue Anforderungen bestehen auch an die Art und den Umfang der angezeigten navigatorischen Daten und die Präsentation von Fehlermeldungen.

Verfügbarkeit ist in Verbindung mit PBN ein Maß für die Fähigkeit eines Systems, innerhalb eines bestimmten geographischen Bereichs (z.B. festgelegte Überdeckungszonen), den Verwendungszweck auf einem definierten Leistungsniveau zu erfüllen. Diese kann ausgedrückt werden als der zeitliche Anteil, innerhalb dessen navigatorische Informationen durch ein Luftfahrzeug an einem bestimmten Ort genutzt werden können.

Bezogen auf PBN ist das sogenannte *On-board performance monitoring and alerting* das Hauptelement, welches darüber entscheidet, ob die vorgebenen Leistungsparameter operationell erfüllt werden. Dieses bedeutet bordseitige Leistungsüberwachung und Mitteilung von Fehlfunktionen – damit wird die Integrität sichergestellt.

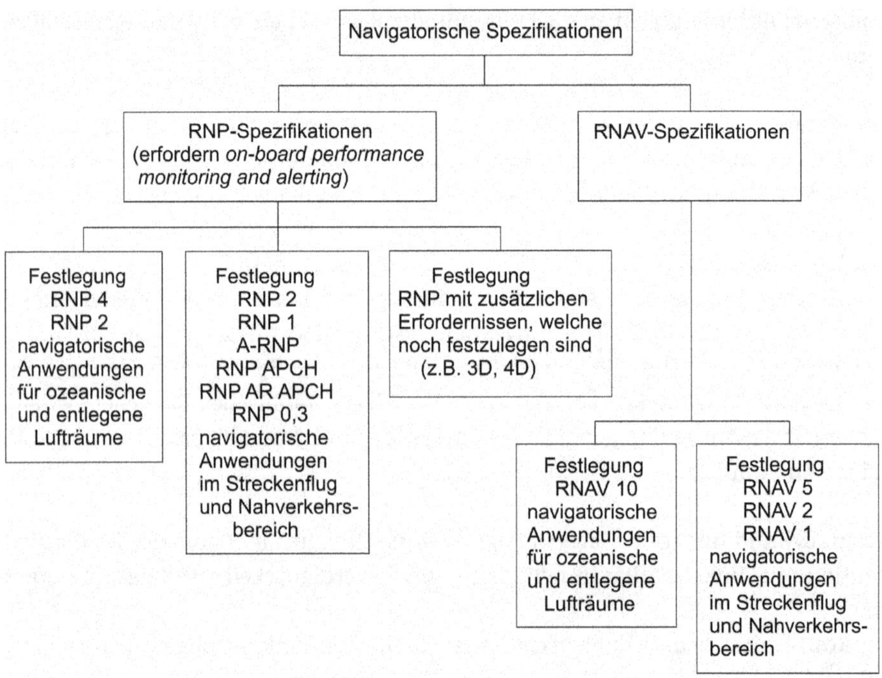

Abb. 8.1: Festlegung der vorgesehenen PBN-Leistungstypen [9]

Der Begriff *Luftraumkonzept* beschreibt die beabsichtigte Nutzung bestimmter Lufträume. Abbildung 8.1 gibt einen Überblick der in Verbindung mit PBN leistungsmäßig spezifizierten Luftraumtypen. So ist den Nahverkehrsbereichen[49] (terminal control areas – TMA) um die meisten Flughäfen RNP1 zugeordnet (genauigkeitsmäßig gleichbedeutend mit precision-RNAV – P-RNAV). TMA sind durch simultane Ab- und Anflüge, Durchflüge – und damit eine hohe Verkehrsdichte sowie einen häufig breit gefächerten Flottenmix charakterisiert. RNP0,3, als Genauigkeitswert, bezieht sich auf den Endanflug zur Landung. Hingegen wird den Lufträumen außerhalb der TMA, in welchen ausschließlich Durchflüge erfolgen, meist RNAV5 zugeordnet.

Hier ist zu beachten, dass ein Luftfahrzeug, welches hohe Genauigkeitsanforderungen (z.B. RNP1) erfüllt und hierfür zugelassen ist, nicht automatisch in Lufträumen mit geringeren Genauigkeitsanforderungen (z.B. RNP4) operieren darf. Grund hierfür ist, dass in Letzterem funktionelle Forderungen bestehen können, welche in Ersterem nicht gegeben sind. [9]

A-RNP (advanced) ist Platzhalter für zukünftige, noch offene RNP-Anwendungen. RNP AR APCH (authorization required) bezieht sich auf Landeanflüge, mit einer RNP-Kennzahl von besser als 0,3 – für diese ist eine besondere Genehmigung erforderlich.[50] 4D schließt die zeitliche Dimension ein – z.B. mit der RTA-Funktionalität (required time of arrival).

Mit der Verfügbarkeit von SBAS und der damit einhergehenden Diversifizierung der Instrumentenanflüge ist die Unterscheidung nur nach dem Gleitwegkriterium – Präzisionsanflug (mit Gleitwegführung) und Nichtpräzisionsanflug (ohne Gleitwegführung) – nicht mehr haltbar. Die neue Klassifizierung unterscheidet *Approach procedure with vertical guidance (APV), Precision approach procedure (PA)* und den „klassischen" *Non precision approach (NPA).*

APV wird definiert als: *A performance-based navigation (PBN) instrument approach procedure designed for 3D instrument approach operations Type A.* [15]

PA ist definiert als: *An instrument approach procedure based on navigation systems (ILS, MLS, GLS and SBAS CAT I) designed for 3D instrument approach operations Type A or B.* [15]

Bei Type A-Anflügen ist die Höhe des Minimums als *Minimum descent height (MDH)* bzw. *Decision height (DH)* größer oder gleich 75 m/250 ft – der dieser Höhe zugehörige Mindestwert für die meteorologische Sicht beträgt 1000 m. Bei Type B-Anflügen ist die Minimumhöhe *(DH)* kleiner als 75 m/250 ft. Type B umfasst die Betriebsstufen CAT I, II und III gemäß Tabelle 7.1.

Die Varianten der RNP-Anflüge, mit entsprechend spezifischen Minima, sind: [15]
- ohne vertikale Führung
  - LNAV (lateral navigation), mit kontinuierlichem Sinkflug durchgeführt
  - LP (localizer performance), SBAS-unterstützt

49 Dies ist der Luftraum mit einem Radius von meist 30 nm um den Flughafen.
50 Die Spezifikation RNP0,3 bezieht sich jedoch auf Hubschrauber im Streckenflug.

- mit vertikaler Führung
  - LNAV/VNAV (lateral/vertical navigation), auch als *APV Baro* oder *Baro-VNAV* bezeichnet
  - LPV (localizer performance with vertical guidance), auch als *APV SBAS* bezeichnet, SBAS-unterstützt

NPA sind 2D-Anflüge mithilfe von NDB, VOR, LOC, GNSS (ohne Augmentierung).

Für die Luftfahrtunternehmen ist jeweils von der nationalen Zulassungsbehörde die Betriebsgenehmigung erforderlich, um nach PBN zu operieren. Im Rahmen des behördlichen Zulassungsverfahrens muss nachgewiesen werden, dass die relevanten Luftfahrzeugsysteme den in den Referenzdokumenten spezifizierten technischen Anforderungen genügen und es müssen entsprechende Schulungen für die Flugbesatzungen erfolgen.

---

i Referenzdokumente sind: das EUROCAE-document *Minimum Operational Performance Specifications for Airborne GPS Receiving Equipment used for Supplemental Means of Navigation (ED-72A)*, das RTCA-document *Standards for Processing Aeronautical Data (DO-200A)*, der Industrie-Standard ARINC 424 *Navigation System Database Specification* sowie *EASA AMC 20-28* und das Technical Guidance Leaflet No. 10 AIRWORTHINESS AND OPERATIONAL APPROVAL FOR PRECISION RNAV OPERATIONS IN DESIGNATED EUROPEAN AIRSPACE (TGL 10) der JAA.

8.2 Instrumentenabflugverfahren

Standard-Instrumenten-Abflugverfahren (standard instrument departure – SID) sind die Verbindung in das Luftstraßensystem und Bestandteil des PBN-Konzepts für die Nahverkehrsbereiche. Traditionell wurden SID auf der Basis von vorgegebenen Peil- und Entfernungswerten bezüglich der Funknavigationsanlagen geplant.

Bei der Planung von Flugverfahren steht grundsätzlich für sämtliche Lufträume die sichere, geordnete und flüssige Abwicklung des Luftverkehrs durch die Flugsicherung, entsprechend § 27c (1) LuftVG im Vordergrund. Dabei sind die wichtigsten Kriterien: Sicherheit, Erfüllung der Kapazitätsvorgaben und Streckenlänge. Weitere Gesichtspunkte sind: Fluglärmbelastung und Luftverunreinigung durch Luftfahrzeuge in der Umgebung von Flugplätzen.[51]

Nach Möglichkeit sollten bei SID, entsprechend der konkreten Verkehrssituation, ein stetiger Steigflug und Höhengewinn sowie die weitgehende Entflechtung vom anfliegenden Verkehr und hohe Verkehrsraten realisiert werden können.[52]

---

51 Die in diesem Zusammenhang gültigen Normen sind §§ 29 (1), (2), 29b (2) LuftVG.

52 Je nach Verkehrssituation kann der Steigflug durch die Anflugströme „gedeckelt" werden.

Entsprechend der Vorgabe des Artikels 7a der EU-Verordnung 2018/1048 werden an den über 60 deutschen Flugplätzen die Flugverfahren sukzessiv durch die *DFS Deutsche Flugsicherung GmbH* bis 2030 auf PBN umgestellt.

Mit der Einführung von RNAV-SID wurden die bis dahin auf Basis der Funknavigation konzipierten Abflugstrecken zunehmend durch RNAV-Elemente ergänzt (RNAV-overlay).

Gemäß den Hinweisen im Luftfahrthandbuch Deutschland (AIP, ENR 1.5-5, 1.8.6) zu Overlay-Verfahren sowie lärmmindernden Ein- und Abflugverfahren, sollen Luftfahrzeugführer, deren Luftfahrzeuge über eine GPS/FMS-RNAV-Ausrüstung verfügen, nach Möglichkeit die festgesetzten ergänzenden GPS/FMS-RNAV-Verfahren nutzen. Der Pilot hat bei deren Nutzung die Einhaltung der zugrunde liegenden konventionellen Flugverfahren durch die Beachtung der Anzeigen der bodengestützten Navigationshilfen zu kontrollieren und sicherzustellen. Die für die Nutzung des jeweiligen konventionellen Flugverfahrens erforderlichen bodengestützten Navigationshilfen und die zugehörige Ausrüstung des Luftfahrzeugs müssen jederzeit in Betrieb sein. [27]

Dies bedeutet, dass auf einer RNAV-SID die geometrischen Eckwerte der konventionellen SID ebenfalls einzuhalten sind. Ist eine SID gleichermaßen als konventielles Verfahren und als RNAV-Verfahren veröffentlicht, darf Letzteres bei entsprechender Bordausrüstung (integriertes Navigationssystem) nur mit Genehmigung durch die Zulassungsbehörde angewendet werden. Die Streckenführung muss jedoch unter Verwendung vorhandener Funknavigationsanlagen konstruiert und abgeflogen werden können.

RNP entkoppelt die Instrumentenabflugverfahren von der Funknavigation. Grundsätzlich können bestimmte Bedingungen (constraints) in der SID definiert werden, wie maximale Geschwindigkeiten, Mindesthöhen oder DME-Entfernungswerte, welche mit dem Überflug von Wegpunkten oder dem Einleiten einer Kurve verknüpft sind. Beispiel für eine solche Bedingung ist die Mindesthöhe 1900 ft für das Einleiten der ersten Kurve der im Folgenden beschriebenen SID. Kann das Abflugverfahren nicht eingehalten werden, ist dies bereits am Boden durch den Piloten an die Flugsicherung zu kommunizieren. Das gleiche gilt für unvorhergesehene Situationen während des Fluges, in welchen dann die Führung durch Steuerkurse/Radar erfolgt.

Abbildung 8.2 zeigt beispielhaft die Navigationskarte der SID AKINI 1S RNP (GPS) für die Start- und Landebahn 26L des Flughafens München aus dem Luftfahrthandbuch Deutschland (AIP IFR), auf 0,63-fache Größe verkleinert. Zu dieser gehört, wie für jede SID, eine Verfahrensbeschreibung in Textform (procedure text), welche neben der tabellarischen Verfahrensbeschreibung auf einer separaten Seite veröffentlicht wird:

To DM030 on course 261° at or above 1900, RT with 2,5 nm radius to DM031, maximum speed 220 kts, to DM043, RT with 4,1 nm radius to DM044, maximum speed 250 kts, to EMGEP, to AKINI. Climb to FL70. Contact Muenchen Radar 123,905 when advised by Tower!

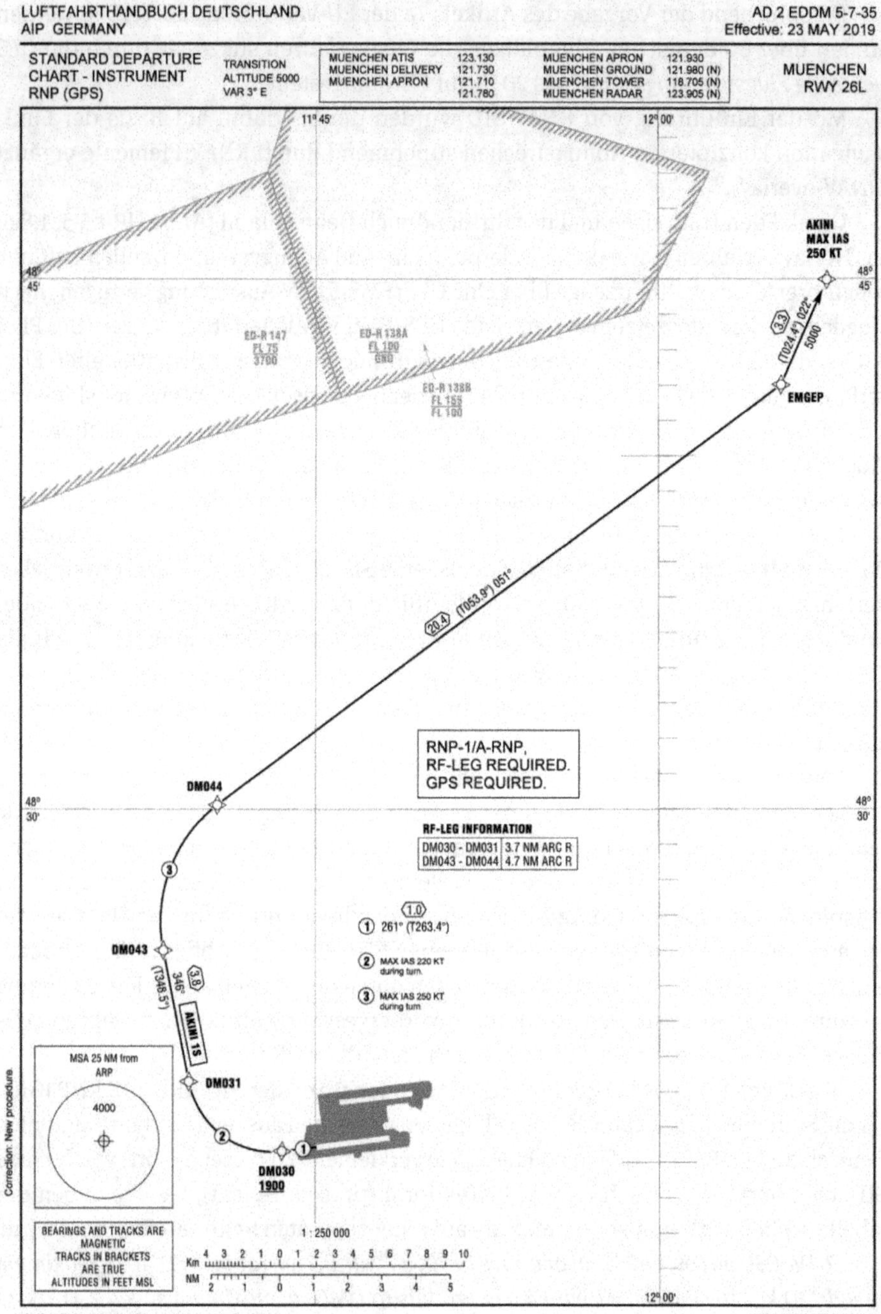

Abb. 8.2: SID AKINI 1S, München. *Mit freundlicher Genehmigung der DFS Deutsche Flugsicherung GmbH. Nicht für navigatorische Zwecke geeignet.*

Die in WGS84-Koordinaten angegebenen Wegpunkte (waypoints – WPT) haben fünfstellige, aus Buchstaben bestehende oder alternativ, alphanumerische Bezeichnungen, welche die letzten zwei Buchstaben des ICAO-Codes für den betreffenden Flughafen verwenden, kombiniert mit drei Ziffern. Auf Basis der WPT erfolgen die Verfahrensplanung und die Visualisierung der Verfahren in den Karten. Des Weiteren sind die WPT Elemente der bordseitigen Navigationsdatenbanken. Letztere müssen in Verbindung mit dem Navigationscomputer bestimmte Funktionalitäten realisieren können.

Ebendiese Funktionalitäten benötigen in den Navigationsdatenbanken eine standardisierte Codierung der Konstruktionselemente eines Flugverfahrens. Daher wurden für die Streckenabschnitte sogenannte **Path/terminators** entwickelt, welche die zugeordneten Funktionalitäten definieren und durch den FMGC eindeutig interpretiert werden können. Von den 23 nach dem ARINC 424-Standard verfügbaren Path/terminator-Typen stehen 14 in Verbindung mit RNAV – siehe Tabelle 8.1.[53]

Tab. 8.1: Übersicht der RNAV-relevanten Path/terminator-Typen

Path/terminator	Funktionalität
CA	course to an altitude
CF	course to a fix
DF	direct to a fix
FA	fix to an altitude
FM	fix to a manual termination
HA	racetrack course reversal (altitude termination)
HF	racetrack (single circuit – fix termination)
HM	racetrack (manual termination)
IF	initial fix
TF	track to a fix
RF	constant radius arc
VA	heading to an altitude
VI	heading to an intercept
VM	heading to a manual termination

Ein Path/terminator beschreibt, wie ein Streckenabschnitt geflogen werden soll (erster Buchstabe) und wie dieser beendet wird (zweiter Buchstabe). So bedeutet *HA* in der Tabelle ein rennbahnförmiges Warteverfahren (holding – H), welches bei Erreichen einer bestimmten Höhe (altitude – A) endet. Die Definition der Konstruktionselemente durch die Verfahrensplaner erfordern Hilfspunkte (computer navigation fixes – CNF), welche in den Navigationskarten in Klammern gesetzt angegeben werden, jedoch bei der Kommunikation Fluglotse/Pilot keine Bedeutung haben. Die Übersetzung der

53 Quelle: ICAO PBN Seminar *Development and Validation of Procedures*

Verfahrensbeschreibung geschieht in zwei Schritten: Überführung aus dem Luftfahrthandbuch (AIP) bzw. der Navigationskarte in das alphanumerische, 132 Byte ARINC 424-Datenformat und dessen Überführung in den spezifischen Binärcode der Luftfahrzeugavionik.

Für RNP-SID aber auch RNP-Anflugverfahren ist eine dieser Funktionalitäten das Abfliegen von Kreisbogensegmenten mit einem festen Radius (radius to fix – RF). Ein solches RF-leg ist durch einen Hilfspunkt mit entsprechenden Koordinaten als Kurvenzentrum, den Kurvenbeginn, das Kurvenende und die Kurvenrichtung definiert. Weitere, den WPT der obigen SID zugeordnete Path/terminators sind: CF (course to a fix) und TF (track to a fix). In dieser SID werden ausschließlich fly-by WPT verwendet. Indes sind fly-over WPT in Flugkarten durch einen Kreis um das WPT-Symbol gekennzeichnet.

Auswahl und Aktivierung einer SID während der Vorbereitungen am Boden geschehen auf dem Airbus A320 über die DEPARTURE-page der MCDU, welche man über den LSK 1L der LEGS-page erreicht – siehe Abbildung 8.3. Nach Selektion der Start- und Landebahn kann aus den aufgelisteten SID die Gewünschte durch Drücken des entsprechenden LSK gewählt und in den temporären Flugplan (temporary flightplan – TMPY F-PLN) mit TMPY INSERT über LSK 6R eingefügt werden.

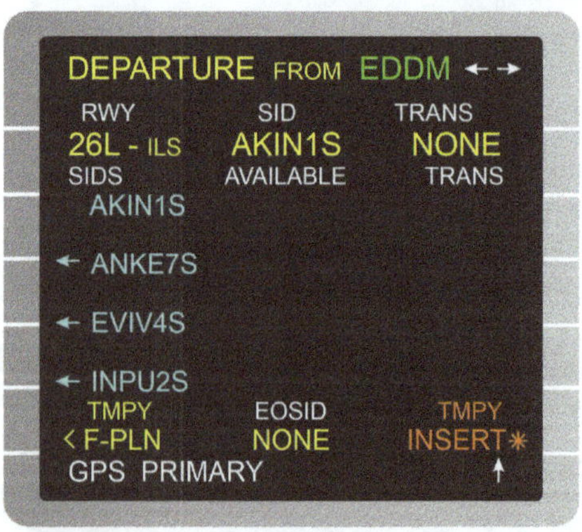

Abb. 8.3: DEPARTURE-page der MCDU für die SID AKINI 1S, 26L München, Airbus A320-Flugzeugfamilie

Abbildung 8.4 zeigt die Abfolge der WPT, gemäß dem Flugplan, wie diese auf der LEGS-page der MCDU dargestellt wird. Der entsprechende Flugweg wird auf dem ND analog zu Abbildung 6.4 visualisiert. Die mit bestimmten WPT verknüpften Bedingungen sind auf dieser Seite mit einem magentafarbenen Stern versehen. Die WPT-Abfolge der Datenbank ist gewissenhaft auf Übereinstimmung mit der Navigationskarte zu vergleichen. Das Abfliegen einer SID geschieht in der lateralen Betriebsart NAV der Flugkommandoanlage.

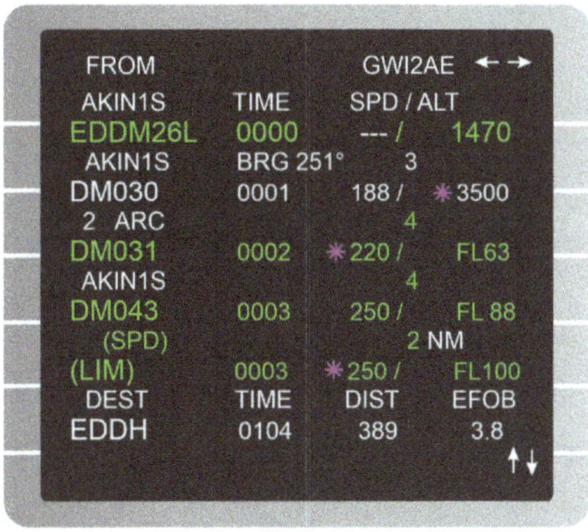

Abb. 8.4: LEGS-page der MCDU für die SID AKINI 1S, 26L München, Airbus A320-Flugzeugfamilie

8.3 Instrumentenanflüge

8.3.1 Anflüge mithilfe des ILS

Sofern an einem Flughafen verfügbar, wird im Regelfall das Instrumentenlandesystem (ILS) für die Landeanflugnavigation (3D) genutzt. Dieses selbst ist zwar nicht Bestandteil von PBN, wird aber durch die Anflugrouten in das PBN-Konzept eingebunden. Dessen Konzeption und die Auswertung der navigatorischen Informationen werden in Abschnitt 7.1.4 beschrieben. Abbildung 8.5 zeigt beispielhaft eine Instrumenten-Anflugkarte (instrument approach chart – IAC) für das ILS der Start- und Landebahn 26L des Flughafens München aus dem Luftfahrthandbuch Deutschland (AIP IFR), auf 0,63-fache Größe verkleinert.

Das ILS bezieht sich auf den Endanflug und bietet die Kurs- und Gleitwegführung bis zur Landung für die Betriebsstufen I, II und III. In der unteren linken Tabelle der IAC werden die Bezugswerte für die Entscheidungshöhe bzw. das Minimum (decision altitude/height – DA/DH), abhängig von der Luftfahrzeugkategorie, als Hindernisfreihöhe (obstacle clearance altitude/height – OCA/H) angegeben. Abhängig von der Zulassung des jeweiligen Luftfahrtunternehmens sind gegebenenfalls Aufschläge an OCA/H erforderlich: $DA/DH = OCA/H + x$.

Der Übergang aus dem Luftstraßensystem in den Endanflug geschieht entweder über eine *Standardanflugstrecke* (standard arrival route – STAR) und/oder über eine

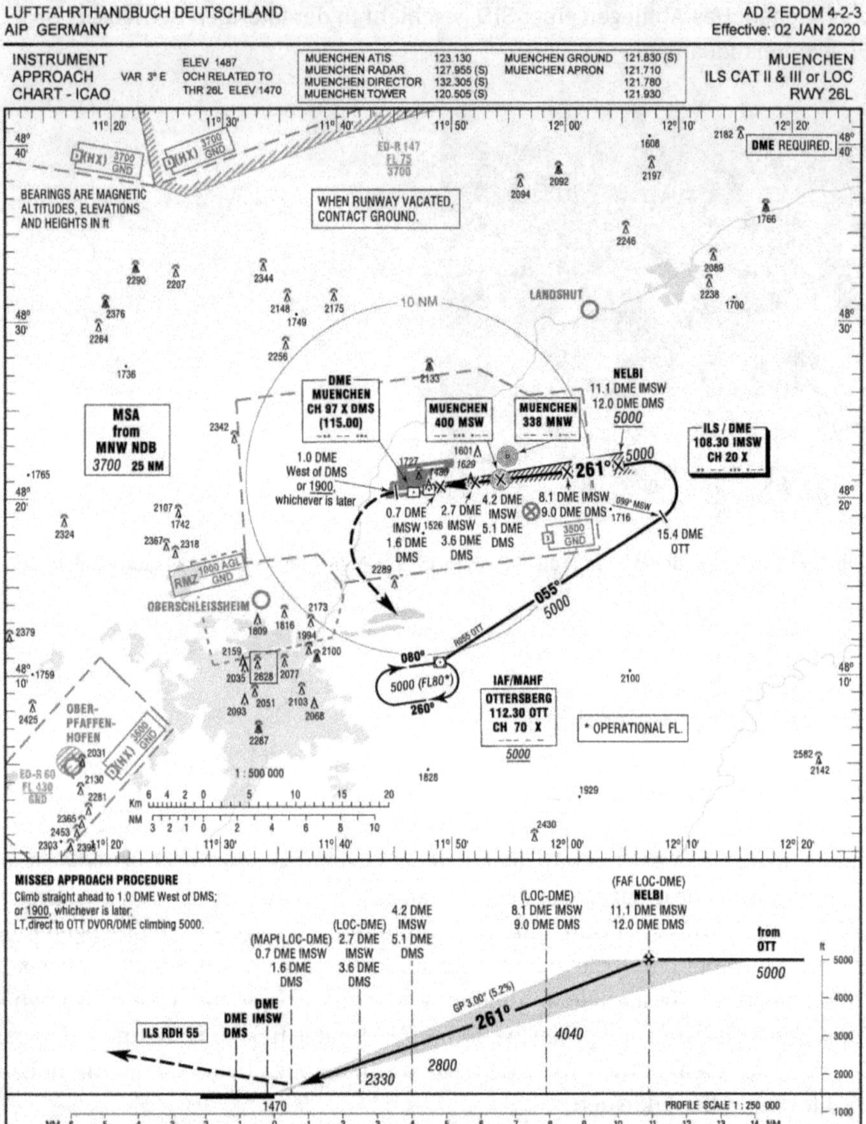

OCA (OCH)	A	B	C	D	D_L
ILS/DME CAT I	1612 (142)	1622 (152)	1632 (162)	1642 (172)	
ILS/DME CAT II	1523 (53)	1540 (70)	1553 (83)	1566 (96)	
LOC-DME	1880 (410)	1880 (410)	1880 (410)	1880 (410)	

CAT IIIA AND CAT IIIB (MNM RVR 75M) APPROVED.

DME IMSW	1	2	3	4	5	6	7	8	9	10	11
DIST THR	0.8	1.8	2.8	3.8	4.8	5.8	6.8	7.8	8.8	9.8	10.8
ALTITUDE	1780	2100	2420	2740	3060	3380	3700	4010	4330	4650	4970

LOC-DME: Timing not authorized for defining the MAPt.

GS	kt	80	100	120	140	160	180
11.1 DME IMSW - THR (10.9 NM)	MIN:SEC	8:11	6:32	5:27	4:40	4:05	3:38
Rate of descent (5.2%)	ft / MIN	420	530	640	740	850	960

 AIRAC AMDT 01/20

Abb. 8.5: ILS 26L München. *Mit freundlicher Genehmigung der DFS Deutsche Flugsicherung GmbH. Nicht für navigatorische Zwecke geeignet.*

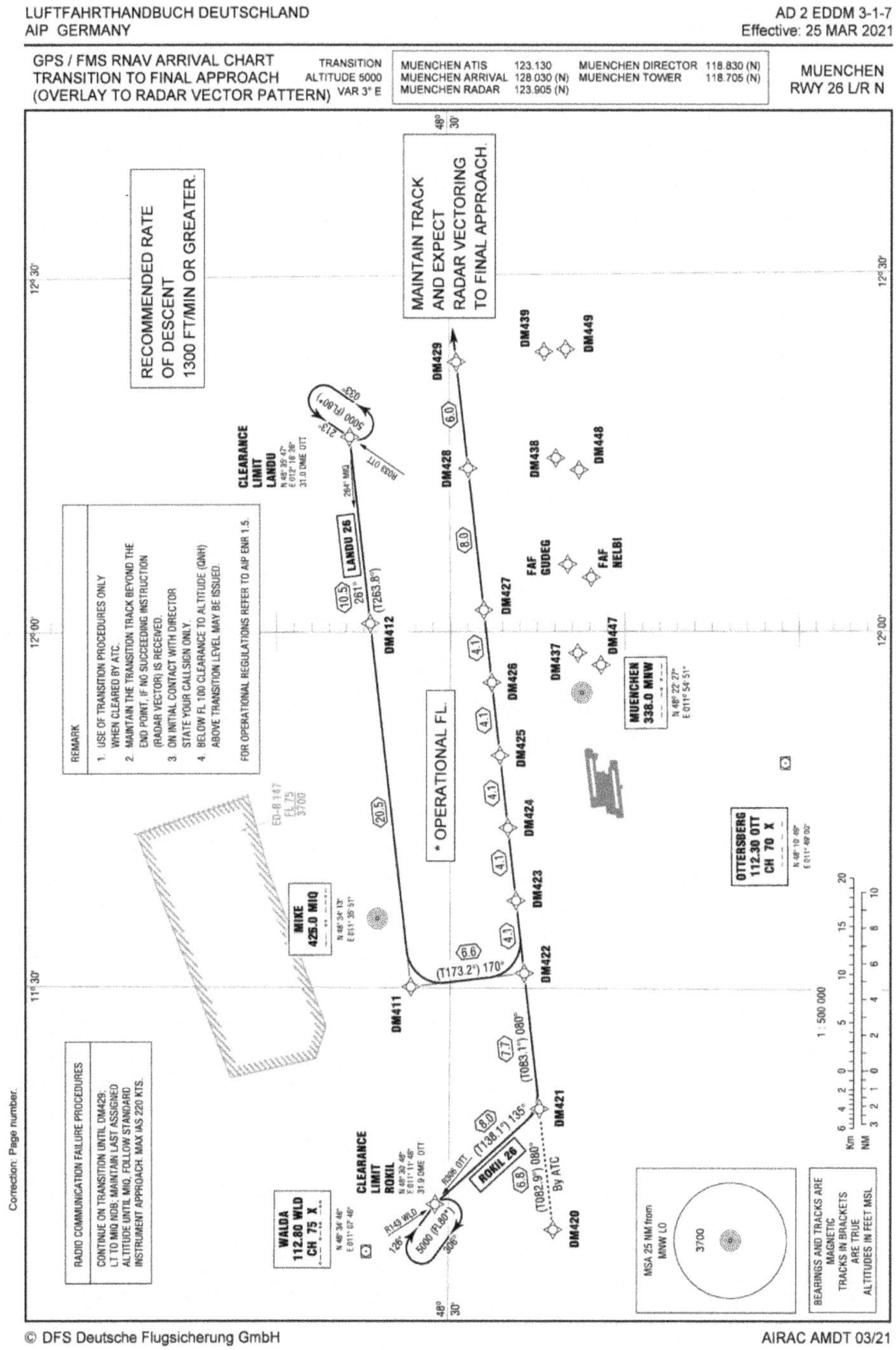

Abb. 8.6: Transitions 26 N München. *Mit freundlicher Genehmigung der DFS Deutsche Flugsicherung GmbH. Nicht für navigatorische Zwecke geeignet.*

Transition to final approach. Letztere kann eine STAR ersetzen und mit einem kontinuierlichen Sinkflug verknüpft sein (continuous descent operation – CDO). Abbildung 8.6 zeigt in 0,64-facher Größe die Karte mit den zugehörigen RNAV-transitions für den von Norden auf die Start- und Landebahnen 26L/R anfliegenden Verkehr. Dieser wird über die Wegpunkte LANDU und ROKIL eingespeist – daraus ergeben sich die Bezeichnungen *LANDU 26-transition* sowie *ROKIL 26-transition*. Beide WPT sind Freigabegrenzen (clearance limits), d.h. in eine Transition darf nur mit vorheriger Flugverkehrskontrollfreigabe seitens der Flugsicherung eingeflogen werden. Solange eine solche nicht vorliegt, ist in das dem jeweiligen WPT zugehörige Warteverfahren einzufliegen.

Die Flugverkehrskontrollfreigabe *cleared for LANDU 26-transition* bedeutet, dass das Luftfahrzeug dem gesamten Verfahren, gebildet aus den fünfstelligen, alphanumerischen WPT folgen muss. Jedoch besteht auch die Option, Direktanflüge zu den WPT hin durchzuführen. Nach hinten ist die Transition offen – d.h., dass der durch die WPT-Abfolge vorgegebene Kurs über Grund (track) solange einzuhalten ist, bis eine Steuerkursänderung zum Eindrehen auf den Endanflug durch den Fluglotsen angewiesen wurde.[54] Das Vorgehen bei Funkausfall wird in der Box links oben in der durch Abbildung 8.6 gezeigten Karte beschrieben.

Je mehr Luftfahrzeuge zu verkehrsreichen Zeiten anfliegen, desto mehr Luftfahrzeuge werden sich häufiger und über einen längeren Zeitraum auf den Transition to final approach-Flugverfahren befinden als zu verkehrsarmen Zeiten. Die in kurzen Abständen hintereinander liegenden WPT der Transition bieten insbesondere bei einer großen Anzahl von Anflügen flexible Gestaltungsmöglichkeiten bei der Optimierung der Anflugsequenz. Die aufgereihten, anfliegenden Luftfahrzeuge können so durch den Fluglotsen auf den Endanflug eingedreht werden, dass die Längsabstände, entsprechend den Staffelungsmindestwerten weitgehend minimal gehalten werden können. Bei im Vergleich zu Warteverfahren weniger Sprechfunkverkehr können die Anflüge besser abgearbeitet werden. Das Anschneiden (final-interception) des Endanflugs geschieht nach erhaltener Flugverkehrskontrollfreigabe mit einem angewiesenen Steuerkurs (heading – HDG) oder über einen, auf dem Endanflug befindlichen WPT.

RNAV-transitions sind nicht auf ILS-Anflüge beschränkt, sondern können ebenso den anderen Instrumentenanflugtypen vorgeschaltet werden. Der definierte Beginn eines ILS-Anflugs ist der *Final approach point (FAP)* – dieser ist hier der WPT NELBI.

Auswahl und Aktivierung der Anflüge erfolgen auf dem Airbus A320 über die ARRIVAL-page der MCDU, welche man über den LSK 6L der LEGS-page und anschließend LSK 1R (ARRIVAL) erreicht – siehe Abbildung 8.7. Dies ist am Boden und im Flug möglich – dabei kann der eingegebene Anflug jederzeit verändert werden. Hier wurde das ILS 26L gewählt, Anflugroute ist die STAR LANDU 1B, welche in die LANDU 26-transition übergeht. Abbildung 8.8 zeigt deren WPT-Abfolge, wie diese sich auf

54 Die englische Bezeichnung für die Führung der Anflüge durch Zuweisung von Steuerkursen ist *Radar vectors*.

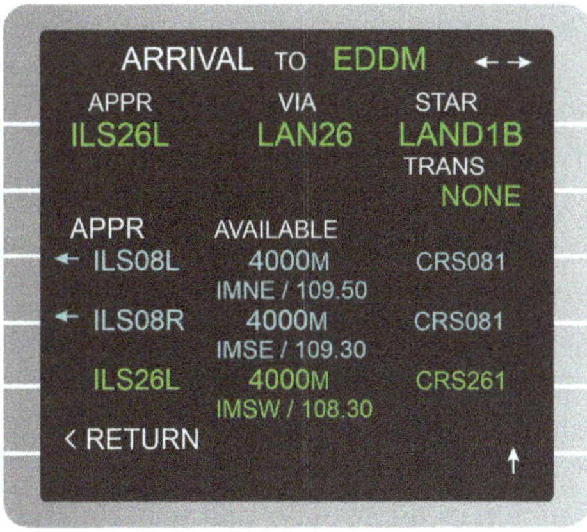

Abb. 8.7: ARRIVAL-page der MCDU für das ILS 26L München, Airbus A320-Flugzeugfamilie

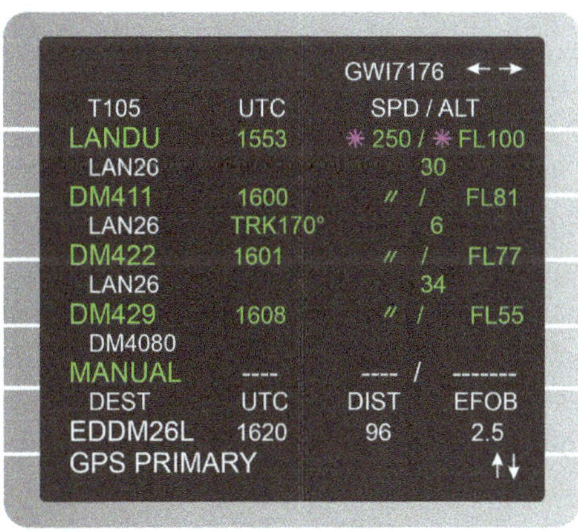

Abb. 8.8: LEGS-page der MCDU für die LANDU 26-transition München, Airbus A320-Flugzeugfamilie

der MCDU darstellt. Hinter dem WPT DM429 befindet sich die sogenannte *Discontinuity*, hier mit MANUAL gekennzeichnet, als Streckenabschnitt mit dem bisherigen Kurs über Grund bis zum Erhalt der Steuerkursanweisung durch den Fluglotsen. Die Visualisierung des Flugwegs geschieht auf dem ND.

Abbildung 8.9 veranschaulicht, wie sich die mit dem Anschneiden eines ILS assoziierten Flugphasen im oberen Teil des PFD (primary flight display) auf dem Airbus A320 darstellen. Dieser Bereich wird als *Flight mode annunciator (FMA)* bezeichnet. Der FMA besteht aus fünf Spalten bzw. Fenstern und informiert über die Betriebsarten (modes) von Flugregler (autopilot – AP), Flugkommandoanlage (flight director – FD) sowie der automatischen Schubsteuerung (autothrust – A/THR). Da moderne Luftfahrzeuge über diese Systeme vom Piloten durch Auswahl und Aktivierung bestimmter, zahlreich kombinierbarer, Betriebsarten gesteuert werden, ist die schnelle und zentrale Erfassung des jeweiligen Systemstatus besonders wichtig. Die Auswahl dieser Betriebsarten geschieht über die *Flight control unit (FCU)* – siehe Abbildung 6.3.

Im ersten FMA-Fenster links oben von Abbildung 8.9 wird die aktive Betriebsart des A/THR angezeigt. Das zweite Fenster von links visualisiert die longitudinalen Betriebsarten (um die Querachse des Luftfahrzeugs) und das mittlere Fenster zeigt die lateralen Betriebsarten (um die Hochachse). Im vierten Fenster von links erscheint jeweils die Information zur luftfahrzeugseitigen Fähigkeit, Anflüge einer bestimmten Betriebsstufe durchzuführen – abhängig vom technischen Status der relevanten Bordsysteme. Das fünfte Fenster informiert darüber, welches der Regelsysteme aktiv ist.

Ziffer (1) zeigt die Situation, in welcher das Luftfahrzeug zum ILS-Anflug freigegeben ist. A/THR arbeitet hier im SPEED-mode – dies bedeutet eine manuell vorgegebene Geschwindigkeit (selected) oder eine Geschwindigkeit entsprechend dem aktiven Flugplan (managed) wird gehalten. Das Luftfahrzeug hält eine konstante Flughöhe (ALT-mode) und befindet sich in einer Rechtskurve im HDG-mode, welcher den vorherigen NAV-mode[55] ablöst. Die Schriftfarbe Grün indiziert, dass diese Betriebsarten bereits aktiv sind.

Die Angabe CAT3 DUAL bedeutet, dass ein Anflug der höchsten Betriebsstufe durchgeführt werden könnte, BARO mit der cyanfarbenen Zahl 1632 (ft) ist das eingestellte CAT I-Minimum, welches aus der IAC für die Luftfahrzeugkategorie C entnommen wurde. Minimum-Werte werden über die MCDU PERF-page, Flugphase APPROACH eingeben. Beide AP, beide FD und A/THR sind aktiv. Die cyanfarbenen Angaben G/S und LOC in der zweiten Zeile zeigen, dass der APPR-mode (über die FCU) mit der Flugverkehrskontrollfreigabe für den Anflug gewählt wurde (armed). Das Luftfahrzeug befindet sich hier noch im Bereich der breiten Richtcharakteristik (clearance-signal) von Gleitweg und Landekurs.

55 Im NAV-mode, als überwiegend genutzte Betriebsart, werden WPT direkt angeflogen oder es wird einer Sequenz von WPT gefolgt.

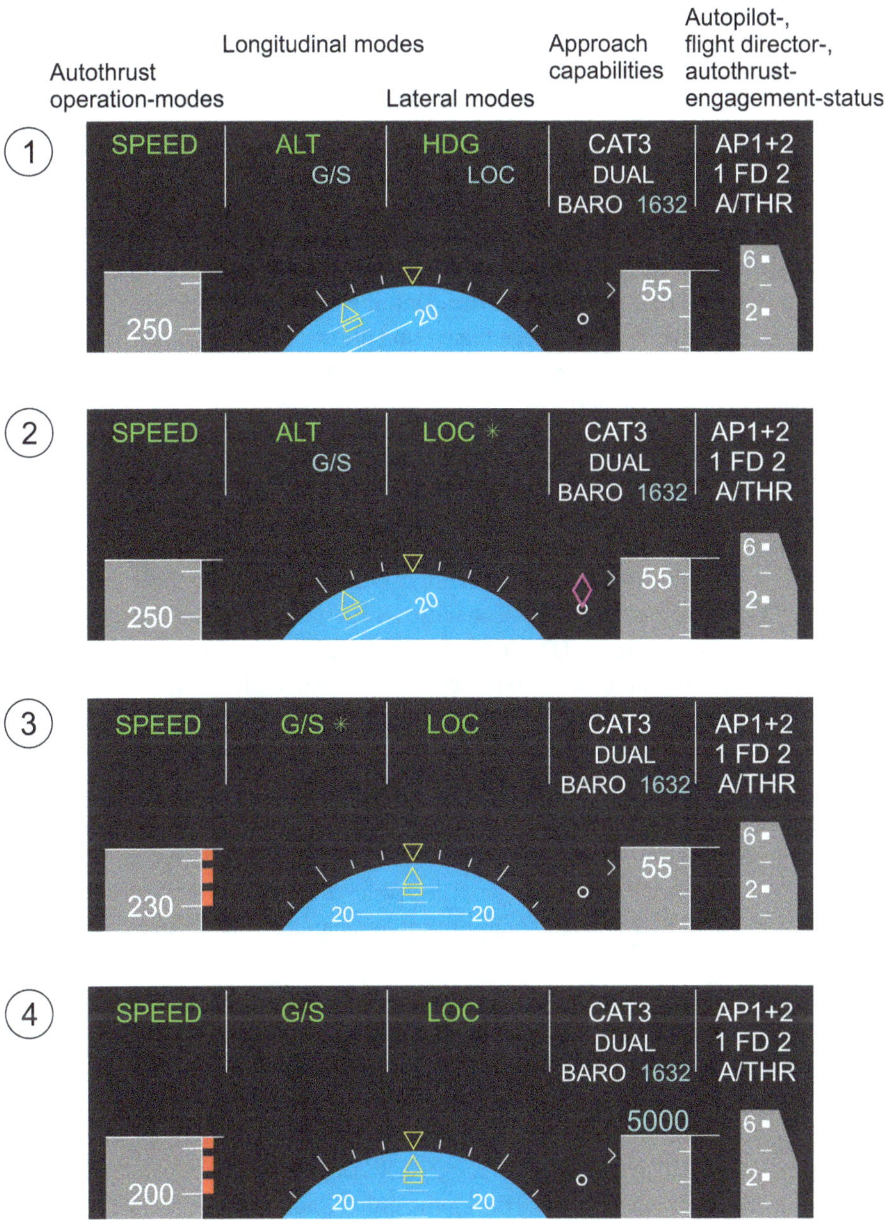

Abb. 8.9: FMA-Anzeigen für die aufeinanderfolgenden Phasen eines ILS-Anflugs, Airbus A320-Flugzeugfamilie

Bei Ziffer (2) befindet sich das Luftfahrzeug noch immer in einer horizontalen Rechtskurve, hat aber jetzt den Bereich der schmalen Richtcharakteristik (course-signal) des Landekurses erreicht. Das Signal des Landekurses ist eingerastet, was durch die Angabe LOC * vermittelt wird. Die nun eingeblendete, nach unten wandernde magentafarbene Raute zeigt die Annäherung an den Gleitweg von unten an.

In der durch Ziffer (3) dargestellten Situation wurde der Kurvenflug zum Anschneiden des Landekurses beendet und das Luftfahrzeug ist stabil auf der Anfluggrundlinie (LOC). Mit Erreichen der schmalen Richtcharakteristik des Gleitwegs wird dieser eingerastet, was durch G/S * angezeigt wird. Damit wird der Sinkflug eingeleitet. Die Geschwindigkeit wurde mittlerweile reduziert und die erste Landeklappenstufe gesetzt, erkennbar an dem der Geschwindigkeitsanzeige zugefügten rot-schwarzen Band.[56]

Bei Ziffer (4) befindet sich das Luftfahrzeug in einem stabilen Sinkflug entlang des Gleitwegs (G/S) und die Zielhöhe für den Fehlanflug wurde voreingestellt (5000 ft, cyanfarben). Die Geschwindigkeit wurde weiter reduziert und die zweite Landeklappenstufe gesetzt. Bei kontinuierlicher Geschwindigkeitsreduktion wird weiter konfiguriert und der Anflug bis zum Minimum fortgesetzt. Besteht dort Sichtkontakt zur Start- und Landebahn bzw. Anflugbefeuerung, kann die Landung manuell durchgeführt werden.

Für den Fall, dass der ILS-Gleitweg ausfällt, ist das alternative Verfahren der Anflug bei Nutzung des Landekurses (LOC-DME approach). Dieser ist ein Nichtpräzisionsanflug (2D) mit dem Minimum von 1880 ft, der Anflug erfolgt in der Betriebsart LOC/FPA.

Abbildung 8.10 veranschaulicht, wie die zur Navigation erforderlichen Informationen im unteren Teil des PFD präsentiert werden. Die mit den Ziffern (1) und (2) gekennzeichneten magentafarbenen Rauten sind die Ablageanzeigen für Landekurs und Gleitweg. Wandern diese seitlich bzw. vertikal aus, ist dies als Kommandoanzeige zu interpretieren, um wieder auf das Soll zu gelangen. Die grünen FD-Balken (vertikal/horizontal) geben die vom FMGC berechneten Flugführungskommandos (z.B. Sinkrate vergrößern) an.

In der gezeigten Situation durchsinkt das Luftfahrzeug die Flughöhe 3400 ft mit einer Sinkrate von 1000 ft/min. Die Funkhöhe über Grund (in grün) beträgt 1940 ft, die angezeigte Geschwindigkeit durchläuft 175 kt mit abnehmender Tendenz (durch den nach unten gerichteten gelben Pfeil veranschaulicht). In der linken unteren Ecke des PFD ist die Kennung IMSW des ILS 26L mit der Frequenz und der Entfernung zum zugehörigen DME magentafarben dargestellt. Der Endanflugkurs 261° ist auf der Kursanzeige fixiert – siehe Ziffer (3), die kleine grüne Raute gibt den Kurs über Grund an. Bei korrekter Ausrichtung auf dem Landekurs, wie hier gezeigt, muss Letzterer dem Endanflugkurs gleichen. Dies wird durch den Steuerkurs mit entsprechendem Vorhaltewinkel zum Ausgleich des Windeinflusses erreicht.

56 Die maximale angezeigte Fluggeschwindigkeit des Airbus A320 für die erste Landeklappenstufe beträgt 230 kt, für die zweite Stufe ist deren Wert 200 kt.

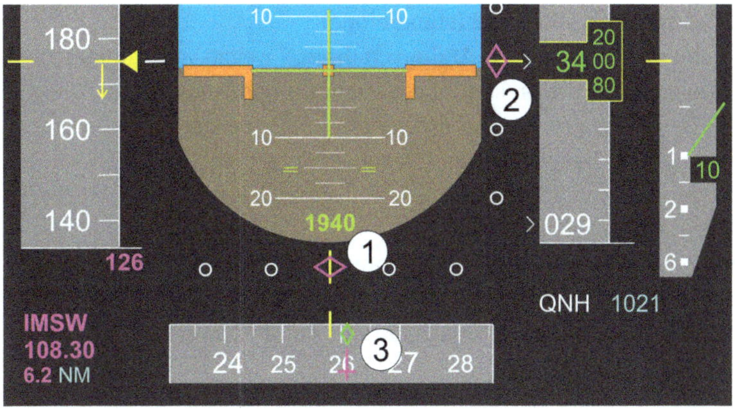

Abb. 8.10: Anzeige der zur Navigation dienenden Informationen eines ILS-Anflugs auf dem PFD, Airbus A320-Flugzeugfamilie

8.3.2 Anflüge nach RNP/RNAV

Mit der Verfügbarkeit von RNP/RNAV und der Konzeption entsprechender Anflugverfahren hat sich eine große Variantenvielfalt für die Durchführung des Endanflugs ergeben. Zudem bestehen, abhängig vom Luftfahrzeugmuster, verschiedene Betriebsarten für FD und AP, welche unterschiedlich kombiniert werden können. Deshalb werden diese hier zunächst am Beispiel der Airbus A320-Familie aufgezeigt.

Airbus sieht sowohl selected als auch managed Flight-modes vor. *Selected* bedeutet, dass sich die Flugführung auf Parameter bezieht, welche vom Piloten an den FD bzw. AP über die FCU vorgegeben werden. *Managed* bedeutet hingegen, dass die Flugführung nach FMGC-generierten Parametern erfolgt. Lateral/longitudinal sind die möglichen Kombinationen: managed/managed, managed/selected und selected/selected.

Dabei ist die Kombination managed/managed der Flight-mode FINAL APP (final approach guidance). Weitere für Instrumentenanflüge vorgesehene Flight-modes sind:

- lateral
  - NAV (navigation)
  - LOC (localizer)
  - TRK (track)
  - HDG (heading)
- longitudinal
  - FPA (flight path angle)
  - V/S (vertical speed)

Die laterale Flugführung ist jeweils linear, d.h. nicht winkelbezogen.

8.3.2.1 Anflüge auf der Basis von GNSS (stand-alone)

GNSS/GPS stand-alone Anflüge sind 2D-Anflugverfahren,[57] welche ausschließlich auf GNSS bzw. GPS basieren, bei denen somit kein Bezug zu bodengestützten Navigationshilfen besteht. Deren Bezeichnung ist *RNP-approach*. Der konzeptionelle Aufbau dieser Instrumentenanflüge basiert auf den folgenden Elementen:

- Anfangsanflugpunkt (initial approach fix/initial apprach waypoint – IAF/IAWP)
- Drehpunkt (turning fix – TF)
- Endanflugpunkt (final approach fix/final approach waypoint – FAF/FAWP)
- Fehlanflugpunkt (missed approach fix/missed approach waypoint – MAPt/MAWP)
- Fehlanflug-Wartepunkt (missed approach holding point – MAHP)

Für RNP-Anflüge müssen folgende Voraussetzungen erfüllt werden: [36]

- Die zuständige Behörde des Eintragungsstaates des Luftfahrtunternehmens hat die Verwendung von Multisensorgeräten mit GNSS/GPS-Sensor oder GNSS/GPS-Geräte als stand-alone Gerät für diesen Zweck genehmigt.
- Das Anflugverfahren ist durch die zuständige Flugsicherung veröffentlicht und von den staatlich beauftragten Stellen genehmigt.
- Das veröffentlichte Anflugverfahren basiert auf WGS84-Koordinaten.
- Die Navigationsdatenbank enthält die aktuellen Daten für den beabsichtigten Anflug (aktueller AIRAC-Zyklus).[58]
- Die in der bordseitigen Datenbank gespeicherten Navigationsdaten entsprechen in der Reihenfolge dem veröffentlichten Instrumentenanflug.
- Die in der Navigationsdatenbank enthaltenen WPT des Anflugs können vom Piloten nicht verändert werden.

Bei einem IFR-Flug zu einem Flughafen, welcher mit einem RNP-Anflug angeflogen werden soll, muss der erforderliche Ausweichflughafen den Anflug nach einem Anflugverfahren ermöglichen, welches nicht auf GNSS/GPS basiert. Ist kein Ausweichflughafen gefordert, muss am Bestimmungsflughafen die Landung auch nach einem alternativen Anflugverfahren möglich sein, welches nicht auf GNSS/GPS basiert. Wird ein Ausweichflughafen für den Start/Streckenflug gefordert, muss dort die Landung nach einem Anflugverfahren möglich sein, welches nicht auf GNSS/GPS basiert. Ferner muss ein Fehlanflugverfahren verfügbar sein, welches eine Funknavigationsanlage nutzt.

57 Ist bordseitig *advisory VNAV* für eine kontinuierliche Gleitwegführung, mit Anzeige der vertikalen Abweichung verfügbar, können RNP-Anflüge der Kategorie 3D zugeordnet werden.

58 *Aeronautical information, regulation and control* gilt international einheitlich für die Revision bzw. Aktualisierung der aeronautischen Daten der Navigationskarten und Datenbanken in einem 28 Tage-Zyklus (an jedem vierten Donnerstag).

Um sicherzustellen, dass am Bestimmungsflughafen zur Ankunftszeit[59] eine Integritätsprüfung möglich ist, muss ein vom Flugsicherungsunternehmen angebotenes Vorhersageverfahren (z.B. RAIM-Prädiktion) verwendet werden. Für diesen Zweck stellt die DFS Deutsche Flugsicherung GmbH für den Bereich der Bundesrepublik Deutschland den GPS-Informationsdienst im Rahmen des NOTAM-Service bereit. Durch eine Flugvorbereitung mit Berücksichtigung der im Briefing-Paket gelieferten GPS-NOTAMs wird die behördlich geforderte RAIM-Prädiktion für die Durchführung von GNSS/GPS stand-alone Anflügen erfüllt. Für die Fluginformationsgebiete auf dem Territorium der BRD umfasst der GPS-Informationsdienst alle IFR-Flugplätze mit GNSS/GPS stand-alone und auch RNAV-overlay An- und Abflugverfahren.

Abbildung 8.11 zeigt beispielhaft eine IAC für den RNP-Anflug der Start- und Landebahn 26L des Flughafens München aus dem AIP IFR in 0,64-facher Größe.

Der FAWP NELBI, als Beginn des Endanflugs, ist gleichzeitig FAF für den ILS-Anflug auf dieselbe Start- und Landebahn. Bestehend aus fünf Buchstaben (five letter name code – 5LNC) unterliegt dieser den internationalen Konventionen für die Benennung von WPT.

Die Benennung von Wegpunkten, welche keinen Bezug zu einer Funknavigationseinrichtung haben, geschieht durch die Luftraum- und Verfahrensplanenden über die Datenbank *ICARD (International codes and route designators)*. Letztere verwaltet global 280.000 Wegpunktnamen (5LNC) und 16.000 Routenbezeichnungen (route designators – RD) für die internationalen Lufträume und gibt ferner die Regeln für deren Benennung vor.[60]

Diesem vorgelagert ist ein Zwischenanflugpunkt DM448 (intermediate fix – IF). Als fly-by WPT soll dieser sicherstellen, dass das Luftfahrzeug spätestens 2 nm vor Erreichen des FAWP auf der Anfluggrundlinie stabilisiert ist. Die Endanflughöhe (hier 5000 ft) wird bei Erreichen von NELBI verlassen, um im Sinkflug dem 3°-Gleitweg zu folgen. Die Position 2 nm vor der Schwelle der Start- und Landebahn (2,0 nm to RW26L) ist der Stufensinkflugpunkt (stepdown fix – SDF).

Bei niedrigen Temperaturen von 0°C und darunter müssen für die Endanflughöhe am FAWP und die Höhe des SDF Korrekturen angebracht werden. Dabei gilt: pro Grad Temperaturabweichung von ISA sind 0,4% der Höhe über Grund zur QNH-Höhe zu addieren. Folglich muss auch der Winkel des Gleitwegs (flight path angle – FPA) angepasst werden. Dies geschieht nach der Beziehung:

$$FPA = \arctan\left(\frac{h_{korr}}{l}\right) \tag{8.1}$$

In dieser Gleichung ist h_{korr} die korrigierte QNH-Höhe und l ist jeweils die verbleibende horizontale Länge des Endanflugs – beide Werte in [nm] mit 1 nm = 6100 ft.

59 Meist ist der Zeitraum von ±1 Stunde, bezogen auf die geplante Landezeit, zu berücksichtigen.

60 Quelle: https://www.icao.int, Aufruf am 25.08.2021

Die Anfluggrundlinie ist bei RNP-Anflügen als Path/terminator (TF – track to a fix) zwischen FAWP und Schwelle der Start- und Landebahn festgelegt, Entfernungsangaben im Endanflug beziehen sich auf die Koordinaten der Schwelle. In der Minimum-Tabelle im linken unteren Bereich der IAC wird für die RNP-Anflüge zwischen LNAV und LNAV/VNAV unterschieden.

LNAV steht für den Fall, dass bordseitig eine rückgekoppelte[61] Führung lediglich auf der Anfluggrundlinie verfügbar ist (lateral navigation). Für einen Airbus A320, welcher der Luftfahrzeugkategorie C angehört, ergibt sich hier ein Minimum von 1980 ft. Die Flugführung erfolgt hier in der Betriebsart NAV/FPA (managed/selected). Bei Erreichen des SDF muss die diesem zugeordnete Höhe überprüft werden.

LNAV/VNAV bedeutet, dass bordseitig eine rückgekoppelte Führung für sowohl die Anfluggrundlinie als auch für den virtuellen Gleitweg (vertical navigation) erfolgt. Das entsprechende Minimum ist 1801 ft. Die Flugführung geschieht in diesem Fall mit der Betriebsart FINAL APP (final approach guidance = managed/managed).

In Verbindung mit dem Fehlanflug sind MAPt und MATF (DM541) overfly-WPT – erkennbar an dem Kreis, welcher die WPT-Signatur umschließt.

Auswahl und Aktivierung des Anflugs geschehen in der gleichen Weise über die MCDU, wie bereits im vorigen Abschnitt für ILS-Anflüge beschrieben. Die navigatorische Situation wird auf dem ND dargestellt, mit dem Etikett RNAV 26L oben in der Mitte des Bildschirms. Des Weiteren ist eine Ablageanzeige wählbar, wie diese auch für ILS-Anflüge genutzt wird. Dabei werden in einer Kursrose durch eine Anzeigenadel die Abweichungen von Anfluggrundlinie und virtuellem Gleitweg gezeigt, kombiniert mit Entfernungsangaben zu den relevanten WPT. Für den Anflug ist systemseitig GPS PRIMARY mit NAV ACCURACY HIGH gefordert (auf der PROG-page der MCDU verifizierbar) bei einer Genauigkeit von lateral 0,3 nm und vertikal 75 ft.

Abbildung 8.12 veranschaulicht die FMA-Anzeigen auf dem PFD, wie diese sich während eines RNP-Anflugs (managed/managed) ergeben.

In der durch Ziffer (1) dargestellten Situation befindet sich das Luftfahrzeug nach der Flugverkehrskontrollfreigabe für den Anflug und der damit einhergehenden Betätigung der APPR-Taste auf der FCU in einer Linkskurve zum Anschneiden des Endanflugs. Dabei wird die veröffentlichte Flughöhe von 5000 ft eingehalten. APP NAV bedeutet, dass die Führung auf der Anfluggrundlinie bereits aktiv ist. Die cyanfarbene FMA-Anzeige FINAL signalisiert die Bereitschaft, bei Erreichen des FAWP dem virtuellen Gleitweg zu folgen. Entsprechend bewegt sich der grüne V/DEV-Balken (vertical deviation) rechts mit Annäherung an den FAWP nach unten.

Bei Ziffer (2) ist das Luftfahrzeug im finalen Sinkflug, die Führungssignale für Anfluggrundlinie und Gleitweg sind aktiv – signalisiert durch die FMA-Anzeige FINAL APP. Die eingestellte cyanfarbene Zielhöhe für den Fehlanflug beträgt 5000 ft, das

61 *Rückgekoppelt* heißt, dass der FMGC bei Abweichungen vom Soll Korrektursignale erzeugt, welche durch den FD umgesetzt werden.

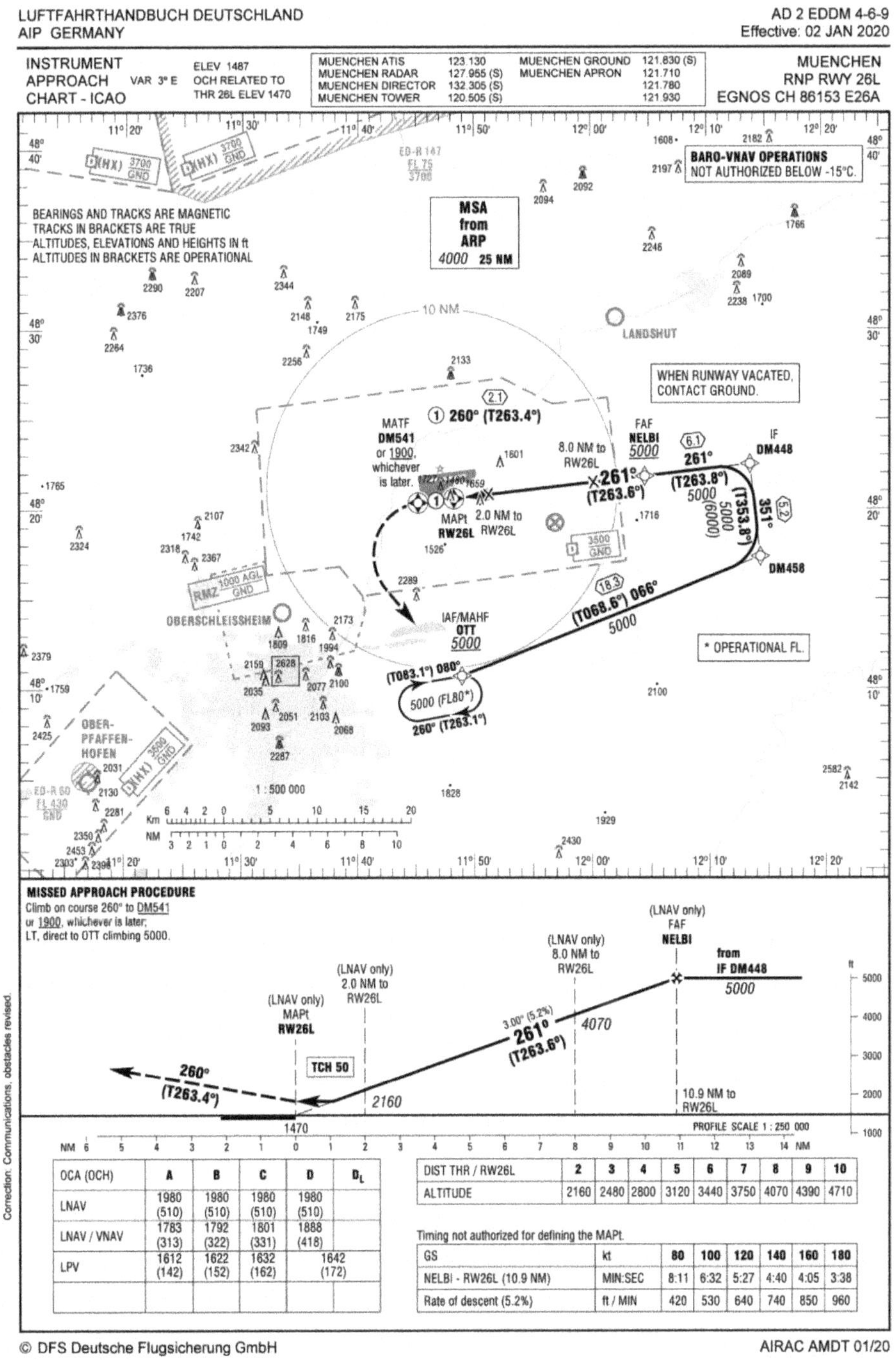

Abb. 8.11: RNP 26L München. *Mit freundlicher Genehmigung der DFS Deutsche Flugsicherung GmbH. Nicht für navigatorische Zwecke geeignet.*

gewählte barometrische Minimum ist 1801 ft. Ab hier wird der Anflug bei einer positiven Entscheidung zur Landung manuell fortgesetzt, mit Abschaltung von A/THR, AP und FD. Ein möglicher Fehlanflug führt nach Süden zur DVOR/DME OTT.

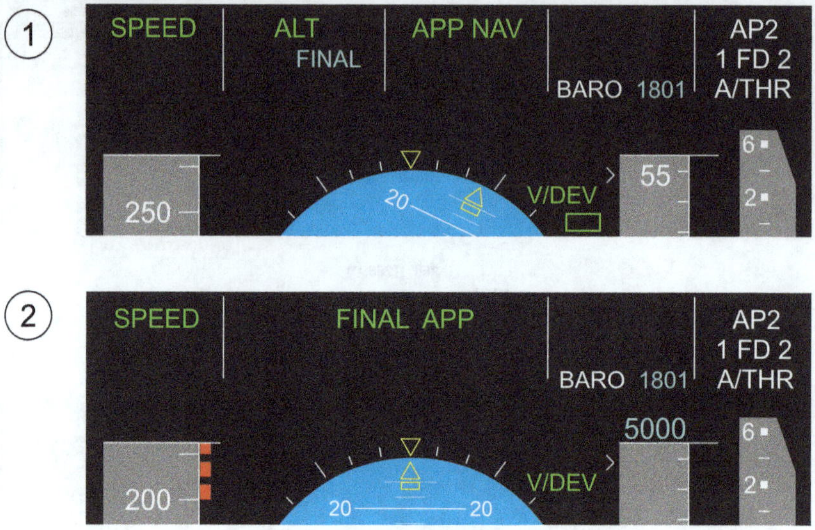

Abb. 8.12: FMA-Anzeigen für die aufeinanderfolgenden Phasen eines RNP-Anflugs, Airbus A320-Flugzeugfamilie

8.3.2.2 Anflüge auf der Basis von GNSS (overlay-approach)

Sogenannte *Overlay-approaches* (ebenfalls 2D) waren die erste Realisierungsstufe von RNAV im Rahmen der Landeanflugnavigation. Diese basieren auf den klassischen Nichtpräzisionsanflügen unter Verwendung der funknavigatorischen Einrichtungen NDB und VOR, teilweise kombiniert mit DME, als NDB/DME- bzw. VOR/DME-Anflüge.

Wegen der besseren Positionsgenauigkeit der Satellitennavigation besteht der Vorteil der Überlagerung dieser Anflüge mit GNSS/GPS in einer stabileren Kursführung bei Anwendbarkeit der bereits vorhandenen Verfahren. Die von den NDB bzw. VOR gelieferten navigatorischen Information dienen bei den Overlay-Anflügen als redundanter Vergleich (cross-check).

Abbildung 8.13 zeigt beispielhaft eine IAC für den NDB-Anflug der Start- und Landebahn 26L des Flughafens München aus dem AIP IFR auf 0,64-fache Größe verkleinert. Dieser klassische Nichtpräzisionsanflug basiert primär auf Funknavigation, d.h. die Kursführung mit 261° zwischen dem FAF NELBI und der Schwelle der Start- und Landebahn bezieht sich als QDM bzw. QDR auf das NDB MSW mit der Frequenz 400 kHz, die Entfernungsangaben sind bezüglich des DME DMS auf der Frequenz 115,00 MHz. Das Minimum für die Luftfahrzeugkategorie C beträgt 2020 ft.

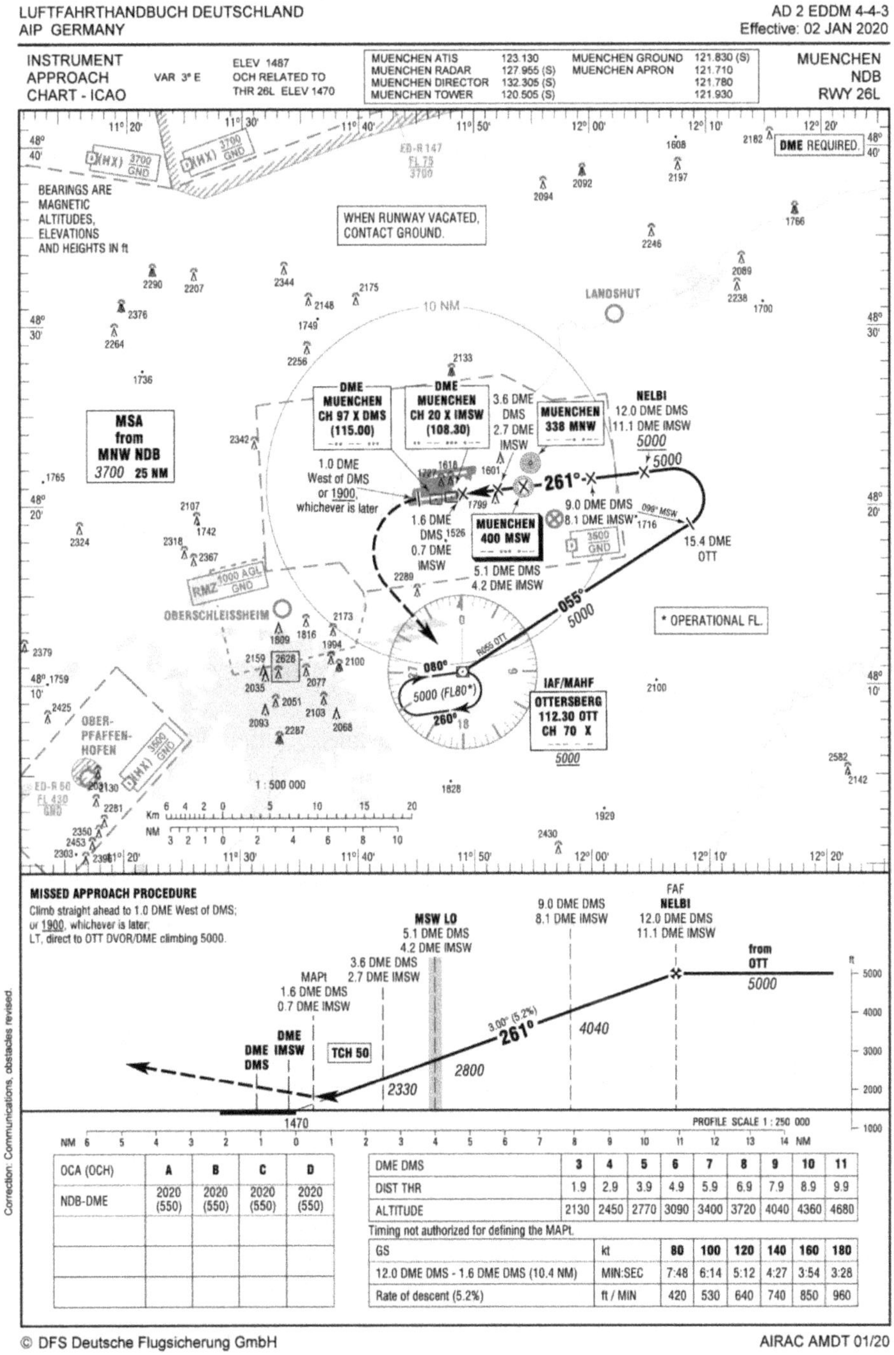

Abb. 8.13: NDB 26L München. *Mit freundlicher Genehmigung der DFS Deutsche Flugsicherung GmbH. Nicht für navigatorische Zwecke geeignet.*

Die Karte selbst überlässt die konkrete Realisierung des NDB-Anflugs dem Nutzer, d.h. der Anflug könnte mit den rohen, durch NDB und DME gelieferten navigatorischen Informationen durchgeführt werden, oder als GNSS/GPS overlay-approach, falls dieser Anflug in der bordseitigen Navigationsdatenbank verfügbar ist. Bezüglich des Minimums wird hier nicht zwischen LNAV- bzw. LNAV/VNAV unterschieden, sondern es wird nur ein Wert angegeben.

Bevorzugte Betriebsart für die Durchführung von GNSS/GPS overlay-approaches ist FINAL APP. Im Falle von Problemen mit der Kurs- und/oder Gleitwegführung kann alternativ NAV/FPA oder TRK/FPA gewählt werden. Die Darstellung der navigatorischen Informationen ist analog zu den RNP-Anflügen, im Beispiel ist das Etikett auf dem ND oben in der Mitte NDB 26L.

Für Flughäfen mit überwiegend schönem Wetter (z.B. im Mittelmeerraum) werden teilweise sogenannte *Let-down approaches* auf der Basis von NDB oder VOR veröffentlicht.[62] Deren Endanflugrichtung stimmt, meist geländebedingt, nicht mit der Anfluggrundlinie der jeweiligen Start- und Landebahnen überein. Diese Anflüge haben den Zweck, das Luftfahrzeug in eine Position zu bringen, aus welcher entweder ein Sichtanflug (visual approach) oder ein Platzrundenanflug (circling approach) durchgeführt werden kann. Aus diesem Grund haben Let-down approaches kein reguläres (straight in-) Minimum wie Instrumentenanflüge mit Geradeausanflug, werden nicht in Navigationsdatenbanken programmiert und sind daher nicht als GNSS/GPS overlay-approaches vorgesehen.

Bei besonders anspruchsvoller Verfahrensgeometrie aufgrund schwieriger Geländeverhältnisse um den Flughafen, bieten einige Hersteller von Navigationsdatenbanken firmeninterne Anflugverfahren (Company FMS-overlay-approach – CFO), welche die Fliegbarkeit mit ergänzenden Konstruktionselementen unterstützen. Diese erweitern die in den AIP veröffentlichten Verfahren und können in der Betriebsart FINAL APP durchgeführt werden.

8.3.3 Anflüge auf der Basis von SBAS

Die in Abschnitt 7.3.6 beschriebene Weitbereichsunterstützung für GNSS/GPS (Space Based Augmentation System – SBAS) ermöglicht 3D-Anflugverfahren, vergleichbar mit der ILS-Betriebsstufe I (CAT I). Das hierfür im Europa-/Mittelmeeraum verfügbare System ist EGNOS (European Geostationary Navigation Overlay Service). Die entsprechenden Instrumentenanflüge gehören der Kategorie *Localizer performance with vertical guidance (LPV)* an.

LPV-Anflüge werden als APV I oder APV II klassifiziert (approaches with vertical guidance). *APV I* nutzen die durch SBAS übermittelten Korrektur- und Integritätsdaten

62 in den IAC häufig bezeichnet mit z.B. *VOR A* oder *VOR B*

nur für die laterale Führung, *APV II* verwenden die SBAS-Signale sowohl für die laterale als auch die vertikale Führung.

Tabelle 8.2 gibt die Leistungsparameter der nordamerikanische Weitbereichsunterstützung WAAS (Wide Area Augmentation System), bezogen auf die Flugphasen, wieder.[63]

TTA (time to alert) als Alarmzeit sowie HAL/VAL (horizontal/vertical alert limit) als Alarmgrenzen stellen die Integrität sicher. HMI (hazardously misleading information) bezieht sich auf Ausgangsdaten, welche anderen Systemen und Anzeigegeräten zugeführt werden und deren Fehler (navigation system error – NSE) größer als das jeweilige HPL/VPL (horizontal/vertical protection limit) ist. Unter Letzterem vesteht man einen potentiellen, empfängerspezifischen Positionsfehler, welcher mit einer Wahrscheinlichkeit von 99,99999% gilt.

Tab. 8.2: WAAS-Leistungsspezifikationen

	TTA	HAL	VAL	Horizontal accuracy 95%	Vertical accuracy 95%	Probability of HMI
Enroute	15 s	2 nm	n/a*	0,4 nm	n/a	10^{-7}/h
Terminal	15 s	1 nm	n/a	0,4 nm	n/a	10^{-7}/h
LNAV	10 s	556 m	n/a	220 m	n/a	10^{-7}/h
LNAV/VNAV	10 s	556 m	50 m	220 m	20 m	$2 \cdot 10^{-7}$/ approach
LPV	6,2 s	40 m	50 m	16 m	20 m	$2 \cdot 10^{-7}$/ approach**
LPV 200***	6,2 s	40 m	35 m	16 m	4 m	$2 \cdot 10^{-7}$/ approach**

* ... nicht anwendbar
** ... (150 s)
*** ... LPV mit 200 ft-Minimum

Die Kontinuität für den Kernbereich der USA beträgt für die Flugphasen Enroute, Terminal und LNAV: $1 - 10^{-5}$/h, für LNAV/VNAV: $1 - 5,5 \cdot 10^{-5}$/15 s und für LPV sowie LPV 200: $1 - 8 \cdot 10^{-6}$/15 s. Die Werte der Verfügbarkeit sind nahe 100%.

Die Tabellen 8.3 und 8.4 zeigen die Leistungsparameter für EGNOS, bezogen auf die Dienste.[64]

LPV-Anflüge dürfen unter der Voraussetzung durchgeführt werden, dass das Luftfahrzeug mit einem SBAS-fähigen Empfänger ausgerüstet ist, dass die Genehmigung

63 Quelle: https://gssc.esa.int/navipedia/index.php/WAAS Performances, Aufruf am 16.07.2021
64 Quelle: https://gssc.esa.int/navipedia/index.php/EGNOS Performances, Aufruf am 17.07.2021

von der Zulassungsbörde für Luftfahrzeug und Besatzung vorliegt und dass der Anflug in der Navigationsdatenbank enthalten ist. Für Anflüge auf die Start- und Landebahn 26L des Flughafens München mithilfe des EGNOS wird dieselbe IAC verwendet, wie für die RNP-Anflüge (Abbildung 8.11), mit dem LPV-Minimum 1632 ft der Luftfahrzeugkategorie C.

Tab. 8.3: EGNOS-Leistungsspezifikationen – Teil 1

Service	Service coverage	Lateral accuracy 95%	Vertical accuracy 95%	Integrity	TTA
Open service	EU-states, Norway, Switzerland	3 m	4 m	–	–
Enroute, NPA*	FIRs of ECAC**	220 m	–	$1 - 1 \cdot 10^{-7}$/h	<6 s
APV I, LPV 200	Land-masses of ECAC	3 m	4 m	$1 - 2 \cdot 10^{-7}$/ approach	<6 s

* ... Nichtpräzisionsanflug (non precision approach)

** ... FIR der Teilnehmerstaaten der *European Civil Aviation Conference*

Tab. 8.4: EGNOS-Leistungsspezifikationen – Teil 2

Service	Continuity	Availability
Open service	–	0,99
Enroute, NPA	<$1 - 1 \cdot 10^{-3}$/h in in most of ECAC, <$1 - 2,5 \cdot 10^{-3}$/h in other areas of ECAC	0,999 in all ECAC
APV I, LPV 200	<$1 - 1 \cdot 10^{-4}$/15 s in the core of ECAC, <$1 - 5 \cdot 10^{-4}$/15 s in most of ECAC land-masses	0,99 in most of ECAC land-masses

Abbildung 8.14 zeigt die dem Endanflug LPV CAT I 26L zugehörigen konstruktiven Daten (final approach segment – FAS) aus dem AIP IFR in 0,64-facher Größe. Dieser sogenannte FAS-Datenblock fixiert den Endanflug raumfest bezüglich der EO. Im Gegensatz zu den RNP-Anflügen (stand-alone/overlay), bei welchen der Anflugweg vom FMGC, bezogen auf einen Path/terminator-Streckenabschnitt, berechnet wird, ist hier bei tiefen Temperaturen keine Höhen-/Winkelkorrektur erforderlich.

Auswahl und Aktivierung von LPV-Anflügen geschehen in gewohnter Weise über die ARRIVAL-page der MCDU. Alternativ kann der in der IAC oben rechts angegebene

LUFTFAHRTHANDBUCH DEUTSCHLAND | AD 2 EDDM 4-6-11
AIP GERMANY | Effective: 23 MAY 2019

INSTRUMENT APPROACH PROCEDURE | MUENCHEN
FAS DATA BLOCK | RNP RWY 26L

FAS Data Block Information	EDDM RNP RWY 26L (LPV CATI)
DATA FIELD	DATA
OPERATION TYPE	0
SERVICE PROVIDER IDENTIFIER	1
AIRPORT IDENTIFIER	EDDM
RUNWAY	26L
APPROACH PERFORMANCE DESIGNATOR	0
ROUTE INDICATOR	
REFERENCE PATH DATA SELECTOR	0
REFERENCE PATH IDENTIFIER (APPROACH ID)	E26A
LTP/FTP LATITUDE	482041.2740N
LTP/FTP LONGITUDE	0114816.6120E
LTP/FTP ELLIPSOIDAL HEIGHT	493.4
FPAP LATITUDE	482026.4130N
FPAP LONGITUDE	0114503.6550E
THRESHOLD CROSSING HEIGHT (TCH)	50.0
TCH UNITS SELECTOR (METERS OR FEET)	0
GLIDEPATH ANGLE (GPA)	3.00
COURSE WIDTH AT THRESHOLD	105
LENGTH OFFSET	0.0
HORIZONTAL ALERT LIMIT (HAL)	40.0
VERTICAL ALERT LIMIT (VAL)	35.0
CRC REMAINDER	75EA7AC6
ICAO CODE	ED
LTP/FTP ORTHOMETRIC HEIGHT (METERS)	448.1
FPAP ORTHOMETRIC HEIGHT (METERS)	452.9

© DFS Deutsche Flugsicherung GmbH | AIRAC AMDT 06/19

Abb. 8.14: FAS 26L München. *Mit freundlicher Genehmigung der DFS Deutsche Flugsicherung GmbH. Nicht für navigatorische Zwecke geeignet.*

EGNOS-channel direkt in die MCDU eingegeben werden – im Beispiel München RWY 26L ist dies CH 86153 (approach-ID E26A).

Die PFD-Anzeigen erfolgen, ähnlich wie bei ILS-Anflügen, durch eine Kursablageanzeige für die Anfluggrundlinie und einen Balken für die Abweichung vom Gleitweg, gemeinsam mit entsprechenden FMA-Anzeigen für die Betriebsarten der Flugführung. EGNOS-channel, Approach-ID sowie horizontale Entfernung zur Schwelle der Start- und Landebahn werden in der linken unteren Ecke des PFD angezeigt.

Das (hier nicht dargestellte) ND präsentiert die navigatorische Situation mit WPT und Entfernungen, oben in der Bildschirmmitte erscheint das Etikett des Anflugs (für den Beispielanflug LPV 26L).

8.3.4 Anflüge auf der Basis von GBAS

Die im Abschnitt 7.3.6 beschriebene Nahbereichsunterstützung für GNSS/GPS (Ground Based Augmentation System – GBAS) ermöglicht mit dem ILS vergleichbare 3D-Anflüge. Von der ICAO wurden für GBAS zwei Leistungstypen definiert: Performance Type 1 (PT1) und GBAS Positioning Service (GBAS PS). *PT1*, als Standardleistungstyp, unterstützt Landeanflugnavigation sowie Führung bei Start und Rollen. Die Genauigkeit, Integrität und Verfügbarkeit entsprechen hierbei mindestens dem Maß, welches durch ein ILS der Betriebsstufe I geleistet wird (GBAS CAT I). *GBAS PS* ermöglicht zusätzlich nach RNP-RNAV, dass Luftfahrzeuge durch eine komplexe Verfahrensgeometrie, bestehend aus RNP-transition und GLS-FAS, zur Landung geführt werden.

Tab. 8.5: GBAS-Leistungsspezifikationen

Typical operation	Horiz. acc. 95%	Vert. acc. 95%	Integrity	TTA	Continuity
Initial appr., intermed. appr., NPA*, departure	220 m	n/a	$1 - 1 \cdot 10^{-7}$/h	10 s	$1 - 1 \cdot 10^{-4}$/h to $1 - 1 \cdot 10^{-8}$/h
NPV I **	220 m	20 m	$1 - 2 \cdot 10^{-7}$/ approach	10 s	$1 - 8 \cdot 10^{-6}$ in any 15 s
NPV II	16 m	8 m	$1 - 2 \cdot 10^{-7}$/ approach	6 s	$1 - 8 \cdot 10^{-6}$ in any 15 s
CAT I PA***	16 m	6 to 4 m	$1 - 2 \cdot 10^{-7}$/ approach	6 s	$1 - 8 \cdot 10^{-6}$ in any 15 s

* ... Non precision approach
** ... Non precision approach with vertical guidance
*** ... Precision approach

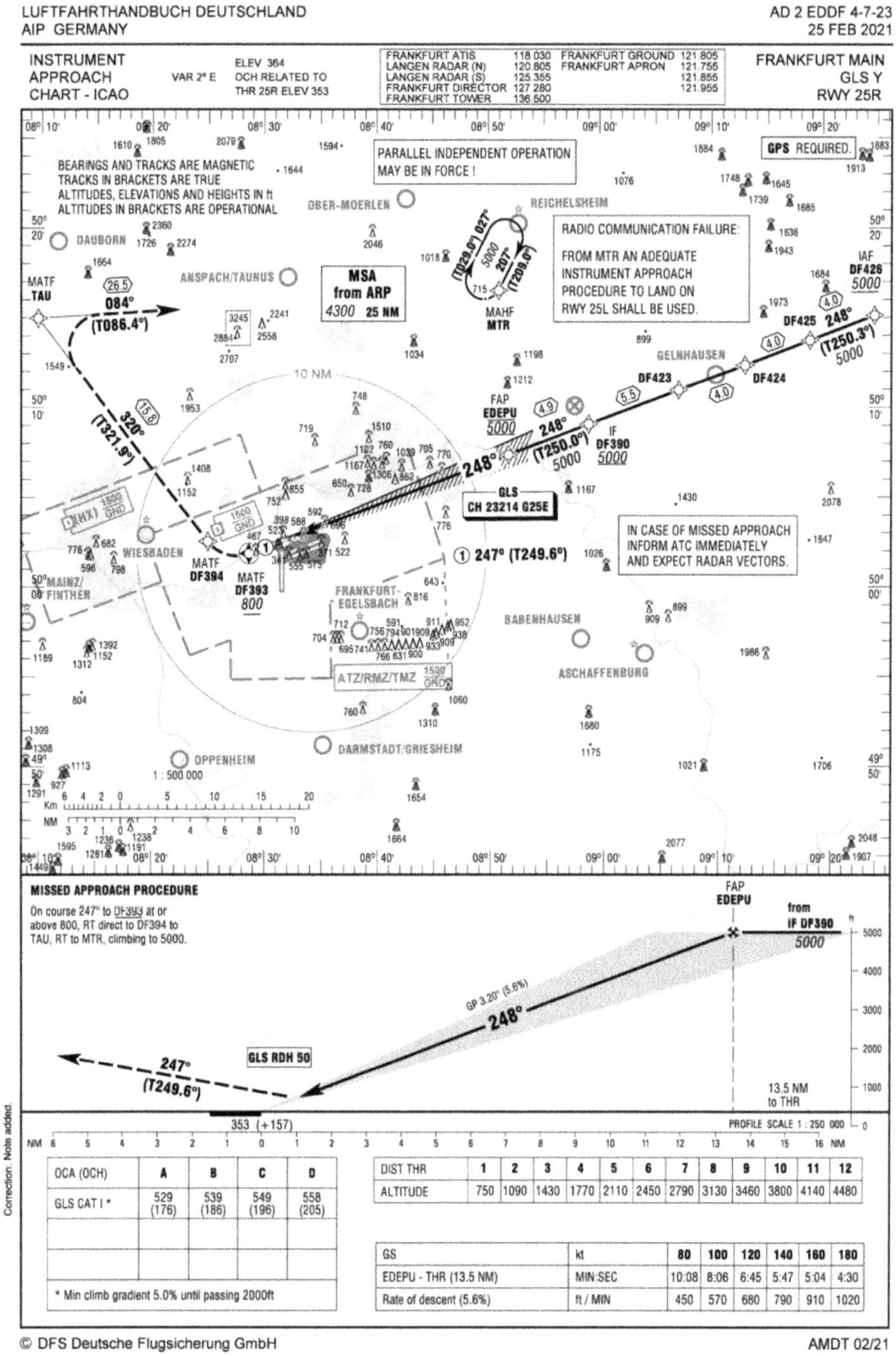

Abb. 8.15: GLS Y 25R Frankfurt. *Mit freundlicher Genehmigung der DFS Deutsche Flugsicherung GmbH. Nicht für navigatorische Zwecke geeignet.*

Tabelle 8.5 gibt die Übersicht der flugphasenbezogenen GBAS-Leistungsparameter.[65] Hier beträgt der Wert der Availability für alle Phasen 0,99 bis 0,99999.

Präzisionsanflüge auf der Basis von GBAS werden als *GNSS-Landing System (GLS)* konzipiert und für die Bundesrepublik Deutschland durch das *Büro der Nachrichten für Luftfahrer* der DFS im Luftfahrthandbuch mit IAC veröffentlicht. Abbildung 8.15 zeigt eine solche für den GLS-Anflug Y auf die Start- und Landebahn 25R des Flughafens Frankfurt/Main aus dem AIP IFR in 0,64-facher Größe – diese kann in bekannter Weise interpretiert werden.

Die europäische Flugsicherungsbehörde EUROCONTROL sieht die sukzessive Erweiterung von GLS für die Betriebsstufen CAT II/III vor. Der Flughafen Frankfurt/Main plant ab November 2021 GLS CAT II-Anflüge, deren Minima der herkömmlichen Betriebsstufe II voll entsprechen.[66]

Die Nutzung von GLS-Anflügen setzt einen GBAS-fähigen Empfänger sowie die Genehmigung von der Zulassungsbörde voraus. Des Weiteren muss der Anflug in der Navigationsdatenbank vorhanden sein.

Auswahl und Aktivierung eines GLS-Anflugs erfolgen über die ARRIVAL-page der MCDU durch Selektion des Anflugs (im Beispiel GLS25R Y) oder Eingabe des fünfstelligen Channels (hier CH 23214).

Die Präsentation und Auswertung der anflugbezogenen Informationen geschehen mit vorhandener Avionik in einem sogenannten *ILS look-alike* Modus mit für den Piloten gewohnten Ablage-, Kommando- und FMA-Anzeigen – siehe Ziffer (1) in Abbildung 8.16. Das GLS CAT I-Minimum für die Luftfahrzeugkategorie C ist hier 549 ft.

Abb. 8.16: Oberer Teil des PFD mit FMA-Anzeigen und Minimum bei einem GLS-Anflug, Airbus A320-Flugzeugfamilie

65 Quelle: https://gssc.esa.int/navipedia/index.php/GBAS Fundamentals, Aufruf am 22.07.2021

66 Quelle: *DFS Deutsche Flugsicherung GmbH*, 259. Sitzung der Fluglärmkommission Frankfurt, Webmeeting am 17.02.2021

In der durch Abbildung 8.17 gezeigten Situation befindet sich das Luftfahrzeug im 5 nm-Endanflug auf die Start- und Landebahn 25R, exakt auf Landekurs (248°) und Gleitweg (3,2°). Zur Identifikation des Anflugs auf dem PFD wird das magentafarbene Etikett GLS dargestellt – siehe Ziffer (2). GLS-channel, Approach-ID sowie die horizontale Entfernung zur Schwelle werden in der linken unteren Ecke des PFD bei Ziffer (3) magentafarben angezeigt.

Die navigatorische Situation mit WPT und Entfernungen werden durch das (hier nicht dargestellte) ND präsentiert, auf diesem erscheint oben in der Bildschirmmitte das Etikett GLS APP.

Auch für GLS wird bei tiefen Temperaturen keine Korrektur der Anflughöhe und des Gleitwegs gefordert, da der Endanflug (FAS) koordinatenmäßig fixiert ist.

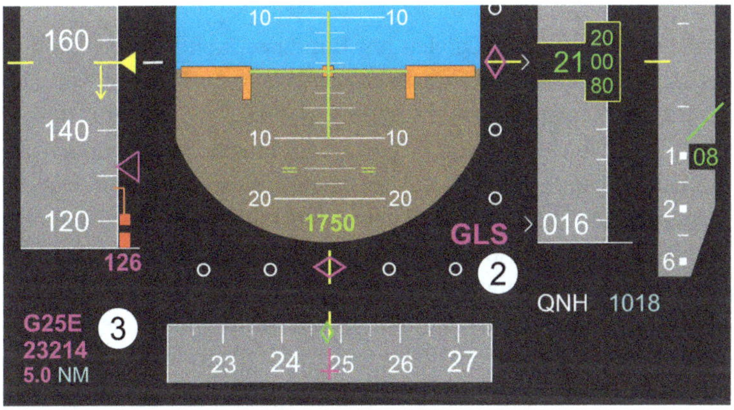

Abb. 8.17: Unterer Teil des PFD mit Anzeige der zur Navigation dienenden Informationen eines GLS-Anflugs, Airbus A320-Flugzeugfamilie

9 Führung mithilfe der Ortungssysteme der Flugsicherung

Die Aufgabe der Flugverkehrskontrolle (air traffic control – ATC) ist nach § 4 FSDurchführungsV die Überwachung und Lenkung der Bewegungen im Luftraum und auf den Rollfeldern von Flugplätzen mit Flugplatzkontrolle zur sicheren, geordneten und flüssigen Abwicklung des Luftverkehrs. Die Flugverkehrskontrolle soll insbesondere

1. Zusammenstöße zwischen Luftfahrzeugen in der Luft und auf den Rollfeldern der Flugplätze verhindern;
2. Zusammenstöße zwischen Luftfahrzeugen und anderen Fahrzeugen sowie sonstigen Hindernissen auf den Rollfeldern der Flugplätze verhindern.

Gesetzliche Grundlagen sind für den Bereich der Bundesrepublik Deutschland in diesem Zusammenhang die *Verordnung über die Durchführung der Flugsicherung (FS-DurchführungsV)* und das *Luftverkehrsgestz (LuftVG)*. Nach § 25 FSDurchführungsV sind die Einzelheiten der Dienste und Verfahren von der Flugsicherungsorganisation in Betriebsanweisungen zu regeln – z.B. *Betriebsanweisung Flugverkehrsdienste (BA-FVD)*.[67] Flugsicherungsorganisationen sind neben dem nationalen Flugsicherungsdienstleister *DFS Deutsche Flugsicherung GmbH* die *EUROCONTROL* (Maastricht UAC) für die Flugverkehrskontrolle des oberen Luftraums im Nordwesten Deutschlands und z.B. die *Austro Control GmbH*, welcher die Flugverkehrsdienste für bestimmte Regional- und Sonderflughäfen sowie Verkehrslandeplätze in der BRD übertragen wurden. Des Weiteren sind militärische Flugsicherungsdienstleister für die Militärflugplätze, welche teilweise auch zivil-militärisch genutzt werden, zuständig.

Die Flugverkehrskontrolle, welche üblicherweise in Form von Einzelfreigaben durch die Fluglotsen erfolgt, wird durch *Flugverfahren* ergänzt und erleichtert aufgrund einer gewissen Standardisierung der Flugbewegungen. Flugverfahren sind festgelegte, standardisierte Regelungen für den Ablauf des Luftverkehrs innerhalb von Kontrollzonen für An- und Abflüge zu und von Flugplätzen mit Flugverkehrskontrollstelle und für Streckenflüge nach Instrumentenflugregeln. Diese werden für den Bereich Deutschlands von der DFS geplant[68] und nach einem formalen Prozess der Festlegung in Form von Rechtsverordnungen durch das *Bundesaufsichtsamt für Flugsicherung (BAF)* erlassen und im Bundesanzeiger sowie als nachrichtliche Bekanntmachung in den Nachrichten für Luftfahrer (NfL) veröffentlicht. Anschließend erfolgt die Veröffentlichung der von der DFS auf Grundlage der Rechtsverordnung erstellten Luftfahrtkarten und Tabellen in der amtlichen, international gültigen Dokumentensammlung für die

67 Ergänzend seien die *Richtlinien und Empfehlungen der ICAO* und die *Durchführungsverordnung (EU) Nr. 923/2012 der Kommission (SERA 8015)* angeführt.

68 Relevante Vorgaben für die Konstruktion und Auslegung sind die ICAO-Dokumente *8168 (Aircraft Operations)* und *4444 (Air Traffic Management)*.

https://doi.org/10.1515/9783110769807-009

Luftfahrt, dem Luftfahrthandbuch (AIP). Als konkrete Verhaltensanweisungen richten sich Flugverfahren an den Luftfahrzeugführer und sind von ihm zu beachten, sofern keine abweichende Flugverkehrskontrollfreigabe vorliegt. Flugverfahren sind als standardisierte und vorweggenommene Flugverkehrskontrollfreigaben zu sehen, welche der sicheren, geordneten und flüssigen Abwicklung des Luftverkehrs dienen.[69]

Eine *Flugverkehrskontrollfreigabe (clearance)* gemäß § 31 LuftVO ist die für ein Luftfahrzeug erteilte Genehmigung, unter den von einer Flugverkehrskontrollstelle angegebenen Bedingungen zu verkehren.

Im Folgenden stehen die operativen Aufgaben von ATC, welche eine Kommunikationskomponente sowie eine Überwachungs- und Lenkungskomponente haben, im Fokus.[70]

Die *Kommunikation (communication)* zwischen den Fluglotsen und Luftfahrzeugführern erfolgt als Funksprechverkehr unter Verwendung von international einheitlichen Sprechgruppen in englischer Sprache. Für den zivilen Bereich sieht die internationale Fernmeldeunion die Frequenzen 118,000–136,975 MHz mit einer Kanalstaffelung von 8,33 kHz vor, der militärische Flugfunk nutzt die Frequenzen 225–400 MHz. Die genannten Frequenzen liegen im Bereich der Ultrakurzwellen und der Dezimeterwellen (very high frequency – VHF bzw. ultra high frequency – UHF). Über große Entfernungen werden Funkfrequenzen im Kurzwellenbereich (high frequency – HF) von 2–22 MHz für den Sprechfunk genutzt.

Sekundärer Kommunikationskanal in den jeweiligen oberen Lufträumen (FL 245+ in der BRD) ist der digitale Datenfunk (controller pilot datalink communication – CPDLC) für die Übermittlung von Flugverkehrskontrollfreigaben seitens ATC sowie für flugtaktische Ersuchen der Luftfahrzeugführer. CPDLC entlastet die Sprechfunkfrequenzen, ist zusätzliches Kommunikationsmittel und verringert das Risiko von Missverständnissen durch die Anzeige der standardisierten Meldungstypen im Textformat auf dem Display einer gesonderten Anzeige- und Eingabeschnittstelle.

Die *Luftraumüberwachung und Lenkung (surveillance)* basiert im Wesentlichen auf dem Ortungssystem RADAR (radio detection and ranging) – hier unterscheidet man Primär- und Sekundärradar. Eine Ergänzung sind Peiler und per Datenfunk übermittelte, bordseitig erzeugte Positions- und flugtaktische Daten (automatic dependent surveillance (broadcast) – ADS-B).

Primärradar gehört zur Klasse der nichtkooperativen Luftraumüberwachungsanlagen. Hier erzeugt ein Sender Trägerimpulse mit hoher Energie und kurzer Dauer. Über eine Sende- und Empfangsweiche gelangen die Impulse zur Antenne und werden von dieser mit hoher Richtwirkung abgestrahlt. Trifft der Impuls auf ein Ziel, wird dieser

69 Quelle: https://www.baf.bund.de/DE/Themen/Luftraum, Flugverfahren und Recht, Aufruf am 17.10.2021

70 Für das komplexe System der Flugsicherung, die Planungsphasen, das Air Traffic Management (ATM) und Air Traffic Flow Management (ATFM) sei auf [32] verwiesen.

auch in Richtung der Radarantenne reflektiert und mit erheblich verminderter Energie von der Antenne wieder aufgefangen. Die Entfernung folgt aus der Laufzeit des gesendeten und des reflektierten Impulses bei bekannter Ausbreitungsgeschwindigkeit.

Über die Sende- und Empfangsweiche gelangt das Signal zum Empfänger, wird dort rauscharm verstärkt und dem Signalprozessor zugeleitet. Dieser filtert die vom Ziel reflektierten Impulse (Zielechos) aus den meist begleitenden Störsignalen (z.B. Echos der EO) heraus und ermittelt deren Laufzeiten. Die Richtung zum Ziel ergibt sich aus der Stellung der Radarantenne zum Zeitpunkt des Empfangs des Echos. Die Zieldaten werden an den Zielverfolgungsrechner (tracker) weitergegeben, welcher die Luftlagedarstellung auf einem Bildschirm speist. [26]

Nach dem Einsatzbereich werden unterschieden: Strecken-Rundsichtradar, Flughafen-Rundsichtradar, Präzisions-Anflugradar und Rollfeldüberwachungsradar.

Sekundärradar (secondary surveillance radar – SSR) ist ein kooperatives System mit aktiver Rückstrahlortung. Die Komponenten der SSR-Bodenanlage (interrogator) sind: Abfragesender mit Codiereinrichtung und Modulator, Sende- und Empfangsweiche, Antwortempfänger mit Decodiereinrichtung und Demodulator sowie Anzeige. Häufig ist die rotierende Richtantenne[71] koaxial mit einer Primärradar-Antenne gekoppelt.

Die SSR-Bordanlage (transponder) besteht aus: Bediengerät, Empfangs- und Sendeantenne mit Rundstrahlcharakteristik an der Rumpfunterseite, Sende- und Empfangsweiche, Abfrageempfänger mit Decodiereinrichtung und Demodulator, Schnittstelle zum integrierten Navigationssystem sowie Antwortsender mit Codiereinrichtung und Modulator. Der Empfang eines bodenseitigen, impulscodierten Abfragesignals auf der Frequenz 1030 MHz löst luftfahrzeugseitig impulscodierte Antwortsignale auf 1090 MHz aus. Deren Zuordnung ist durch die Vergabe eines individuellen SSR-Transponder-Codes für jedes Luftfahrzeug innerhalb des überwachten Luftraumsektors möglich.

Durch die SSR-Antwortsignale werden neben dem Code (transponder-mode A) auch barometrische Höheninformationen übermittelt (transponder-mode C). Mit dem erweiterten Datenformat des Transponder-mode S (extended squitter) kann ein Luftfahrzeug weitere flugtaktische Größen im Rahmen von ADS-B senden. Ferner werden die ausgestrahlten Transpondersignale von den bordgestützten Kollisionswarnsystemen (traffic alert and collision avoidance system – TCAS) ausgewertet.

Die von Primär- bzw. Sekundärradar erzeugten Ortungsinformationen werden in Echtzeit für jedes erfasste Luftfahrzeug in einer Radarbilddarstellung für den Fluglotsen als *Primärziel* bzw. als sogenanntes *Label* präsentiert – siehe Abbildung 9.1.

Peiler ermöglichen die Richtungsbestimmung der eintreffenden Funkwellen im Bereich der oben angegebenen VHF-/UHF-Frequenzen. Der Peilstrahl zum jeweils

---

71 Deren, wegen der niedrigeren Frequenz, im Vergleich zu Primärradaranlagen schlechtere Richtwirkung wird meist durch die Anwendung des *Monopulsverfahrens* erheblich gesteigert. [28]

sendenden Luftfahrzeug kann in die Radarbilddarstellung eingeblendet und mit dem Label verbunden werden, wodurch die Identifikation des Luftfahrzeugs erleichtert wird. Die ausschließliche Ortung und Führung durch VHF-/UHF-Peiler ist für IFR-Flüge nicht mehr üblich.

Abb. 9.1: Flugverkehrslotsen an der DFS Center Niederlassung München ©*DFS Deutsche Flugsicherung GmbH*

9.1 Führung mithilfe des Rundsichtradar

Während das Strecken-Rundsichtradar die Lufträume größerer geographischer Bereiche erfasst, wird das Flughafen-Rundsichtradar (airport surveillance radar – ASR) zur Ortung der Luftfahrzeuge im Nahbereich eines Flughafens (An- und Abflüge) eingesetzt. Durch die stetige Drehung der Sende-/Empfangs-Antenne (10–15 U/min) werden Azimutinformationen über die Objekte innerhalb des 360°-Sektors, bezogen auf den Aufstellungsort der Antenne, geliefert. Mit einem Halbwertswinkel[72] des Abtaststrahls von weniger als 1° erreichen ASR-Anlagen eine hohe azimutale Auflösung, um nahe beieinander befindliche Ziele getrennt abzubilden. Die verwendeten Frequenzen liegen im Bereich von 2–4 GHz (S-Band, Wellenlänge ≈ 10 cm). Abbildung 9.2 ist Beispiel für eine Primär-Rundsichtradarantenne mit aufgesetzter Antenne für Sekundär-Rundsichtradar.

72 Halbwertswinkel bzw. -breite ist die Stelle im Richtdiagramm einer Antenne, wo in Hauptstrahlrichtung die erzeugte Leistungsdichte um 3 db verringert ist. Antennen mit kleinem Halbwertswinkel werden als Richtantennen bezeichnet.

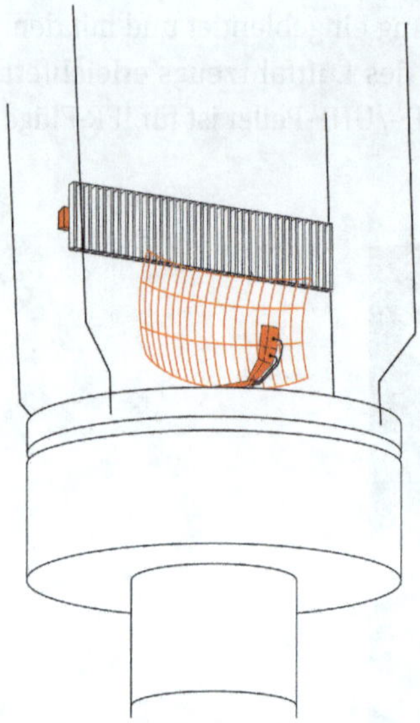

Abb. 9.2: Kombinierte Antenne einer Rundsichtradaranlage (ASR) – schematisch

Abbildung 9.3 gibt ein typisches Verkehrsgeschehen auf die Start- und Landebahn 08L des Flughafens München mit An- und Abflügen sowie Luftfahrzeugen im Endanflug wieder. Luftraumstruktur und Anfluggrundlinie sind hier durch dünne braune Linien auf dem Radarbild angedeutet. Die Bedeutung der einzelnen Angaben des Radar-Labels wird in Abbildung 9.4 gezeigt.

Das Radarbild und damit die Luftlage werden alle 4–5 s aufgefrischt – abhängig von der Drehzahl der Antenne.

---

i Die Drehzahl der Antenne richtet sich grundsätzlich nach technischen Gesichtspunkten und nach der Größe des abzudeckenden Bereichs. Im Unterschied zur Erfassungsreichweite, welche sich bis geringfügig hinter dem Horizont erstrecken kann, wird die effektive Reichweite der Radaranlage durch die *Totzeit* festgelegt – diese ist das Intervall zwischen dem letzten gesendeten Impuls und dem ersten eintreffenden, reflektierten Impuls.

Die Vergangenheitsdaten hinter der Luftfahrzeugposition, welche in Abbildung 9.4 aus den Orten der letzten fünf Bildauffrischungen gebildet werden, erleichtern dem Fluglotsen das Antizipieren des Flugwegs. Je größer der gegenseitige Abstand dieser Punkte, desto größer ist der in der Zwischenzeit zurückgelegte Weg, desto höher die Fluggeschwindigkeit. Ist die Anordnung der Vergangenheitsdaten gekrümmt, kurvt das Luftfahrzeug.

Anflüge mithilfe des Rundsichtradar sind in der Bundesrepublik Deutschland für bestimmte Flughäfen verfügbar. Die entsprechenden Fluglotsen der DFS benötigen für

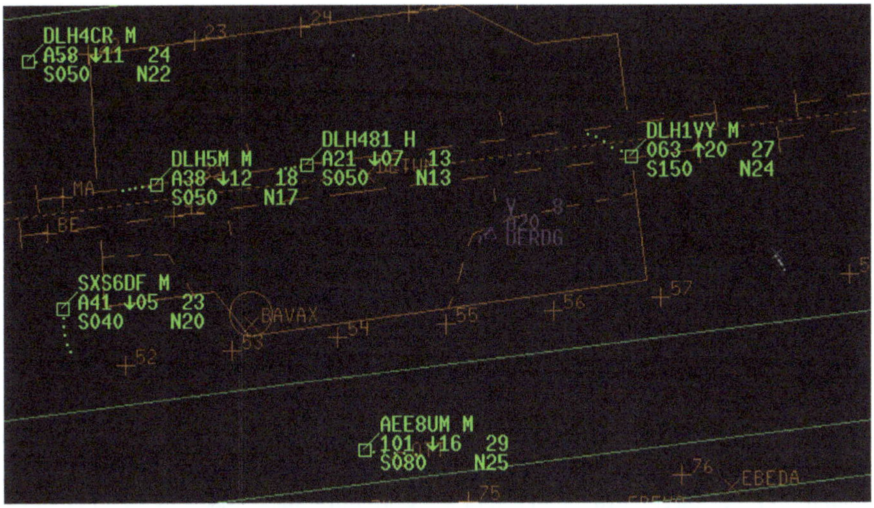

Abb. 9.3: Auszug einer Radarbilddarstellung im Bereich APPROACH ©*DFS Deutsche Flugsicherung GmbH*

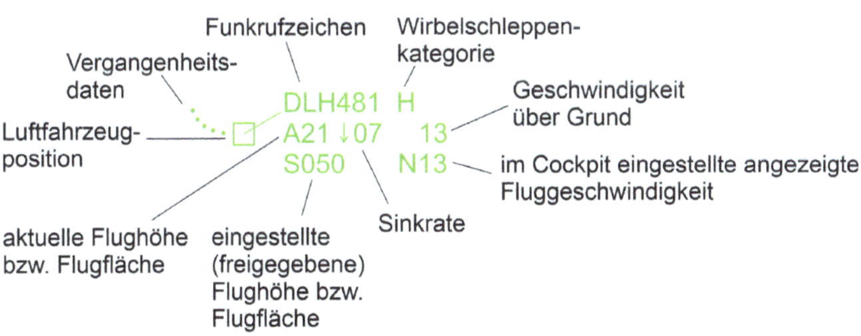

Abb. 9.4: Radar-Label auf einer Radarbilddarstellung

deren Führung eine besondere Berechtigung, welche durch das Praktizieren einer vorgegebenen Mindestanzahl von Rundsichtradaranflügen pro Jahr aufrechterhalten werden kann.

Bei einem Rundsichtradaranflug (surveillance radar approach – SRA) liefert der Fluglotse dem Piloten Informationen zur relativen Position bezüglich der Anfluggrundlinie, der Sollflughöhe und dem Abstand zum Aufsetzpunkt. Dabei kann der Funksprechverkehr als Einweg- oder Zweiwegekommunikation durchgeführt werden. Nachdem der Fluglotse das Luftfahrzeug auf dem Radarbildschirm identifiziert hat, führt er dieses durch Steuerkursanweisungen (radar vectors) zum Endanflug. Die Anflüge sind Geradeausanflüge mit einem Standardsinkfluggradienten von 300 ft/nm und gelten im herkömmlichen Sinne als Nichtpräzisionsanflüge.

Vor Beginn des eigentlichen SRA werden dem Piloten die Hindernisfreihöhe[73] als Minimum des Anflugs, die Endanflughöhe und die Entfernung des Endanflugpunkts zum Aufsetzpunkt genannt. Die Annäherung an den Endanflugpunkt wird dem Piloten mitgeteilt und bei dessen Erreichen erhält der Pilot die Anweisung, den Sinkflug zu beginnen. Zu diesem Zeitpunkt sollte die Anflugkonfiguration bereits hergestellt sein und die angezeigte Fluggeschwindigkeit sollte konstant gehalten werden. Die Steuerungsgrößen sind Steuerkurs und Sinkrate, daher ist die für FD bzw. AP adäquate Betriebsart HDG+V/S. Die angewiesenen Steuerkurse berücksichtigen den nötigen Vorhaltewinkel zum Ausgleich des Windeinflusses. Der numerische Wert der erforderlichen Sinkrate ergibt sich aus der Faustformel $V/S = \frac{GS}{2}$, d.h. eine GS von 140 kt erfordert eine V/S von 700 ft/min.

Falls für den Piloten Kursinformationen nicht verfügbar sind, z.B. wegen technischer Probleme, ist dieser über die Art des Anflugs zu unterrichten und das beabsichtigte Verfahren ist ihm kurz zu erläutern. Bei angewiesenen Kursänderungen ist die Kurvenrichtung anzugeben und durch Zufügen des Worts *NOW* der Beginn und das Ende des Kurvenflugs festzulegen.

Während des Endanflugs wird dem Piloten für jede volle nautische Meile die Entfernung zum Aufsetzpunkt übermittelt in Verbindung mit der Sollflughöhe – z.B.: *Your distance from touchdown is 5 nm, the altitude should be 1600 ft*. Die Paarungen für die Höhen-/Entfernungswerte entnimmt der Fluglotse dem Vertikalprofil, welches in der AIP (einschließlich Minimum und Fehlanflugverfahren) für diesen Anflug veröffentlicht ist. Der Fehlanflugpunkt liegt meist 2 nm vor dem Aufsetzpunkt, dieser kann jedoch auch über der Schwelle der Start- und Landebahn sein, sofern die Genauigkeit der verwendeten Radaranlage das Verfahren entsprechend unterstützt. Hat der Fluglotse die Flugverkehrskontrollfreigabe zur Landung vom zuständigen Kontrollturm (TOWER) bereits durch Koordinierung erhalten, kann er diese direkt an das Luftfahrzeug weitergeben.

73 Hier kommt die Hindernisfreihöhe zur Anwendung, weil der Fluglotse firmen- und luftfahrzeugspezifische Höhenaufschläge nicht kennt.

Der Vorteil von SRA liegt darin, dass außer der Standardinstrumentierung, der Funksprechanlage und dem SSR-Transponder keine zusätzliche, spezifische Bordausrüstung notwendig ist. Nachteil ist jedoch, dass die Anzahl der durch den Fluglotsen bewältigbaren Anflüge geringer ist, als z.B. beim ILS, da er für das geführte Luftfahrzeug im Endanflug eine hohe Aufmerksamkeit verwenden muss und gleichzeitig nur wenige weitere Flugbewegungen kontrollieren kann. Dies macht größere Längsabstände zwischen den Luftfahrzeugen notwendig, weshalb SRA nur während verkehrsarmer Zeiten praktikabel sind.

9.2 Führung mithilfe des Präzisions-Anflugradar

Für den Landeanflug mit Radar wurde von der ICAO das Präzisionsanflug-Radarsystem standardisiert. Dieses setzt sich aus einem Rundsichtradar-Element (surveillance radar element – SRE) und dem Präzisionsanflugradar-Element (precision approach radar element – PAR) zusammen. Mit SRE werden die in der Flughafenumgebung befindlichen Luftfahrzeuge zunächst erfasst (siehe Abschnitt 9.1) und anschließend mit PAR zur Landung geführt. Dieses System hat im zivilen Luftverkehr mittlerweile eine geringe Bedeutung – in der BRD werden PAR-Anflüge als militärisches Anflugverfahren durchgeführt.[74]

Mit PAR werden anfliegende Luftfahrzeuge nach Azimut (Richtung) und Flughöhe (Elevation) durch zwei Richtstrahlantennen geortet. Letztere werden nahe der Start- und Landebahn, querab der Aufsetzzone errichtet oder als mobile Anlage positioniert und auf die Anfluggrundlinie kalibriert. Moderne PAR-Anlagen können für mehrere Anflugrichtungen genutzt werden.

Abbildung 9.5 zeigt eine PAR-Anlage mit den Sende-/Empfangsantennen für Azimut und Elevation. Zur Zielerfassung im Endanflug wird die Az-Antenne etwa einmal pro Sekunde periodisch um die Hochachse und die El-Antenne periodisch um die Querachse geschwenkt. Bei modernen PAR-Anlagen erfolgt die Schwenkung des Abtaststrahls elektronisch. Richtungs- und Erhebungswinkel des Ziels ergeben sich jeweils aus der Stellung der Antenne zum Zeitpunkt des Empfangs. Der Abtastzyklus für Azimut und Elevation ist zeitgestaffelt. Die Antennen werden dabei im periodischen Wechsel über einen Antennenumschalter mit dem Sender/Empfänger verbunden. Der schmale Richtstrahl zur Abtastung der Winkelbereiche ist für die Az-Antenne horizontal stark und vertikal schwach gebündelt, für die El-Antenne ist dieser in der Horizontalebene schwach und in der Vertikalebene stark gebündelt. Der Abtastwinkel der Az-Antenne beträgt etwa ±10°, bezogen auf die Anfluggrundlinie, jener der El-Antenne ist 7° (–1°

74 Eine veraltete, jedoch noch häufig verwendete Bezeichnung für PAR-Anflüge ist *Ground controlled approach (GCA)*.

bis +6°). Die Trägerimpulse von PAR-Anlagen sind im Frequenzbereich von ≈ 10 GHz (X-Band, Wellenlänge ≈ 3 cm).

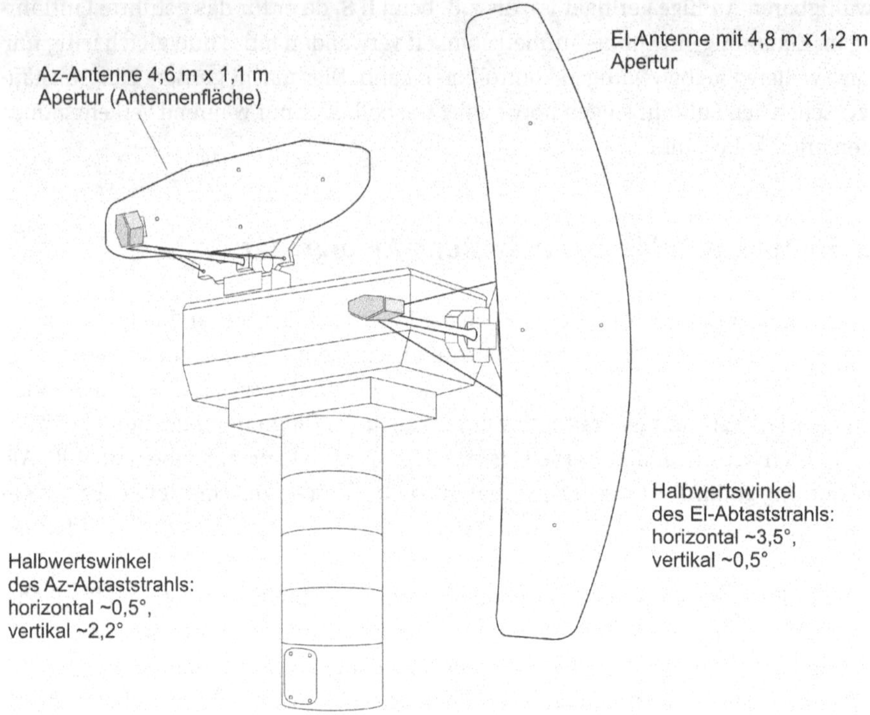

Abb. 9.5: Antennensystem einer PAR-Anlage – schematisch

Bei einem PAR werden Azimut und Elevation des anfliegenden Luftfahrtzeugs jeweils als Primärradarziel, relativ zum Aufstellungsort der Antennen, kombiniert auf einem Radarbildschirm angezeigt – siehe Abbildung 9.6. Die gestreckte Darstellung der Winkel auf dem Bildschirm ermöglicht dem Fluglotsen die präzise Interpretation der Ist-/Sollposition des Ziels. Nach der Identifizierung mittels Rundsichtradar wird das Luftfahrzeug durch den Fluglotsen durch Steuerkursanweisungen auf den Endanflug geführt. Alle Anflüge sind Geradeausanflüge, bezogen auf die verlängerte Anfluggrundlinie mit einem Standardsinkfluggradienten von 300 ft/nm. Der Fluglotse der Anflugkontrolle interpretiert die Anzeigen und übermittelt dem Piloten per Sprechfunk Korrekturkommandos. Die korrekte Position des Luftfahrzeugs auf dem Endanflugkurs/Gleitweg ergibt sich dann durch Einstellen bzw. Beibehalten von Steuerkurs und Sinkrate durch den Piloten, entsprechend den Anweisungen des Fluglotsen.

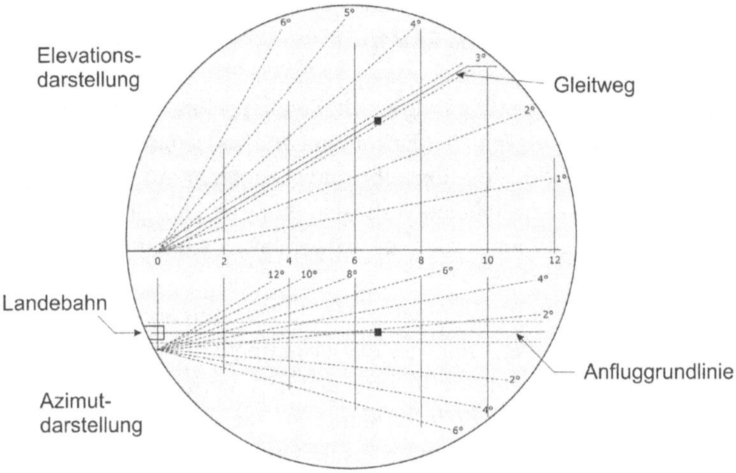

Abb. 9.6: Radarbilddarstellung bei PAR – schematisch, nach [32]

Vor Beginn des Anflugs wird der Pilot über das Minimum, die Endanflughöhe und die Entfernung des Endanflugpunkts zum Aufsetzpunkt (10–12 nm) instruiert. Des Weiteren übermittelt der Fluglotse den Punkt, an welchem der Anflug endet sowie das Fehlanflugverfahren. Die Annäherung an den Endanflugpunkt wird dem Piloten mitgeteilt und bei dessen Erreichen erhält er die Anweisung, den Sinkflug einzuleiten. Ab jetzt erfolgt der Funksprechverkehr als Einwegkommunikation, d.h die Anweisungen des Fluglotsen müssen nicht mehr bestätigt bzw. zurückgelesen werden, damit Steuerkurs und Sinkrate präzise kontrolliert werden können.

Der Anflug soll in der Betriebsart Steuerkurs/Sinkrate (HDG+V/S) durchgeführt werden. Unterbricht der Fluglotse seine Funksendung länger als *fünf Sekunden*, muss das Luftfahrzeug durchstarten und den Fehlanflug einleiten, es sei denn, ein sicherer Anflug kann nach Sicht oder durch andere Mittel fortgesetzt werden. PAR-Anflüge erfolgen bis zu einem Minimum entsprechend der Betriebsstufe I (CAT I). Sowohl Fluglotse als auch Pilot benötigen für PAR-Anflüge eine gesonderte Berechtigung, verbunden mit der entsprechenden In-Übunghaltung.

Auch bei PAR besteht der Vorteil darin, dass an Bord des Luftfahrzeugs außer der Standardinstrumentierung, der Funksprechanlage und dem SSR-Transponder keine zusätzliche, spezifische Ausrüstung erforderlich ist. Das Rundsichtradar-Element wird gleichzeitig zur An- und Abflugkontrolle im Flughafennahbereich genutzt. Das Präzisionsanflugradar-Element kann in vielen Fällen für mehrere Landerichtungen eingesetzt werden. Der gerätetechnische Aufwand der Bodenanlage ist geringer als beim ILS, jedoch ist aufgrund der Anforderungen an die Kalibrierung eine häufige Überprüfung der PAR-Anlage durch Flugvermessung erforderlich. Die Anflugkapazität ist gering, da der Fluglotse jeweils nur ein Luftfahrzeug „heruntersprechen“ kann.

A Das Ellipsoidmodell der Erde

In erster Näherung lässt sich die Form der Erde als ein Rotationsellipsoid modellieren. Die Summe aus Zentripetalkraft aufgrund der Erdrotation und Massenanziehungskraft der Erde steht an jedem Punkt des Rotationsellipsoids senkrecht auf der dortigen Tangentialebene, ist also parallel zur lokalen Vertikalen. Aufgrund der Elliptizität der Erde weist die lokale Vertikale und somit auch die Schwerebeschleunigung nicht zum Erdmittelpunkt. [49]

Im Zusammenhang mit der Entwicklung der globalen Satellitennavigationssysteme (GNSS) und deren Verfügbarkeit seit den 1980er Jahren wurden die globalen geodätischen Referenzsysteme bedeutsam. Das von den USA betriebene GPS basiert auf dem WGS84-Erdmodell (World Geodetic System 1984). Dieses ermöglicht einem großen Nutzerkreis die auf wenige Meter genaue Positionsbestimmung.

A.1 Koordinaten und Parameter des Rotationsellipsoids

Als Regelfläche, basierend auf einer rotierenden Ellipse, wird ein Rotationsellipsoid durch die **große Halbachse** a in der Äquatorebene und die **kleine Halbachse** b, welche mit der Rotationsachse zusammenfällt, definiert. Koordinaten eines Punkts auf dem Ellipsoid können bezüglich des rechtwinkligen, durch die Koordinatenachsen x, y, z aufgespannten KS angegeben werden. Dies sind die **ellipsoidische Breite**, die **ellipsoidische Länge** und die **ellipsoidische Höhe** – siehe Abbildung A.1:

- Die ellipsoidische Breite B ist der Winkel zwischen der Ellipsoidnormale im Punkt P und der Äquatorebene.
- Die ellipsoidische Länge L ist der Winkel zwischen dem Nullmeridian und dem Meridian durch P.
- Die ellipsoidische Höhe H ist der Abstand des Punkts P von der Ellipsoidoberfläche (P') entlang der Ellipsoidnormalen (Lot durch P), welche in der Regel nicht den Ellipsoidmittelpunkt enthält – Ausnahmen sind die Pole und der Äquator.

Eine Parameterdarstellung des Rotationsellipsoids mit dem Parameterbereich $0 \leq u < 2\pi$ und $-\frac{\pi}{2} < v < \frac{\pi}{2}$ ist gegeben durch:

$$\Phi : \underline{x}(u, v) = \begin{pmatrix} a \cos v \cos u \\ a \cos v \sin u \\ b \sin v \end{pmatrix} \tag{A.1}$$

Die Gleichung für ein Rotationsellipsoid ist:

$$\frac{x^2}{a^2} + \frac{y^2}{a^2} + \frac{z^2}{b^2} = 1 \tag{A.2}$$

https://doi.org/10.1515/9783110769807-010

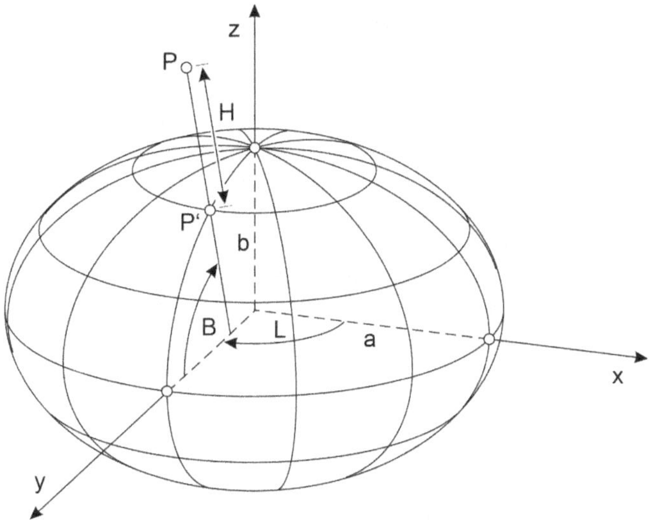

Abb. A.1: Koordinaten auf dem Rotationsellipsoid

Tabelle A.1 fasst die wichtigsten geometrischen Parameter des WGS84-Referenzellipsoids zusammen: [49]

Tab. A.1: Geometrische Parameter des WGS84-Referenzellipsoids

Bezeichnung	**Symbol**	**Wert**
große Halbachse	a	6378.137,0 m
kleine Halbachse	b	$a(1-f) = 6356.752{,}3142$ m
Abplattung	f	$298{,}257223563^{-1}$
Exzentrität	e	$\sqrt{f(2-f)} = 0{,}0818191908426$
Erddrehrate	Ω	$7{,}292115 \cdot 10^{-5} \frac{rad}{s}$

Die Abplattung wird berechnet nach:

$$f = \frac{a-b}{a} \tag{A.3}$$

Die lineare Exzentrität berechnet man mit:

$$E = \sqrt{a^2 - b^2} \tag{A.4}$$

Die erste numerische Exzentrität ergibt sich aus:

$$e = \frac{E}{a} = \sqrt{\frac{a^2 - b^2}{a^2}} \tag{A.5}$$

Die zweite numerische Exzentrität wird berechnet mit:

$$e' = \frac{E}{b} = \sqrt{\frac{a^2 - b^2}{b^2}} \tag{A.6}$$

A.2 WGS84-Koordinaten

Interpretiert man die ellipsoidischen Koordinaten B und L als geographische Koordinaten φ und λ bezüglich des WGS84-Referenzellipsoids, erhält man WGS84-Koordinaten. Direkt gemessen werden können diese nur mit einem GPS-Empfänger.

Die Geometrie von Flugverfahren wird auf der Grundlage der WGS84-Koordinaten von Wegpunkten definiert, welche fünfstellige alphanumerische Bezeichnungen haben – siehe Abbildung A.2. Diese werden sowohl in Luftfahrtkarten als auch für die bordseitigen Navigationsdatenbanken verwendet.

Abb. A.2: Beispiel eines Wegpunkts mit Koordinaten in einer Luftfahrtkarte

A.3 Berechnung der Meridianbogenlänge

Der Meridian ist eine planare Kurve in der Normalschnittebene senkrecht zum Äquator. Für die Länge eines Meridianbogens G vom Äquator aus, abhängig vom örtlichen Meridiankrümmungsradius r_M, gilt:

$$dG = r_M dB \tag{A.7}$$

bzw.

$$G = \int_0^B r_M dB \tag{A.8}$$

Der Meridiankrümmungsradius wird berechnet mit:

$$r_M = \frac{a}{W^3}(1 - e^2) \tag{A.9}$$

---

i Ein Normalschnitt entsteht, wenn ein Punkt P auf dem Rotationsellipsoid mit einer vertikalen Ebene geschnitten wird, welche die Ellipsoidnormale durch P enthält. Zwischen dem Meridian durch P und quer zu diesem verlaufen unendlich viele Normalschnittebenen.

Die Hilfsgröße W (hier ohne Herleitung) kann berechnet werden nach der Beziehung:

$$W = (1 - e^2 \sin^2 B)^{\frac{1}{2}} \tag{A.10}$$

Folglich ergibt sich für den Meridiankrümmungsradius:

$$r_M = a(1 - e^2) \cdot (1 - e^2 \sin^2 B)^{-\frac{3}{2}} \tag{A.11}$$

Somit hat das elliptische Integral folgendes Aussehen:

$$G = a(1 - e^2) \int_0^B (1 - e^2 \sin^2 B)^{-\frac{3}{2}} \, dB \tag{A.12}$$

Dieses kann durch **Reihenentwicklung** und **gliedweise Integration** gelöst werden. Durch die Entwicklung als (spezielle) binomische Reihe mit B im Bogenmaß ($B[rad] = \frac{B[°]\cdot 2\pi}{360°}$) erhält man:

$$\frac{1}{(1 - e^2 \sin^2 B)^{\frac{3}{2}}} = 1 + \frac{3}{2} e^2 \sin^2 B - \frac{15}{8} e^4 \sin^4 B + \frac{105}{48} e^6 \sin^6 B \mp \ldots \tag{A.13}$$

Da diese Reihe konvergiert, kann die Entwicklung abgebrochen werden, wenn eine weitere Verfeinerung das Ergebnis kaum noch ändert. Als Integral ergibt sich:

$$G = a(1 - e^2) \int_0^B \left(1 + \frac{3}{2} e^2 \sin^2 B - \frac{15}{8} e^4 \sin^4 B + \frac{105}{48} e^6 \sin^6 B \mp \ldots\right) dB \tag{A.14}$$

Anschließend erhält man nach gliedweiser Integration: [45]

$$G = a(1 - e^2)\left(\left(1 + \frac{3}{4} e^2 + \ldots\right) B - \left(\frac{3}{8} e^2 + \ldots\right) \sin^2 B + \ldots\right) \tag{A.15}$$

Im Folgenden werden die Meridianbogenlängen am Äquator zwischen 0° und 1°N, zwischen 51° und 52°N sowie am Pol zwischen 89° und 90°N berechnet. Dies geschieht nach der Beziehung:

$$\Delta G = G(B_2) - G(B_1) \tag{A.16}$$

Mit den Zahlenwerten $a = 6.378.137, 0\,\text{m}$, $b = 6.356.752, 31424\,\text{m}$, $e^2 = 0, 00669438$ und $a(1 - e^2) = 6.335.439, 327$ m erhält man die Ergebnisse: $\Delta G(0\ldots1°) = 110, 570$ km, $\Delta G(51\ldots52°) \approx 111$ km sowie $\Delta G(89\ldots90°) = 111, 694$ km.

Damit ist die einem bestimmten Winkel entsprechende ellipsoidische Meridianbogenlänge in Polnähe größer als in Äquatornähe weil der Radius des Krümmungskreises am Pol größer ist als am Äquator.

Der Beweis erfolgte bereits mit der Gradmessung des Meridians von Paris zwischen Dünkirchen und Barcelona in den Jahren 1792–1798 durch die Franzosen *Delambre* und *Mechain*. Ein Ergebnis war die Ableitung des *Urmeters* als zehnmillionster Teil der Bogenlänge eines Meridianquadranten.

A.4 Berechnung der Parallelkreisbogenlänge

Die Länge des Parallelkreisbogens zwischen den ellipsoidischen Längen L_1 und L_2 ergibt sich nach der Beziehung (Winkel im Bogenmaß): [45]

$$\Delta L = \int_{L_1}^{L_2} r_B \cos B dL = r_B \cos B(L_2 - L_1) \tag{A.17}$$

In der obigen Gleichung ist r_B der Querkrümmungsradius. Für diesen gilt:

$$r_B = \frac{a}{W} = \frac{a}{(1 - e^2 \sin^2 B)^{\frac{1}{2}}} \tag{A.18}$$

A.5 Tangentenvektoren und Gaußsche Fundamentalgrößen

Die Tangentenvektoren an die Parameterlinien des Rotationsellipsoids aus partieller Ableitung der Parameterdarstellung nach Gleichung (A.1) sind:

$$x_u = \frac{\partial x}{\partial u} = \begin{pmatrix} -a \cos v \sin u \\ a \cos v \cos u \\ 0 \end{pmatrix} \tag{A.19}$$

$$x_v = \frac{\partial x}{\partial v} = \begin{pmatrix} -a \sin v \cos u \\ -a \sin v \sin u \\ b \cos v \end{pmatrix} \tag{A.20}$$

Als Gaußsche Fundamentalgrößen der Fläche erhält man:

$$g_{11} = {x_u}^2 = a^2 \cos^2 v \qquad g_{12} = x_u \cdot x_v = 0 \tag{A.21}$$
$$g_{22} = {x_v}^2 = a^2 \sin^2 v + b^2 \cos^2 v$$

A.6 Die geodätische Linie

Die kürzeste Verbindung zweier Punkte auf einer Fläche ist die geodätische Linie (geodesic line). Außer der durch die Fläche aufgezwungenen Krümmung hat die Kurve keine weiteren Krümmungen – die **geodätische Krümmung** entlang der Kurve ist identisch Null. In der Ebene ist die geodätische Linie eine Gerade, auf der Kugel ist diese eine Orthodrome (Großkreis). Für eine beliebige geodätische Linie auf dem Rotationsellipsoid gibt es keine Funktion bzw. elementare Stammfunktion – jedoch sind alle Meridiane und der Äquator geodätische Linien.

Eine geodätische Linie auf dem Rotationsellipsoid durch die Punkte P und Q ist festgelegt durch B_P, B_Q und ΔL. Die Kurve liegt im Allgemeinen nicht in einer

Normalschnittebene, da sich die Ellipsoidnormalen n_P und n_Q durch P bzw. Q nicht schneiden; sondern diese sind windschief zueinander – siehe Abbildung A.3. Es existieren zwei, die Kurve begrenzende Breitenparallele $\pm B_{max}$. Bezieht man obige Größen auf ein infinitesimal kleines, rechtwinkliges, ebenes Dreieck als Flächenelement, welches aus den Bogenstücken des Meridians, des Breitenparallels und der Kurve besteht, können die folgenden Beziehungen abgeleitet werden.

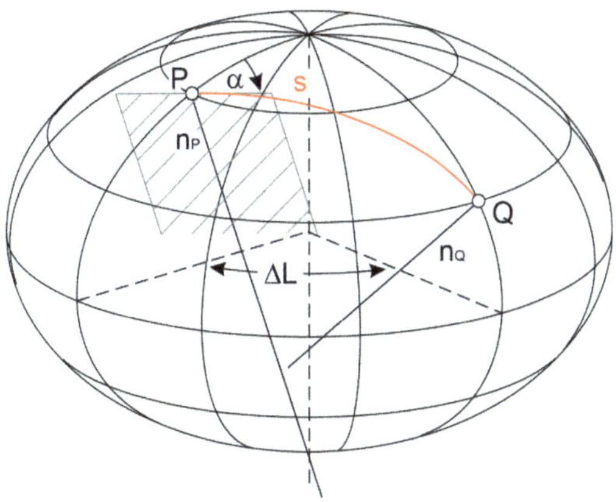

Abb. A.3: Geodätische Linie auf dem Rotationsellipsoid mit Beispiel einer Normalschnittebene in P

Für die **Bogenlänge** s einer Flächenkurve auf dem Rotationsellipsoid gilt – siehe Abbildung A.4:

$$ds^2 = {r_M}^2 dB^2 + {r_B}^2 \cos^2 B dL^2 = g_{11} dB^2 + g_{22} dL^2 \tag{A.22}$$

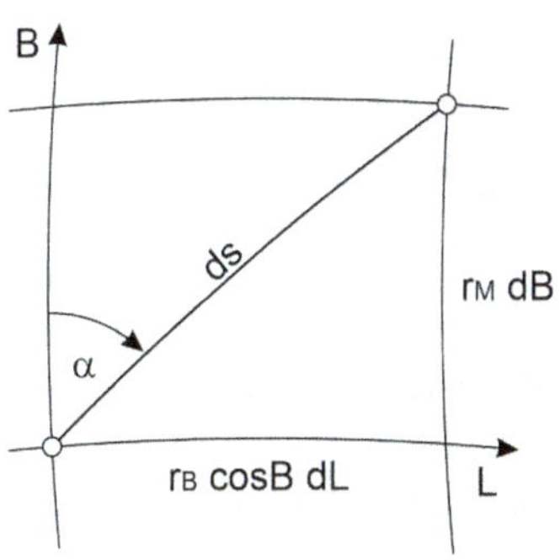

Abb. A.4: Infinitesimal kleines Flächenelement des Rotationsellipsoids

Für die geodätische Linie auf dem Rotationsellipsoid gelten folgende Differentialgleichungen (DGL) mit dem Winkel α als **ellipsoidisches Azimut des Normalschnitts** zwischen der Kurve und dem Meridian im betrachteten Punkt:

$$\frac{dB}{ds} = \frac{\cos\alpha}{r_M} \qquad \frac{dL}{ds} = \frac{\sin\alpha}{r_B \cos B} \tag{A.23}$$
$$\frac{d\alpha}{ds} = \frac{\tan B}{r_B}\sin\alpha$$

Im Fluge ist zu den Radien r_M und r_B die Flughöhe h zu addieren. Die Gleichungen bilden ein gewöhnliches Differentialgleichungssystem (DGS) erster Ordnung. In der Navigation sind die Azimute α_P, α_Q und die Strecke s aus den gegebenen Koordinaten B_P, L_P sowie B_Q, L_Q und damit ΔL auf dem Rotationsellipsoid zu berechnen (Randwertproblem, bestehend aus einer DGL und zwei Randbedingungen).

In Abhängigkeit von der verfügbaren Rechentechnik sind für die Berechnungen auf dem Ellipsoid über rund 200 Jahre zahlreiche, den unterschiedlichen praktischen Anforderungen entsprechende Lösungen entwickelt worden, wobei im Wesentlichen zwischen Reihenentwicklungen und der numerischen Integration unterschieden werden kann. [45]

Der im Folgenden gezeigte Weg ist eine Möglichkeit der numerischen Lösung – dieser basiert (hier ohne Herleitungen) auf dem Manuskript [25], Abschnitte 2.6 und 2.7.

Zunächst nutzt man für die Berechnungen den **Satz von Clairaut**, welcher für alle Rotationsflächen gilt: *Das Produkt aus Parallelkreisradius und Sinus des Azimuts ist für die geodätische Linie eine Konstante.*

$$p \cdot \sin\alpha = konst. \tag{A.24}$$

Für eine von der Bogenlänge s abhängige Funktion $C(s)$ gilt entlang der geodätischen Linie: $\frac{dC}{ds} = 0$. Hier ist C die *Clairaut-Konstante*. Die obige Aussage in Form der Clairaut-Gleichung lautet für zwei Punkte P und Q einer geodätischen Linie:

$$\cos\beta_P \cdot \sin\alpha_P = \cos\beta_Q \cdot \sin\alpha_Q = C \tag{A.25}$$

Unter der Größe β in dieser Gleichung versteht man die **reduzierte Breite** eines Punkts P. Diese ist der Winkel, welchen der geozentrische Radius $\overline{OP'}$ mit der Äquatorebene einschließt. P' ist der Schnittpunkt der Parallele zur Rotationsachse des Ellipsoids durch P mit der geozentrischen Kugel, welche den Radius a hat. Letzterer ist zugleich die Länge der großen Halbachse des Ellipsoids. P und P' unterscheiden sich nur in der z-Koordinate – siehe Abbildung A.5.

Die Berechnung von β für die Punkte P und Q geschieht jeweils nach der Beziehung – mit $e^2 = 0{,}006739496$ (WGS84):

$$\tan\beta = \sqrt{1 - e^2}\tan B \tag{A.26}$$

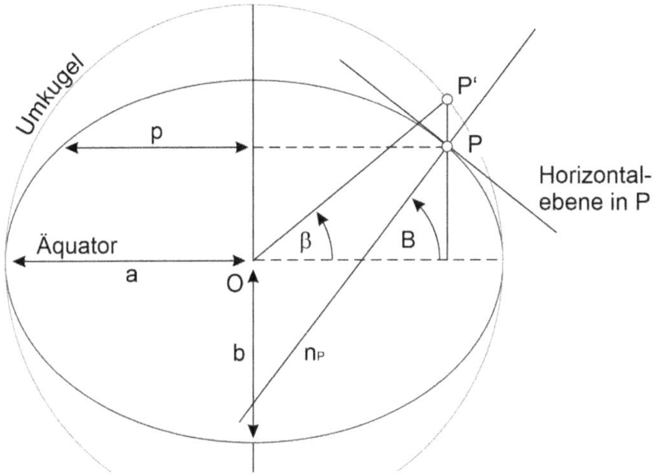

Abb. A.5: Geometrische Beziehungen der Meridianellipse

Das DGS der geodätischen Linie kann zu folgenden Integralformeln umgeschrieben werden:

$$s = a \int_{v_P}^{v_Q} \sqrt{1 - e^2(1 - (1 - C^2) \cdot \sin^2 v)} dv \tag{A.27}$$

$$\Delta L = \int_{w_P}^{w_Q} \sqrt{1 - \frac{e^2 \cdot C^2}{C^2 + (1 - C^2) \cdot \sin^2 w}} dw \tag{A.28}$$

Die Größen v und w sind breitenabhängige Hilfsvariablen, welche wie folgt, definiert sind:

$$\sin v = \frac{\sin \beta}{\sqrt{1 - C^2}} = \frac{\sin \beta}{\sin \beta_{max}} \tag{A.29}$$

$$\sin w = C \frac{\tan \beta}{\sqrt{1 - C^2}} = \frac{\tan \beta}{\tan \beta_{max}} \tag{A.30}$$

Beide Hilfsvariablen haben am Äquator den Wert Null und in den Berührungspunkten mit den Grenzparallelkreisen die Werte $\pm\frac{\pi}{2}$. Jenseits dieser Punkte sind v und w weiter zu zählen. Während β nach dem nördlichen Berührungspunkt wieder kleiner wird, sollen v und w weiter ansteigen und am nächsten Äquatordurchgang den Wert π haben. Damit bewirkt man, dass, auch wenn die geodätische Linie zwischen P und Q eine Grenzbreite erreicht, man die beiden obigen Integrale nicht in zwei Teile zerlegen muss.

Zur Azimut- und Streckenberechnung der geodätischen Linie können jedoch C und β_{max} sowie v_P, v_Q, w_P, w_Q nicht direkt bestimmt werden – hier ist zunächst die Berechnung von Näherungswerten für diese Größen erforderlich.

Vorab müssen aus den gegebenen Koordinaten B, L der Punkte P und Q die Werte der reduzierten Breite β_P und β_Q gemäß Gleichung (A.26) bestimmt werden.

Für die Längendifferenz gilt:

$$\Delta L = |L_P - L_Q| \tag{A.31}$$

Im **Schritt 1** wird ein Näherungswert β'_{max} für β_{max} berechnet:

$$\beta'_{max} = \arctan\left(\frac{\sqrt{\tan^2\beta_P + \tan^2\beta_Q - 2\tan\beta_P \cdot \tan\beta_Q \cdot \cos\Delta L}}{\sin\Delta L}\right) \tag{A.32}$$

Als **Schritt 2** berechnet man den Näherungswert C' für C:

$$C' = \cos\beta'_{max} \tag{A.33}$$

Mit **Schritt 3** werden gemäß Gleichung (A.30) die Näherungswerte w'_P und w'_Q für w_P und w_Q berechnet:

$$w'_P = \arcsin\left(\frac{\tan\beta_P}{\tan\beta'_{max}}\right) \tag{A.34}$$

$$w'_Q = \arcsin\left(\frac{\tan\beta_Q}{\tan\beta'_{max}}\right) \tag{A.35}$$

Im **Schritt 4** kann nun entsprechend Gleichung (A.28) der erste Näherungswert $\Delta L'$ für ΔL berechnet werden:

$$\Delta L' = \int_{w'_P}^{w'_Q} \sqrt{1 - \frac{e^2 \cdot C'^2}{C'^2 + (1 - C'^2) \cdot \sin^2 w}}\, dw \tag{A.36}$$

Dieses Integral kann unter Nutzung einer *Gauß-Legendre-Quadraturformel* gelöst werden. Das Ergebnis $\Delta L'$ wird in der Regel vom bekannten Wert ΔL abweichen.

Mit **Schritt 5** wird diese Abweichung als resultierender Fehler δL berechnet:

$$\delta L = |\Delta L - \Delta L'| \tag{A.37}$$

Beginnend mit der Erhöhung von ΔL um den Wert $\delta L + \frac{\delta L^2}{\Delta L}$ in Gleichung (A.32) werden die **Schritte 1 bis 5** erneut durchlaufen zur Gewinnung von verbesserten Näherungswerten β''_{max}, C'', w''_P, w''_Q und $\Delta L''$. Die iterative Berechnung wird solange wiederholt, bis $|\delta L|$ ausreichend klein ist – d.h. $|\delta L| \to 0$.

Mit dem so gewonnenen verbesserten Näherungswert für C können die Azimute nach der Clairaut-Gleichung (A.25) berechnet werden:

$$\alpha_{PQ} = \arcsin\left(\frac{C}{\cos\beta_P}\right) \tag{A.38}$$

$$\alpha_{QP} = 180° + \arcsin\left(\frac{C}{\cos\beta_Q}\right) \tag{A.39}$$

In der Navigation beschränkt man sich auf die Berechnung des Azimuts α_{PQ} für den Hinweg.

Die Länge s der Kurve zwischen den Punkten P und Q kann nun nach der Integral-Formel (A.27) bei Verwendung von Gleichung (A.29) ebenfalls nach dem Gauß-Legendre-Verfahren berechnet werden.

Da sich der Punkt P während des Flugs mit der fortlaufenden Bewegung entlang der Kurve in Richtung Q verschiebt, verkleinert sich ΔL stetig. Aus diesem Grund ist jeweils ein vorübergehend fester Bezugswert für ΔL bei den Berechnungen erforderlich.

Bei dem Direktanflug eines WPT auf dem WGS84 bewegt man sich entlang einer geodätischen Linie, sofern die Berechnungen für Richtung und Entfernung zum Zielpunkt mit einem der Verfahren zur numerischen Lösung[75] der entsprechenden Integrale gewonnen werden. Durch die Fortbewegung verschiebt sich der Startpunkt stetig, sodass die kontinuierliche Neuberechnung mit jeweils neuem Startpunkt erforderlich ist.

Werden hierbei die Gleichungen für die Orthodrome, bezogen auf den Mittelwert der Radien der (Gaußschen) Schmiegungskugeln[76] an Start- und Zielpunkt angewendet, kann der Rechenaufwand erheblich reduziert werden. Der Genauigkeitsverlust durch die sphärische Näherung der geodätischen Linie ist sowohl in den Nahverkehrsbereichen als auch innerhalb des Luftstraßensystems mit den für diese Lufträume festgelegten Größenordnungen der Standardabweichung tolerierbar.

Der Radius der Gaußschen Schmiegungskugel ist der Mittelwert aller Normalschnittkrümmungsradien in einem Punkt P auf dem Rotationsellipsoid. Daher ist dieser für die sphärische Näherung in P geeignet. Mit den breitenabhängigen Radien der Meridian- und der Querkrümmung gemäß den Gleichungen (A.11) bzw. (A.18) erhält man den Radius $R \in [a, b]$ der Schmiegungskugel im betrachteten Punkt nach der Beziehung:

$$R = \sqrt{r_M \cdot r_B} \tag{A.40}$$

75 Die in der Vermessung erreichbare Genauigkeit liegt im Meter-Bereich und besser.

76 Eine Solche schmiegt sich dem Ellipsoid lokal bestmöglich an.

B Fehlerklassen und Genauigkeitsmaße

B.1 Klassifizierung von Fehlern

Genauigkeit, als Grad der Übereinstimmung eines gemessenen/geschätzten Parameters mit dessen wahrem Wert, wird durch die Größe der auftretenden Fehler angegeben. Unter dem Begriff *wahrer Wert* versteht man einen Solchen, welcher mit anderen Mitteln bestimmt wurde und mindestens eine Größenordnung genauer ist. Man unterscheidet grobe, systematische und zufällige Fehler.

Grobe Fehler im Sinne von Irrtum können frühzeitig erkannt und elimiert werden. *Systematische Abweichungen* sind dadurch charakterisiert, dass diese bei wiederholten Messungen immer wieder auftreten (z.B. Nullpunktfehler oder Laufzeitverzögerungen im Empfänger). Diese können durch verbesserte physikalische Modellierung und ein verbessertes Verständnis des Messsystems erfasst und meist kompensiert werden. *Zufällige Abweichungen* sind nicht vorhersehbar, nicht vermeidbar und daher nicht direkt kompensierbar. Diese werden als Zufallsgrößen mit statistischen Methoden auf Grundlage einer möglichst großen Reihe wiederholter Messungen mit Zufallsverteilung der Ergebnisse erfasst, verbunden mit einem, für eine bestimmte Wahrscheinlichkeit definierten Erwartungswert.

Abbildung B.1 veranschaulicht die beiden letzteren Fehlerklassen, auf die laterale Navigation angewendet.

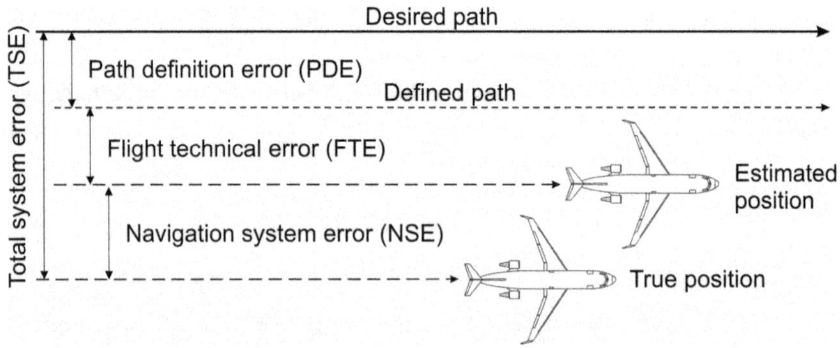

Abb. B.1: Fehlerkategorien der lateralen Navigation, nach [9]

---

i In der englischsprachigen Terminologie werden grobe Fehler als *mistake* und systematische sowie zufällige Fehler bzw. Abweichungen als *error* bezeichnet.

---

https://doi.org/10.1515/9783110769807-011

Der *Wegdefinitionsfehler (path definition error – PDE)* entsteht, wenn Steckenabschnitte in der bordseitigen Navigationsdatenbank nicht so codiert werden können, dass der beabsichtigte Flugweg reproduzierbar ist. Beispiele hierfür sind Steckenabschnitte, welche im Zusammenhang mit Kurven bezüglich fly-by-WPT, dem Überflug von fly-over-WPT, dem Erreichen einer bestimmten Flughöhe oder mit Steuerkursen stehen. In diesen Fällen kann der Flugweg nicht definiert werden, sondern unterliegt einer Variabilität.

Der *flugtechnische Fehler (flight technical error – FTE)* bezieht sich auf die Fähigkeit der Besatzung (manuelle Steuerung) oder der Flugkommandoanlage bzw. des Flugreglers, einem vorgegebenen Flugweg zu folgen. Eingeschlossen sind ferner Anzeigefehler, jedoch nicht Ablesefehler.

Der *Navigationssystemfehler (navigation system error – NSE)* ist die Differenz zwischen der wahren und der angenommenen/gemessenen Position – seitlich als auch längs des Flugwegs. Bei kooperativen Systemen setzt sich dieser aus Fehleranteilen der Boden- und der Bordanlage sowie der Signalausbreitung zusammen.

Der *Gesamtfehler (total system error – TSE)*, als Unterschied zwischen der wahren und der beabsichtigten Position, ist der Betrag der Summe der obengenannten Fehler, jeweils ausgedrückt als Standardabweichung. Analog dem bereits angegebenen TSE der VOR in Abschnitt 7.1.2 gilt:

$$TSE = \sqrt{PDE^2 + FTE^2 + NSE^2} \qquad \text{(B.1)}$$

B.2 Angabe der Genauigkeit

Genauigkeiten werden üblicherweise von den Geräteherstellern auf der Grundlage der Ergebnisse von Messreihen angegeben. Dieser Abschnitt soll einen Überblick der Genauigkeitsmaße in der Navigation geben und das Grundverständnis für die zugrundeliegenden mathematisch/statistischen Zusammenhänge und Begrifflichkeiten schaffen.

B.2.1 Eindimensionale Genauigkeitsmaße

Eindimensionale Messgrößen sind z.B. Entfernung oder Zeit. Die Genauigkeit deren Messung kann durch eine skalare (als Zahl ausgedrückte) Größe angegeben werden. Die Bewertung der auftretenden zufälligen Fehler geschieht mit statistischen Methoden unter Verwendung von Zufallsgrößen bzw. -variablen im Sinne der Wahrscheinlichkeitsrechnung. Eindimensionale Zufallsgrößen bei Messreihen sind der **Mittelwert** (als arithmetisches Mittel oder Median) und die **Streuung** (als Genauigkeitsmaß).

Das arithmetische Mittel ist gegeben durch:

$$\bar{x} = \frac{1}{n}\sum_{i=1}^{n} x_i \tag{B.2}$$

Nachteil des arithmetischen Mittels ist, dass Ausreißer-Werte vor dessen Berechnung beseitigt werden müssen.

Der Median (Zentralwert) ist robuster – bei diesem werden die Messwerte der Größe nach geordnet, sodass Ausreißer keine Auswirkung auf das Ergebnis haben. Für eine ungerade Zahl n der Messwerte ist der Median gegeben durch:

$$x_m = x\left(\frac{n+1}{2}\right) \tag{B.3}$$

Ist n gerade, gilt:

$$x_m = \frac{x\left(\frac{n}{2}\right) + x\left(\frac{n}{2}+1\right)}{2} \tag{B.4}$$

Die Streuung kann angegeben werden als Varianz und als Standardabweichung. Liegt der wahre Wert der zu messenden Größe vor, wie z.B. während der Tests durch die Gerätehersteller, kann der *Vektor der wahren Residuen* durch Subtraktion des wahren Werts von den jeweiligen Messwerten gebildet werden nach der Beziehung:

$$\varepsilon = \begin{pmatrix} \varepsilon_1 \\ \varepsilon_2 \\ \vdots \\ \varepsilon_n \end{pmatrix} = x - e\widetilde{X} = \begin{pmatrix} x_1 - \widetilde{X} \\ x_2 - \widetilde{X} \\ \vdots \\ x_n - \widetilde{X} \end{pmatrix} \tag{B.5}$$

In dieser Gleichung ist x der Vektor der Messungen und $\widetilde{X}$ ist der wahre Wert. Der Hilfsvektor e besteht aus n Elementen mit dem Wert 1 zur dimensionsmäßigen Verknüpfung des Vektors x und des Skalar $\widetilde{X}$.

Die *empirische Varianz* ergibt sich schließlich nach der Beziehung:

$$s_0{}^2 = \frac{1}{n}\sum_{i=1}^{n} \varepsilon_i{}^2 = \frac{1}{n}\varepsilon^T \cdot \varepsilon \tag{B.6}$$

Die *empirische Standardabweichung* ist gegeben durch:

$$s_0 = \sqrt{s_0{}^2} \tag{B.7}$$

Für eine sehr große Stichprobenanzahl gilt die *theoretische Varianz*. Diese ergibt sich nach der Beziehung:

$$\sigma_0{}^2 = \lim_{n\to\infty} \frac{1}{n}\varepsilon^T \cdot \varepsilon \tag{B.8}$$

Folglich gilt für die *theoretische Standardabweichung*:

$$\sigma_0 = \sqrt{\sigma_0{}^2} \tag{B.9}$$

Ist der wahre Wert unbekannt, wie normalerweise bei navigatorischen Aufgaben und in der Vermessung, erhält man den, auf den Mittelwert $\bar{x}$ bezogenen *Vektor der Verbesserungen* nach der Beziehung:

$$v = \begin{pmatrix} v_1 \\ v_2 \\ \vdots \\ v_n \end{pmatrix} = e\bar{x} - x = \begin{pmatrix} \bar{x} - x_1 \\ \bar{x} - x_2 \\ \vdots \\ \bar{x} - x_n \end{pmatrix} \tag{B.10}$$

Die *empirische Varianz* ist hier gegeben durch:

$$s_0{}^2 = \frac{1}{n-1} v^T \cdot v \tag{B.11}$$

Die *empirische Standardabweichung* ist wiederum:

$$s_0 = \sqrt{s_0{}^2} \tag{B.12}$$

Das skalare Genauigkeitsmaß *Standardabweichung* σ, welches sich auch auf einen Winkel beziehen kann, hat immer positive Werte.[77] In der englischsprachigen Terminologie ist die Bezeichnung für σ: *Root mean square (RMS)*. Der wahrscheinliche Fehler wird als *Linear error probable (LEP)* bezeichnet.

Bei statistischen Stichproben und Messreihen sehr großen Umfangs folgen zufällige Abweichungen einer Normalverteilung (Gauß-Verteilung). Hier treten positive und negative Abweichungen gleichhäufig auf (Symmetrie), die Parameter sind Erwartungswert und Varianz. Die mit den Genauigkeitsangaben der Messungen verknüpften Wahrscheinlichkeiten können aus dieser Verteilung abgeleitet werden.

Für eine statistische Wahrscheinlichkeit $P = 1 - \alpha$, wobei α die Irrtumswahrscheinlichkeit ist, fallen $1 - \alpha$ aller Messungen in den Konfidenzbereich – siehe Tabelle B.1.

Tab. B.1: Eindimensionale Genauigkeitsmaße und statistische Wahrscheinlichkeit [6]

Genauigkeitsmaß	statistische Wahrscheinlichkeit
LEP	50%
σ	68%
2σ	95%

In der Praxis werden Standlinienfehler für eine statistische Wahrscheinlichkeit von 95%, was einer Abweichung von 2σ entspricht, angegeben.[78]

77 Der noch häufig verwendete Begriff *mittlerer Fehler* ist veraltet.

78 Der exakte Wert ist $1{,}96\sigma$.

B.2.2 Zwei- und dreidimensionale Genauigkeitsmaße

Die Positionsbestimmung in der Horizontalebene ist zweidimensional, im Raum ist diese dreidimensional – folglich sind Positionsfehler bei exakter Angabe gerichtete Größen. Anders als in der Vermessung und in der Geodäsie, werden jedoch bei navigatorischen Anwendungen auch für 2D/3D skalare Genauigkeitsmaße bevorzugt.

Die Messergebnisse zur Bestimmung einer 2D-Position bilden in der Regel eine ellipsenförmige Punktwolke (Fehler- bzw. Konfidenzellipse) mit Achsenlängen und Achsenrichtungen.

---

i Bei der Ausgleichungsrechnung im Rahmen der Vermessung und der Geodäsie, mit Modell-Matrix als funktionalem Modell aus den Beobachtungsgleichungen und Varianz-Kovarianz-Matrix als stochastischem Modell, können die Längen der großen und kleinen Halbachse aus den Eigenwerten und die Achsenrichtungen aus den Eigenvektoren der Kofaktor-Matrix (Inverse der Matrix der gewichteten Beobachtungen) berechnet werden. Hierfür sei auf die Fachliteratur zur Ausgleichungsrechnung verwiesen.

Zur Überführung in ein skalares Maß werden meist Kreise definiert, welche die Fehlerellipsen approximieren. Deren Radien werden so gewählt, dass das wahre Messergebnis mit einer bestimmten statistischen Wahrscheinlichkeit innerhalb dieser Kreise liegt. [6]

Häufig verwendete Genauigkeitsmaße sind: Fehlerkreisradius (circular error of position – CEP), mittlerer Punktfehler (distance root mean square – dRMS) und doppelter mittlerer Punktfehler (double distance root mean square – 2dRMS).

CEP ist entsprechend dessen Definition der Radius eines Kreises, in welchem mit 50% Wahrscheinlichkeit die wahre Position zu finden ist. Das Genauigkeitsmaß dRMS geht von den Halbachsen A und B der Fehlerellipsen aus. Es gilt: [6]

$$1dRMS = \sqrt{A^2 + B^2} \tag{B.13}$$

Da das Verhältnis der Halbachsen A und B unterschiedlich sein kann, können dRMS und 2dRMS keine exakte statistische Wahrscheinlichkeit zugeordnet werden – siehe Tabelle B.2.

Tab. B.2: Zweidimensionale Genauigkeitsmaße und statistische Wahrscheinlichkeit [6]

Genauigkeitsmaß	statistische Wahrscheinlichkeit
CEP	50%
dRMS	63,2 ... 68,3%
2dRMS	95,4 ... 98,2%

Bei der Bestimmung einer 3D-Position bilden die Messergebniss in der Regel einen ellipsoidförmigen Punkthaufen (Konfidenzellipsoid). Das von diesem abgeleitete skalare Genauigkeitsmaß ist der Radius der Kugel mit demselben Volumen (spherical error probable – SEP).

SEP ist definiert als der Radius einer Kugel, innerhalb derer mit der statistischen Wahrscheinlichkeit von 50% die wahre dreidimensionale Position zu finden ist. [6]

Die Standardabweichung σ kann als zwei- oder dreidimensionales Genauigkeitsmaß verwendet werden, unter der Voraussetzung, dass die betreffenden Standardabweichungen orthogonal zueinander stehen und gleichgroß sind. Tabelle B.3 weist für diese Ausnahmefälle die zu dem Genauigkeitsmaß σ gehörenden Wahrscheinlichkeiten aus. [6]

Tab. B.3: Standardabweichung und statistische Wahrscheinlichkeit 2D/3D [6]

Genauigkeits-maß	statist. Wahrscheinlichkeit 2D	statist. Wahrscheinlichkeit 3D
3σ	98,9%	97,1%
2σ	86,4%	78,8%
σ	39,3%	19,9%

Abkürzungsverzeichnis

AAIM	aircraft autonomous integrity monitoring
ADC	air data computer
ADF	automatic direction finder
ADIRS	air data and inertial reference system
ADIRU	air data and inertial reference unit
ADR	air data reference
ADS-B	automatic dependent surveillance (broadcast)
AEE	airborne equipment error
AFC	airport facility chart
AGC	airport ground chart
AIME	aircraft integrity monitoring extrapolation
AIP	aeronautical information publication
AIRAC	aeronautical information, regulation and control
AIS	Aeronautical Information Service
ALS	approach light system
ALTN	alternate aerodrome
AOA	angle of attack
AOI	airport operational information
AP	autopilot
APV	approach with vertical guidance
AR	authorization required
ARP	airport reference point
ASR	airport surveillance radar
ATC	air traffic control
ATFM	air traffic flow management
A/THR	autothrust
ATIS	automatic terminal information service
ATM	air traffic management
ATS	air traffic services
BAF	Bundesaufsichtsamt für Flugsicherung
BA-FVD	Betriebsanweisung Flugverkehrsdienste
BKG	Bundesamt für Kartographie und Geodäsie
C/A	cleared aquisition
CAS	calibrated airspeed
CAT	category
CC	constant of cone, compass course
CEP	circular error probable
CFO	company FMS overlay-approach
CPDLC	controller pilot datalink communication
CRC	cyclic redundancy code
CTA	control area
CTR	control zone
CWC	cross wind component
DA	drift angle, decision altitude
DDM	difference in depth of modulation
DDRMI	digital distance and radio magnetic indicator

https://doi.org/10.1515/9783110769807-012

DEV	deviation
DFS	Deutsche Flugsicherung GmbH
DG	directional gyro
DGL	Differentialgleichung
DGS	Differentialgleichungssystem
DH	decision height
DLM	digitales Landschaftsmodell
DLP	decision to land point
DME	distance measuring equipment
DOP	dilution of precision
EAS	equivalent airspeed
EFB	electronic flight bag
EFIS	electronic flight instrument system
EGNOS	European Geostationary Navigation Overlay Service
ENR	enroute
EO	Erdoberfläche
EP	Entwurfspunkt
EPU	estimated position uncertainty
ESA	European Space Agency
ETP	equal time point
EVS	enhanced vision system
FAB	functional airspace block
FAF	final approach fix (bei Nichtpräzisions- bzw. 2D-Anflügen)
FAP	final approach point (bei Präzisions- bzw. 3D-Anflügen)
FAS	final approach segment
FAWP	final approach waypoint
FCU	flight control unit
FD	flight director
FDE	fault detection and exclusion
FF	Funkfeuer, fuel flow
FIR	flight information region
FL	flight level
FMA	flight mode annunciator
FMGC	flight management and guidance computer
FMS	flight management system
FOG	fibre-optic gyro
FPA	flight path angle
FPAP	flight path alignment point
FPDAM	Flight Procedure Design and Airspace Management
FPV	flight path vector
FTE	flight technical error
FTP	fictitious threshold point
GBAS	Ground Based Augmentation System
GC	grid-course
GCA	ground controlled approach
GEE	ground equipment error
GEO	geostationärer Satellit
GConv	grid-convergence
GH	grid-heading

GIS	Geoinformationssystem
GLS	GBAS landing system
GMT	Greenwich Mean Time
GN	grid-north
GNSS	Global Navigation Satellite System
GP	glide path
GPA	glide path angle
GPS	Global Positioning System
GS	groundspeed, glide slope
GSA	GNSS Space Agency
GUI	graphical user interface
GV	Grivation
HAL	horizontal alert limit
HDG	heading
HGS	headup guidance system
HMI	hazardous misleading information
HPL	horizontal protection limit
IAC	instrument approach chart
IAF	initial approach fix
IAS	indicated airspeed
ICAO	International Civil Aviation Organization
IF	intermediate fix
IFR	instrument flight rules
ILS	instrument landing system
IMU	inertial measurement unit
INS	inertial navigation system
IR/IRS	inertial reference/inertial reference system
ISA	Internationale Standardatmosphäre
ITRS	International Terrestrial Reference System
KS	Koordinatensystem
LF	low frequency
LNAV	lateral navigation
LKV	linearer Kurvenvorhalt
LMT	local mean time
LOC	localizer
LOP	line of position
LPV	localizer performance with vertical guidance
LSK	line select key
LT	local time
LTP	landing threshold point
LWC	longitudinal wind component
MAP	missed approach point
MCDU	multipurpose control and display unit
MDA(H)	minimum descent altitude (height)
ME(S)Z	Mitteleuropäische (Sommer) Zeit
MF	medium frequency
MLS	microwave landing system
MM	middle marker
MMR	multi mode receiver

MOZ	mittlere Ortszeit
MSA	minimum safe altitude
MSL	mean sea level
MT	message type
MTBO	mean time between outages
NAM	nautical air miles
NAV	navigation
ND	navigation display
NDB	non directional beacon
NfL	Nachrichten für Luftfahrer
NJB	Nautisches Jahrbuch
NOTAM	notices to airmen
NPA	non precision approach
NSE	navigation system error
OAT	outside air temperature
OEP	oceanic entry point
OFP	operational flight plan
OM	outer marker, operational manual
OTS	organized track system
P	precice
PA	precision approach
PAPI	precision approach path indicator
PAR	precision approach radar (element)
PBN	performance based navigation
PCA	polar cap absorption
PDE	path definition error
PFD	primary flight display
PRC	pseudorange-correction
PRN	pseudo random noise
PSR	point of safe return
PTB	Physikalisch-Technische Bundesanstalt
RA	radio altitude
RADAR	radio detection and ranging
RAIM	receiver autonomous integrity monitoring
RFC	route facility chart
RLG	ring laser gyro
RMP	radio management panel
RMS	root mean squared
RNAV	random-/area navigation
RNP	required navigation performance
ROC	rate of climb
ROD	rate of descent
RRC	range rate correction
RVR	runway visual range
RWA	relative wind angle
RWY	runway
SBAS	Space Based Augmentation System
SDF	stepdown fix
SEP	spherical error probable

SERA	Standardised European Rules of the Air
SID	standard instrument departure, sudden ionospheric disturbance
SRA	surveillance radar approach
SRE	surveillance radar element
SSR	secondary surveillance radar
STAR	standard arrival route
SUA	special use area
SVG	skalierbare Vektorgraphik
TA	transition altitude
TACAN	tactical air navigation system
TAI	Temps Atomique International
TAS	true airspeed
TAT	total air temperature
TCAS	traffic alert and collision avoidance system
TCH	threshold crossing height
TF	trip fuel
TIN	triangular irregular network
TL	transition level
TMA	terminal control area
TRA	temporary reserved airspace
TRK	track
TSE	total system error
TT	true track
TTA	time to alert
UERE	user equivalent range error
UHF	ultra high frequency
UIR	upper flight information region
UTA	upper control area
UT(C)	Universal Time (Coordinated)
UTM	Universal Transverse Mercator Grid
VAL	vertical alert limit
VAR	variation
VDB	VHF-data broadcast
VFR	visual flight rules
VHF	very high frequency
VIS	visibility
VNAV	vertical navigation
VOR	very high frequency omni directional range
VPL	vertical protection limit
WA	wind angle
WAAS	Wide Area Augmentation System
WCA	wind correction angle
WD	wind direction
WOZ	wahre Ortszeit
WPT	waypoint
WS	wind speed
XML	extensible markup language
ZG	Zeitgleichung
ZT	zonal time

Symbolverzeichnis

A	Parameter als Maß der Krümmungsänderung der Klotoide
a	Abweitung, vertikaler Temperaturgradient, Schallgeschwindigkeit, große Halbachse von Ellipse/Ellipsoid, Beschleunigung bzw. spezifische Kraft
a_0	Schallgeschwindigkeit in Meeresspiegelhöhe
a_g	Gravitationsbeschleunigung
a_r	Radialbeschleunigung
a_t	Tangentialbeschleunigung
a_z	Zentrifugalbeschleunigung
$a_{z,r}$	radiale Komponente der Zentrifugalbeschleunigung
a^n_{eb}	in das Navigations-KS transformierter Beschleunigungsvektor
$\underline{a}, \underline{b}$	Ortsvektoren der Punkte A und B
B	ellipsoidische Breite, Basisstrecke bei Luftbildauswertung
b	kleine Halbachse von Ellipse/Ellipsoid
b_0	Bezugsbreitenkreis
b_0^*	Bild des Bezugsbreitenkreises
C	Clairaut-Konstante
C^n_b	Richtungskosinusmatrix
c	Ausbreitungsgeschwindigkeit eines Signals, Kamerakonstante, Proportionalitätsfaktor bei Winkeltreue
c_0	Lichtgeschwindigkeit im Vakuum
$c_{j,k}$	Koeffizienten der Richtungskosinusmatrix
d	Strecke
E	mittlere Geländehöhe (Elevation), lineare Exzentrität der Ellipse
e	erste numerische Exzentrität der Ellipse
e'	zweite numerische Exzentrität der Ellipse
$\underline{e}_i$	Einheitsvektor
F	Entfernungsfehler, Fläche des Urbildkreises, Kraft
F^*	Fläche der Abbildungsellipse
F_g	Betrag der Gravitationskraft
F_K	Kursfehler
f	Abplattung bei Ellipse und Ellipsoid, Frequenz
f_0	Bezugsfrequenz des RF-Trägers bei LOC und GP
f^b	Messwert eines Beschleunigungsmessers
f^n	mit Richtungskosinusmatrix transformierter Messwert
f^b_{ib}	Vektor der Messungen der Beschleunigungsmesser
G	Gravitationskonstante, Länge eines Meridianbogens auf dem Rotationsellipsoid
g	Erdbeschleunigung
g^n	lokaler Schwerevektor
g_{ij}	Gaußsche/metrische Fundamentalgrößen der Fläche (E,F,G)
H	Flughöhe, ellipsoidische Höhe
H_0	Anfangshöhe
h	Flughöhe über Grund
J	Jacobi-Matrix
K	Klaffung
K_K	Kartenkonvergenz
K_N	natürliche Konvergenz

https://doi.org/10.1515/9783110769807-013

K_{StK}	Steuerkurskorrektur
k	Krümmung
L	ellipsoidische Länge
L_1, L_2, L_5	GPS-Trägerfrequenzen im L-Band
M	Machzahl, Maßstab, Mittelpunkt
M_B	Bildmaßstab
m	Maßstabszahl, Masse
m_B	verzerrungsabhängige Maßstabszahl entlang eines Breitenkreises
m_E	Erdmasse
m_M	verzerrungsabhängige Maßstabszahl entlang eines Meridians
N	Nummer einer Zeitzone, Bildanzahl
n	Brechzahl der Atmosphäre, Hilfsgröße bei der Bildanzahl, maximaler ganzzahliger Wert der von einer DME-Bodenstation bedienbaren Luftfahrzeuge
$\underline{n}$	Normalenvektor
P	abzubildender Punkt
P^*	Bildpunkt, Projektion
$\tilde{P}$	Bildpunkt auf Zylinder-/Kegelmantel
P_0	Bezugspunkt, Berührpunkt einer Tangentialebene
p	Luftdruck
p_0	Anfangsluftdruck
q	Staudruck, Absolutglied in Polynom
R	Rotationsmatrix, Gaskonstante für Luft, Kurven-/Krümmungsradius, Radius der Gaußschen Schmiegungskugel
$\mathbb{R}$	Raum der reellen Zahlen
$\mathbb{R}^2$	reelle Zahlenebene
r	Radius, Erdradius, Schrägentfernung
r_0	Kegelmantellänge
r_B	Breitenkreisradius, Querkrümmungsradius des Rotationsellipsoids
r_i	geometrische Entfernung zum i-ten Satelliten
r_M	Meridiankrümmungsradius des Rotationsellipsoids
r_Z	Zylinderradius
S	Sternzeit
s	Weg, Strecke, Bogenlänge, differentielles Längenelement
s_0	empirische Standardabweichung
s_0^2	empirische Varianz
s^*	differentielles Längenelement im Bild
s_K	Strecke in der Karte
T	Transformationsmatrix, Temperatur
T_0	Anfangstemperatur
T_S	Periodendauer einer Schuler-Schwingung
t	Zeit, Stundenwinkel
t_A, t_N	Tangente an den Punkt A, Tangente in Nordrichtung
t_k	Impulsabstand bei DME
u	laufender Parameter des Winkels in der Äquatorebene
$\tilde{u}$	Parameter auf Zylinder-/Kegelmantel
V	breitenabhängige Hilfsgröße des Rotationsellipsoids
v	Geschwindigkeit, laufender Parameter des Winkels in der Meridianebene
v_0	Anfangsgeschwindigkeit
$\tilde{v}$	Parameter auf Zylinder-/Kegelmantel

v_G	Geschwindigkeit über Grund
v_T	tangentiale Bahngeschwindigkeit
v_{eb}^n	in das Navigations-KS tranformierter Geschwindigkeitsvektor
W	breitenabhängige Hilfsgröße des Rotationsellipsoids
W_A	Ausgleichswinkel
X_i	Positionsvektor des i-ten Satelliten
X_p	Positionsvektor des Empfängers auf oder über der EO
$\tilde{X}$	wahrer Wert einer Messgröße
x_0	Anfangsposition
$\underline{x}(u, v)$	Ortsvektor aus Parameterdarstellung
x, y, z	Achsen des flugzeugfesten Koordinatensystems
x_a, y_a, z_a	Achsen des flugwindfesten Koordinatensystems
x_g, y_g, z_g	Achsen des erdfesten Koordinatensystems
x_i, y_i, z_i	bekannte Koordinaten des i-ten Satelliten
x_p, y_p, z_p	gesuchte Koordinaten des Empfängers auf oder über der EO
$\bar{x}$	arithmetisches Mittel
Z	Projektionszentrum
α	Anstellwinkel, Kurswinkel, Rektaszension, ellipsoidisches Azimut des Normalschnitts
α_0	Hilfsgröße für den Anfangskurs der Orthodrome
β	Schiebewinkel, Endkurs der Orthodrome, reduzierte Breite eines Punkts auf dem Rotationsellipsoid
β_0	Hilfsgröße für den Endkurs der Orthodrome
γ	Flugwindlängsneigungswinkel, Zentriwinkel der Großkreisebene und der Kegelabwicklung
ΔH	Höhenkorrektur
ΔT	Temperaturkorrektur
Δt	Zeitintervall, Signallaufzeit
Δt_a	Laufzeitverzögerung des Satellitensignals in Ionospäre und Troposphäre
Δt_s	Zeitabweichung der Satellitenuhren gegenüber der GPS-Systemzeit
Δt_u	Empfängeruhrabweichung gegenüber Satellitenuhr
$\Delta x, \Delta y$	Koordinatendifferenzen in lokalem Koordinatensystem
$\Delta\lambda$	Längendifferenz
$\Delta\varphi$	Breitendifferenz
δ	Deklination, halber Öffnungswinkel eines Schnittkegels
ε	Komplementärwinkel zu Windwinkel, Vektor der wahren Residuen
ε_m	Messrauschen
η	rechtwinklige Koordinate in der Bildebene
θ	Nickwinkel, Richtungswinkel
λ	geographische Länge
μ	Flugwind-Querneigungswinkel
ξ	rechtwinklige Koordinate in der Bildebene
Π	Bildebene
π	Kreiszahl
ρ	Luftdichte, horizontale Entfernung, Polarkoordinate
ρ_i	Pseudoentfernung zum i-ten Satelliten
Σ	Standfläche
σ	Standardabweichung
σ_0	theoretische Standardabweichung

σ_0^2	theoretische Varianz
τ	Tangentenwinkel der Klotoide, Tangentialebene
Φ	Fläche der (Erd-)Kugel, vergrößerte Breite
φ	geographische Breite, Polarkoordinate
φ_m	Mittelbreite
ϕ	Flugzeug-Querneigungswinkel
ϕ_0, θ_0, ψ_0	Startorientierung im Strapdown-Algorithmus
χ	Flugwindazimutwinkel (Kurswinkel)
Ψ	Zylinder-/Kegelmantel
ψ	Flugzeugazimut (Gierwinkel)
Ω_E	Erddrehrate
ω	Winkelbeschleunigung
ω_{en}^n	Vektor der Transportrate in meridionaler und breitenparaller Richtung
ω_{ib}^b	Vektor der Messungen der Drehratensensoren
ω_{ie}^n	Vektor der Winkelgeschwindigkeit der Erde

Literatur

[1] *Airbus A318/A319/A320/A321 Flight Crew Operating Manual (FCOM)*. Airbus S.A.S., Customer Services Directorate. Blagnac, France, Sep. 2012.

[2] K.-R. Albrand und H. Junge. *Formelsammlung Navigation, eingeführt an der Fachhochschule Hamburg, Fachbereich Seefahrt*. DSV-Verlag.

[3] *Annex 10 to the Convention on International Civil Aviation. Aeronautical Telecommunications, Volume I – Radio Navigation Aids*. Seventh Edition. ICAO. Montreal, Juli 2018.

[4] *Annex 4 to the Convention on International Civil Aviation. Aeronautical Charts*. Eleventh Edition. International Civil Aviation Organization (ICAO). Montreal, Juli 2009.

[5] N. Bartelme. *Geoinformatik. Modelle, Strukturen, Funktionen*. 4., vollständig überarbeitete Auflage. Berlin, Heidelberg, New York: Springer, 2005.

[6] M. Bauer. *Vermessung und Ortung mit Satelliten. Globale Navigationssatellitensysteme (GNSS) und andere satellitengestützte Navigationssysteme*. 7., neu bearbeitete und erweiterte Auflage. Berlin, Offenbach: Wichmann, 2018.

[7] G. Brüning, X. Hafer und G. Sachs. *Flugleistungen. Grundlagen, Flugzustände, Flugabschnitte*. 3., ergänzte Auflage unter Mitarbeit von W. Jurzig. Berlin, Heidelberg, New York: Springer, 2006.

[8] *Deutsche Norm DIN 13312 Navigation. Begriffe, Abkürzungen, Formelzeichen, graphische Symbole*. DIN Deutsches Institut für Normung e.V. Berlin, Feb. 2005.

[9] *Document 9613, AN/937, Performance-based Navigation (PBN) Manual*. Fourth Edition. International Civil Aviation Organization (ICAO). Montreal, 2013.

[10] *Durchführungverordnung (EU) 2018/1048 der Kommission vom 18. Juli 2018 zur Festlegung von Anforderungen an die Luftraumnutzung und von Betriebsverfahren in Bezug auf die leistungsbasierte Navigation*. Europäische Kommission. Brüssel, Juli 2018.

[11] *EUROCAE Document 114, Minimum Operational Performance Standard for Global Navigation Satellite Ground Based Augmentation System Ground Equipment to Support Precision Approach and Landing*. Revision B. European Organization for Civil Aviation Equipment (EUROCAE). Paris, Sep. 2019.

[12] *European Radio Navigation Plan*. European Commission. Nov. 2018.

[13] *Global Navigation Satellite System GLONASS. Open Service Performance Standard (OS PS)*. Edition 2.2. PNT IAC of the Central Research Institute of Machine Building. Korolev, Juni 2020.

[14] B. Görres u. a. *Bezugssysteme für GNSS*. Merkblatt 5-2012. DVW, 2012.

[15] *Guidelines for ANSP/Airports and Aircraft Operators for LPV implementation*. European Global Navigation Satellite Systems Agency (GSA). Sep. 2015.

[16] G. Hake, D. Grünreich und L. Meng. *Kartographie. Visualisierung raum-zeitlicher Informationen*. 8., vollständig neu bearbeitete und erweiterte Auflage. Berlin, New York: Walter de Gruyter, 2002.

[17] H. Hecht u. a. *Die elektronische Seekarte. Grundlagen, Möglichkeiten und Grenzen eines neuen Navigationssystems*. Heidelberg: Herbert Wichmann, 1999.

[18] B. Hofmann-Wellenhoff, K. Legat und M. Wieser. *Navigation. Principles of Positioning and Guidance*. Wien, New York: Springer, 2003.

[19] C. Jekeli. *Inertial Navigation Systems with Geodetic Applications*. Berlin, New York: Walter de Gruyter, 2001.

[20] A. D. King. “Inertial Navigation – Forty Years of Evolution”. In: *GEC REVIEW 13.3* (1998).

[21] W.-D. Klix. *Konstruktive Geometrie darstellend und analytisch*. München, Wien: Fachbuchverlag Leipzig im Carl Hanser Verlag, 2001.

https://doi.org/10.1515/9783110769807-014

[22] K. Kreutzer. *Die Deutsche Admiralitätskarte. Grundlagen der Schiffsortbestimmung und die Kartennetze*. Berlin: E. S. Mittler & Sohn, 1943.

[23] D. Kuse. "A contribution to an Optimized Layout for Digital Aeronautical Charts". Diplomarbeit, Technische Universität Dresden. 2009.

[24] K. Legat. "Untersuchungen zur GPS/INS-Integration". In: *VGI – Österreichische Zeitschrift für Vermessung und Geoinformation 93.2* (2005).

[25] R. Lehmann. "Geodätische Berechnungen auf dem Rotationsellipsoid". Hochschule für Technik und Wirtschaft Dresden, Fakultät Geoinformation, Internes Manuskript Landesvermessung. 2019.

[26] A. Ludloff. *Praxiswissen Radar und Radarsignalverarbeitung*. 3. Auflage. Braunschweig, Wiesbaden: F. Vieweg & Sohn Verlagsgesellschaft mbH, 2002.

[27] *Luftfahrthandbuch Deutschland (AIP Germany)*. DFS Deutsche Flugsicherung GmbH. Langen, 2021.

[28] W. Mansfeld. *Funkortungs- und Funknavigationsanlagen*. Heidelberg: Hüthig, 1994.

[29] W. Mansfeld. *Satellitenortung und Navigation. Grundlagen, Wirkungsweise und Anwendung globaler Satellitennavigationssysteme*. 3., überarbeitete und aktualisierte Auflage. Wiesbaden: Vieweg+Teubner, 2010.

[30] *Manual of the ICAO Standard Atmosphere extended to 80 kilometres (262 500 feet) (Doc 7488/3)*. Third Edition. International Civil Aviation Organization (ICAO). Montreal, 1993.

[31] *Manual on Space Weather Information in Support of International Air Navigation (Doc 10100)*. First Edition. International Civil Aviation Organization (ICAO). Montreal, 2018.

[32] H. Mensen. *Moderne Flugsicherung. Organisation, Verfahren, Technik*. 4. Auflage. Berlin, Heidelberg: Springer Vieweg, 2014.

[33] Müller. *Ingenieurgeodäsie Verkehrsbau. Grundlagen*. Berlin: VEB Verlag für Bauwesen, 1984.

[34] M. Nitschke. *Geometrie. Anwendungsbezogene Grundlagen und Beispiele*. München, Wien: Fachbuchverlag Leipzig im Carl Hanser Verlag, 2005.

[35] W. Richter. "Digitale Karten in der Flugnavigation. Erweiterung der Nutzungsmöglichkeiten gegenüber analogen Luftfahrtkarten". In: *KN Kartographische Nachrichten* Heft 5 (2012).

[36] W. Richter. *Systeme und Verfahren der Anflugnavigation*. Hrsg. von Institut für Luftfahrt und Logistik Technische Universität Dresden Fakultät Verkehrswissenschaften "Friedrich List". Dresden: TUDpress, 2009.

[37] E. Rößger und G. Ränike. *Gitternavigation*. Köln und Opladen: Westdeutscher Verlag, 1967.

[38] J. Scheiderer. *Angewandte Flugleistung. Eine Einführung in die operationelle Flugleistung vom Start bis zur Landung*. Berlin, Heidelberg: Springer, 2008.

[39] T. R. Schempp. "Good, Better, Best. Expanding the Wide Area Augmentation System". In: *GPS World* (Jan. 2008).

[40] H. Schröpl. *Teldix Taschenbuch der Navigation*. Heidelberg: Teldix GmbH, 1979.

[41] M. Soffel und R. Langhans. *Space-Time Reference Systems*. Berlin, Heidelberg: Springer, 2013.

[42] S. H. Stovall. *Basic Inertial Navigation*. NAVAL AIR WARFARE CENTER WEAPONS DIVISION China Lake, California, Sep. 1997.

[43] *The International System of Units SI*. 8th edition. Bureau international des poids et mesures. Paris, 2006.

[44] *Topografische Karten. Kartengrafik und Generalisierung*. Kartografische Publikationsreihe Nr. 16. Schweizerische Gesellschaft für Kartographie. 2002.

[45] W. Torge. *Geodäsie*. 2. Auflage. Berlin: Walter de Gruyter, 2003.

[46] N. Ueberschär und A. M. Winter. *Visualisieren von Geodaten mit SVG im Internet*. Bd. 1: Scalable Vector Graphics. Einführung, clientseitige Interaktionen und Dynamik. Heidelberg: Herbert Wichmann, 2006.

[47] S. Wächter. *Vorlesungsmanuskript Sphärische Trigonometrie für die Studiengänge Geodäsie und Kartographie*. Technische Universität Dresden, Institut für Planetare Geodäsie. Dresden, 1998.

[48] L. Wanninger. *Vorlesungsmanuskript Vermessungskunde 3: Landesvermessung*. Technische Universität Dresden, Geodätisches Institut. Dresden, 2008.

[49] J. Wendel. *Integrierte Navigationssysteme, Sensordatenfusion, GPS und Inertiale Navigation*. 2. überarbeitete Auflage. München: Oldenbourg Verlag, 2011.

[50] V. Wünsch. *Differentialgeometrie. Kurven und Flächen*. Stuttgart, Leipzig: B. G. Teubner Verlagsgesellschaft, 1997.

[51] M. Zimmer. *Allgemeine Navigation. Die Grundlagen der Flugnavigation*. Lehrbrief 1. Ingenieurschule für Verkehrstechnik Dresden, 1965.

Stichwortverzeichnis

Ab
– bildungsgleichungen, 91
– drift, 4, 9, 47, 107
– leitung, 65, 102
– plattung, 12, 269
– weitung, 16, 86
– wicklung, 95–97, 99
Achsenkreuze, 17
Agone, 6
Almanach, 207
Anfangs
– druck, 24
– höhe, 24
– kurs, 66, 71–73, 75
– richtung, 65, 70
– temperatur, 24
Anschneiden, 162, 238
Aphel, 35
Apogäum, 203
Atomzeit, 33, 37
Autokorrelationsfunktion, 209
Azimut, 158
Azimutal
– entwurf, 100, 106
– projektion, 108

Bahnellipse, 203
Beobachtungsgleichung, 79
Beschleunigungen, 17
Beschleunigungsmesser, 190
Betriebsstufen, 179
Bezugs
– breitenkreise, 98
– druckfläche, 26
– punkt, 3, 126, 133
– rahmen, 14
– strecke, 57
– system, 14, 34
Bild
– ebene, 91
– punkte, 91
– schirmkarte, 88
Bogen
– länge, 16, 69
– maß, 4
Bogenlänge, 273
Breiten
– differenz, 86
– kreise, 16, 97, 106, 109, 113
– parallel, 16, 110

C/A-Code, 206
Clairaut-Konstante, 274
Coriolis-Kraft, 186

Datums
– festsetzung, 14
– linie, 39, 57
– sprung, 57
Deklination, 34, 35
Determinante, 101
Drehratensensoren, 17, 190
Dreiecksvermaschung, 115

Ebene, 12
echt, 90
Einheitsvektoren, 65, 66, 69
Ekliptik, 33
Ellipsoid, 12
End
– kurs, 66, 69, 71, 73, 75
– richtung, 65, 70
Entfernungsmaß, 16
Entscheidungshöhe, 178, 179
Entwurfspunkt, 93, 94, 104
Ephemeriden, 207, 208, 211, 212, 218
Erdfelddetektor, 5
Eulersche Winkel, 17
Exzentrität, 269, 270

Feld
– linien, 5
– stärke, 5
Flächen
– treue, 89
– verzerrungen, 91
Flug
– fläche, 26, 135
– höhe, 25
– verfahren, 230, 258
– verkehrskontrollfreigabe, 238, 259
Frühlingspunkt, 33, 35
Funkfeuer, 10, 11, 46, 80, 121, 124, 133, 137

https://doi.org/10.1515/9783110769807-015

Funktionalität, 227

Genauigkeit, 155, 227, 279
Generalisierung, 120, 122
Geoid, 12
Gerade, 3, 47, 53, 79, 104, 105, 110, 113
Geschwindigkeitsvektor, 187, 188
Gitter
- -Steuerkurs, 109
- kurs, 5, 109
- navigation, 107
- netz, 106, 107
- nord, 5, 106, 107, 109
Gleitweg, 173
gnomonisch, 93
GNSS, 13, 78
Gon, 4
Grad, 4, 50
Gravitation, 187
Gravitationsbeschleunigung, 187
Grivation, 109
Großkreis, 16, 34

Höhen
- anzeige, 26
- formel, 24
- linien, 118, 122, 123
  - dichte, 118
- messer, 24–26
- modell, 115
- punkte, 118
- schichten, 124
- schichtlinien, 124
- wert, 24, 29, 117
Halbachsen, 12
- längen, 93
Halbwertswinkel, 217, 261
Handbücher, 146
Haupt
- verzerrungen, 93
- verzerrungsrichtungen, 91, 93, 104, 105
Himmels
- -Nullmeridian, 35
- äquator, 34, 35
- pole, 34
- richtungen, 4
Horizontalkomponente, 5, 9
Hyperbel, 3

ICAO, 39, 43, 88, 125, 126
IFR, 88, 118
Integrität, 43, 155, 227
Interoperabilität, 196
Ionosphäre, 45, 79, 212
ISA, 24–26, 30, 59
Iso
- gonen, 6, 122, 141
- griven, 109
- hypse, 117
- linien, 122
Iterationsfrequenz, 192

Jacobi-Matrix, 101
Jalonieren, 71

Kegel, 97
- konstante, 97, 98, 107–109
- mantel, 96
Klaffung, 97
Kleinkreis, 16
Klotoide, 51, 53
Koeffizienten, 102
Kommandoanzeige, 166, 167
Kommunikation, 259
Kompass
- ablenkung, 6, 46
- anzeige, 6
- kurse, 8
- nadel, 5, 8
- nord, 5, 6
- steuerkurs, 9
Kompressibilität, 31
Kontinuität, 43, 227
Konvergenz, 16
Koppelnavigation, 1
Korrekturdaten, 218
Kote, 118
Krümmung, 53, 76, 113, 272
Kreisel, 17, 23
- kompass, 5
Kreuz
- peilung, 11, 81
- produkt, 65, 70, 91
Kugel, 3, 12
Kulmination, 34–36
Kurs, 4
- änderung, 53, 71
- ablageanzeige, 165, 166, 254
- gleiche, 76

– haltegenauigkeit, 43

Längen
– differenz, 38
– kreise, 16
– treue, 89, 90
– verzerrungen, 91
Label, 42, 260
Lambert, 111, 126, 137, 141
Lambodrome, 113
Landebahnsicht, 179
Landekurs, 172
Loxodrome, 76, 78, 104, 110, 113
Luft
– datenrechner, 32
– druck, 24–26, 59
– raum, 39, 43, 89, 122, 125, 126, 131, 133, 137
  – überwachung, 1, 40, 259
  – klassen, 40
  – konzept, 228
  – sektor, 129
  – struktur, 39, 126, 131, 141
– straßen, 40, 43, 88, 123, 137
– temperatur, 26

Maßstab, 47, 57, 60, 88–90, 113, 120, 122, 123, 128, 137, 141
Magnet
– feld
  – anomalien, 5
  – linien, 5
– kompass, 5, 9, 10
– pole, 5
Markierungsfunkfeuer, 173
Meeresspiegelhöhe, 24, 59
Mercator, 12, 109
Meridian, 16, 38
Meridiankrümmungsradius, 185, 270, 271
Mindest
– größen, 120, 121
– höhen, 88
– informationen, 125
missweisend, 5, 6, 9
Mittelwert, 279
Modell, 12, 119
Modulationsgrade, 174
MSA, 129, 133
MSL, 24–26, 29, 126, 135

Navigationsnachricht, 78, 198, 200, 205–209, 212, 215, 218, 219
NED-System, 20, 21
Neigung, 5, 9
Nichtpräzisionsanflug, 54, 136
Normalen
– einheitsvektor, 65
– vektor, 91
Normalschnittebene, 270, 273
Nullvektor, 91

Orientierung, 17, 21, 29, 59, 89, 128, 133, 141
Ortho
– drome, 63–65, 67–72, 74–76, 78, 104, 110, 113
– photo, 115
orthogonal, 23, 103
Orts
– meridian, 17, 66, 69, 71, 108
– missweisung, 6, 9, 45, 109, 135
– vektoren, 63, 64, 69, 75, 76
– zeit, 35, 36, 38, 39, 55

P(Y)-Code, 206
Parameter
– darstellung, 65, 66, 90, 102
– linie, 16
– liniennetz, 109
Path/terminators, 233
Peilung, 10, 11, 160
Peri
– gäum, 203
– hel, 35
Periodizität, 67, 74
Phasendifferenzmessung, 165
Plattform, 23
Pol, 5
Polynom, 83
Positions
– genauigkeit, 43, 58, 196, 200, 211, 220, 225
– vektor, 187, 189
Präzisionsanflug, 133, 136
Primärradar, 259
PRN-Code, 206
Pseudoentfernung, 79, 206

Q-Gruppen, 10, 25
QDM, 10, 11, 137
QDR, 10, 11, 81, 137

QFE, 25, 26
QFF, 25
QNE, 26
QNH, 25, 26
QTE, 10
Quer
- krümmungsradius, 186, 272
- neigung, 51
QUJ, 10

Radial
- beschleunigung, 186
- standlinie, 122, 129, 133, 135, 166
Raumkurve, 76
recht
- weisend, 5, 6, 9, 10, 47, 107
- winklig, 90, 109
Referenz
- code, 209
- empfänger, 221
- netz, 14
- station, 217, 218, 221
- system, 14
- wert, 24, 26
Rektaszension, 34, 35
Richtcharakteristik, 173, 174, 179, 211, 217, 242
RNAV, 40, 42–44, 137
RNP
- -Konzept, 43
- -Wert, 44, 123
Rotation, 17

Säkularvariation, 5
Scharung, 118
Scheitelpunkt, 67, 68, 71, 74, 76
Schmiegungskugel, 277
Schummerung, 126
Schwerebeschleunigung, 186, 193
Seitenpeilung, 11
Sekundärradar, 260
Signaturen, 88, 118, 120–122, 124
Skalarprodukt, 71, 93, 102
Sonnen
- bahn, 36
- tag, 34, 35
- uhren, 35
- zeit, 33, 35, 36
Stand
- fläche, 3
- linie, 3, 11
- linienschnitt, 11
Standard
- abweichung, 58, 155, 163, 213, 214, 279–281, 283
- atmosphäre, 24, 59
- druck, 26
- höhe, 25
- luftdruck, 26, 59
- strecken, 43
  - führung, 128
- temperatur, 26
Startorientierung, 188
Staurohr, 32
Stereodrome, 104
stereographisch, 93
Stern
- tag, 34, 35
- zeit, 33, 35
Steuerkurs, 9
Strapdown-Algorithmus, 182, 183, 187, 188
Streuung, 279
Stunden
- kreis, 35
- winkel, 34–36, 38

Tangente, 53, 65, 66, 70, 71
Tangentialebene, 17, 99
Trägerebene, 65, 66, 69
Transformationsmatrix, 20, 23
Translation, 17
transponder, 260
Transportrate, 185
Trasse, 58
Tropo
- pause, 24, 79
- sphäre, 24, 79

UTC, 37

Varianz, 280
Vektorgraphik, 120, 147
Verfügbarkeit, 38, 43, 44, 227
Vergangenheitsdaten, 262
Vertikalkomponente, 5
Verzerrungen, 99, 109
Verzerrungsellipse, 93

VFR, 88

Wahrscheinlichkeit, 281
Wegpunkt, 125, 128, 131
Weltzeit, 36
WGS84, 14, 29, 115
Wind
– daten, 47
– dreieck, 47, 48
– einfallwinkel, 50
– einfluss, 51, 107
– geschwindigkeit, 47, 48
– komponente, 50
– richtung, 47, 48, 50
– stille, 55
– vektor, 47
– winkel, 50
Winkeltreue, 89, 109

Zeit
– gleichung, 36
– unterschied, 39
– zonen, 39
Zentrifugalbeschleunigung, 186
Zentriwinkel, 63, 97, 99
Zonenzeit, 55
Zufalls
– größen, 279
– verteilung, 278
Zulässigkeit, 101
Zylindermantel, 95

AUSBILDUNG FLUGLOTSE*
DUALES STUDIUM FLUGLOTSE*
FLUGSICHERUNGSINGENIEUR*
INFORMATIK
„MANCHE JOBS SIND DIE HÖLLE. MEINER IST DER HIMMEL.“
Sina, Centerfluglotsin in Ausbildung
Jetzt bewerben: KARRIERE.DFS.DE
Fragen über WhatsApp: 0162 2541843
DFS Deutsche Flugsicherung
*Alle Geschlechter (w/m/d) willkommen. Hauptsache, luftfahrtbegeistert!
Datenschutzhinweise unter karriere.dfs.de/whatsapp

www.ingramcontent.com/pod-product-compliance
Lightning Source LLC
LaVergne TN
LVHW080644011026
849160LV00014B/1322
* 9 7 8 3 1 1 0 7 6 9 7 7 7 *